용기를 내어 당신이 생각하는 대로 살아야 합니다.
그렇지 않으면 머지않아 당신은 사는 대로 생각하게 될 것입니다.
– 폴 부르제(프랑스의 시인, 철학자)

Il faut vivre comme on pense,
sans quoi l'on finira par penser comme on a vècu.
– Paul Bourget

상위 1%가 즐기는

창의 수학 퍼즐 1000

THE
BIG
BOOK
OF
BRAIN
GAMES

이반 모스코비치 지음 | 이현정 옮김 | 박범익 감수

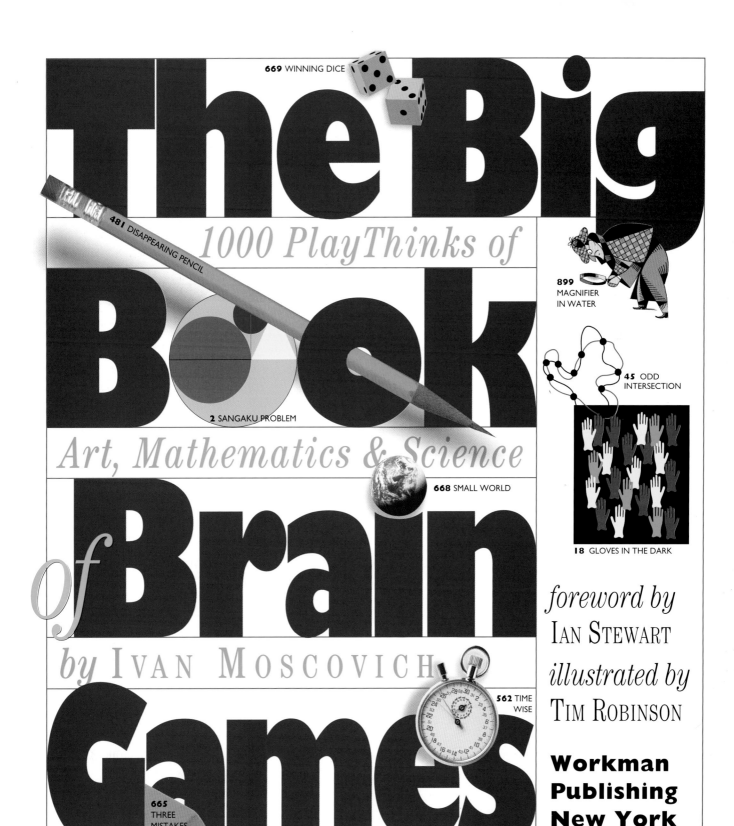

The Big Book of Brain Games

1000 PlayThinks of

Art, Mathematics & Science

by IVAN MOSCOVICH

669 WINNING DICE

481 DISAPPEARING PENCIL

2 SANGAKU PROBLEM

668 SMALL WORLD

562 TIME WISE

665 THREE MISTAKES

899 MAGNIFIER IN WATER

45 ODD INTERSECTION

18 GLOVES IN THE DARK

foreword by
IAN STEWART

illustrated by
TIM ROBINSON

**Workman
Publishing
New York**

상위 1%가 즐기는 창의수학퍼즐 1000

2011년 2월 28일 1판 1쇄 발행
2016년 4월 1일 1판 4쇄 발행

지은이 : 이반 모스코비치
옮긴이 : 이현정
발행인 : 정상석
발행처 : 터닝포인트
편집 : 박효진
표지 디자인 : 이기연
내지 디자인 : 이영은, 조미정
등록번호 : 2005. 2. 17 제6-738호
주소 : 서울시 마포구 연남동 565-15 308호
대표전화 : 02-332-7646
팩스 : 02-3142-7646
ISBN : 978-89-94158-20-4 03410
홈페이지 : www.diytp.com
정가 : 25,000원

원고집필 문의 diamat@naver.com
(터닝포인트는 삶에 긍정적 변화를 가져오는 좋은 책을 함께 만들 작가분의 좋은 원고를 환영합니다.)

추 천 사

나는 《사이언티픽 아메리칸(Scientific American)》에 10년 동안 수학 레크리에이션 칼럼을 연재했다. 그리고 원래 내 직업인 수학자가 아니라 퍼즐 칼럼니스트로써 이반 모스코비치를 처음으로 만나게 되었다. 1984년, 우리는 《이반 모스코비치의 슈퍼게임(IVan Moscovich's Super-Games)》이라는 책을 공동 저술하려는 계획을 세웠다. 그를 만나 대화하면서 그에게서 깊은 인상을 받았다. 쾌활한 성격과 명쾌한 설명이 마음에 들었다. 나는 그가 퍼즐 작업을 정말 즐기는 사람이라는 것을 단번에 알아차렸다.

지적 영역에 관한 일들이 그렇듯 퍼즐 또한 간단해 보인다. 성냥개비로 모양을 만들고, 특이한 방식으로 조각을 놓고, 또 이상한 숫자 놀이를 하는 것이 상상속의 세계처럼 보인다. 그래서 많은 사람들이 우리의 실제 삶과 그런 상상속의 삶은 전혀 다르다고 말한다. 우리가 일상생활에서 부딪히는 문제는 퍼즐보다 훨씬 해결하는 것이 힘들고, 정확히 규정되는 것도 아니고, 또 억지로 꾸며 낸 것도 아니라고 설명한다.

그러나 이 설명은 억지에 불과하다. 나는 퍼즐을 삶의 문제와 비교하려는 것이 아니다. 퍼즐은 우리가 상상의 날개를 펼쳐 만들어낸 이상한 세계에 속한 것이 아니다. 퍼즐은 사람들이 정성을 가지고 만든 자연스러운 지적 활동이다. 그래서 아주 간단한 퍼즐이라도 명쾌한 논리로 파악하는 것은 쉽지 않다.

우리가 퍼즐들을 풀어나가며 배워야 할 점은 실생활의 문제를 접근하고 풀어가는 방식이다. 퍼즐을 풀기 위해서 밟아야 하는 사고 단계는 사실 우리의 삶 속에서 아주 유용하게 쓰인다. 우리는 퍼즐을 통해 이렇게 가치 있는 방식뿐 아니라 지적 즐거움까지 얻을 수 있다. 예를 들어, 고양이 네 마리를 정사각형 안으로 밀어 넣으면서(물론 자존심이 강한 고양이라면 가둘 때 그냥 보고만 있지는 않겠지만), '면적'에 대해 이해할 수도 있다. 또, 주사위를 던지며 통계학의 의미를 이해할 수도 있으며, 동전 몇 개만으로도 '홀짝'에 숨어있는 수학의 의미를 발견할 수 있다.

자, 그럼 수학 이야기로 잠깐 넘어가보자. 단순하게 보이는 퍼즐로 우주의 숨겨진 진리의 문을 여는 활동이 있다면, 그 열쇠는 바로 수학일 것이다. 예를 들어 현대 수학의 최신 분야 중 하나인 '매듭론'을 한번 살펴보자. 이 이론이 단순히 매듭을 묶는 다양한 방법을 알려주는 것에 불과하다고 생각할 수도 있다. 하지만 솔직히 누가 끈 하나로 매듭을 묶는 데 수학 이론을 적용하겠는가? 매듭을 묶는 데 그런 수학이 필요한 사람은 아무도 없을 것이다.

사실 매듭론의 핵심은 끈이 아닌 다른 수많은 사물들도 매듭처럼 묶일 수 있다는 데 있다. 또한, 매듭론은 과학을 통해 응용할 수 있는 수학 이론 중 가장 간단한 이론이다. DNA 분자가 매듭 구조로 이루어졌다는 사실을 생각해 보라. 만일, 그 매듭이 나타나는 환경과 매듭의 특징을 알게 되면 그 생물학적·화학적 의미도 파악할 수 있다는 말이 된다. 뿐만 아니라 양자역학에도 매듭과 유사한 물체가 많다. 이처럼 설득력 있는 매듭론 하나로도 우주의 근본 원리에 대해 서 파악할 수 있다.

'자기론'이 단순히 방향 찾기에만 쓰이는 이론이 아닌 것처럼, 매듭론도 결코 끈에만 한정되지 않는다. 이론이 단순하다고 해서 결코 그 이론에 한계성이 있다고 볼 수 없다. 수학에서는 오히려 개념이 단순할수록 본질에 더 가까운 것으로 간주한다. 주변에 숫자가 쓰이는 곳을 생각해 보라. 그리고 숫자가 얼마나 단순한 개념인지도 생각해 보라. 사실 간단한 도구일수록 훌륭하게 쓰일 가능성이 더 많다는 것을 의미한다.

수학자들은 아주 단순한 것에서 예상치 못한 결론을 도출해 낸다. 그리고 수학자들에게 감사하는 마음을 가진 사람들이 순수한 마음으로 퍼즐이라는 것을 가지고 즐기기 시작했다. 내 경험에 비추어 보면 퍼즐은 분명히 수학적 상상력을 확대시켜 준다. 그리고 일반화시키는 사고방식도 배우게 된다. 단순히 마구 엉킨 끈의 길이에 대해 생각하는 것만으로 생물학이나 물리학에서의 엄청난 발견을 이끌어 낼 수도 있다.

이러한 관점에서 보면 이반의 다른 작품들과 마찬가지로 이 책도 중요한 의미를 담고 있다. 퍼즐이 우리의 삶, 예술, 과학, 문화의 제반분야에 깊숙이 관련되어 있음을 이 책을 통해 분명히 알 수 있다. 수학적 사고방식이 중요하다는 점은 인정하는가? 그렇지만 어렵고 힘들게 배울 수밖에 없다고 생각하는가? 이제 그런 고정관념은 벗어던져라. 그리고 이 책을 통해 호기심과 흥미만으로 수학적 사고방식을 자연스럽게 습득하라.

영국 코번트리에서
이언 스튜어트(워릭대학교 수학교수)

목 차

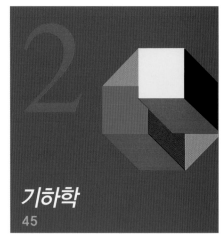

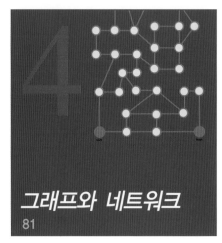

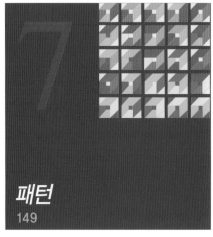

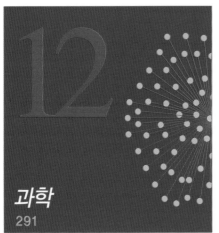

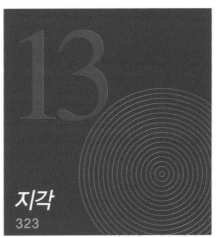

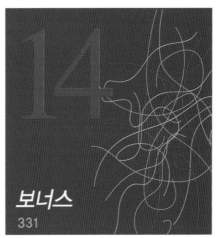

서 문

나는 게임을 매우 좋아한다. 그래서 지난 40년 동안 체험 전시장, 퍼즐, 장난감, 책 등에서 수천 가지 문제들을 수집하고 개발해왔다. 내가 이렇게 게임에 열중해 온 이유가 과연 무엇일까? 나는 게임을 통해서 사고방식을 바꿀 수 있다고 분명히 믿는다. 그리고 이 믿음은 나의 체험에서 비롯된 것이다. 나는 게임을 통해 창의성과 예술성을 기를 수 있었고 세상을 보는 새로운 시각을 배우게 되었다. 모르는 문제를 풀어나가는 과정에서는 끈기도 기를 수 있었다. 그리고 무엇보다 게임을 통해 엄청난 즐거움을 느낄 수 있었다.

20세기를 살아온 많은 사람들이 느끼겠지만, 나 역시 사람들이 창의성을 잃어가는 것을 수없이 보았다. 그런데 이러한 안타까운 현상이 정치적인 억압으로만 나타난 것은 아니었다. 학교에서는 창의력을 육성하지 않았고, 직장에서는 그 가치를 절하하고 도외시했다. 나는 이러한 사태를 눈으로 똑똑히 지켜봤다. 그리고 우리가 완전한 자유를 얻기 위해서는 억압받는 사회에서 독재자를 내쫓는 것만으로는 부족하다는 것을 깨달았다. 이러한 현상을 변화시켜 자유를 되찾고, 또 우리 안에 잠재된 가치를 일깨우기 위해서 무언가를 직접 실천해야만 한다는 것을 분명히 알았다.

나는 각자의 적성에 맞는 놀이를 통해 잠재능력을 극대화하는 최상의 방법을 찾을 수 있다고 생각한다. 아동 심리학자들은 아이들이 게임을 통해 세상을 배운다고 말한다. 이제는 이 방법을 어른들에게도 확장할 때이다. 흥미를 느끼고 탐색할 때에 이해력이 높아지기 때문에 무슨 일이든 흥미를 느끼면 추상적이고 어려운 개념조차도 쉽게 이해할 수 있다.

우리가 사는 물리적 세계는 사람들이 새롭게 탐구할 대상이 없다고 생각할 정도로 이미 대부분이 알려져 있다. 이제는 그 호기심을 무궁무진한 정신적 세계로 돌릴 때이다. 물론 사람들은 대부분 정신세계의 도전을 엄청난 고난으로 생각한다. 그래서 새로운 세계로 들어가기 위해서는 엄청난 노력이 필요하다고 생각해 발을 내딛기도 전에 포기하기도 한다.

그러나 이런 회의감과 두려움 때문에 우리의 인생을 풍요롭게 해줄 탐험놀이를 못한다면 얼마나 큰 손해인가? 아마추어 운동선수들이 어떻게 긴 마라톤을 완주하는 꿈을 꾸겠는가? 그들은 고된 훈련 과정을 놀이처럼 재밌게 여긴다. 힘든 훈련을 마치고, 실제로 마라톤을 완주했을 때 느끼는 선수의 쾌감과 만족감을 상상해보라. 퍼즐을 푼다는 것도 마찬가지이다. 선수들이 훈련을 놀이로 여기듯 퍼즐도 호기심과 흥미로 접근해야 한다. 마치 마라톤 완주 후에 느끼는 쾌감처럼, 퍼즐의 해답을 찾는 그 순간 수학의 아름다움과 성취감과 만족감을 느끼게 된다.

1952년, 이스라엘로 이민을 간 직후에 나는 관람객이 실제로 체험할 수 있는 과학박물관을 최초로 구상했다. 내 머릿속에서만 존재하던 이 생각이 샌프란시스코 과학관과 그 이후에 생긴 박물관들의 모델이 되었다. 이런 장소에서는 아이 어른 할 것 없이 모두 자신의 사고가 활발해지는 것을 느끼게 된다. 그래서 이전에 "너무 어렵다."거나 "이해할 수가 없다."며 포기했던 개념들을 이해하게 된다. 이렇게 이해력이 순간적으로 확장되는 이유는 바로 '문제'를 재미있는 놀이라고 인식하기 때문이다.

이 책은 체험박물관처럼 재미와 어려움을 조화롭게 결합시켜 개념과 사고를 확장해준다. 그리고 새로운 예술, 과학, 수학 문제에 대한 적용 방법을 알려준다. 그 방법이 우리가 흔히 보아온 고전적인 게임이나 퍼즐을 넘어선 새로운 개념의 것이기 때문에 나는 '플레이싱크(Playthink)'라는 새로운 용어를 만들었다.

플레이싱크는 시각적인 것, 수수께끼, 퍼즐, 장난감, 게임, 착시, 예술 작품, 애깃거리, 3차원적 구조에 이르기까지 모든 것을 망라하고 있다. 고전적인 형태 그대로 둔 것도 있고, 고전을 현대적으로 새롭게 응용하여 만든 것도 있다. 플레이싱크를 통해 잠시나마 재밌는 놀이에 완전히 빠져 즐기면서 동시에 어려운 문제까지 해결해 보자.

놀이와 실험을 즐기는 동안 동시에 창의적 사고도 개발될 것이다. 이것이야말로 이 책의 목표이자 내가 진정으로 원하는 바이다. 이 책을 탐험하면서 호기심과 창의적인 생각이 더욱 샘솟고, 직관력이 더욱 번뜩이는 것을 체험하게 될 것이다. 자, 이제 이 흥미진진하고 놀라운 모험의 세계로 함께 탐험여행을 떠나보자!

네덜란드 네이메헌에서
이반 모스코비치

역자의 말

《The Big Book of Brain Games》이 책의 번역을 의뢰받고, 이 책을 처음 받았을 때 두 번 놀랐다. 원서의 책 두께에 한 번 놀라고, 또 책장을 한 장 한 장 넘겼을 때 컬러풀한 색감과 다양한 문제 유형에 두 번째로 놀라지 않을 수 없었다.

'두뇌'와 '게임'이라는 단어로도 충분히 호기심이 발동하게 만든 이 책은 전설적인 퍼즐의 대가 샘 로이드(Sam Loyd)의 뒤를 잇는 이반 모스코비치(Ivan Moscovich)가 멀게는 수천 년 전의 고대 이집트에서부터 가깝게는 불과 얼마 전 현대에 이르기까지 대중들에게 인기를 끈 퍼즐 문제들이나 자신이 직접 만든 문제들을 단순하게 모아놓은 책만이 아니다.

수학과 관련한 놀이는 인류가 고대부터 즐겨온 것으로 인간과는 떼려야 뗄 수 없는 지적 유희의 도구이다. 저자는 이런 수학적 놀이를 통해서 독자들이 주어진 정보를 날카롭게 분석하는 눈을 키우며 발상을 전환하여 새로운 시각으로 바라보는 연습을 하여 결국 통찰력과 자유를 맛보기를 바라는 마음에서 이 책을 저술하였다.

나와 마찬가지로 이 책에 실린 많은 문제들은 수동적이고 단순히 답을 맞히는 교육에 익숙한 독자들에게는 다소 어렵다고 느껴질 수도 있다. 하지만 저자가 제시한 방법대로 유연한 사고와 색다른 시각으로 유추과정에 중심을 둔 노력을 반복하다보면, 결국 정확하고 능동적이며 효율적인 사고 능력이 생기고, 나아가 통찰력과 지적 자유를 만끽할 수 있을 것이다.

저자가 당부하듯이 모든 문제를 즐거운 놀이로 여기고 이 책을 가지고 놀다보면 어느새 원리가 자연스럽게 이해되며 수학이 재미있어지고 두뇌가 단련될 것이다. 또한, 창의력과 논리력을 바탕으로 전체를 조망하는 직관력을 통해서 급변하는 이 시대에 정확하고 빠른 판단력으로 해결책을 도출해 내는 힘을 키우게 될 것이다.

우리나라 정서나 사고방식에 맞지 않는 것은 바꾸고 원서의 답 오류도 최대한 찾아내 고치는 번역 작업이 쉽지만은 않았지만, 이 책이 펼쳐 보일 지적 모험의 세계와 창의의 바다로 많은 독자들이 뛰어들어 잠자고 있던 뇌에 생명을 불어넣는 계기가 되었으면 하는 바이다.

역자 이현정

일러두기

1. 책의 숫자 관련 표기는 서수를 사용함이 옳지만, 원서가 수학 문제를 다루는 책이므로 계산의 편의를 위해 이 책에서의 표기는 문제의 유형에 따라 서수와 기수를 혼용해서 사용했다.
2. 원서에 사용된 마일(mile), 피트(feet), 달러(dollar), 센트(cent) 등의 도량과 화폐 단위는 문제를 침범하지 않는 범위에서 우리나라 실정에 맞게 킬로미터, 센티미터, 원 등의 단위로 환산했다.
3. 원서의 일부 문제들은 서양의 풍습과 문화(특히 미국)를 알아야만 풀 수 있는 문제들이 있다. 국내 독자들의 이해를 돕기 위해 문제를 침범하지 않은 범위에서 문장을 수정한 문제가 있음을 밝힌다.
4. 3번의 예처럼 바꿨음에도 도저히 국내 독자들은 풀 수 없다고 판단한 문제들은 원서의 느낌을 살리기 위해 문제 수정 없이 그냥 원문 그대로 번역해 실었음을 밝힌다.
5. 일부 문제의 답은 영어 문장이 답이기 때문에 국내 독자들로서는 풀기가 어려울 수도 있다. 하지만 문장을 수정하면 문제가 심하게 훼손될 수 있기 때문에 그대로 번역해 출제했음을 밝힌다.

이 책의 이용 방법

내가 직접 해보니 단독으로 나온 문제보다 쌍방향의 게임이나 퍼즐을 푸는 것이 어려운 개념을 이해하는 데 훨씬 도움이 된다.

이 책은 수많은 개념을 다양한 난이도와 여러 가지 주제를 통해 배울 수 있도록 구성되었다. 똑같은 문제가 반복해서 등장할 때도 있지만, 점점 어려워지고 더 확장된다. 그러니 책에 나온 문제를 순서대로 하나씩 풀어나가면 지식의 세계에 한 걸음씩 다가갈 수 있을 것이다.

하지만 이것만이 유일하거나 최상의 방법은 아니다. 문제마다 난이도가 1에서 10까지 매겨져 있다. 우선 난이도가 1과 2인 것부터 풀고, 그 다음에 3과 4를 푸는 식으로 점점 난이도를 높여가며 도전하는 것도 좋은 방법이다. (문제를 난이도별로 분류한 목록은 책 뒤에 있다.)

또는 책을 이리저리 넘겨보다가 어려워 보이는 문제는 우선 제쳐두고 재미있고 흥미를 끄는 주제를 골라 먼저 풀어 보는 것도 방법이 될 수 있다.

또, 각 문제마다 제일 상단에 있는 준비물 항목을 이용하여 풀 수도 있다. 우선 사고 문제(◉)를 풀고, 종이와 연필이 필요한 문제(✏), 마지막으로 가장 어려운 문제, 즉 경로를 찾거나 복사해(▤) 자르는(✂) 문제를 푸는 것이다. 틈틈이 혼자서 풀 수 있는 문제를 풀다가 친구와 함께 있을 때에는 단체 게임을 해보거나 문제를 함께 풀어 보라. 자신에게 맞는 방법을 선택하여 이용하라. 무엇을 선택하든 즐겁게 논다는 생각만은 잊지 말아야 한다.

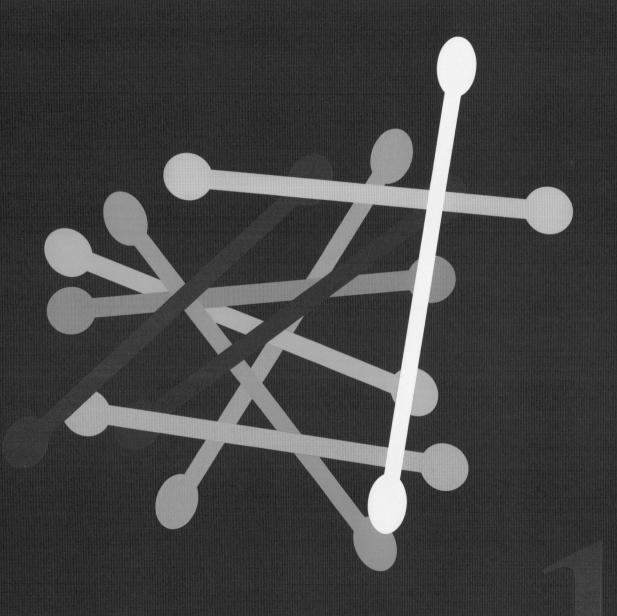

PlayThink 놀이터

일본 사찰

17세기부터 19세기까지 널리 퍼졌던 일본 사찰에서 즐기던 수학 놀이라 할 수 있는 산가쿠(sangaku, 算額)에서 많은 영감을 얻어서 이 문제들을 만들었다. 일본어로 수학판을 뜻하는 산가쿠는 당시 농부에서 사무라이 계급까지 모두가 즐겼던 국가적인 놀이였다. 사람들은 기하학 증명이나 퍼즐을 완성하고 나면, 고급스러운 목조판에 그 해답을 새겨 신들에게 바쳤다. 그리고 기하학 문제를 새긴 목조판은 신사와 사찰의 지붕 아래에 매달아 놓았다. 사실, 최고로 손꼽히는 산가쿠 판들은 해답을 얻게 해 준 신에게 경의를 표하고자 만든 작품들이다.

오늘날 산가쿠를 기억하는 사람은 매우 드물다. 1989년에 히데토시 후쿠가와와 다니엘 페도우가 산가쿠 문제를 엮은 최초의 영어책을 출간했고, 이후에 과학 잡지 《사이언티픽아메리칸(Scientific American)》에 수록되었다. 880개가 넘는 문제가 산가쿠 판에 남겨져 전해지는데, 주로 기하학과 관련되어 큰 원, 삼각형, 타원 안에 작은 원이 포함된 문제가 많았다. 현대 수학의 관점으로 볼 때에는 이 모든 문제가 레크리에이션, 취미용 수학문제에 지나지 않겠지만, 그 난이도는 아주 쉬운 문제에서부터 불가능한 문제까지 다양했다. 산가쿠의 대부분은 증명 없이 답만 새겨 놓은 것이 많았다.

당시 일본인들은 누구나 수학을 좋아하고 즐겼으며 기하학의 아름다움에 매료되어 있었다. 산가쿠 문제를 만든 사람들은 선생님이거나 그 제자일 가능성이 많았다. 산가쿠 판은 어느 수업에서든 시각자료로 활용하기 위한 목적으로 매우 심혈을 기울여 제작되었다. 이 책에 수록한 문제들 역시 산가쿠처럼 다양한 자료로 사용되었으면 한다.

나는 지금까지 온갖 종류의 퍼즐과 마인드 게임에 빠져들었는데 그렇다고 가장 어려운 문제들만 좋아한 것은 아니었다. 아주 쉬운 퍼즐이라도 방식이 기발하고 의미가 깊으면 매우 즐겁게 문제를 풀었다. 퍼즐을 푸는 것은 사고방식과 밀접한 관련이 있어서 타고난 능력이나 지능을 객관적으로 측정하는 것과 비슷하다. 책에 실린 문제들마다 난이도는 다르지만, 대부분의 사람들은 여기 실린 문제를 모두 이해할 수 있을 것이다. 사고력도 매우 중요하지만, 이해력도 수학지식만큼 중요하다. 결국 다양한 사고방식 때문에 수많은 사람들이 제각기 독특한 개성을 지닌 유일한 존재가 될 수 있다.

> "상상력이 지식보다 중요하다."
> – 알버트 아인슈타인

PLAYTHINK 1

난이도: ●●●●●○○○○
준비물: ● ✎
완성여부: □   시간: _____

7 만들기

12를 반으로 나누면 7이라는 사실을 증명하라.

$$7 + 7 = 12 ?$$

PLAYTHINK 2

난이도:●●●●●●●●●○
준비물: ✏
완성여부:□   시간:____

1803년 산가쿠 문제

큰 녹색 원을 그리고, 그 지름 위에 노란색 이등변삼각형과 녹색 원보다 작은 빨간색 원을 그려라. 노란색 삼각형의 밑변이 녹색 원의 지름 위에 있도록 하고, 빨간색 원의 지름은 삼각형의 밑변의 한 꼭짓점에서부터 녹색 원의 지름 끝까지로 잡아라. 이제 세 번째 도형인 파란색 원을 녹색 원과 빨간색 원, 노란색 삼각형에 모두 접하도록 그려라. 이 파란색 원의 중심에서 빨간색 원과 노란색 삼각형이 접하는 부분까지 선을 그으면 이 선이 녹색 원의 지름에 수직이라는 것을 증명하라.

PLAYTHINK 3

난이도:●○○○○○○○○○
준비물: ✏
완성여부:□   시간:____

아메스 퍼즐

7 채의 집이 있는데 각 집마다 고양이 7마리가 살고 있고, 고양이 1마리는 쥐를 7마리 잡아먹는다. 만일 쥐가 고양이에게 잡아먹히지 않는다면 쥐 1마리는 밀 이삭 7개를 먹는다. 밀 이삭 1개로 밀가루 7홉을 생산한다면 고양이가 쥐를 잡아먹어서 생산할 수 있게 된 밀가루의 양은 얼마인가?

PLAYTHINK 4

난이도:●●●●●○○○
준비물: ✏
완성여부:□   시간:____

네스팅 프레임

정 원에 3개의 네스팅 프레임을 서로 엮어서 만든 구조물이 있다. 즉, 빨간색으로 표시된 프레임은 노란색으로 표시된 프레임 안에 들어가 있고, 노란색 프레임은 파란색 프레임 안에 있다. 그런데 이 파란색 프레임은 다시 빨간색 프레임 안에 들어가 있다. 그렇다면 이 프레임 3개의 상대적 크기는 어떻게 될까?

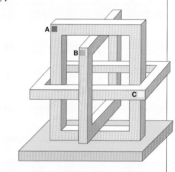

PLAYTHINK 5

난이도:●●●●○○○○○
준비물: ✏
완성여부:□   시간:____

덧문

왼쪽 그림에서 주황색으로 표시된 덧문을 잠깐 살펴보라. 이제 그림을 가리고 아래에 그려진 여러 모양의 그림 중에서 방금 본 것과 같은 것을 골라라.

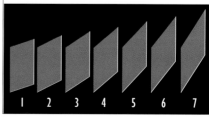

PLAYTHINK 6

난이도: ●●●●○○○○○○
준비물: ●
완성여부: □　　시간:＿＿＿

닭과 알

고대부터 내려온 이 문제에 답해 보자. 닭이 먼저일까, 알이 먼저일까?

PLAYTHINK 7

난이도: ●●●●○○○○○○
준비물: ● ✎
완성여부: □　　시간:＿＿＿

장난감 문제

각각의 장난감 가격은 얼마인지 모른다. 다만 마지막 행과 열을 제외하고 각 행렬의 총 가격이 주어져있다. 각 장난감의 가격과 마지막 행과 열의 총합을 구하라.

					16
					19
					17
					16
					?
22	**12**	**18**	**16**	**?**	

PLAYTHINK 8

난이도: ●●●●●●○○○
준비물: ✎
완성여부: □　　시간:＿＿＿

연속한 정수를 이용한 정사각형

이번 문제는 레크리에이션 수학책에서 발췌한 것이다. 연속하는 첫 정수 1, 2, 3, 4, 5, 6, 7, 8, 9, 10을 한 번씩만 사용해서 직사각형 5개를 만들어 보라. 정수의 숫자는 가로, 세로 칸을 의미한다. 그 중 직사각형 5개를 조합하여 정사각형을 만들 수 있는 경우는 몇 가지일까? 직사각형 5개로 정사각형을 만드는 4가지 경우가 아래에 있다. 오른쪽에 있는 5개의 컬러 직사각형을 왼쪽의 빈 정사각형에 옮겨서 각 경우를 완성하라.

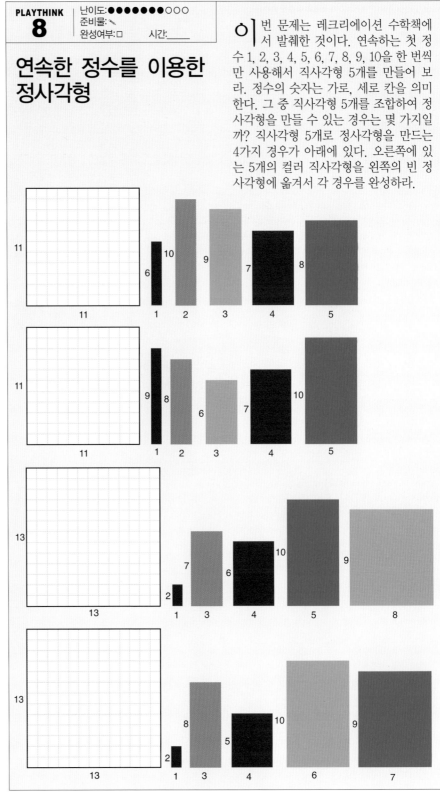

패턴의 미학

고대 그리스에서는 수학을 숫자의 학문이라고 정의한 바 있으나, 이 정의는 수 세기 동안 인정받지 못했다. 그러다가 17세기에 이르러 영국의 아이작 뉴턴과 독일의 라이프니츠가 각각 독자적으로 미적분학을 개척했다. 이후에 움직임과 변화를 탐구하는 이 미적분학을 통해 수학이 활발히 연구되었다. 오늘날 수학은 80개의 분야로 구분되고 그 중 일부는 다시 하위 분야로 나뉜다. 따라서 현대에 와서는 수학을 숫자의 학문이 아니라 패턴의 학문이라고 정의한다.

패턴은 숫자, 기하학, 역학, 행동학 등 여러 분야에서 다양하게 나타나기 때문에, 사람들은 어릴 때부터 자연스럽게 패턴에 관심을 가진다. 수학은 패턴의 학문으로 우리 삶의 모든 면에 영향을 미친다. 사고방식, 의사소통, 계산, 사회, 심지어 삶 자체를 구성하는 부분에서도 추상적인 패턴을 엿볼 수 있다.

사람들은 어디에나 있는 패턴을 접하며 살아가며 수학자들은 패턴 내부의 패턴까지도 관찰한다.

수학자들의 목표는 언어가 아닌 가장 단순한 원리로 가장 복잡한 패턴까지 설명하는 것이다. 수학의 매력은 가장 간단하고 흥미로운 문제에서도 심오한 통찰력을 얻을 수 있다는 데 있다. 문제 54번의 악수 2번 문제를 잠깐 보자. 사람들은 그래프 위의 점이며 악수가 그 점들을 연결하는 선이라 생각하라. 그 다음에 그 점들이 모두 연결된 그래프 하나를 머릿속으로 그려 보라. 이 방식은 비행기 조종 등 여러 가지 상황에서 유용하게 사용되고 있다. 이처럼 사고력이 중요하기 때문에 오늘날 많은 학교에서는 기하학과 위상학, 그리고 확률을 통합하여 수학수업을 하고 있다. 관계와 패턴이 있는 모든 곳에 수학이 있다고 말할 수 있다.

> "수학이 발견인지 발명인지에 대한 논쟁은 오래전부터 있었다. 이 논쟁은 우리가 이룬 수학적 지식의 수준과는 관계없이 진리가 애초부터 존재하는가에 대한 의문이다. 하지만 신의 존재를 믿는다면 그 답은 명확하다."
>
> – 폴 에르도스

PLAYTHINK
9

난이도: ●○○○○○○○○○
준비물: ●
완성여부: □　　시간:＿＿＿

슬픈 광대

얼굴을 찡그린 광대를 찾아보자.

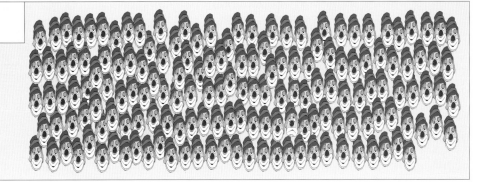

PLAYTHINK
10
난이도:●○○○○○○○○○
준비물:●
완성여부:□ 시간:_____

막대 고르기 1

어지럽게 쌓인 막대를 다 없애려면 어떤 순서대로 막대를 들어내야 하는지 순서대로 말해보라.

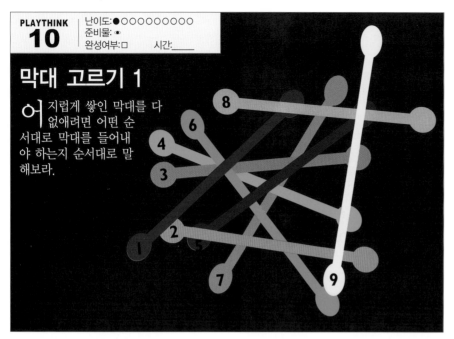

PLAYTHINK
11
난이도:●●●●○○○○○
준비물:✎
완성여부:□ 시간:_____

정사각형 만들기

성냥개비 24개가 그림처럼 나열되어 있다. 이 중에서 성냥개비 8개를 움직여서 서로 떨어진 정사각형 2개를 만들어 보라.

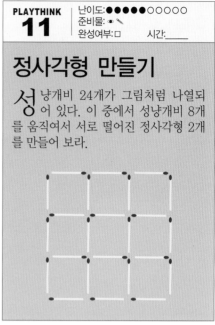

PLAYTHINK
12
난이도:●●●●●○○○○
준비물:✎
완성여부:□ 시간:_____

화살표 숫자 상자

다음의 규칙에 따라 화살표를 칸 안에 넣어야 한다. 화살표는 8개의 방향(동, 서, 남, 북, 북동, 북서, 남동, 남서) 중 하나를 가리켜야 한다. 상자 테두리의 검정색 칸 안의 숫자는 그 칸을 가리키는 화살표의 총 숫자를 의미한다. 그리고 흰색 칸 안에는 모두 화살표가 반드시 있어야 한다.

오른쪽 위쪽의 화살표 숫자 상자를 예로 들어보면 남은 흰색 칸에 규칙에 따라 들어갈 화살표가 없고, 상자 테두리의 검은 칸 중 숫자에 맞게 화살표를 받지 못한 곳(제일 왼쪽 칸 위에서 두 번째 1)도 있기 때문에 틀린 것이다. 나머지 정사각형을 규칙에 맞게 완성하라.

0	2	1	1	0	0
1					2
1					1
0					1
1					1
1	1	1	0	1	0

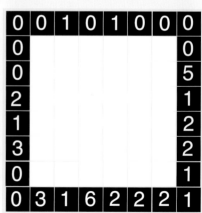

0	2	1	1	0	0
1					2
1					1
0					1
1					1
1	1	1	0	1	0

2	0	4	0	2	0	3
0						1
3						0
0						0
3						2
0						0
0	0	0	2	1	2	0

0	0	1	0	1	0	0	0
0							0
0							5
2							1
3							2
3							2
0							1
0	3	1	6	2	2	2	1

사고력도 기술이다

우리는 일상생활에서 끊임없이 직관을 사용하지만 최근까지도 직관에 대한 과학적 연구는 제대로 이루어지지 않고 있다. 요 근래 연구는 사람들이 직관력을 사용하면 할수록 직관력이 향상된다는 사실을 밝혀냈다.

이 책의 문제를 풀다 보면 패턴 인식, 지각능력, 상상력, 경험을 최대한 활용하는 능력을 기를 수 있다. 그러므로 문제를 많이 풀면 풀수록 당신의 창의력과 통찰력, 직관력이 향상될 것이다.

사고력은 요리나 골프와 마찬가지로 배워서 익히는 기술이기 때문에 노력을 기울이면 반드시 향상된다. 그래서 퍼즐계의 유명 사이트인 '퍼즐토피아'의 운영자 놉 요시가하라도 다음과 같이 말하지 않았겠는가? "조깅이 몸을 단련시키는 것처럼 사고력은 두뇌를 훈련시킨다. 두뇌는 사용하면 할수록 더 향상된다."

복권 당첨

복권은 숫자를 잘 선택해야 큰 상금에 당첨될 수 있다. 10명 중 1명이 당첨되는 복권과 100명 중 10명이 당첨되는 복권이 있다면, 둘 중 어느 복권이 더 당첨 확률이 높을까?

패턴 15

서로 다른 자연수 5개를 모두 더하면 15가 되고, 모두 곱하면 120이 된다. 이 숫자 5개는 무엇일까?

■ + ■ + ■ + ■ + ■ = 15

■ × ■ × ■ × ■ × ■ = 120

패턴 30

모두 한 자리 숫자인 서로 다른 자연수 5개가 있다. 이 숫자 5개를 모두 더하면 30이고, 모두 곱하면 2,520이다. 이 자연수 5개 중에 1과 8이 포함되어 있다면 나머지 숫자 3개는 무엇일까?

■ + ■ + ■ + 1 + 8 = 30

■ × ■ × ■ × 1 × 8 = 2,520

말과 기수

직접 도구를 사용하지 않고 눈으로만 보고 생각하여 다음의 문제를 풀어 보라. 기수가 말의 안장 위에 앉은 것처럼 보이려면 조각 그림을 어떻게 놓아야 할까? 전설적인 퍼즐 작가인 샘 로이드의 고전적인 당나귀 문제를 응용한 이 문제는 얼핏 보면 쉬워 보인다. 그러나 지금 생각하는 그 답이 틀릴 수도 있다는 것을 예상하라. 만일 생각만으로 이 문제가 잘 안 풀리면 그림을 복사해서 고삐를 오려 보라. (힌트: 정답을 보면 말이 훨씬 더 빨리 달리는 것처럼 보인다.)

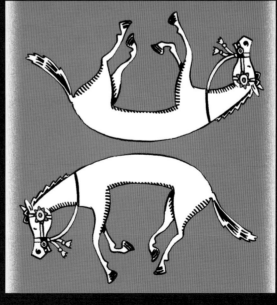

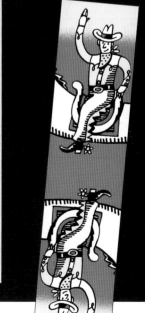

PLAYTHINK
17
난이도:●●●●○○○○○
준비물:●
완성여부:□ 시간:_____

불가능한 도미노 다리

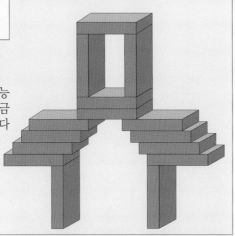

처음에 이 도미노 다리를 보면 불가능해 보인다고 생각할 것이고, 조금 더 자세히 보면 도미노를 올리기 전에 다리가 무너질 것이라 예상할 것이다. 그러나 사실 제대로만 쌓으면 매우 간단한 방법으로 다리를 만들 수 있다. 어떻게 해야 할까?

PLAYTHINK
18
난이도:●●●●●○○○○
준비물:
완성여부:□ 시간:_____

어둠 속의 장갑

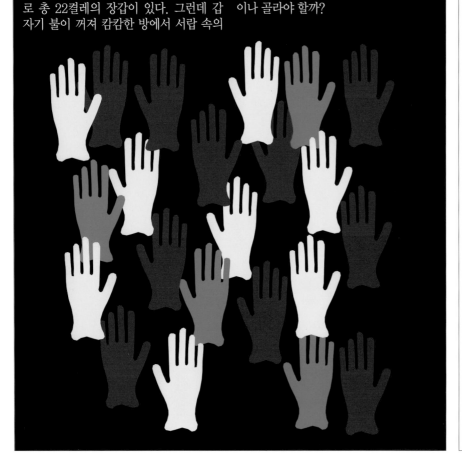

서랍 속에 빨강 장갑이 5켤레, 노랑 장갑이 4켤레, 녹색 장갑이 2켤레로 총 22켤레의 장갑이 있다. 그런데 갑자기 불이 꺼져 캄캄한 방에서 서랍 속의 장갑을 고르게 되었다. 같은 색의 장갑을 양 손에 맞게 끼기 위해서는 최소한 몇 번이나 골라야 할까?

PLAYTHINK
19
난이도:●●●●●●○○○
준비물:✎
완성여부:□ 시간:_____

정사각형 겹치기

아래의 컬러 정사각형 6개를 제일 아래에 있는 커다란 회색 정사각형으로 옮겨라. 단, 옮긴 후 정사각형 크기는 4종류, 개수는 18개가 되도록 하라. 정사각형 내의 흰색 줄은 겹치는 정사각형을 구별하기 위한 보조선일 뿐이므로, 검정색 테두리만으로 파악해야 한다.

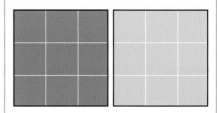

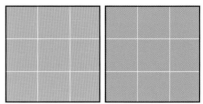

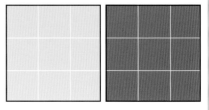

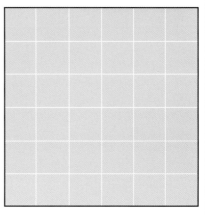

멘탈 블록 이기기

우리의 두뇌는 생각보다 훨씬 많은 기능을 발휘한다. 두뇌는 수없이 많은 수의 시냅스로 연결되어 있는데, 각 연결은 생각의 패턴을 나타낸다고 볼 수 있다. (형성될 수 있는 시냅스의 개수는 어마어마하므로 생각의 수는 거의 무한에 가깝다고 보면 된다.)

이처럼 생각의 수는 무한에 가깝지만, 생각하는 것이 쉽지는 않다. 그래서 사람들은 가능한 한 적게 생각하려는 경향이 있다. 많은 사람들이 문제를 풀 때 치고 빠지기 식의 전략을 펴는 것을 볼 수 있다. 사람들은 단순히 머릿속에 처음 떠오르는 것을 골라서 맞는지 보는 식으로 문제를 푼다. 그렇지만 이런 전략을 펴면 다른 수많은 방법은 시도조차 못하고 만다. 그리고 자신만의 선입견에 사로잡힐 가능성도 있어서 문제 해결에 도움이 되는 정보도 무시하게 된다.

모든 정보를 최대한 받아들이는 것이 최상의 사고 방법이다. 창조적인 발상을 할수록 정답을 찾을 확률이 높아진다. 그러니 첫 번째 답이 틀리면 다른 것을 시도해보라. 멘탈 블록으로 알려진 정신적 한계 때문에 가장 간단하고 명백한 해답도 놓칠 수 있다. 멘탈 블록이 창조성을 발휘할 때도 가끔 있지만, 불완전한 정보로 잘못된 세부적인 것에 초점을 맞추거나 잘못된 방향으로 교묘하게 빠질 때가 훨씬 많다. 이처럼 수학자들은 우리가 멘탈 블록에 취약한 것을 이용하여 퍼즐이나 마술의 기술을 개발한다. 사람들은 대부분 이 장벽에 부딪혀 문제를 못 풀 때가 훨씬 많다. 하지만 가끔씩은 순간적으로 문제의 핵심을 파악하고 깨달아 단번에 복잡한 문제를 풀어내기도 한다.

가장 훌륭한 퍼즐은 우리의 예상을 뛰어넘는 것이다. 원래의 용도와는 다른 방법으로 물건을 사용하거나 고정관념을 깨트리거나 또는 새로운 배열로 구성을 바꾸는 것이 답일 가능성이 많다. 따라서 직접적이고

> "진짜 문제는 해답을 파악하지 못한 것이 아니라 문제를 제대로 파악하지 못하는 것이다."
> – G. K. 체스터튼

전면적인 접근법으로는 답을 찾기가 어렵기 때문에 오히려 멀리 돌아가는 것이 해답에 이르는 최적의 방법이 될 수도 있다. 그러므로 정신적 한계에 부딪힌다면 정면 돌파가 아닌 돌아가는 방법을 택하라.

T-퍼즐

여 의 빨간색 조각 4개를 조합하여 완벽한 대문자 T를 만들어 보라. 해답을 보기 전에 이 조각들을 복사하고 오려서 생각해 보라.

PLAYTHINK
21
난이도:●●●●●●●○○
준비물:● ▤ ✕
완성여부:□   시간:＿＿＿

랠리 슬라이딩 퍼즐

고전적인 슬라이딩 퍼즐에는 조각들이 움직일 수 있는 공간이 있다. 조각들을 그 공간으로 적절하게 옮기는 것이 이런 슬라이딩 퍼즐을 푸는 열쇠이다. 그러나 랠리 슬라이딩 퍼즐은 움직일 공간이 없는 슬라이딩 퍼즐이다. 디스크 32개가 서로 직교하는 2개의 타원형 채널을 통해 연결되어 움직인다. 각 채널에는 디스크가 18개 있고, 두 채널에 공통된 디스크가 4개 있다. 한 디스크를 움직이면 그 채널 안의 모든 디스크가 움직이며, 디스크는 위치(두 채널의 교점부분)에 따라 다른 채널로 이동할 수도 있다.

빨간색 디스크와 파란색 디스크는 12개씩 있고, 노란색 디스크는 8개가 있다. 현재 빨간색 디스크가 퍼즐 중앙에 정사각형 형태를 이룬다. 이 정사각형 자리에 파란색 디스크로 옮겨 오려면 채널을 몇 번 이동해야 할까?

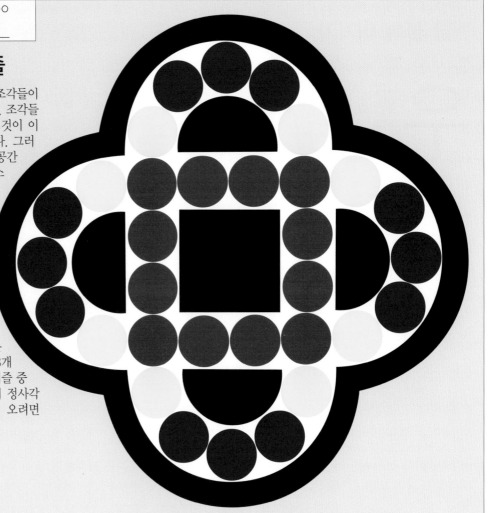

PLAYTHINK
22
난이도:●●●●●●○○○
준비물:● ✎
완성여부:□   시간:＿＿＿

UFO 납치

UFO 4대에서 모두 레이저를 쏘아서 어떤 사람 주변에 직사각형 에너지 필드를 만들면 그 사람을 납치할 수 있다. 각 UFO에서 남자의 왼쪽이나 오른쪽에 무작위로 레이저를 쏘아서 남자를 납치할 확률을 구하라. (그림은 레이저를 모두 남자의 오른쪽에 쏜 것이다.)

PLAYTHINK
23
난이도:●●●●●●●○○○
준비물:✎
완성여부:☐   시간:＿＿＿

발명가 패러독스

친구 3명이 다른 친구인 이반에 대해서 이야기를 하고 있지만, 이 중 1명만이 진실을 말하고 있다.

게리: 이반은 장난감을 100개 발명했어.

조지: 아니야. 100개까지는 아니야.

아니타: 뭐, 그래도 최소한 장난감 하나는 발명했어.

이들 중에 한 사람만 사실을 말했다면, 이반이 실제로 발명한 장난감의 개수는 몇 개일까? 그리고 장난감 그림 속에 숨어 있는 이반의 사진도 찾아보자.

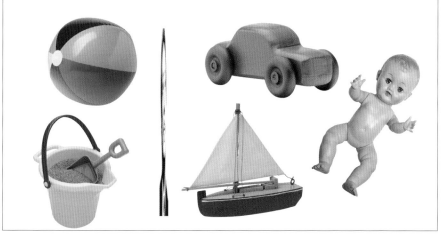

PLAYTHINK
24
난이도:●●●●●●○○○
준비물:✎
완성여부:☐   시간:＿＿＿

보물섬

보물 지도를 만든 해적이 다른 사람들을 혼란시키기 위해 지도의 글 중 한 문장을 거짓으로 만들었다. 보물이 묻힌 섬은 어디일까?

PLAYTHINK
25
난이도:●●●●●○○○○○
준비물:✎
완성여부:☐   시간:＿＿＿

서커스 기수

말 7마리의 색깔이 각기 다를 때, 원형의 서커스 구역에 세울 수 있는 방법의 수는 몇 가지가 있을까?

"한 어린 소녀이 아르키메데스가 일생을 바쳐 알아낸 사실들에 대해 이제 배워가고 있다."

– 에르네스트 르낭

PLAYTHINK 26

난이도:●●●●○○○○○
준비물:●
완성여부:□ 시간:____

책벌레

책 벌레 1마리가 1권의 1페이지에 있었는데 여기서부터 5권의 끝 페이지까지 갉아먹기 시작했다. 책은 앞표지, 뒤표지를 포함해서 권당 두께가 6센티미터이고, 앞/뒤표지는 각각 0.5센티미터라고 할 때 책벌레가 이동한 거리는 모두 얼마일까?

PLAYTHINK 27

난이도:●●●●●●○○○
준비물:● ✎
완성여부:□ 시간:____

할로윈 가면을 칠하는 방법

서 로 다른 5개의 색으로 할로윈 가면을 칠하려고 한다. 눈, 코, 입을 모두 다른 색으로 칠하는 서로 다른 방법은 모두 몇 가지일까?

PLAYTHINK 28

난이도:●●●●●●○○○
준비물:● ✎
완성여부:□ 시간:____

이진 변환

한 번에 가로나 세로 줄 내에서 칸의 일부를 서로 교환하거나, 가로나 세로줄 전체를 다른 줄 전체와 바꾸면 정사각형 속의 패턴을 바꿀 수 있다. 왼쪽의 배열을 오른쪽의 배열처럼 바꾸려면 패턴을 몇 번 바꾸어야 할까?

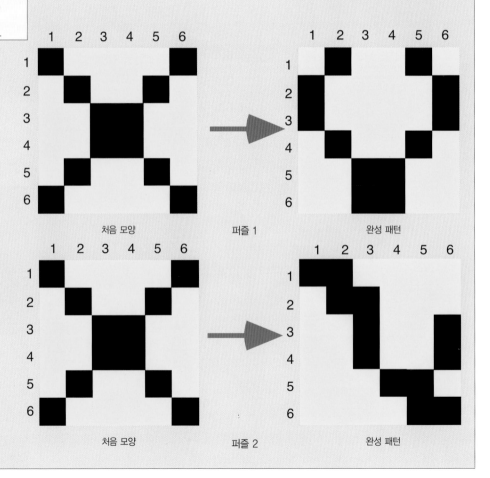

PLAYTHINK 29

난이도: ●●●●●●●○○
준비물: ✎
완성여부: □   시간:_____

페그 잇기

첫 줄과 마지막 줄에 있는 컬러 페그(peg)에 1에서 6까지의 숫자가 적혀있다. 이 페그들을 번호별로 이으려면 그 사이에 있는 검은색 페그를 연결해야 한다. 검은색 페그 사이의 이동은 아래에 있는 분홍색 줄의 3가지 길이만 가능하다. 5번 페그는 이미 연결되어 있다. 나머지 경우도 모두 이어 완성하라.

3가지 선

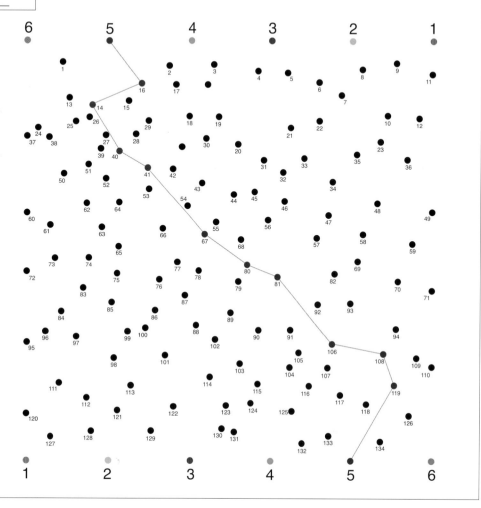

PLAYTHINK 30

난이도: ●●●●●●○○○
준비물: 🪙 ✎
완성여부: □   시간:_____

3개의 동전 던지기

친 구에게 확률에 대해서 물어보자 친구가 다음과 같이 말했다. "동전 3개를 던져서 모두 앞면이 나오거나 모두 뒷면이 나올 확률은 1/2, 즉 50 대 50이야. 왜냐하면 동전 3개를 던지면 최소 2개는 앞이든 뒤든 일치하는 동전쌍이 나오게 되잖아. 따라서 3번째 동전이 확률을 결정하는 거지. 그런데 이 동전의 앞면과 뒷면이 나올 확률이 똑같으니까 결국 1/2이 되는 거야." 친구의 설명이 옳을까? 만약 틀렸다면, 동전 3개를 던져서 모두 앞면이 나오거나 모두 뒷면이 나올 확률은 얼마일까?

PLAYTHINK 31

난이도: ●●○○○○○○○
준비물: 🪙
완성여부: □   시간:_____

성냥개비

다 음 5개의 성냥개비 묶음을 조금씩 방향을 틀어서 어떤 단어를 만들어 보자. 단, 성냥개비 낱개가 아니라 묶음 전체의 방향을 돌려야 한다.

우리는 왜 게임을 할까?

인간은 살아있는 지적 생명체로 호기심을 가지고 자기 자신을 비롯한 주위 환경과 미지의 세계를 탐구하고 있다. 인간이 호기심을 통해 미지의 세계를 탐구하는 근본적인 이유는 정확히 알 수 없지만, 인간이 호기심을 탐구하고 좋아하는 것만큼은 부인할 수 없다. 인간이 게임을 통해 존재하고 있음을 느끼는 것도 이와 비슷한데 나는 개인적으로

이것이 위험을 무릅쓰고 모험하는 것과 깊은 관련이 있다고 생각한다.

인간들은 자신이 좋아하는 자극의 수준보다 아주 약간 더 복잡한 자극을 찾으려고 하는 경향도 있다. 따라서 결과를 예측할 수 없는 게임이야말로 호기심을 자극하는 가장 좋은 방법이다. 하지만 실제로 우리는 게임을 통해 자극과 자기만족, 그리고 재미 그 이상의 것을 얻는다. 게임을 통해 협동과 경쟁, 탐구심, 창의성을

발달시킬 수 있다. 그리고 게임의 승패를 떠나 승리를 위해 전략을 짜는 방법을 배운다. 실제로 게임에는 사람들의 조건, 요구, 사회적인 요소가 내포되어 있기 때문에, 머니 게임, 마케팅 게임, 서바이벌 게임, 데이트 게임 등 우리가 즐기는 게임을 보면 인류의 특성을 쉽게 알 수 있다. 즉, 패배할 가능성이 있는 게임에서 승리하기 위한 모험을 택하는 인류의 특징이 게임 속에 그대로 반영되어 있다.

PLAYTHINK 32
난이도: ●●●○○○○○○○
준비물: ✦
완성여부: □   시간: _____

외계와의 인사

전파망원경으로 수신한 간단한 메시지를 해독하라.

PLAYTHINK 33
난이도: ●●●●●○○○○○
준비물: ✦
완성여부: □   시간: _____

외계와의 메시지 1

우주 비행사들이 외계의 지적 생명체에게 이런 메시지를 보냈다. 학자들은 외계인들이 우리가 일상에서 쓰는 언어나 우리의 문화를 전혀 이해하지 못한다 할지라도 전파를 사용할 줄 알고 수학에 익숙할 거라고 가정했다. 이진법 코드와 간단한 수학 원리를 결합하여 만든 이 메시지를 해독하라.

PLAYTHINK 34
난이도: ●●●●●○○○○○
준비물: ✦
완성여부: □   시간: _____

외계와의 메시지 2

외계인들이 앞의 메시지 1을 받은 후 다음과 같은 점과 도형으로 구성된 답을 우리에게 보내왔다. 이를 해독하라.

숫자로 소통하기

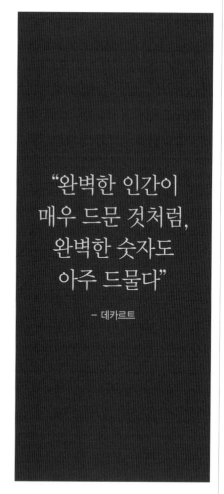

문자 언어는 시공을 초월하여 사람들 사이를 엮어주는 매개체이다. 과거의 유산으로 미래를 예측하는 것도 언어를 통해서 가능하다.

언어의 중요성은 언어나 기호 없이 의미를 이해할 수 있는지를 생각해 보면 알 수 있다. 그래서 어떤 철학자들은 세상에 언어가 없다면 의미도 존재하지 않을 것이라고 말한다.

언어는 기호나 물체를 나타내는 상징에 의해서 시각적으로 전달된다. 인류가 최초로 뼈에 금을 그어 간단한 표시를 한 2만 년 전 이후부터 언어의 표현 방식은 매우 풍부해졌다. 처음에는 물체가, 이후에는 단어가 추상적으로 표현되었다. 기원전 300년경에는 75만 권이나 되는 파피루스 두루마리가 이집트 알렉산드리아의 도서관에 소장되어 있었는데, 기호와 상징만을 사용하여 역사상 가장 많은 지식을 담고 있는 곳으로 유명하다. 이 후에, 중국의 목판 인쇄술과 구텐베르크의 활판 인쇄술 등의 기술 발달을 통해서 인류가 활자화된 언어를 접할 수 있게 되었다.

오늘날 디자이너와 통신 공학자들에게 꼭 필요한 시각적 표현 방식은 상징 언어를 통해 이루어진다. 복잡한 사고를 표현하고 정보를 찾아내는 구어 형태의 방식은 빠른 속도로 사라져가고 있다. 그 속도가 너무 빨라서 우리 세대와 다음 세대와의 소통방식이 문자가 아닐 수도 있다는 생각이 들 정도이다. 그렇다면 우주 비행사들이 외계의 지적 생명체와 소통하려는 방법에 대해 연구해보라는 것도 결코 지나친 것은 아니라고 할 수 있다.

만일 외계인이 존재한다면, 그들은 우리의 문자와 언어를 모를 것이다. 외계 생명체 탐사 프로젝트인 S.E.T.I 프로젝트(Search for Extra-Terrestrial Intelligence Project)에 참여한 과학자들은 외계인의 메시지들을 찾기 위해 전파망원경으로 하늘을 탐색하고 있다. 다른 과학자들은 인류의 모습에서부터 화학 원소들까지 모든 것을 상징화한 그림문자를 멀리 떨어진 별로 보내기도 한다. 어쩌면 수학이 인류와 외계인들 사이를 연결할 수 있는 공통언어가 될 수도 있다. 따라서 별 사이의 인사는 "안녕!"이 아니라 "하나, 둘, 셋……." 일지도 모른다.

"완벽한 인간이 매우 드문 것처럼, 완벽한 숫자도 아주 드물다"

– 데카르트

PLAYTHINK 35

난이도: ●●●●●○○○○○
준비물: ✏️✂️
완성여부: ☐   시간: _____

고층건물 건너기

두 초고층 건물 사이의 최단 거리가 5미터이다. L자 모양의 건물 지붕에는 폭이 1미터이고 길이가 4.8미터인 철 보호대가 2개 있다. 철 보호대 두 개를 자르거나 용접하지 않고 L자 모양의 건물 지붕에서 정사각형 건물의 지붕까지 연결할 수 있을까?

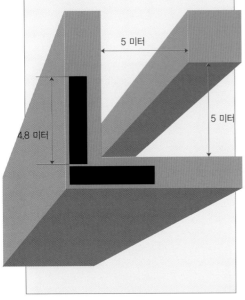

PLAYTHINK 36

난이도: ●●●●●○○○○○
준비물: ✏️
완성여부: ☐   시간: _____

매듭 풀기

그림과 같이 두 인질의 손목이 서로 묶여 있다. 줄을 자르거나 매듭을 풀지 않고서 두 사람이 자유로워 질 수 있을까?

PLAYTHINK 37

난이도: ●●●●●●●○○○
준비물: ✏️✂️
완성여부: ☐   시간: _____

6과 7

숫자 6 세 개로 7을 만들어 보라.

PLAYTHINK 38

난이도: ●●●●●○○○○○
준비물: ✏️
완성여부: ☐   시간: _____

칼 보관하기

어떤 군인이 길이가 70센티미터인 칼을 상자에 보관하려고 한다. 그런데 가로×세로×높이가 40×30×50센티미터인 상자밖에 없다. 이 상자에 칼을 넣을 수 있을까?

PLAYTHINK 39

난이도: ●●●●●○○○○
준비물: ✏️✂️
완성여부: ☐   시간: _____

5등분하기

옆의 컬러 도형은 똑같은 조각으로 4등분한 것이다. 흰색 정사각형을 똑같은 조각으로 5등분 하라.

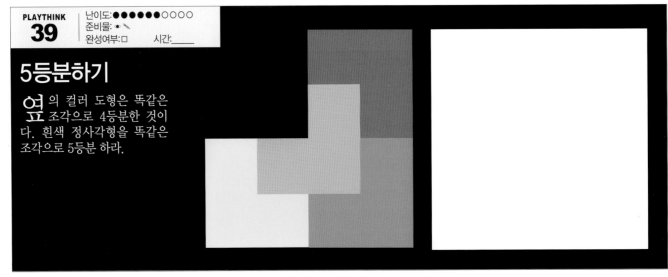

PLAYTHINK 40

난이도: ●●○○○○○○○○
준비물: ✎
완성여부: □   시간:_____

이상한 물체

아래의 두 그림은 어떤 입체 구조물
을 각각 다른 각도에서 바라본 것
이다. 왼쪽 그림은 정면에서 본 것이고
오른쪽 그림은 위에서 내려다 본 것이
다. 이 이상한 물체의 모양을 파악하여
그림으로 그려 보라.

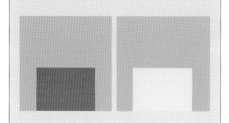

PLAYTHINK 41

난이도: ●●●●○○○○○○
준비물: ✎
완성여부: □   시간:_____

스핑크스의 수수께끼

다음은 고대로부터 전해진 유명한 수
수께끼이다. 자, 함께 풀어보자.
고대 그리스의 신화에 등장하는 스핑크
스는 여성의 얼굴과 사자의 몸통과 독수
리의 날개를 가진 괴물이다. 스핑크스는
테베로 가는 관문을 지키면서, 문을 지
나가려는 사람에게 "아침에는 네 다리
로, 낮에는 두 다리로, 밤에는 세 다리
로 걷는 짐승이 무엇인가?"라는 문제
를 냈다. 그리고 문제를 푸는 데 서로
의 목숨을 걸었다. 즉, 이 문제를 못
맞히는 사람은 스핑크스에게 잡아먹
히고, 문제를 푸는 사람이 있으면 스
핑크스가 죽기로 한 것이다. 그러던
어느 날, 오이디푸스가 정답을 맞혔
고, 스핑크스는 자기 몸을 던져 죽고
말았다. 정답은 무엇이었을까?

PLAYTHINK 42

난이도: ●●●●●●●●●●
준비물: 📄 ✂
완성여부: □   시간:_____

칠각형 마술

여기에 보이는 칠각형을 복사해서
스무 조각으로 잘라라.

문제 1:
20조각을 똑같은
모양의 칠점별
모양 2개로 다
시 맞추어라.

문제 2:
20조각을 작
은 칠각형 4
개로 다시
맞추어라.

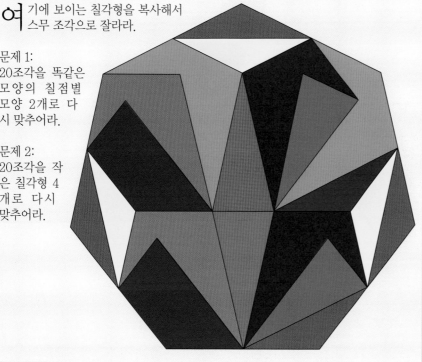

PLAYTHINK 43

난이도: ●●●○○○○○○
준비물: ✎
완성여부: □   시간:_____

무당벌레의 만남

무당벌레 군과 무당벌레 양이 어느
꽃잎에서 만났다. 빨간 점박이가
"난 남자야."라고 말하자 노란 점박이가
"난 여자야."라고 말했다.
하지만 곧 최소한 둘 중 하나는 거짓말
을 한다는 것을 깨닫고 서로 웃었다.
둘 중에 누가 남자이고,
여자인지 알아낼 수 있
을까?

문제 해결의 4단계

창의력을 발휘하는 데 정석은 없다. 하지만 학자들은 문제를 창의적으로 해결하기 위해 다음의 4단계가 매우 중요하다고 말한다.

1단계 : 준비 – 이 단계에서는 문제 해결을 위한 자료 수집과 분석, 그리고 다방면에 걸친 폭넓은 이해가 필요하다. 우연히 어려운 문제의 해답을 발견하게 될 수도 있다.

2단계 : 부화 – 해결책이 즉시 떠오르지 않을 때에는 잠시 쉬는 것이 도움이 된다. 어떤 학자들은 이를 휴식기라고 하고, 또 어떤 학자들은 많은 정보를 무의식적으로 취사선택하는 시기라고도 한다. 창의적 사고를 하기 위해서는 조용하고 자유로운 시간이 필요하다.

3단계 : 발현 – 머리를 스쳐가는 섬광 같은 통찰력과 직관이 발휘되는 순간이다. 이를 "아하!" 순간이라고도 한다.

4단계 : 검증 – 직관력이 발휘된 순간이 실제 해결책을 찾은 것이 아니라 반대로 좋지 않은 아이디어를 제거시킬 때도 있다. 따라서 찾아낸 해결책이 실제로 정확한지를 확인해야 한다. 그 다음은 다른 사람이 이해할 수 있도록 그 해결책을 설명할 수 있어야 한다.

PLAYTHINK
44
난이도:●●●●○○○○○○
준비물: ●
완성여부:□　　시간:＿＿＿

스카이라인

윗줄에 보이는 건물의 스카이라인과 서로 맞는 하늘을 아랫줄에서 찾아 연결하라.

1　　2　　3　　4　　5　　6

7　　8　9　　10　　11　　12

PLAYTHINK
45
난이도:●●○○○○○○○○
준비물: ● ✎
완성여부:□　　시간:＿＿＿

이상한 교차로

빨간색 선은 검정색 선을 안에서 밖(또는 밖에서 안)으로 가로지르는 식으로 그렸다. 교차하는 곳마다 파란색 점을 그리면 교차점이 10개가 생긴다. 오른쪽의 검정색 선 위에 새로운 빨간색 선을 같은 방식으로 그리되 9번만 교차하도록 그릴 수 있을까?

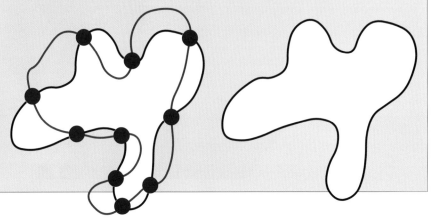

PLAYTHINK 46

난이도: ●●●●○○○○○○
준비물: ✏️ 🔧
완성여부: □   시간:____

양탄자 겹치기

한 변이 2미터인 정사각형의 녹색 양탄자가 한 변이 1미터인 정사각형의 갈색 양탄자와 겹쳐 있다. 녹색 양탄자의 한쪽 모서리가 갈색 양탄자의 중심에 정확히 위치한다. 술 장식을 제외하면 갈색 양탄자의 몇 퍼센트가 보이지 않는 것일까?

PLAYTHINK 47

난이도: ●●●●●○○○○○
준비물: ● 📄 ✂️
완성여부: □   시간:____

다각형 만나기

검정색 삼각형 2개는 제자리에 두고 남은 5개의 다각형으로 두 삼각형을 잇는 다리를 만들도록 새로 위치를 정하라. 단, 다각형은 회전시킬 수 없다.

PLAYTHINK 48

난이도: ●●●●●●○○○
준비물: ✏️ 🔧
완성여부: □   시간:____

양말과 머피의 법칙

양말 5켤레를 빨았는데, 그 중에 2짝이 없어졌다. 이 상황은 다음의 두 가지 경우가 가능하다.
A. 잃어버린 2짝이 서로 맞는 짝(1켤레)이어서, 모두 짝이 맞는 4켤레가 남는다.
B. 잃어버린 2짝이 서로 맞는 짝이 아니어서, 3켤레와 짝이 맞지 않는 2짝이 남는다.

에드워드 머피 대위는 "일이 잘못되려면 그 시기도 최악일 때 일어난다."고 말했다. 이번 양말 문제에도 이 머피의 법칙이 적용되는가?

PLAYTHINK 49

난이도: ●●○○○○○○
준비물: ● 📄 ✂️
완성여부: □   시간:____

엽서에 구멍 내기

그림과 같은 작은 엽서에 사람이 발을 들여놓을 정도로 큰 구멍을 낼 수 있을까?

PLAYTHINK 50 | 난이도: ●●●●●●○○○
준비물: ✎ ✐
완성여부: □ 시간: _____

전화번호

술 집에서 우연히 만난 남녀가 오랜 시간 대화를 나눈 후, 다음날 저녁도 함께 먹기로 약속했다. 단, 여자가 남자에게 만나기 전에 자신에게 전화를 걸어 날짜를 확인해야 한다는 조건을 걸었다. 다음날 아침이 되자, 남자는 여자의 전화번호에 숫자 2, 3, 4, 5, 6, 7, 8이 있다는 것까지는 기억했지만, 순서를 완전히 잊어버리고 말았다. 만일 남자가 이 숫자로 된 일곱 자리 번호 중 한 군데로 전화를 건다고 할 때, 그 여자의 전화번호가 맞을 확률은 얼마나 될까?

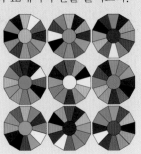

불완전 육각형

정 육각형은 완전히 똑같은 정삼각형 6개로 나누어진다. 그런데 주어진 그림처럼 정육각형이 아닌 육각형은 15개의 정삼각형으로 나누어진다. 아래의 육각형을 격자를 이용해서 정삼각형으로 나누어 보라. 단, 크기가 같은 정삼각형이 있어도 된다.

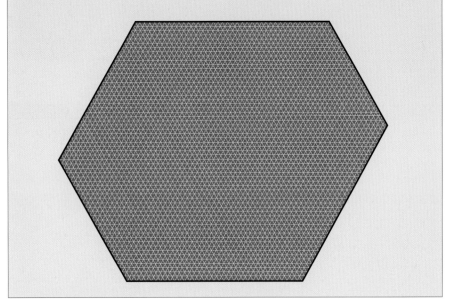

PLAYTHINK 51 | 난이도: ●●●●●○○○○
준비물: ✎
완성여부: □ 시간: _____

PLAYTHINK 52 | 난이도: ●●●●●●●○○
준비물: ▤ ✂
완성여부: □ 시간: _____

컬러 우산

아 래의 컬러 우산 9개는 각각 색깔 칸 12개로 나뉜다. 어떤 색깔 칸은 이웃 우산과 나란히 마주보고 있다. 예를 들어 첫 번째 가로 줄에 있는 첫 번째 우산의 빨간 칸은 두 번째 우산의 노란 칸과 마주본다. 이렇게 이웃하는 우산과 마주보는 색깔 칸이 서로 같은 색이 되도록 12개의 우산을 돌려보라.

PLAYTHINK 53 | 난이도: ●●●○○○○○○
준비물: ✎
완성여부: □ 시간: _____

악수 1

회 의에 참여한 사람들끼리 꼭 한 번씩만 악수를 했다. 모든 사람이 한 악수의 수를 세었더니 총 15번이었다. 회의에 참석한 사람들의 수는 몇 명일까?

PLAYTHINK 54 | 난이도: ●●●○○○○○○
준비물: ✎
완성여부: □ 시간: _____

악수 2

6 명의 사람들이 둥근 탁자에 둘러앉아 있다. 6명이 동시에 악수를 하되, 다른 사람의 팔과 교차하지 않도록 하는 방법은 몇 가지일까?

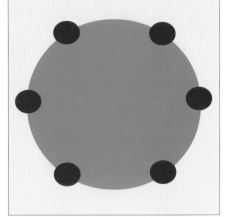

PLAYTHINK
55
난이도:●●●●●●●●○
준비물:▤✄
완성여부:□   시간:_____

칠교판 다각형

칠교판은 삼각형이나 사각형 모양의 조각 7장으로 구성되어 있다. 이 조각들을 맞춰서 다양한 도형을 만들 수 있다. 1942년, 중국의 수학자인 푸샹왕과 찬칭숭이 칠교판 7장으로 서로 다른 볼록 다각형(삼각형 1개, 사각형 6개, 오각형 2개, 육각형 4개) 13개를 만들 수 있다는 것을 증명했다. 그 13개의 다각형이 오른쪽에 있으며, 그 중 정사각형은 칠교판으로 이미 맞춰져 있다. 나머지 다각형 12개를 칠교판 조각으로 만들어보라.

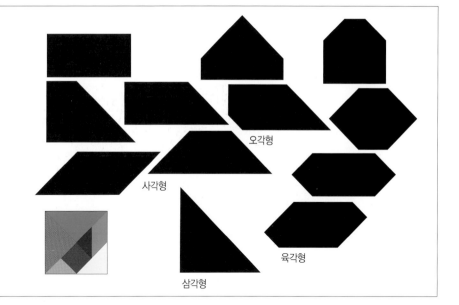

오각형

사각형

삼각형

육각형

PLAYTHINK
56
난이도:●●●●●●●○○○
준비물:●✎▤✄
완성여부:□   시간:_____

도미노 패턴

왼쪽에 있는 도미노 28개를 모두 조합하면 오른쪽에 있는 패턴이 나온다. 오른쪽 패턴을 자세히 관찰하여 도미노 조각 28개를 모두 찾아라. 각 도미노 조각을 찾아내고 잘라보면 답을 쉽게 찾을 수 있다.

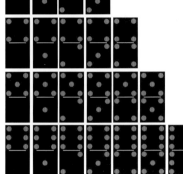

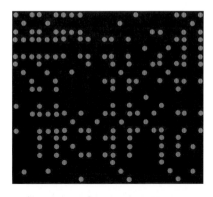

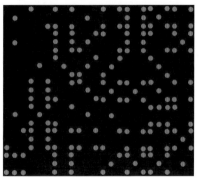

PLAYTHINK
57
난이도:●●●○○○○○○○
준비물:●
완성여부:□   시간:_____

마지막 생존자

당신이 어떤 SF잡지사의 편집장이며 다음과 같이 시작하는 이야기를 읽는다고 해보자.
"지구에서 마지막으로 살아남은 남자가 자신의 방에 앉아 있었다. 그런데 갑자기 누군가 문을 두드렸다!" 지구의 마지막 생존자라는 사실을 명확하게 하기 위해 첫 번째 문장에서 한 단어를 바꾸어라.

PLAYTHINK 58

난이도: ●●●●●○○○○
준비물: ✏ ✎
완성여부: □   시간:_____

호텔 열쇠

호텔의 직원이 손님 8명을 1번에서 8번 방까지 직접 안내하고 있다. 그런데, 열쇠에 방의 호수가 적혀있지 않은데다 이미 열쇠를 섞어버려서 순서가 맞지 않는다. 방마다 일일이 열쇠를 넣어본다면 모든 문을 다 열기까지 최대 몇 번을 해 보아야 할까?

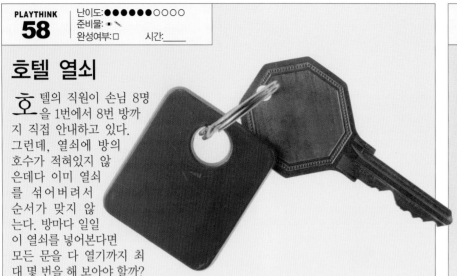

PLAYTHINK 59

난이도: ●●●●●●○○○
준비물: ✏ ✎
완성여부: □   시간:_____

잃어버린 조각

아래 조각들의 패턴을 파악하여 빈 칸에 맞는 조각을 찾아 그려라.

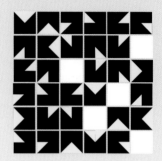

PLAYTHINK 60

난이도: ●●●●●●○○○
준비물: ✏ 📄 ✂
완성여부: □   시간:_____

정사각형 나누기

왼쪽에 있는 정사각형 22개를 그 옆의 빈 칸 2개에 맞게 재배열하라.

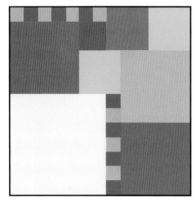
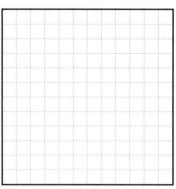

PLAYTHINK 61

난이도: ●●●●●●○○○
준비물: ✏ ✎
완성여부: □   시간:_____

폴트라인 없애기

가로×세로가 1×2인 벽돌을 쌓아서 정사각형 모양의 벽을 만들었다. 폴트 라인(fault line, 한 변에서 마주보는 변까지 이어지는 직선)이 없어야 벽이 더 단단한데, 만들고 보니 폴트 라인이 생겼다. 폴트라인이 없는 벽이 되도록 오른쪽 빈 칸에 벽돌을 재배치해서 쌓아보라.

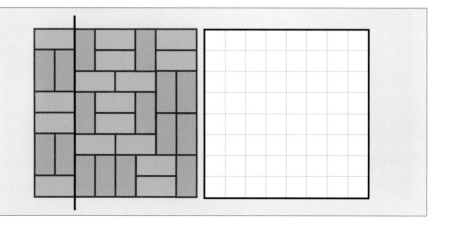

PLAYTHINK
62
난이도:●●●●●●○○○
준비물:✒
완성여부:□   시간:_____

펜타헥스

정육각형 5개를 변끼리 붙여서 펜타헥스(pentahex)라는 모양을 만들 수 있다. 총 22개의 펜타헥스를 만들 수 있는데, 그 중 11개를 옆에 있는 벌집 모양을 만드는 데 사용했다.(굵은 검정선이 각 펜타헥스의 경계선이다) 1번에서 4번까지의 펜타헥스 중 여기에 사용되지 않은 것은 어느 것일까?

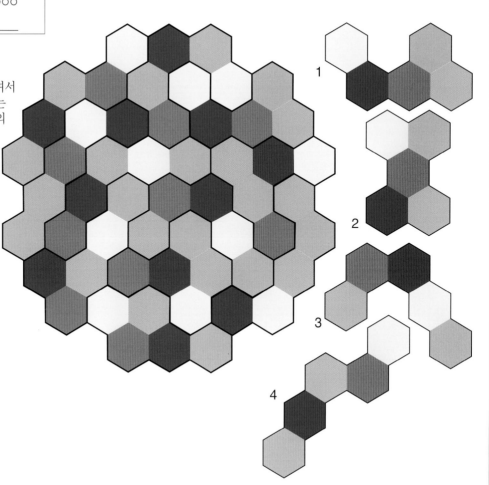

PLAYTHINK
63
난이도:●●●●●○○○○
준비물:✒✎
완성여부:□   시간:_____

과일 바구니

슈퍼에서 과일 바구니 3개를 표시된 가격으로 팔고 있다. 만일 바나나, 오렌지, 사과를 모두 하나씩 사려면 얼마를 지불해야 할까?

1,450원   1,300원   1,300원

PLAYTHINK
64
난이도:●●●●●○○○○
준비물:✒✎
완성여부:□   시간:_____

가족 모임

할아버지 1명, 할머니 1명, 아버지 2명, 어머니 2명, 아이들 4명, 손자 손녀들 3명, 남자형제 1명, 여자형제 2명, 아들 2명, 딸 2명, 시아버지 또는 장인 1명, 시어머니 또는 장모 1명, 며느리 1명이 가족모임에 참석했다. 위의 가족 수가 가족 내의 모든 관계를 다 헤아린 것(예를 들어, 친할아버지-아버지-손자일 경우 아버지 2명, 아들 2명이 된다.)일 때, 모임에 참여한 가족의 수는 총 몇 명일까?

게임 VS. 퍼즐

어른이 되어도 퍼즐(답이 하나만 있는)과 게임(많은 방법으로 끝나는)을 하면서 패턴의 과학이 주는 즐거움을 계속 느낄 수 있다. 그런데 사실 퍼즐과 게임사이의 구분이 완전히 명확하지는 않다.

수학자들은 간단한 게임을 수없이 연구하여 특정 선수가 이길 수 있는 전략을 찾아냈다. 삼목 게임을 예를 들면 수학자들이 찾은 전략대로만 하면 첫 번째 선수가 절대 지지 않는다. 잘 살펴보면 완성도 높은 게임과 퍼즐 사이에는 유사점이 매우 많다.

PLAYTHINK 65

난이도:●●●●●○○○○
준비물:✏
완성여부:□　　시간:＿＿＿

패션쇼

모델인 핑크, 그린, 블루가 분홍색, 녹색, 파란색 옷을 입고, 패션쇼 무대 위에 서 있다. "이상하네." 블루가 말했다. "우리 이름은 핑크, 그린, 블루인데 아무도 자신의 이름과 같은 색의 옷을 안 입었네." 그러자 녹색 옷을 입은 모델이 "그건 우연이야."하고 대답했다. 이 대화를 통해 각 모델과 모델이 입은 옷의 색깔을 짝지어라.

PLAYTHINK 66

난이도:●●●●●○○○○
준비물:✏
완성여부:□　　시간:＿＿＿

2의 네트워크

숫자 2를 3개만 사용해서 다른 숫자를 나타낸다. 총 몇 개의 숫자를 표현할 수 있을까?

PLAYTHINK 67

난이도:●●●●●●○○○
준비물:✏
완성여부:□　　시간:＿＿＿

돼지 저금통

50원짜리 3개와 100원짜리 3개가 있다. 이 동전 6개를 아래 돼지 저금통 3개에 각각 2개씩 넣었다. 각 저금통에 든 금액을 적은 이름표가 붙어 있지만 모두 잘못된 것이다. 단순히 이 중 한 저금통을 동전 1개가 나올 때까지 흔들어서 이름표가 맞도록 다시 붙일 수 있을까? 그 이유도 설명하라.

200원

150원

100원

난이도:●●●●●●●○○
준비물:◉
완성여부:□   시간:____

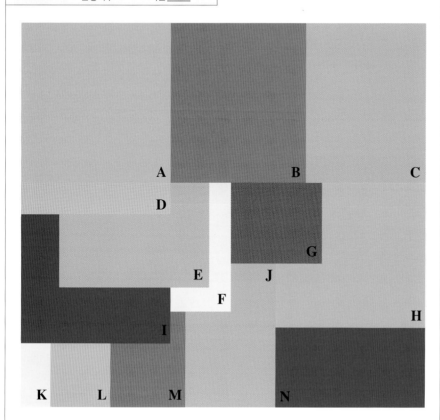

정사각형 겹치기

똑같은 정사각형 14개를 서로 겹치게 놓아서 위의 직사각형 형태를 만들었다. 정사각형이 놓인 순서를 제일 아래부터 말하라.

PLAYTHINK **69**

난이도:●●●●●○○○○○
준비물:◉
완성여부:□   시간:____

사면체

사면체란 정삼각형 4개로 만든 정각뿔이다. 정각뿔의 각 면을 빨간색, 녹색, 노란색, 파란색으로 칠한 후 다양한 각도에서 바라본 그림이 아래에 있다. 이 중 다른 4개와 일치하지 않는 것은 어느 것일까?

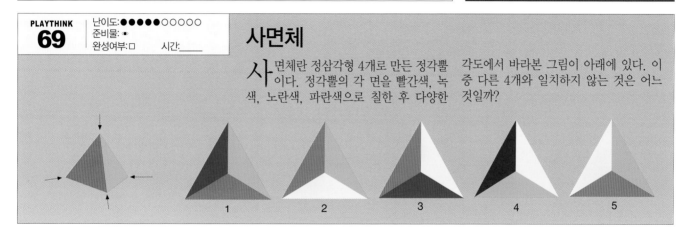

1   2   3   4   5

PLAYTHINK 70

난이도: ●●●●●○○○○
준비물: ● 📄 ✂
완성여부: □　　시간: _____

우표 접기

오른쪽의 2×3칸인 우표 시트에 앞면과 뒷면의 색이 같은 우표 6장이 서로 붙어 있다. 이 시트를 절취선을 따라 접으면 우표를 1장씩 쌓아 올린 것처럼 나란히 오게 할 수 있다. 1번에서 4번 중 불가능한 것은 어느 것일까?

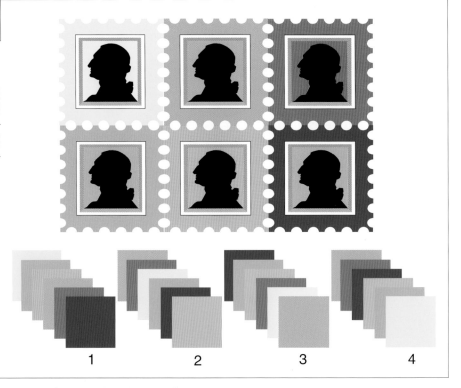

PLAYTHINK 71

난이도: ●●●●●○○○○
준비물: ●
완성여부: □　　시간: _____

컬러 카드

1번에서 4번까지의 컬러 카드 중 아래에 사용되지 않은 것은 무엇일까?

PLAYTHINK 72

난이도: ●●●●●●○○○
준비물: ●
완성여부: □　　시간: _____

암호

아래의 암호문을 해독하면 3단어로 된 메시지가 나온다. 이 메시지를 찾아라.

POF UIPVTBOE
QMBZUIJOLT

PLAYTHINK 73

난이도: ●●●●○○○○○
준비물: ●
완성여부: □　시간:＿＿＿

피라미드 아트 조각

입체 모양의 철사 구조물에 천으로 만든 돛 4장을 그림처럼 고정시켰다. 이 구조물을 위에서 아래로 내려다보면 어떤 패턴이 보일까?

PLAYTHINK 74

난이도: ●●●●○○○○○
준비물: ●
완성여부: □　시간:＿＿＿

별 만들기

아래에 있는 똑같은 투명종이 3개로 완벽한 별모양을 만들어라.

PLAYTHINK 75

난이도: ●●●●●●○○○
준비물: ✎
완성여부: □　시간:＿＿＿

윤곽선 패턴

컬러 직사각형 5개를 붙여 바로 아래의 정사각형을 만들었다. 그 아래 3개의 빈 공간도 모두 5개의 컬러 직사각형으로 만든 것이다. 각 빈 공간에 맞게 직사각형을 배치하라.

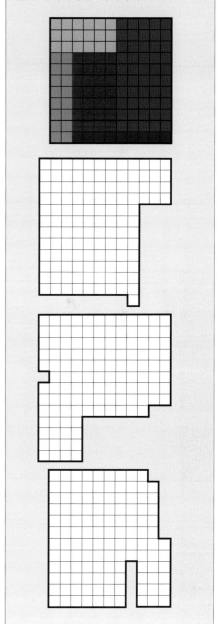

PLAYTHINK 76

난이도: ●●●●○○○○○
준비물: ✎ ✎
완성여부: □　시간:＿＿＿

성냥개비 삼각형

주어진 정삼각형에서 성냥개비 4개를 옮겨서 작은 정삼각형 2개를 만들어라. 그런 후, 그 두 정삼각형에서 다시 성냥개비 4개를 옮겨서 더 작은 정삼각형 4개를 만들어라.

PLAYTHINK
77
난이도:●●●●●●●○○○
준비물: ●
완성여부:□   시간:_____

행렬의 짝 맞추기

동전 21개를 다음의 조건에 맞게 칸에 넣어라.
각 가로줄마다 동전 3개가 있어야 한다.
각 세로줄마다 동전 3개가 있어야 한다.
임의로 두 가로줄을 선택했을 때 세로로 이웃하는 동전은 1쌍만 있어야 한다.
임의로 두 세로줄을 선택했을 때 가로로 이웃하는 동전은 1쌍만 있어야 한다.

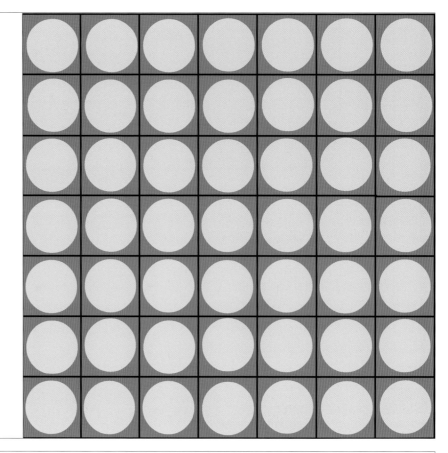

PLAYTHINK
78
난이도:●●●●●○○○○○
준비물: ●
완성여부:□   시간:_____

순서 논리

그림의 패턴을 파악하여 마지막 칸에 들어갈 동물을 찾아라.

PLAYTHINK
79
난이도:●●●●○○○○○○
준비물: ●
완성여부:□   시간:＿＿＿

서클 아트와 기억력 게임

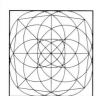

오랫동안 전 세계에서 인기를 끌고 있는 짝 맞추기 게임이다. 오른쪽에서 서로 똑같은 짝 2개로 묶을 수 없는 것을 찾아라.

이 게임의 카드는 컴퍼스와 자를 이용하여 그린 단일 패턴을 다양한 색깔로 칠한 것으로, 고대 그리스에서 사용되었던 장식 패턴과 유사하다.

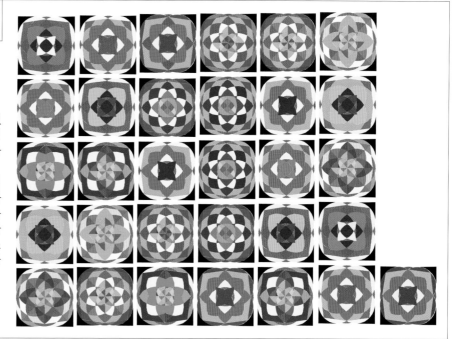

PLAYTHINK
80
난이도:●●●●●●●●○○
준비물: ✎
완성여부:□   시간:＿＿＿

체스 기사 공격하기

체스판 위의 기사 20명이 서로 1명씩만 공격하도록 놓여 있다. (체스에서 기사는 L모양으로 이동하는데 앞으로 2칸 이동하고 옆으로 1칸 이동하거나, 또는 옆으로 2칸 이동하고 앞으로 1칸 이동한다.) 일대일 공격의 법칙을 따르도록 기사들의 수를 더 늘일 수 있을까?

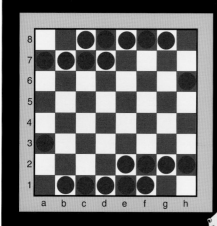

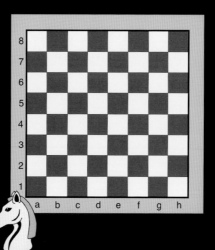

PLAYTHINK
81
난이도:●●●●●●●○○
준비물: ✎
완성여부:□   시간:＿＿＿

모자 섞기

남자 3명이 공연관람 전에 극장에 모자를 맡겼는데, 직원이 그 모자들의 순서를 섞어버렸다. 이들이 공연관람 후 모자를 찾을 때, 각자 자기 것을 찾을 확률은 얼마일까?

단어 패턴

아래에서 소크라테스가 전하는 영어 문장의 비밀 메시지를 찾아라.

AFGTRYT	SUGYUJO	SDNYTVB	MKRRDVB	UPMPLKM	SVFETVH
ATGTRHT	SEGYURO	SDEY-IB	MKSRDVB	U-OPLNM	SVLETYH
HGNDCTY	RTUIOMK	LMCZSTU	WETYUNV	OKPLMNH	SEFTCVG
-ONDNTY	REUI-GK	LOCZOTU	WDTY-KV	ONPLMOH	SWFTCLG
FJWBNMK	DEVNKOL	LPNMSGE	KERTYUN	SEFTRYV	XDCVFRE
FEWBDMK	DGVNEOL	L-AMSNE	KDRT-ON	SNFTREV	X-EVFVE
SEDCFVG	YUOPLKM	VBRHTRF	CDFRTYU	DEVBPKO	POUKJHY
SIDCFVG	YLOP-IM	VBGHTNF	COFRTRU	DAVBNKO	POCKJEY
WERTYFD	DFGYHUO	BNMKOPX	CVBNJUY	FRGVBHU	VBNJKOP
W-STYFD	DOGYCUO	BRMKAPX	CTBNJEY	FRGSBHU	VBNJKOP

모서리 위의 동전

여 의 그림에서 빨간색 동전은 정사각
효 형 1칸보다 크기가 작다. 이 동전을
무작위로 던질 때 동전이 정사각형의 네
모서리 중 하나에 놓일 확률은 얼마일까?

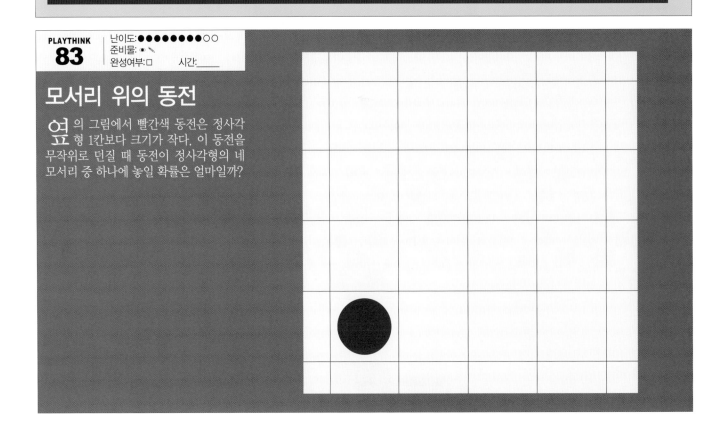

퍼즐과 지능

대부분의 사람들은 지능 테스트에서 답을 많이 맞힐수록 똑똑하다고 평가받는다는 사실을 안다. 하지만 지능이란 아무런 의미 없는 개념이라는 사실을 알아야 한다. 이 책에 실린 문제가 잘 안 풀린다 해서 "똑똑"하지 않아서 못 푼다고 생각하면 안 된다. 이것은 단지 숨어 있는 잠재적 창의력을 얼마나 발휘하는가의 문제일 뿐이다. 그러므로 누

구나 사고방식을 적절히 훈련하면 책의 문제는 얼마든지 풀 수 있다.

그리고 또 만일 퍼즐이 쉽게 풀린다 해서(좋은 일이기는 하지만) 똑똑하다고 생각해도 안 된다. 위를 거꾸로 생각하면, 단지 이런 식의 사고 훈련이 특별히 잘 되어있다는 의미일 뿐이다.

> "요즘에는 자신이 불가능하다고 생각한 일을 바보 같은 사람이 해내는 것을 자주 보게 된다."
> – 앨버트 허버드

PLAYTHINK 84 | 난이도:●●●●●●○○○ 준비물: ✎ ✐ 완성여부:□ 시간:_____

소인수

칠판에 선생님이 6을 소인수 분해하여 나온 인수 4개를 설명하고 있다. 인수란 6을 나머지가 없도록 나눌 수 있는 자연수를 말하며, 분해하는 숫자 자체도 인수가 된다. 1에서 100까지의 숫자 중 정확히 12개의 인수를 가지는 숫자가 5개 있다. 그 5개의 숫자를 찾으라.

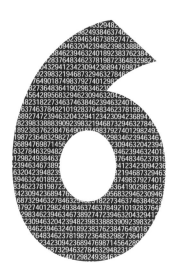

PLAYTHINK 85 | 난이도:●●●●○○○○○ 준비물: ✎ ✐ 완성여부:□ 시간:_____

컬러 목걸이 1

아래 그림의 왼쪽에는 2개씩 짝지어진 컬러 구슬쌍이 있다. 오른쪽에는 색깔이 없는 목걸이가 있는데, 여기에 색을 칠해 왼쪽에 있는 모든 컬러 쌍이 한 번씩만 나타나도록 하라. 예를 들어, 목걸이 중 일부가 녹색-녹색-파랑이면, 한 방향으로는 녹색-녹색 쌍과 녹색-파랑 쌍이 있는 것이며, 반대 방향으로는 파랑-녹색 쌍과 녹색-녹색 쌍이 있는 것이다. 목걸이에 나란히 있는 구슬을 2개씩 묶어 하나의 쌍으로 생각한다. 단, 구슬을 시계 방향으로 묶어도 모든 쌍이 한 번씩 나와야 하며 반시계 방향으로 묶어도 모든 쌍이 한 번씩 나와야 한다.

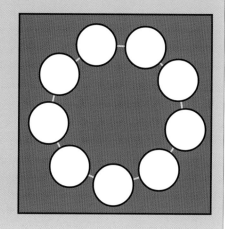

PLAYTHINK 86

난이도:●●●●●○○○○○
준비물:✎
완성여부:□ 시간:_____

금괴

한 짝의 길이가 31센티미터인 금괴를 작은 조각으로 나눈다. 이 때 조각 1개, 또는 여러 개를 합쳐 1센티미터에서 31센티미터 사이의 모든 자연수가 나오게 하려면 금괴를 몇 조각으로 나누어야 할까?

PLAYTHINK 87

난이도:●●●○○○○○○○
준비물:✎
완성여부:□ 시간:_____

정사각형 따라가기

그 림에 정사각형 5개의 변을 연결하여 만든 노란 선이 있다. 반드시 노란 선을 한 번만 따라 가야하며, 같은 곳을 두 번 지나서도 안 되고 자신이 간 길을 가로질러서도 안 된다. 이 규칙에 따라 노란 선을 모두 지나는 길을 찾아보라.

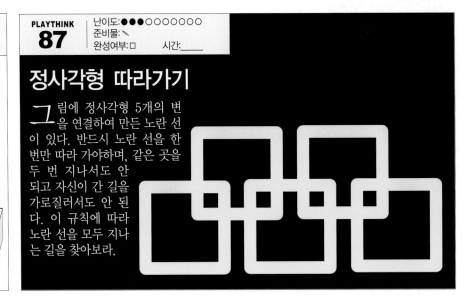

PLAYTHINK 88

난이도:●●●●●●●●○○
준비물:✎✎
완성여부:□ 시간:_____

동굴에서 길 찾기

여 행객 5명이 동굴 미로에서 길을 잃었다. 동굴 사이의 이동은 붉은 화살표나 파란 화살표를 따라서만 할 수 있다. 동굴 바깥에 있었던 가이드는 이 여행객들의 위치를 전혀 몰랐지만 그들이 안전하게 나올 수 있도록 동굴의 순서를 외쳤다. 다행히도 여행객 5명이 그 순서대로 길을 찾아서 같은 동굴에 무사히 도착했고, 가이드는 그들을 데리러 갈 수 있었다.

가이드가 외쳤던 순서는 무엇이며, 여행객이 모두 모인 동굴은 어디일까?

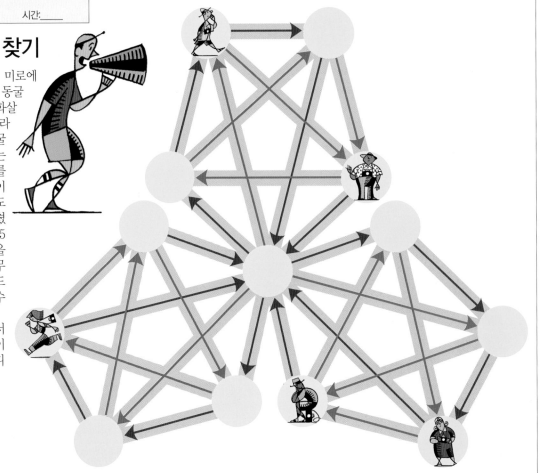

기하학 2

이 장을 시작하면서…

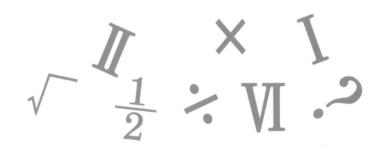

수학이 창조인가 발견인가 하는 것은 수학자들 사이에서 오랫동안 논쟁을 불러일으켜온 질문이다. 어떤 사람들은 수학을 나사나 전화기와 같은 도구에 비교한다. 즉, 나사가 나뭇조각을 잇기 위해 만들어졌고, 전화기가 장거리 지역을 연결하는 통신수단으로 발명된 것처럼 수학도 다른 학문으로 풀 수 없는 문제를 해결하기 위한 수단이라는 것이다. 이와 반대로 수학을 도구가 아니라 수학자가 발견해내는 진리로 보는 사람들도 있다. 이들은 수학자들이 문제에 맞게 해답을 만들어 낸 것이 아니라 원래 존재하던 것을 발견하는 것으로 보는 것이다.

이 질문은 수학자들 사이에서 여전히 논의되고 있다. 하지만 일부 학자들은 수학을 바라보는 관점이 너무나 확고해서 논의의 필요성을 못 느끼는 경우도 있다. 그래서 유명한 헝가리 수학자인 폴 에르도스도 "신의 존재를 믿는다면 해답은 명확하다."라고 말하며 자신의 입장을 피력했다.

나 역시 나만의 관점이 있으며 이를 분명히 믿는다. 나는 수학은 창조물이 아니라고 생각한다. 수학이라는 개념은 지구에 생명체가 있기 전부터, 아니 지구가 생성되기 전부터

존재했다. 태양계에 있는 태양이 단순히 먼지와 가스로 이루어지기 전부터, 은하계와 항성, 또 다른 행성은 간단한 기하학적 형태와 원리를 바탕으로 배열되어 움직이고 있었다. 우주에 있는 별, 행성, 혜성, 또 나머지 물체들은 타원, 포물선, 쌍곡선과 같은 기하학적 곡선을 그리며 움직인다.

여기서 다시 한 번 짚고 넘어가 보자. 만일 공룡 2마리가 있는 곳에 3마리가 더 나타났다면, 누군가 굳이 총 5마리라고 세어야만 이것이 사실이 되는 것인가, 아니면 누가 세지 않아도 사실인가? 누가 세든 아니든 5마리라는 것은 부인할 수 없는 사실이다.

역사학자들은 대부분 수학이란 '공간과 숫자의 기본 관계에서 결론을 연역적으로 도출하는 순수 학문'이라고 한정하여 정의한다. 지금으로부터 2,600년 전에 살았던 그리스의 위대한 수학자인 탈레스가 수학이라는 용어를 창조하는 데 기여한 건 사실이지만, 인간이 수학을 사용하기 시작한 것은 그보다 훨씬 오래전 일이다. 최초의 수학책은 기원전 1850년에 이집트인 서기 아메스가 쓴 파피루스 두루마리였다. 그리고 티그리스 강 유역에서 발견된 4,000년 전의 벽돌에도 바빌론인 사제가 새긴

숫자가 발견된 것으로 보아 그 전에도 수학책이 있었을 것으로 짐작된다.

자연에서 발견한 복잡한 모양을 추상화시키고 간단한 형태로 단순화시킨 선사시대의 동굴 예술에서 기하학의 시초도 엿볼 수 있다. 또한 족장은 사냥해온 음식을 공평하게 분배해야 했으므로 여기서 불균등과 분배의 개념이 탄생했을 것이다. 방향을 알려주는 북극성으로 인해 방향에 대한 개념이 생겼고, 손으로 셈을 한 것이 이후에 산수가 되었을 것이다.

십진법을 사용하는 수학 분야는 확실히 인간이 만든 창조물이다. 그러나 대부분의 수학은 인간의 창조력에서 나온 것이 아니라 애초에 있던 것을 발견한 것이다. 예를 들어 피타고라스의 정리를 보자. 이를 발견한 사람은 그리스의 위대한 수학자인 피타고라스지만, 사실 역사상 여러 문명에서 제각기 독립적으로 발견되었다. 따라서 만약 현재의 문명이 사라진다 해도 피타고라스의 정리는 언젠가 다시 발견될 것이다. 또 다른 행성에 지적 생명체가 산다면, 그들 역시 직각 삼각형에서 대변의 길이의 제곱은 나머지 두 변의 길이의 제곱의 합과 같다는 것을 발견할 가능성은 충분하다.

"기하학은 사물을
시각화하는 능력을
바탕으로 만들어졌다.
그런데, 바로 그 능력
이 내게는 너무나
부족해서 기하학은
물론 그와 관련된
다른 학문을 공부하기
가 불가능하다."

– 지그문드 프로이드

PLAYTHINK 89

난이도:●●●●●○○○○
준비물:✏
완성여부:□   시간:____

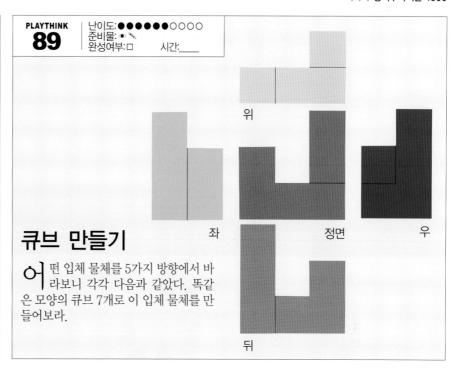

위 · 좌 · 정면 · 우 · 뒤

큐브 만들기

어떤 입체 물체를 5가지 방향에서 바라보니 각각 다음과 같았다. 똑같은 모양의 큐브 7개로 이 입체 물체를 만들어보라.

PLAYTHINK 90

난이도:●●●●●○○○○
준비물:✏
완성여부:□   시간:____

건물의 도면

어떤 도시의 하늘을 비행기로 날며 그 아래의 건물들을 바라보니 지상에서 건물을 정면으로 바라보던 모습과는 사뭇 달랐다.

건축가가 건물을 지을 때 사용하는 도면은 크게 두 종류로 조감도와 정면도가 있다. 조감도는 하늘에서 건물을 바라보았을 때의 모습이고, 정면도는 정면에서 건물을 바라보았을 때의 모습이다.

하늘에서 본 건물 16채를 정면도와 조감도로 분류하니 각각 4가지씩의 모양이 나왔다. 칸 안에 각각을 분류별로 넣고 이를 조합하면 다시 16가지의 다른 모습이 나온다.

번호가 붙은 16가지 모양을 각각 알맞은 칸에 넣어라.

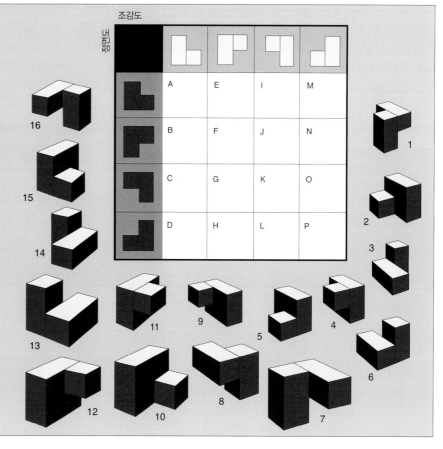

사영 기하학

우리 눈에 보이는 세상은 사실 있는 그대로의 모습이 아니라 왜곡된 모습이다. 평행하는 두 기찻길은 영원히 만날 수 없지만, 멀리서 보면 한 점에서 만나는 것 같다. 커다란 물체도 멀리서 보면 작아 보이고, 크기가 같은 두 물체도 하나는 가까이 하나는 멀리 놓고 보면 크기가 다른 것처럼 보인다.

사영 기하학은 물체가 특정한 방법으로 왜곡되었을 때의 구조를 연구한다. 그 결과로 나타나는 구조는 예상과 매우 다를 수도 있지만, 물체를 투시했을 때 나타나는 기하학적 특징은 사영 변환을 해도 많이 보존된다. 그리고 이 특징 때문에 3차원의 입체 물체를 2차원의 형태로 표현할 수 있는 것이다.

지도는 일종의 투시물이다. 중세 시대 플랑드르(현재 벨기에 지역)의 지도 제작자였던 메르카토르는 이 사영 기하학을 이용하여 1569년에 최초로 현대적인 세계지도를 만들었다. 메르카토르 투영법이라 불리는 이 방법은 지구의 중심에서 적도에 접하는 가상의 원통에 표면을 투시하는 것이었다. 결과적으로 이 지도는 항해에 매우 유용하게 사용되었지만, 극지방 주변이

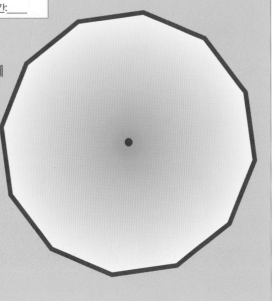

왜곡되어 정확하지 못했다는 단점이 있다. 그래서 실제로는 멕시코와 비슷한 크기의 그린란드가 메르카토르의 지도에서는 남미 대륙과 비슷한 크기로 나타나는 것이다.

오늘날 사영기하학은 일상생활의 모든 부분에 응용된다. 사진 역시 투시물이며 3D 비디오 게임 역시 컴퓨터 프로그램으로 가상의 3차원적 물체를 투시하여 정교한 계산으로 만들어진 것이다.

그림자 정원

십이각형 모양의 정원 둘레에 벽이 세워져 있는데 전등은 정원의 중앙에 하나밖에 없다. 12개의 벽 중 빛이 안 닿는 벽이 생기도록 이 정원의 모양을 새로 디자인하라. 빛이 안 닿는 곳은 벽의 일부나 전체여도 되고 각 벽의 길이는 달라도 되지만, 반드시 직선으로 되어야 한다.

원과 삼각형과 사각형

어떤 물체가 원이면서 동시에 삼각형, 그리고 사각형으로 보인다. 따라서 위 그림의 구멍 3개를 모두 통과할 수 있다. 이 물체를 그려 보라.

PLAYTHINK
93
난이도:●●●●○○○○○○
준비물:✎
완성여부:□   시간:____

큐브 투시하기 1

여 에 있는 입체도형 8개는 중앙에 있는 팔각형 안에 격자들을 따라 그린 것이다.

격자의 선을 따라 각 입체도형을 모두 그려 보라.

PLAYTHINK
94
난이도:●●●●●●○○○○
준비물:✎
완성여부:□   시간:____

입체도형 색칠하기

아래에 있는 컬러 모형 3개(정사각형 2개와 쐐기꼴 1개)로 오른쪽의 입체도형 16개를 만들었다. 제일 아래 쐐기꼴의 경사면은 노란색이고, 그 옆에 평행한 두 면은 녹색, 그림에서 보이지 않는 나머지 두 면은 흰색이다. 오른쪽 입체도형의 각 면을 알맞게 색칠하라.

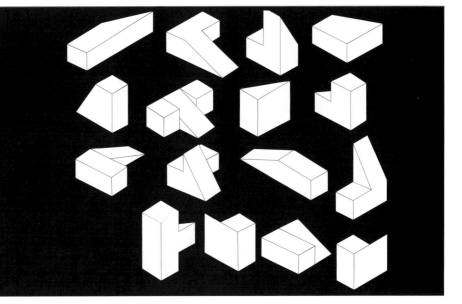

우리는
기하학을 통해
사고력을 증진시키고
지성을 함양시킨다.
모든 증명 과정이
명확하고 규칙을
따르고 있기 때문에
기하학을 공부하면
지성을 얻게 된다.
그래서 플라톤의
문 앞에는 '기하학자
외 출입금지'라는
문구가 적혀
있다고 한다."

– 이븐할둔

PLAYTHINK 95

난이도:●●●○○○○○○○
준비물:◉
완성여부:□　　시간:＿＿＿

평면도와 입체도형

파란색 칸 안의 평면도 4개를 접어서 만들 수 있는 각각의 입체도형을 그 아래의 도형 중에서 찾아보자.

PLAYTHINK 96

난이도:●●○○○○○○○○
준비물:
완성여부:□　　시간:＿＿＿

왜상

아래는 어떤 물체를 왜곡시켜 놓은 것으로 반드시 특정한 각도에서 바라보아야 원래의 모습이 나타난다. 어떤 물체인지 그려 보라.

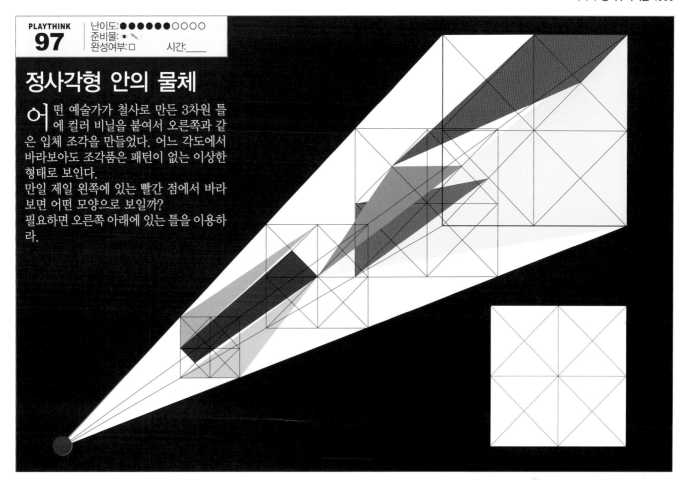

PLAYTHINK 97

난이도:●●●●●●○○○○
준비물: ✏
완성여부:□   시간:____

정사각형 안의 물체

어떤 예술가가 철사로 만든 3차원 틀에 컬러 비닐을 붙여서 오른쪽과 같은 입체 조각을 만들었다. 어느 각도에서 바라보아도 조각품은 패턴이 없는 이상한 형태로 보인다.
만일 제일 왼쪽에 있는 빨간 점에서 바라보면 어떤 모양으로 보일까?
필요하면 오른쪽 아래에 있는 틀을 이용하라.

PLAYTHINK 98

난이도:●●○○○○○○○○
준비물: ✏
완성여부:□   시간:____

파스칼의 삼각형

아래 삼각형 안의 원 안에 적힌 숫자의 패턴대로 마지막 2줄을 완성하라. 줄을 계속 만들 수도 있을까?

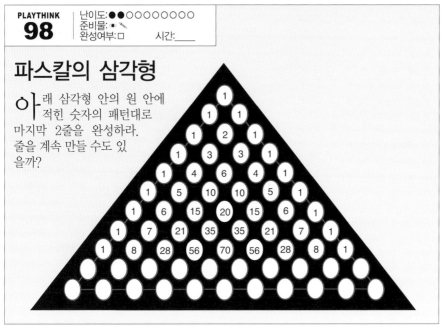

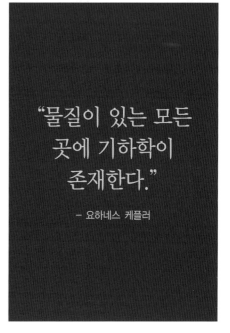

"물질이 있는 모든 곳에 기하학이 존재한다."

– 요하네스 케플러

PLAYTHINK 99

난이도:●●●●●●○○○
준비물:● ✎
완성여부:□　　시간:＿＿＿

택시기하학

유클리드 기하학에는 사각형 모양이 1가지 밖에 없다. 택시기하학에서도 이 규칙이 성립할까?

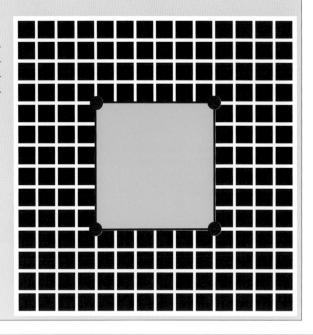

PLAYTHINK 100

난이도:●●●●●○○○○
준비물:● ✎
완성여부:□　　시간:＿＿＿

택시 경로

어떤 도시의 택시 운전사가 3군데를 연속으로 방문한 후 다시 차고로 돌아와야 한다. 점 1은 차고이며 점 2, 3, 4는 방문해야 할 장소이다. 최단거리로 이동하는 방법은 무엇일까? 그 외의 다른 방법도 있을까?

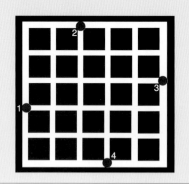

초기 기하학

초기 인류는 단순한 시행착오를 통해 구조물을 건축했다. 그러다가 고대 이집트에서 정교한 장치를 통해 건축을 하면서 기하학이 탄생하게 되었다.

고대 그리스의 기하학자들은 원, 삼각형, 사각형의 단순한 형태를 연구하는 학문에 흥미를 느껴서 컴퍼스와 자를 사용하여 기하학 연구를 하기 시작했다. 기원전 3세기 경 이집트 알렉산드리아의 수학자인 에라토스테네스는 하짓날 정오에 시에네(현재의 이집트 아스완)의 깊은 우물에 태양빛이 직각으로 비치는 것을 보았다. 그리고 그렇게 되려면 태양 광선이 지구 중심을 가리키면서 태양이 머리 바로 위에 위치해야 한다고 생각했다. 즉 태양의 고도가 90도가 되어야 한다는 것이었다. 그 날 정오에 알렉산드리아에 생기는 그림자를 재어보니 7.5도, 즉 원의 1/50정도 크기였다. 그리고 그는 태양 광선은 어디서나 평행이기 때문에 그 각도의 차이는 지구의 곡률 때문에 생긴다고 생각했다. 북쪽에 있는 알렉산드리아와 남쪽에 있는 시에네 사이의 거리를 직접 측정하자 768킬로미터이었고, 여기에 50을 곱해서 지구 전체의 둘레를 측정했다. 그 결과 3만 8,400킬로미터라는 값을 얻었는데, 이는 실제 지구의 둘레와 매우 유사한 수치였다.

택시기하학

비유클리드 기하학을 이해하기란 매우 어려운 일이다. 비유클리드 기하학 중 하나인 택시기하학은 도시의 지도나 흔히 사용하는 그래프 종이를 이용한다. 도로가 남–북 또는 동–서의 방향으로만 되어있는 격자형 도시를 생각해 보자. 택시 거리는 '가장 가까운 일직선 거리'가 아닌 '택시가 이동한 거리'를 격자를 따라 재서 나타내는 거리이다.

평면 위의 선으로 만들어진 격자형 도시를 어떻게 비유클리드 기하학이라 할 수 있을까? 유클리드 기하학에 있는 두 점 사이의 최단거리는 일직선이라는 원리가 이 도시에도 적용될까? 사실, 도시의 도로가 격자 형태이기 때문에 대부분의 경우 최단거리는 일직선 거리를 연속으로 합친 것이 된다. 이 도시에서는 블록을 통과할 수 없으므로 반드시 블록을 돌아서 운전해야만 한다.

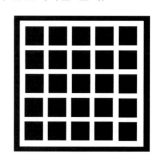

격자형 도시

어떤 사람의 집은 A지점에 있고, 직장은 B지점에 있다. 집에서 직장까지 가는 방법 중 최단 거리인 경로는 무엇일까? 그 외의 방법은 몇 가지나 있을까?

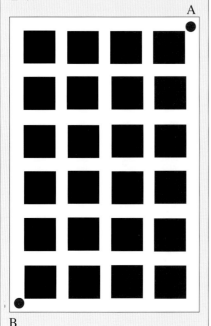

택시기하학의 원

격자형 도시에서는 오직 블록을 돌아서만 움직일 수 있다. 그렇다면 원은 어떻게 그릴 수 있을까?
원의 정의는 특정한 점에서 거리가 같은 모든 점의 집합이다. 만일 격자형 도시 1킬로미터 내에 블록이 6개 있고, 지도의 빨간색 점에서 출발하여 1킬로미터를 이동한다면 도착점은 어느 곳이 될까? 동쪽으로만 6블록을 갈 수도 있고, 동쪽으로 5블록을 간 후 북쪽으로 1블록을 가거나, 동쪽으로 4블록을 간 후 북쪽으로 2블록을 갈 수도 있다. 이 세 경우 모두 도착점이 반지름이 1킬로미터인 '택시 원' 위에 놓인다. 지도 위에 반지름이 1킬로미터인 원을 그려 보라.

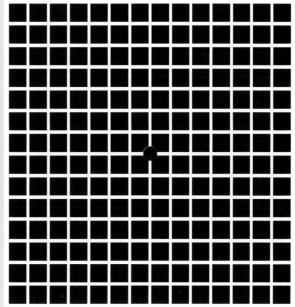

PLAYTHINK
103
난이도:●○○○○○○○○○
준비물: ● 📄 ✂
완성여부: □   시간:____

얼굴 표정 바꾸기

옆 에 있는 36개의 조각을 복사
해서 오리고 가로×세로가
6×6인 게임판 위에 놓아라. 완성
된 얼굴은 총 12개인데, 5개가 웃
는 표정이고 7개가 찡그린 표정이
다. 조각의 배치를 바꾸어서 완성
된 얼굴 13개를 만들되, 웃는 표정
이 4개, 찡그린 표정이 9개가 되도
록 하라. 또 웃는 표정이 9개, 찡
그린 표정이 4개가 되는 것도 만
들어 보라. 그리고 웃는 표정이 9
개, 찡그린 표정이 3개인 것도 만
들어 보라.

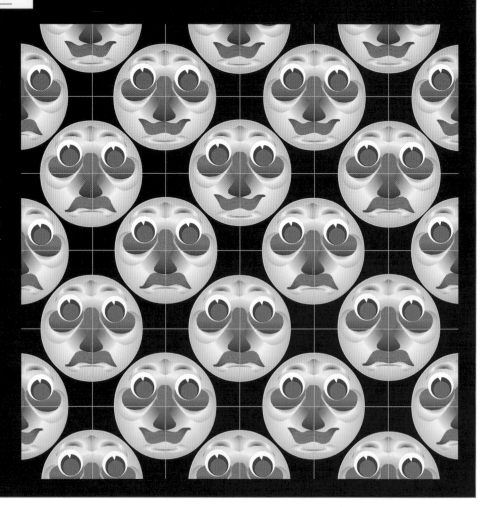

PLAYTHINK
104
난이도:●○○○○○○○○○
준비물: ●
완성여부: □   시간:____

얼굴 표정 바꾸기 게임

얼 굴 표정 바꾸기 게임은 간단하면서
도 재미있는 게임으로, 선수들이 각
자 자신의 방향대로 웃는 표정을 만들어내
는 것이다. 이 게임은 4명까지 할 수 있는
데, 게임판의 4면 중 각자의 면을 정해서
그 둘레에 앉는다. 우선 조각을 모두 섞어
앞면이 아래를 향하도록 뒤집는다. 차례대
로 조각을 골라서 빈 곳에 놓되, 최소 한 변
이 다른 조각과 맞닿게 놓아야 한다. 각 조

각은 웃는 표정이 되도록 놓아야하며 옆에
있는 조각과도 맞아야 한다. 게임이 끝나
면 웃는 표정은 하나에 +1점으로 계산하
고, 찡그린 표정은 하나에 −1점으로 계산
하여 각자점수를 낸다.
오른쪽의 샘플 게임에서는 게임판에 남은
조각으로는 표정을 더 맞출 수가 없어서 게
임이 끝났다. 1번 선수는 웃는 표정이 2개
이고 찡그린 표정이 3개이므로 −1점이 된
다. 다른 선수들은 웃는 표정이 1개이므로
+1점이 되어 공동 우승이다. 표정이 섞여
있거나 완성되지 않은 얼굴은 점수에 넣지
않는다.

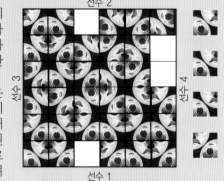

2차원의 세계

영국의 성직자이자 인기 있는 과학 저술가였던 에드윈 애버트는 1884년에 2차원으로만 구성된 세계를 멋지게 그린 《플랫랜드(Flat land)》라는 풍자소설을 출간했다. 소설 속의 배경은 아주 커다란 탁자처럼 생긴 무한한 2차원의 평면이다. 등장인물은 기본적인 도형들로서 평면 위를 이동하면서 움직인다.

이 책에서는 플랫랜드의 물리법칙이나 기술적 문제는 언급하지 않았지만, 그 후 나온 작품들은 그 문제를 다루었다. 그 중, 1885년에 출간된 찰스 힐튼의 《플랫랜드 이야기(Episode of Flat land)》는 독창적인 방법으로 원작을 개작했다.

힐튼은 이 책에서 배경이 되는 2차원적인 평면 공간을 '아스트리아'라고 부른다. 아스트리아는 아주 커다란 원으로 등장인물들은 이 원의 둘레에 살면서 영원히 한 방향으로만 움직인다. 남자들은 동쪽을 보고, 여자들은 서쪽을 보기 때문에 등 뒤에서 일어나는 일을 보려면 허리를 뒤로 구부려서 물구나무를 서거나 거울을 이용해야 한다.

아스트리아는 두 나라로 나뉘어져 있는데, 동쪽은 '유니안'들이 사는 문명국이며, 서쪽은 '스키티안'들이 사는 야만국이다. 스키티안들은 유니안들의 등 뒤를 공격할 수 있기 때문에 이 두 나라 사이에 전쟁이 일어나면 스키티안들이 훨씬 유리하다. 그래서 유니안들은 광활하게 펼쳐진 바다에 인접한 아주 좁은 지역에 몰려서 산다. 유니안들이 완전히 멸종 위기에 처해있을 무렵, 우주 비행사들이 이 평면이 둥글다는 사실을 알게 된다. 그리하여 유니안들은 바다를 건너 스키티안들을 최초로 등 뒤에서 기습 공격을 하여 이들을 물리치고 살아남게 된다.

힐튼은 책 전반에 걸쳐 자신이 그리는 세계를 구체적으로 묘사했다. 아스트리아의 집에는 입구가 하나만 있어야 하며 튜브나 파이프가 있을 수 없었다. 또한 지레나 고리, 진자를 사용할 수는 있으나, 끈으로 묶을 수는 없었다.

이 외에도, 캐나다 웨스턴온타리오 대학교의 컴퓨터 과학자인 알렉산더 듀드니가 1984년에 《평면세계(The Planivers)》를 써서 원작을 현대식으로 재구성했다. 그는 이 책에서 과학과 예술과 수학을 아름답게 조합한 2차원적 세계에 대한 이론적 토대를 체계적으로 세웠다.

평면 분류하기

애버트의 소설 플랫랜드에서는 기하학적 모양에 따라 매우 엄격한 분류법이 적용되었다. 여성은 일직선, 군인과 노동자는 이등변삼각형, 중산층은 정삼각형, 전문직 종사자는 정사각형이나 오각형, 귀족은 육각형, 성직자들은 제일 높은 계급으로 원으로 그려진다.

일차원적인 선분인 여성들은 어떤 방향에서는 보이지 않아 부딪칠 염려가 있는데, 책에서는 이 문제를 어떻게 해결할까?

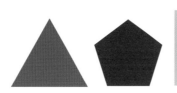

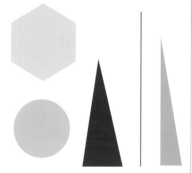

PLAYTHINK 106

난이도: ●●●●○○○○○○
준비물: ●
완성여부: □　　시간:____

플랫랜드의 재앙

플랫랜드의 감각은 2차원으로 한정되어 있다. 따라서 만일 누군가가 '머리 바로 위'에서 관찰한다면 플랫랜드 사람들은 이 관찰자를 볼 수 있는 방법이 전혀 없다. 만일 누군가 플랫랜드의 2차원 평면을 통과하도록 공을 던진다면 어떻게 될까? 플랫랜드 사람들은 이것을 우주에서 떨어진 어떤 재앙으로 인식할까? 그들이 보게 되는 것을 구체적으로 묘사해보라.

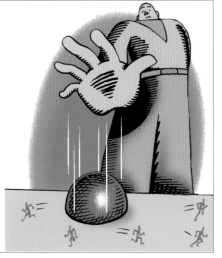

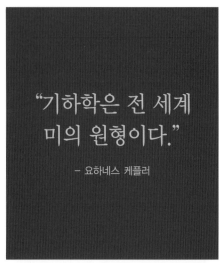

"기하학은 전 세계 미의 원형이다."

– 요하네스 케플러

PLAYTHINK 107

난이도: ●○○○○○○○○○
준비물: ●
완성여부: □　　시간:____

플랫랜드의 아기 놀이틀

아래 책의 침대에 누워있는 아기와 의자에 앉아 있는 아기가 있다. 이 두 아기들은 서로 같이 놀 수 있을 때까지 계속 큰 소리로 운다. 아기들의 자리를 옮기지 않고 울음을 그치게 하려면 어떻게 하면 될까?

PLAYTHINK 108

난이도: ●●●●●●○○○○
준비물: ●
완성여부: □　　시간:____

큐브 방향

어떤 평면 위에 놓인 큐브를 1/4 회전해도 큐브의 부피는 여전히 똑같다. 그렇다면 평면 위의 큐브가 가질 수 있는 서로 다른 방향의 수는 몇 가지일까? 아래의 평면도를 참고해서 풀어 보라.

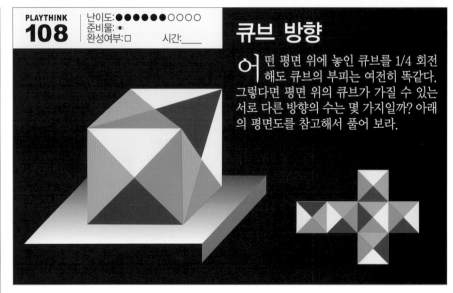

PLAYTHINK 109

난이도: ●●●●●●●○○○
준비물: ●
완성여부: □　　시간:____

십이면체 방향

십이면체는 오각형 12개로 되어있는 다면체이다. 고대 피타고라스학파가 최초로 십이면체를 발견했을 때에는 이를 중대한 비밀로 취급하여 발설하는 자는 죽게 된다고 믿었다. 어떤 평면 위에 놓인 십이면체를 72도 돌려도 십이면체가 차지하는 공간의 부피는 같다. 그렇다면 십이면체를 탁자 위에 놓을 수 있는 서로 다른 방법은 몇 가지가 있을까?

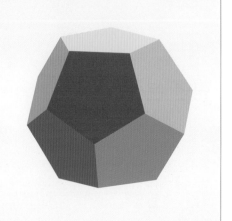

대칭성

형태는 그대로인 채 기하학적 변환을 할 수 있는 것을 대칭성이라 한다. 자연의 여러 곳에서 이 대칭성의 예를 쉽게 볼 수 있다. 대표적인 예는 결정체 안의 분자와 원자의 배열이며, 우리 주변에서 가장 쉽게 볼 수 있는 예는 눈송이로, 그 안에는 수많은 대칭축이 있다. 대칭성은 생물체에서도 많이 볼 수 있다. 수중에 사는 식물이나 동물 중 상당수는 오각형 대칭을 보인다. 예를 들어 불가사리 중에는 대칭 팔이 5개, 10개, 심지어 23개인 것도 있다.

자연계에서는 사람처럼 대칭축을 기준으로 좌우 대칭인 경우가 가장 흔하다. 대칭축을 중심으로 회전시켜서 같은 물체들은 회전 대칭성을 가진다고 말한다. 정삼각형은 무게중심을 중심으로 회전시켜도 세 꼭짓점의 위치는 완전히 같고, 좌우 대칭인 물체는 축을 중심으로 반사시켜도 모양이 똑같다.

종이를 접어 자르거나 평면거울을 이용하면 손쉽게 대칭 패턴을 만들 수 있다. 대칭성은 아이들이 눈송이나 종이인형을 만들 때뿐 아니라 수학적으로도 매우 유용하게 사용된다. 대칭성이 없었다면 과학자들이 분자 구조를 발견하지 못했을 것이고 분자 모형도 만들지 못했을 것이다.

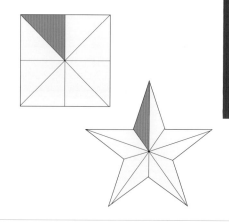

"대칭이라는 개념은 인류가 아주 오랜 시간 동안 질서와 아름다움과 완벽성을 이해하기 위해 만든 것이다."

– 헤르만 바일

PLAYTHINK
110
난이도:●○○○○○○○○○
준비물: ✎
완성여부:□   시간:_____

대칭 정사각형

여의 두 그림은 모두 대칭이었는데 그 중 칸 몇 개가 지워졌다. 첫 번째 그림에서 빨간색 세로선을 기준으로 검정색 칸을 관찰하여 나머지를 완성하라. 두 번째 그림에서는 각각 세로와 가로로 그어진 두 개의 빨간색 축을 중심으로 파란색 칸을 관찰한 후 나머지를 완성하라.

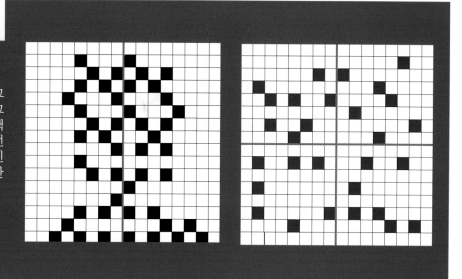

PLAYTHINK 111

난이도: ●●●●●○○○○
준비물: ● ✎ 📄 ✂
완성여부: □　　시간:＿＿＿

정사각형과 별 모양 대칭

정사각형 하나와 별 모양 하나를 복사해 잘라서 옆의 그림과 같이 색칠하라. 종이의 앞면과 뒷면을 똑같이 색칠한다. 색칠한 조각으로 다시 정사각형과 별모양을 만들 때, 만들 수 있는 서로 다른 경우의 수는 몇 가지일까?(수학자들은 이런 것을 변환이라고 부른다.)

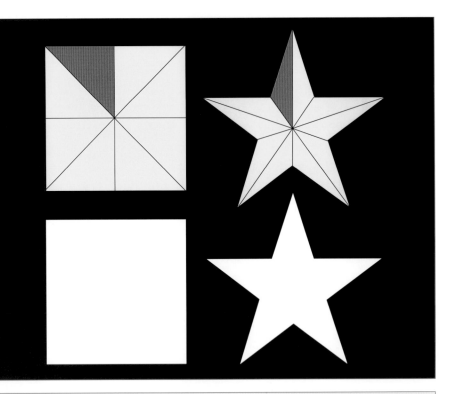

PLAYTHINK 112

난이도: ●●●●●●○○○
준비물: ●
완성여부: □　　시간:＿＿＿

동전 놓기

둥근 탁자 위에 2명이 번갈아가며 똑같은 동전을 놓는데, 이미 놓인 동전과 겹치게 놓는 사람이 진다. 탁자의 크기와 관계없이 특정한 사람이 이기게 할 수 있을까?

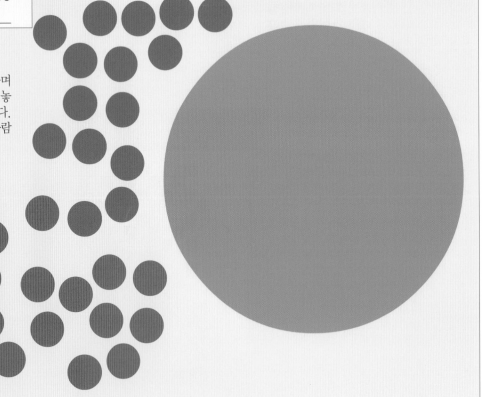

평면 등거리 변환

평 면도형의 변환은 점들을 이동하는 것이다. 변환의 종류는 많지만 중요한 것은 크기나 모양의 변화 없이 이동하는 등거리 변환이다.(등거리 변환 중 물체가 같아 보이는 것을 대칭이라 한다는 점에 유념하라.) 평면의 대칭에는 기본적으로 다음의 4가지 종류가 있다.

• 평행이동(옮기기):

빨간 삼각형과 파란 삼각형은 서로 합동이므로 이동하면 정확히 겹친다. 이 경우에 파란 삼각형은 빨간 삼각형의 방향으로 이동만 하면 되는데 이를 평행이동(옮기기)이라 한다.

• 회전(돌리기):

회전(돌리기)은 한 점(대칭점)을 중심으로 하여 도형을 이동시키는 것을 말한다.

• 반사(뒤집기):

파란 삼각형과 빨간 삼각형이 서로 거울에 비친 모양처럼 보일 때 이를 반사(뒤집기)라 한다. 책의 페이지를 넘기는 것처럼 삼각형의 한 면을 들어 올려 넘기면 모양이 겹치게 된다.

• 반사 후 이동(뒤집고 옮기기, 미끄럼 반사):

평행이동과 반사를 합친 것이다.

대칭 마루

정 사각형 조각이 아래처럼 대각선으로 반으로 나뉘어져 노란색과 빨간색으로 칠해져있다. 이 조각으로 왼쪽의 마룻바닥 전체를 깔아서, 가운데에 있는 빨간색 가로선과 세로선을 중심으로 조각을 대칭으로 놓으려고 한다. 나머지 빈칸에 조각을 모두 채워서 마루를 완성하라.

반사-뒤집기

각 줄의 조각은 그 자리의 왼쪽에 놓인 조각을 세로축에 따라 반사하고 색깔을 반대로 뒤집은 것이다. 이 규칙을 따르지 않는 조각은 어느 것인가?

PLAYTHINK 115

난이도: ●●●●●○○○○○
준비물: ✎
완성여부: □ 시간: ____

열쇠 구멍

아래의 도형 7개를 오른쪽 구멍에 맞게 넣는 방법은 몇 가지가 있을까? 각 도형은 두께가 있는 입체이다.

이등변 삼각형			
부등변 삼각형			
정삼각형			
정사각형			
정십자가			
마름모			
평행사변형			

PLAYTHINK 116

난이도: ●●●○○○○○○○
준비물: ✎
완성여부: □ 시간: ____

알파벳 1

빨간색 글자들과 파란색 글자들의 공통점을 각각 말해 보라.

"기하학은 신과 함께 영원히 빛난다."

– 요하네스 케플러

PLAYTHINK 117

난이도: ●●●●●○○○○○
준비물: ✎ ✂
완성여부: □ 시간: ____

대칭축

종이를 접어 자르거나 평면거울을 사용하면 아주 손쉽게 대칭 패턴을 만들 수 있다. 아래 13개의 모형 중에서 대칭축을 찾아 그려보라. 비대칭인 형태도 있는지 찾아보고, 대표적인 대칭축을 갖고 있는 것은 어느 것인지 찾아보자.

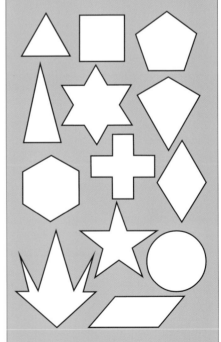

PLAYTHINK 118

난이도:●●●●○○○○○○
준비물:✎
완성여부:☐   시간:＿＿＿

대칭 크래프트

빨간색 선이 회전/반사 대칭축이 되도록 컬러 조각을 놓았는데 그 후에 조각이 여러 개 없어졌다. 남은 조각과 이 축을 이용해서 나머지 부분을 알맞게 색칠하라.

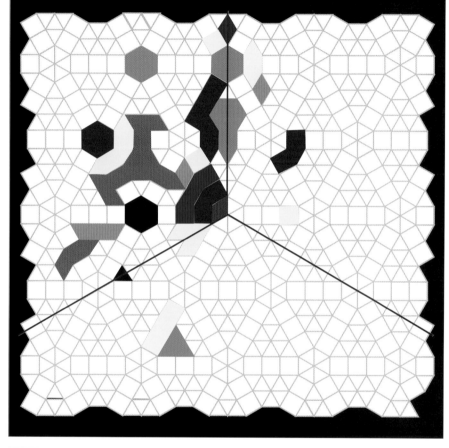

PLAYTHINK 119

난이도:●●●○○○○○○○
준비물:✎
완성여부:☐   시간:＿＿＿

대칭 알파벳

아래 알파벳 대문자에 대칭축을 그어 보자. 만일 글자가 회전 대칭이라면 대칭점도 그려보고 비대칭인 경우에는 그대로 두라.

ABCD
EFGH
IJKL
MNO
PQRS
TUVW
XYZ

PLAYTHINK 120

난이도:●●○○○○○○○○
준비물:✎
완성여부:☐   시간:＿＿＿

미스터리 암호

다음의 미스터리 암호를 읽고 숨겨진 알파벳 단어를 찾아보라. 필요하면 작은 거울을 사용하라.

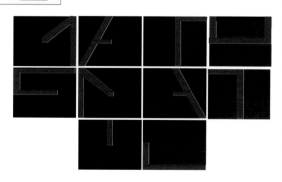

PLAYTHINK 121

난이도:●●●○○○○○○○
준비물:✎
완성여부:☐   시간:＿＿＿

알파벳 2

빨간색 글자와 파란색 글자의 차이점은 무엇일까?

HF OJI
G XL

PLAYTHINK 122

난이도: ●●●○○○○○○○
준비물: ●
완성여부: □　　시간: ____

알파벳 3

빨간색 글자와 파란색 글자의 차이점
은 무엇일까?

NPSRZQ

PLAYTHINK 123

난이도: ●○○○○○○○○○
준비물: 📄 ✂
완성여부: □　　시간: ____

웃는 광대:
얼굴 표정 만들기

그림 조각 14개를 오른쪽 그림처럼 웃는 얼굴의 기본 표정이 되도록 만들어 놓고, 이 기본 표정을 가지고 왼쪽 그림처럼 12개 표정으로 만드는 게임이다. 선수들은 차례대로 2개 이상의 조각을 가로나 세로로 옮겨서 공간에 놓는다. 대칭성을 유념하면서 조각을 옮겨야 하고, 조각은 4×4칸 밖을 벗어날 수 없지만, 붙어 있는 조각은 한 번에 이동시킬 수 있다. 각 선수에게는 매번 5번의 이동 기회가 주어진다. 카드의 표정을 만든 선수가 그 카드를 가지며 카드의 수가 가장 많은 선수가 이긴다. 이 규칙에 따라 게임을 할 때 왼쪽의 12개 표정 중 만들어 낼 수 없는 것은 무엇일까?

황금 직사각형

고대 그리스인들이 발견한 아주 독특한 직사각형을 살펴보자. 직사각형 하나를 그리고 그 안에 한 변의 길이가 직사각형의 짧은 변의 길이와 같은 정사각형을 그린다. 그러면 직사각형이 두 부분으로 나뉘고 작은 직사각형이 하나 생긴다. 이 때 작은 직사각형의 변의 길이의 비는 원래의 큰 직사각형의 변의 비와 같다. 그래서 그리스인들은 이 두 직사각형이 신성한 관계를 가진다고 믿고 그 비를 황금비율이라고 불렀다. 3.141592…를 π로 나타내듯이, 약 1:1.6180037인 황금비율은 주로 그리스 문자 ϕ로 나타낸다.

황금 직사각형이 그리는 나선형 패턴은 앵무조개에서도 볼 수 있고 수많은 동식물에서 이 황금비가 발견된다.

124

PLAYTHINK
124 난이도:●●●●●●○○
준비물:✏️
완성여부:☐ 시간:＿＿

황금 삼각형

오각형의 대각선을 모두 그리면 펜타그램이라 부르는 오점별 모양이 나온다. 오각형 대칭성은 동식물 어디서나 발견되기 때문에 생명체의 대칭이라고도 부른다.

황금 직사각형과 황금 삼각형에서 발견한 비밀이 펜타그램에서도 발견되기 때문에 피타고라스학파를 상징하는 비밀 기호로 사용되었다. 오각형의 한 변과 펜타그램의

한 변 사이의 비를 구하라.

125

PLAYTHINK
125 난이도:●●●●●○○○
준비물:✏️
완성여부:☐ 시간:＿＿

큐브의 대칭성

큐브에는 2차원 물체보다 더 많은 회전 대칭이 있다. 이를 모두 찾아보라.

126

PLAYTHINK
126 난이도:●●●●●○○○
준비물:✏️🖊️
완성여부:☐ 시간:＿＿

아이소메트릭스: 도형 게임

이 게임에는 구멍이 나 있는 고정판(오른쪽)과 고정판 위에 두는 회전판(왼쪽)을 사용한다. 고정판에는 도형별로 구멍이 뚫려 있고, 회전판에는 64개의 도형이 있으며 중심점을 중심으로 회전한다.

제일 처음에 회전판에는 정사각형 16개, 직각이등변삼각형 16개, 원 16개, 반원 16개가 놓여 있다.

회전판을 한 바퀴 돌리고 눈으로 회전판을 따라가며 도형을 확인한다. 도형 중 몇 개는 판 위에 바로 떨어질 것이고, 나머지는 시계방향으로 1/4정도가 지난 후에 떨어지며, 또 나머지는 1/2바퀴 회전 후에 더 떨어진다. 1/4씩 회전할 때마다 나오는 모양을 따라 오른쪽의 도표를 완성하라. 한 바퀴 돈 후에도 남아 있는 도형은 무엇일까?

처음 판 위의 도형	16	16	16	16
도형의 모양	■	◸	●	◖
처음부터 떨어진 도형 개수				
시계방향으로 1/4 바퀴 돌고나서 떨어진 도형 개수				
시계방향으로 1/2 바퀴 돌고나서 떨어진 도형 개수				
시계방향으로 3/4 바퀴 돌고나서 떨어진 도형 개수				
시계방향으로 한 바퀴 돌고나서 떨어진 도형 개수				
여전히 남아있는 도형 개수				

PLAYTHINK
127
난이도:●●○○○○○○○○
준비물: ✎ 📄 ✂
완성여부:☐   시간:____

양방 대칭 게임

혼자 또는 여럿이서
함께 할 수 있는 대칭
패턴 만들기 게임이다.

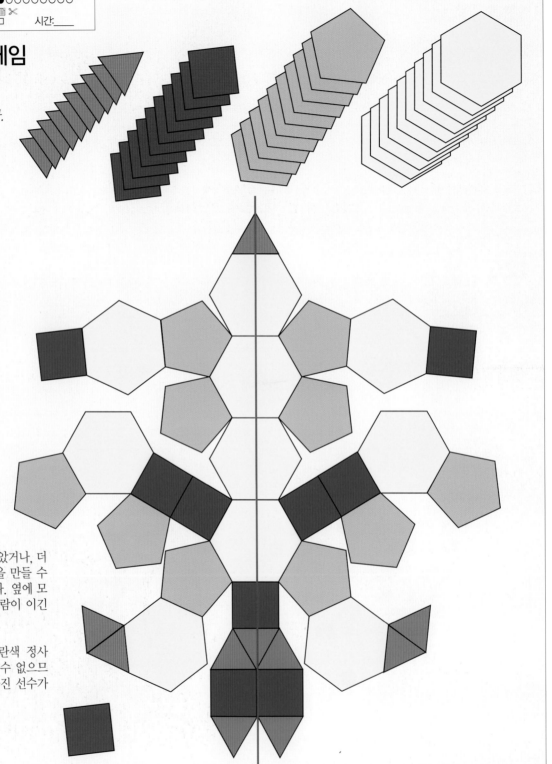

오른쪽의 정삼
각형, 정사각
형, 정오각형, 정육
각형을 각각 10개
씩 복사해서 오려
라. 이 때 모든 도
형의 변의 길이가
같다는 것을 명심
하고, 도형 40개를
모두 섞어서 한 줄
로 쌓으라.

선수들이 차례대로
도형 40개 중 제일
위의 2개를 뽑는
다. 뽑은 도형을 이
미 놓인 도형과 한
변을 접하되 세로
축을 따라 전체 도
형이 대칭이 되도
록 놓는다. 만약 조
각을 대칭으로 놓
을 수 없을 경우에
는 그 조각들을 각
자 따로 옆에 모아
둔다. 도형을 모두 놓았거나, 더
이상 대칭되는 패턴을 만들 수
없으면 게임은 끝난다. 옆에 모
아둔 조각이 적은 사람이 이긴
다.

샘플 게임에서는 파란색 정사
각형을 대칭으로 둘 수 없으므
로 이 정사각형을 가진 선수가
진다.

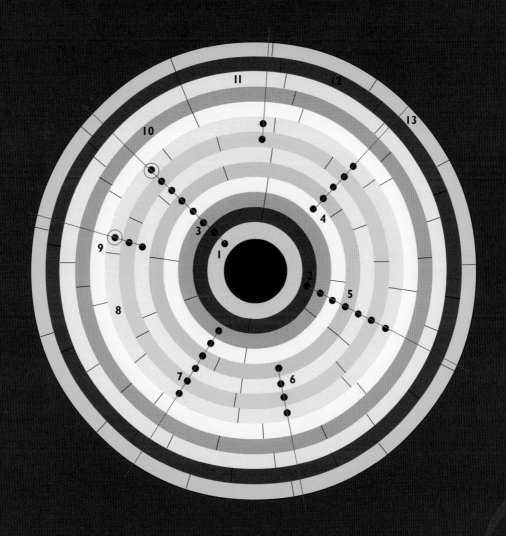

점과 선

기하학의 기본 도구

점은 단순한 부호가 아니라 위치를 나타내는 수학적 상징 기호이다. 그리고 선은 이미지를 그리기위한 기본 요소이자 수학적 기호로써 점 사이를 이어 거리와 방향과 공간을 나타낸다. 점과 선, 또 이 둘 사이의 관계가 기하학에서 사용되는 기본 도구이다.

고대 그리스인들은 땅을 측정하는 실용 학문이었던 기하학을 수학적 증명에 사용하기 시작했다. 그들은 점과 선을 "추상화"시켜서 기하학의 법칙이 완벽하게 적용되는 추상적인 가상의 세계를 만들었다. 그리고 그 추상적 세계로부터 공리를 바탕으로 연역적으로 진리를 이끌어 내려고 했다. 그리스 기하학의 고전인 유클리드의 《원론(Elements)》은 추론에 관한 최고의 교재로 수 세기에 걸쳐서 사용되었다. 그리고 19세기에 들어서서 게오르그 칸토르가 거의 모든 형태와 모양을 기하학에 포함시켰다.

13점 게임

원 모양의 띠처럼 생긴 땅에 나무 1그루를 심는다고 해보자. 이 땅을 2등분하여 나무가 없는 칸에 나무를 심고, 다시 땅을 3등분해서 나무가 없는 칸에 나무를 심어라. 이런 식으로 땅을 나누어 나무를 심는 작업을 얼마나 계속할 수 있을까? 각 칸마다 나무가 있도록 13등분할 수 있을까?

문제를 쉽게 풀기 위해 아래의 왼쪽 그림에 원형 띠 모양의 땅 하나를 13개의 동심원으로 나타내었다. 따라서 점을 하나 찍으면 그 뒤의 모든 원에도 일직선 위에 점이 있다고 가정해야 한다. 점이 각 원에 하나씩 더해질 때 몇 번째 원에서 새로운 점을 찍을 수 없게 될까?

2명이 함께 해보자. 1명씩 차례로 나무 심는 곳을 검은색 점으로 표시한다. 둘 중 1명이 빈칸에 나무를 심을 수 없을 때까지 게임을 계속한다.

오른쪽의 샘플 게임에서는 9번째 원에 점을 찍을 수 없어 게임이 끝났다.(8번째 원에서 같은 칸에 점이 두 개 생긴다.)

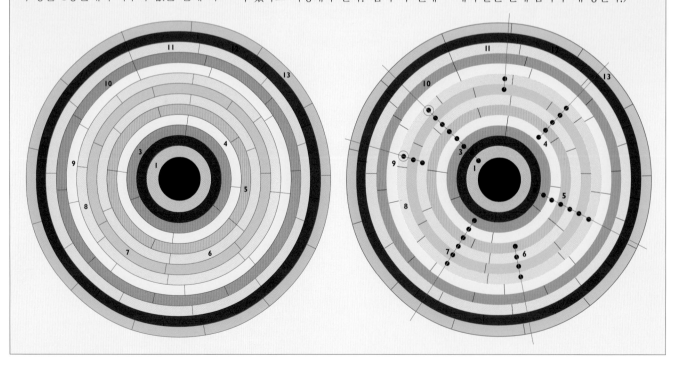

PLAYTHINK 129

난이도: ●●○○○○○○○
준비물: ●
완성여부: □   시간: ____

선 매트릭스 맞추기

제일 윗줄의 노란 칸에 있는 선과 왼쪽 녹색 칸 안의 선을 조합해서 흰색 칸에 새로운 패턴을 만들었다. 조합이 틀린 것을 찾아보라.

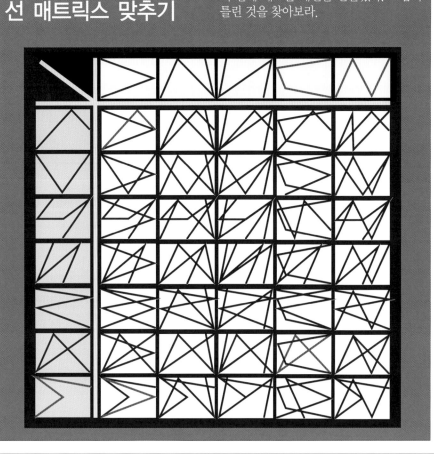

PLAYTHINK 130

난이도: ●●●●○○○○○
준비물: ● ●
완성여부: □   시간: ____

6줄 문제

선 6개로 만든 오른쪽의 도형에는 서로 다른 3가지 크기의 삼각형 8개가 있다. 선 6개로 도형을 만들되, 서로 다른 2가지 크기의 삼각형 8개가 되도록 하라.

PLAYTHINK 131

난이도: ●●●●○○○○○
준비물: ● ●
완성여부: □   시간: ____

선과 삼각형

선 3개로 그림과 같은 삼각형 1개를 그릴 수 있으며 선 4개로는 삼각형 4개를 그릴 수 있다. 아래에 선 3개가 있는데 여기에 선 2개를 더하여 삼각형 8개를 만들어 보라.

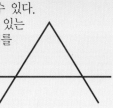

차원

기하학은 점에서 출발하는데, 점이란 2차원 평면이나 3차원 공간에서 위치를 의미한다. 점은 둘 이상의 선이 만나는 곳이며 완전히 추상적인 개념이기 때문에, 머릿속으로 그런 선을 가정하여 그려야 한다.

도로 위에

서 차의 위치는 숫자 한 개, 즉 어떤 지점에서부터 떨어진 거리인 이정표로 나타낼 수 있다.

항해하는 배의 위치는 위도와 경도로 나타낼 수 있는데, 이때 배는 2차원 평면 위에 있으므로 숫자 두 개가 필요하다.

방 안에 있는 어떤 물체의 위치는 숫자 세 개로 나타낼 수 있으며, 흔히 x, y, z로 표시한다. 예를 들어, 물체가 두 벽에서 떨어진 각각의 거리와 바닥에서의 높이로 공간에서의 위치를 나타낼 수 있다.

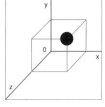

PLAYTHINK **132**
난이도:●●●●●●○○○○
준비물: 👁
완성여부:□ 시간:_____

팽이 *회전 선*

팽이 위에 컬러선이 그려져 있는데 팽이를 돌리자 새로운 패턴이 만들어졌다. 아래의 팽이 4개를 회전시키면 각각 어떤 패턴이 생길까?

1
2
3
4

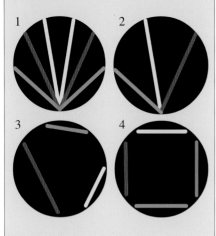

PLAYTHINK **133**
난이도:●●●●●○○○○○
준비물: 👁 ✏
완성여부:□ 시간:_____

고본삼각형 1

이어진 직선 6개로 서로 겹치지 않는 삼각형을 몇 개 그릴 수 있을까? 오른쪽에는 4개가 있는데 이보다 더 많은 경우를 찾아보라.

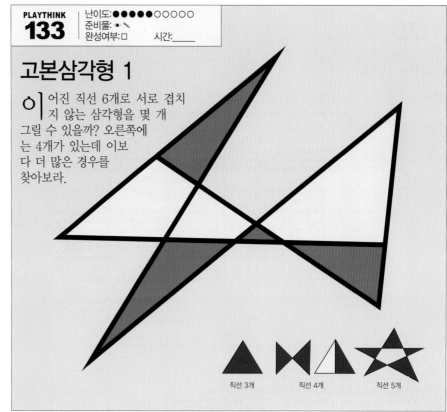

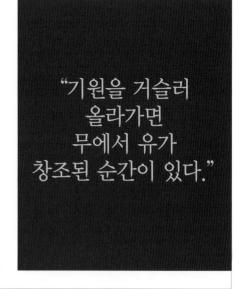

직선 3개
직선 4개
직선 5개

점

오른쪽의 흰색 상자 안에 점이 있는데 보이는가? 사실 점이 실제로 눈에 보이지는 않을 것이다. 그렇지만 분명히 존재한다. 이것을 어떻게 이해해야 할까?

점이란 우리 머릿속에 있는 추상적인 개념이다. 점은 차원도 없고 공간도 없다. 만약 평면이 2차원이고 선이 1차원이라면 점은 0차원인데 보이지 않는 것을 설명하기가 어렵기 때문에 점으로 나타내는 것뿐이다. 그래서 2차원 평면 위에서는 조그만 원으로, 3차원의 공간 안에서는 조그만 구로 표시하는 것이다.

이제 점의 개념을 알았으므로 기하학의 아름답고도 재밌는 구조를 살펴보자. 왼쪽의 흰색 상자 안에 있는 점의 개수는 단순히 하나가 아니다. 무한하다. 사물을 이런 식으로 보는 관점이 앞으로 나올 문제를 푸는 데 핵심이 될 것이다.

"기원을 거슬러
올라가면
무에서 유가
창조된 순간이 있다."

PLAYTHINK
134
난이도:●●●●●○○○○
준비물:●
완성여부:□   시간:_____

안과 밖

검 정색 선은 하나로 연결된 긴 고리이다. 빨간 점 중에 어느 것이 고리 안쪽에 있고, 어느 것이 바깥쪽에 있는가? 단순히 검정색 선을 따라가는 것보다 쉬운 방법으로 풀어 보라.

PLAYTHINK
135
난이도:●●●●●●●●○
준비물:✎
완성여부:□   시간:_____

파푸스 정리

선 (빨간색)을 2개 그어서 각 선마다 점(녹색)을 임의로 3개씩 그린다. 그린 점 6개를 선으로 연결하여 선이 만나는 교점을 다시 점(파란색)으로 표시한다. 그러면 파란색 점 3개는 일직선에 놓인다. 임의로 선 2개를 그었을 때에도 이것이 항상 성립할까?

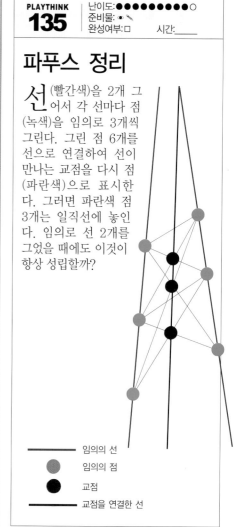

—— 임의의 선
● 임의의 점
● 교점
—— 교점을 연결한 선

PLAYTHINK
136
난이도:●●○○○○○○○○
준비물:●
완성여부:□   시간:_____

볼록 다각형과
단순 다각형

볼 록 다각형은 도형 내부의 임의의 한 점에서 변 위의 임의의 한 점에 이르는 선을 그었을 때 어떤 변도 가로지르지 않는 것을 말한다. 도형의 내부에 선이나 면이 서로 교차하지 않으면 단순 다각형이라고 부른다. 옆의 도형 중 볼록 다각형의 개수를 말하고, 그림의 선이나 도형 중 나머지와 다른 하나를 찾아보라.

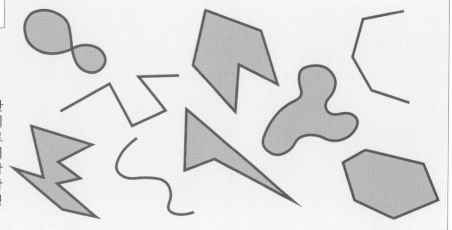

18점 게임

수학자들은 가끔 겉보기에만 단순해 보이는 아주 어려운 문제를 만든다. 마틴 가드너가 과학 잡지인 《사이언티픽 아메리칸》의 '수학 게임'이라는 코너에 연재한 18점 패러독스도 그런 문제이다.

이 문제는 아주 간단한 규칙에 따라 선분 위에 18점을 그리는 것이다. 선분이 점으로 이루어져있기 때문에 많은 사람들이 선분 위에 무한한 점을 그릴 수 있다고 생각한다. 하지만, 다음의 게임을 해보면 예상과는 전혀 다르다는 것을 알게 될 것이다.

게임의 규칙은 다음과 같이 매우 간단하다. 선분 위에 1번째 점을 아무 곳에나 그린다. 2번째 점은 선분을 이등분하여 1번째 점과 다른 칸에 있도록 그린다. 3번째 점은 선을 삼등분해서 앞의 두 점과 겹치지 않는 칸에 그린다. 이렇게 그리다 보면 1번째와 2번째 점을 아무데나 놓을 수 없다는 것을 알 것이다. 처음 두 점을 제대로 놓아야 3번째 점이 놓일 공간이 남아있기 때문이다.

4번째 점은 사등분하여 앞의 세 점과 겹치지 않는 칸에, 또 5번째 점은 오등분하여 앞의 네 개의 점과 겹치지 않는 칸에 두어야 한다. 이런 식으로 계속 규칙에 따라 점을 그리다 보면 17번째 점까지만 그릴 수 있다는 사실을 깨닫게 될 것이다. 아무리 앞의 점을 신중하게 놓아도 18번째 점은 규칙에 맞게 그릴 수가 없다.

사실 10번째 점을 그리기도 힘들다. 문제 128번의 '13점 게임'을 먼저 풀어보는 것이 이 문제를 푸는 데 도움이 될 것이다.

PLAYTHINK 137

난이도: ●●●●●○○○○○
준비물: ✎
완성여부: □　시간:＿＿＿

치즈 자르기

선 3개를 그어 동그란 치즈 덩어리를 크기가 똑같은 8조각으로 나누어라.

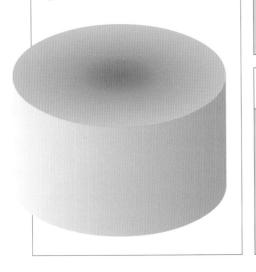

PLAYTHINK 138

난이도: ●●●●●○○○○
준비물: ✎
완성여부: □　시간:＿＿＿

고본삼각형 2

이어진 직선 7개로 서로 겹치지 않는 삼각형을 몇 개 그릴 수 있을까? 오른쪽에는 6개가 있는데 이보다 더 많은 경우를 찾아보라.

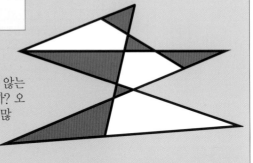

PLAYTHINK 139

난이도: ●●●●●●○○○
준비물: ✎
완성여부: □　시간:＿＿＿

고본삼각형 3

이어진 직선 8개로 서로 겹치지 않는 삼각형을 몇 개 그릴 수 있을까? 오른쪽에는 6개가 있는데 이보다 더 많은 경우를 찾아보라.

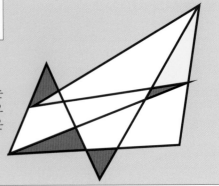

PLAYTHINK
140

난이도:●●●●●○○○○○
준비물: ✎ ⟍
완성여부:☐   시간:____

최대 개수로 나누기 1

동 그란 케이크에 직선 4개를 그어
아래처럼 10조각으로 나누었다.
직선 4개를 그어 11조각으로 나눌 수도
있을까? 평면에 n개의 직선을 그어 나
눌 수 있는 조각은 최대 몇 개일까?

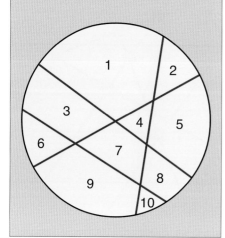

PLAYTHINK
141

난이도:●●●●●○○○○
준비물: ✎
완성여부:☐   시간:____

최대 개수로 나누기 2

동 그란 케이크에 직선 5개를 그어
아래의 그림과 같이 15조각으로
나누었다. 직선 5개를 그어 16조각으로
나눌 수도 있을까?

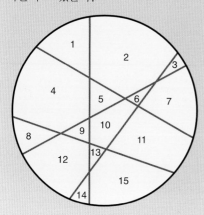

PLAYTHINK
142

난이도:●●●●●●○○○
준비물: ✎ ⟍
완성여부:☐   시간:____

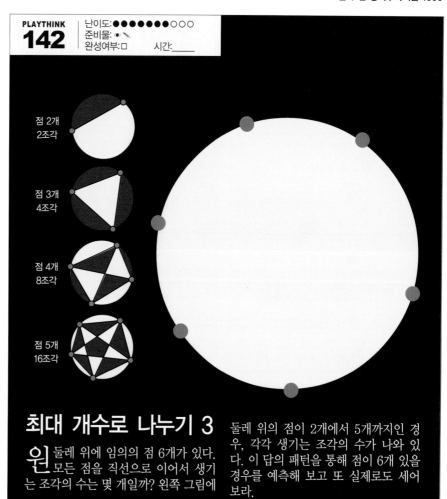

점 2개
2조각

점 3개
4조각

점 4개
8조각

점 5개
16조각

최대 개수로 나누기 3

원 둘레 위에 임의의 점 6개가 있다.
모든 점을 직선으로 이어서 생기
는 조각의 수는 몇 개일까? 왼쪽 그림에

둘레 위의 점이 2개에서 5개까지인 경
우, 각각 생기는 조각의 수가 나와 있
다. 이 답의 패턴을 통해 점이 6개 있을
경우를 예측해 보고 또 실제로도 세어
보라.

PLAYTHINK
143

난이도:●●●●●○○○○
준비물: ✎ ⟍
완성여부:☐   시간:____

상자에 대각선 긋기

가 로×세로가 14×10
칸으로 된 상자가
있다. 레이저 광선이 윗
면의 왼쪽 모서리에서 아
랫면의 오른쪽 모서리까
지 통과했다. 레이저가
칸을 몇 개나 통과했는지
알아보라.

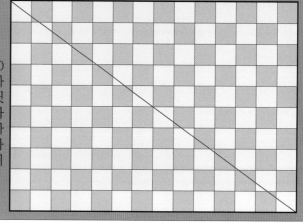

PLAYTHINK 144

난이도: ●●●●●○○○○○
준비물: ✎ ✎
완성여부: □   시간: ____

무당벌레

원 위에 무당벌레가 11마리 놓여 있다. 4개의 직선을 그어서 각각의 무당벌레가 칸마다 들어가도록 하라.

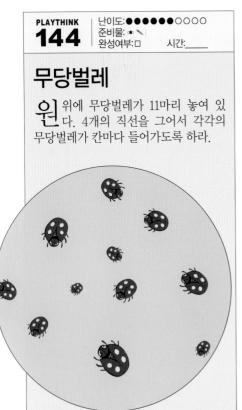

PLAYTHINK 145

난이도: ●●●○○○○○○○
준비물: ✎ ✎
완성여부: □   시간: ____

선과 선이 만날 때

교점

아래에 있는 직선 5개로 교점 9개를 만들었다. 직선 5개를 교점이 10개가 생기도록 그어보라. 직선 5개로 그릴 수 있는 교점의 수는 최대 몇 개일까?

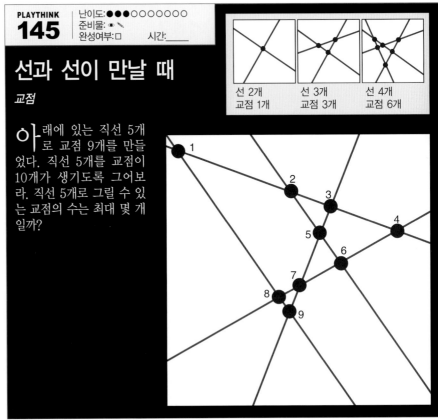

선 2개   선 3개   선 4개
교점 1개   교점 3개   교점 6개

파푸스 정리

14 세기의 위대한 수학자였던 파푸스는 동점(움직이는 점)으로 공간을 채울 수 있다는 것을 최초로 밝혔다. 동점을 한 방향으로 움직이면 일직선이 나온다. 그 일직선을 그 점에서 직각으로 움직인 것을 직사각형이라 한다. 그리고 그 직사각형을 그 점에서 직각으로 움직인 것을 직육면체라 한다. 이런 식으로 한 점을 공간이나 입체를 정의하는 데까지 확장할 수 있다.

이러한 파푸스의 정리가 텔레비전 영상을 재생하는 원리의 기초가 되었다.

점 하나를 특정 방향으로 움직이면 선이 생긴다.

생긴 선을 직각으로 움직이면 사각형이 생긴다.

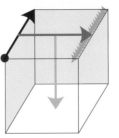

그 사각형을 직각으로 움직이면 직육면체가 생긴다.

한 붓 그리기

상력이 얼마나 풍부한지 알아보자. 9개의 점을 가로×세로가 3×3칸의 정사각형 모양이 되도록 그려보라. 4개 이하의 직선으로 한 붓 그리기를 하여 이 9개의 점을 이어보라.

문제를 풀다보면 점을 8개까지 잇는 것은 쉬운데 9번째 점까지 잇는 것은 불가능해 보일 것이다.

이처럼 해답이 잘 안 떠올라 풀이가 불가능해 보이는 것은 우리가 고정관념에 갇혀있기 때문이다. 우리는 제한된 틀 안에서만 문제의 해답을 찾으려 할 때가 많다. 이 문제만 보아도, 점 9개가 사각형의 상자 모양으로 배치되어 있어서 많은 사람들이 선을 그을 때 수직선이나 수평선만을 생각한다. 그러나 사실, 문제에는 선을 그렇게 한정하라는 조건이 전혀 없다.

따라서 이 문제를 풀려면 대각선과 사각형 밖을 벗어나는 선을 생각할 수 있어야 한다.

이처럼 기존의 틀을 넘어서 새로운 해법을 찾는 방법을, 1990년대 사업가들이나 정치가들은 '틀 밖의 창의적 사고'라고 표현했다. 그리고 이것이 불가능해 보이는 문제를 푸는 방법이기도 하다.

PLAYTHINK 146
난이도:●●●●○○○○○
준비물: ✏
완성여부:□　　시간:＿＿＿

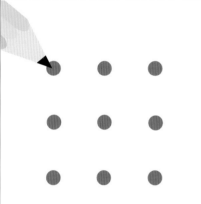

9점 문제

점 9개를 직선 4개를 이용하여 한 붓 그리기로 연결하라. 직선 3개로도 해보라.

PLAYTHINK 147
난이도:●●●●●○○○○
준비물: ✏
완성여부:□　　시간:＿＿＿

12점 문제

12개의 점을 한 붓 그리기로 연결하려면 최소한 몇 개의 직선이 필요할까?

PLAYTHINK 148
난이도:●●●●●●○○○
준비물: ✏
완성여부:□　　시간:＿＿＿

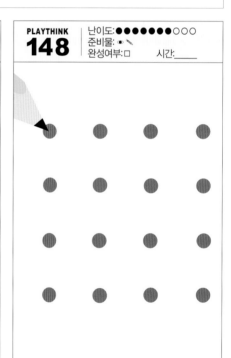

16점 문제

16개의 점을 한 붓 그리기로 연결하려면 최소한 몇 개의 직선이 필요할까?

좌표

도형은 단순히 물리적인 존재가 아니라 숫자로 표현이 가능한 수학적 창조물이다. 도형도 숫자와 마찬가지로 다양한 방법으로 조작하여 새로운 도형을 만들 수 있는데, 그 방법을 기하학적 대수라 한다.

기하학적 대수의 기원은 유클리드가 《원론(Elements)》에서 증명 과정 중에 그 형태를 최초로 사용했던 기원전 300년경이다. 그러다 17세기에 데카르트와 페르마가 점의 위치를 한 쌍의 수로 표현하면서 좌표가 출현하게 되었다. 데카르트의 이름을 딴 데카르트 좌표에서는 한 점을 두 축으로 표현한다. 좌표 (2,3)을 예로 들면 첫 번째 숫자 2는 가로축인 x축에서의 거리이며 두 번째 숫자 3은 세로축인 y축에서의 거리이다.

데카르트 좌표를 이용하면 방정식으로 도형을 그릴 수 있다. 방정식에서 변수가 2개이면 2차원 도형이며, 3개이면 3차원인 도형을 나타낸다.

곡선을 해석하거나 연립방정식을 풀 때에도 데카르트 좌표를 사용할 수 있다. 연립방정식을 풀 때에는 두 방정식을 그래프로 그리고 두 선의 교차점의 좌표로 찾으면 그것이 곧 방정식의 해답이 된다.

PLAYTHINK 149
난이도: ●●○○○○○○○○
준비물: ✏️
완성여부: ☐   시간:_____

좌표 크래프트

좌표란 평면 위의 한 점을 두 선의 교점으로 표현하는 것이다. 1에서 24까지 숫자가 붙여진 좌표를 아래 격자 위에 점으로 나타내고, 그 점들을 순서대로 이어서 숨겨진 그림을 찾아보라.

1.	9	9
2.	6	9
3.	5	10
4.	3	10
5.	2	9
6.	2	8
7.	4	7
8.	5	6
9.	1	4
10.	1	6
11.	0	3
12.	3	2
13.	4	1
14.	3	0
15.	7	0
16.	5	1
17.	4	2
18.	7	3
19.	8	5
20.	5	7
21.	6	8
22.	9	7
23.	8	8
24.	9	9

PLAYTHINK 150
난이도: ●●●●○○○○○
준비물: ●
완성여부: ☐   시간:_____

등간격으로 나무 심기

그림의 나무 3그루는 같은 등간격으로 심어져 있다. 즉, 한 나무가 다른 모든 나무와 똑같은 간격으로 떨어져 있는 것이다. 나무를 같은 등간격으로 심으면 최대 몇 그루까지 심을 수 있을까?

PLAYTHINK 151

난이도: ●●●○○○○○○○
준비물: ●
완성여부: □　시간: _____

묶인 강아지

강아지 1마리가 3미터 길이의 줄로 나무에 묶여있고, 밥그릇은 강아지로부터 4.5미터 떨어진 곳에 놓여 있었다. 강아지가 밥그릇을 보자마자 재빨리 뛰어가서 밥을 먹기 시작했다. 줄이 끊어지지도 않았고 나무가 휘지도 않았다면 강아지는 어떻게 밥을 먹었을까?

PLAYTHINK 152

난이도: ●●●●●●●●●●
준비물: ● ✎
완성여부: □　시간: _____

최장 거리

원 2개가 두 지점(A와 D)에서 교차하고 있다. 선분 BAC를 가장 길게 하려면 점 B와 C가 어디에 위치해야 할까?

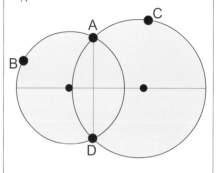

PLAYTHINK 153

난이도: ●●●○○○○○○○
준비물: ✎
완성여부: □　시간: _____

교점　2인용 게임

교점을 최대한 많이 만드는 게임이다. 각자 다른 색깔의 펜으로 게임판 위의 둘레에 있는 점을 차례대로 이어 선분을 그린다. 이미 그려진 선분을 지나면서 생기는 교점은 지금 선분을 그어 교점을 만든 사람의 색깔로 표시한다. 게임이 끝나면 자신의 색깔로 된 교점을 다음의 점수 계산 방식으로 더한다. 자신의 선 위에 있는 교점은 2점, 상대방의 선 위에 있는 교점은 1점으로 계산하여, 총 점수가 많은 사람이 이긴다.

PLAYTHINK 154

난이도: ●●●●●●●○○○
준비물: ●
완성여부: □　시간: _____

뱀

붉은색, 녹색, 파란색의 뱀이 각각 3마리 씩, 총 9마리의 뱀이 바위 아래에서 닫힌곡선을 그리고 있는데, 뱀끼리는 어느 곳에서도 만나지 않는다. 그림에서 8마리는 몸통의 일부만 보이고 1마리는 아예 보이지 않는다. 아래의 그림을 보고 보이지 않는 뱀의 색깔을 말해 보라.

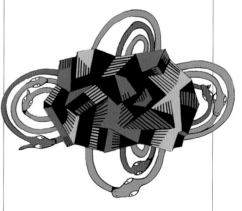

전자 영상 만들기

20세기 초 엔지니어들이 이미지를 화소(픽셀)라고 부르는 매우 작은 조각으로 나누면 영상을 스크린에 옮길 수 있다는 것을 발견했다. 각 화소에는 밝기와 색깔에 대한 정보가 있고, 텔레비전 수상기에 전기 신호로 이 정보를 보내면 여기서 화소가 다시 합쳐져서 텔레비전 화면의 영상을 만든다. 현대의 컴퓨터 스크린도 거의 유사한 방식을 사용한다. 이 픽셀의 개념을 이용해서 아래의 '픽셀 크래프트' 문제를 풀어 보라.

PLAYTHINK 155
난이도: ●●○○○○○○○○
준비물: ✏️✂️
완성여부: □　시간:_____

픽셀 크래프트 1

아래 격자의 패턴을 살펴보고 이 둘을 합칠 경우 나타나는 영상을 말해 보라.

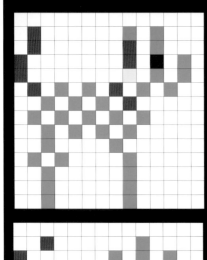

PLAYTHINK 156
난이도: ●●●○○○○○○○
준비물: ✏️✂️
완성여부: □　시간:_____

픽셀 크래프트 2

아래 격자에서 패턴을 살펴보고 이 둘을 합칠 경우 나타나는 영상을 머릿속으로만 생각하여 그려보라. 필요하면 각각의 패턴을 색깔과 위치를 기준으로 오른쪽의 빈 격자패턴에 옮겨서 풀어라.

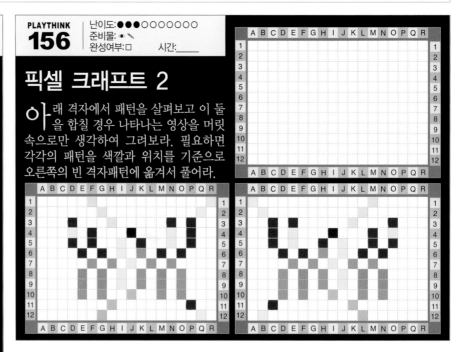

PLAYTHINK 157
난이도: ●●●●○○○○○○
준비물: ✏️✂️
완성여부: □　시간:_____

6그루 나무 심기

어떤 정원에 나무 5그루를 6개의 직선 길 위에 심었다. 대각선 길 2개에는 나무가 3그루씩, 나머지 길 4개에는 나무가 2그루씩 놓이게 했다. 나무 6그루를 직선 길 4개에 심어야 하는데, 각 직선 길마다 나무가 3그루씩 있도록 하라.

PLAYTHINK 158

난이도: ●●●●●●○○○
준비물: ✐ ✎
완성여부: □　　시간: _____

2거리 세트

평 면 위에 점 2개를 그려서 나타낼 수 있는 거리의 종류는 무한하다. 하지만 집합 안의 모든 점에서 1이나 2만큼 떨어진 점의 집합을 그리려면 그 수는 제한된다. 예를 들어 아래의 점 2개는 서로 1만큼 떨어져있고, 정삼각형으로 된 점 3개도 역시 서로 1만큼 떨어져 있다. 거리의 종류가 한 가지인 1거리 세트는 이 두 경우밖에 없다. 아래 이등변삼각형은 2거리 세트의 예로써, 세트 내에 거리의 종류가 두 가지이다. 평면 내에서 2거리 세트의 다른 예를 찾아보라.

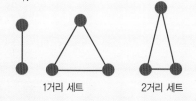

1거리 세트　　　　2거리 세트

PLAYTHINK 159

난이도: ●●●●●●●○○
준비물: ✐ ✎
완성여부: □　　시간: _____

3거리 세트

아 래의 점 4개가 선 6개로 연결되어 있는데 선마다 제각기 길이가 다른 6거리 세트 중 하나이다.
점 4개로 3거리 세트를 만들되, 각 거리가 나타나는 횟수가 3번, 2번, 1번이 되도록 하라.

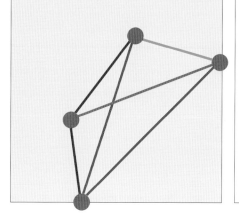

PLAYTHINK 160

난이도: ●●●●●○○○○○
준비물: ✐ ✎
완성여부: □　　시간: _____

장미 정원

한 남자가 자신의 정원에 장미 덩굴 16그루를 어떻게 배열할지 고민하고 있다. 처음에는 한 줄에 4그루씩 4줄을 만들어 직선이 총 10개(가로선 4개, 세로선 4개, 대각선 2개)가 되도록 심으려고 했다. 그러다 한 줄에 4개씩 심어 총 15개의 직선으로 만드는 것이 보기에 더 좋을 것 같았다. 장미 덩굴을 어떤 배열로 심어야 할까?

PLAYTHINK 161

난이도: ●●●●●●●●●
준비물: ✐ ✎
완성여부: □　　시간: _____

다중거리 세트

삼 각격자 위의 점을 연결한 선이 다음과 같도록 두 점을 연결한 직선을 그려보라. 길이의 종류가 A인 것은 1개, B인 것은 2개, C인 것은 3개, D인 것은 4개…… 등의 방식으로, 거리가 다르면 그 직선이 나타나는 횟수가 다르도록 하라. 검정색 선부터 시작해보라.

PLAYTHINK
162
난이도:●●●●●●●○○○
준비물:●
완성여부:□ 시간:____

성냥으로 정사각형 만들기

그림에 나와 있는 모양에서 성냥개비를 옮겨서 정사각형으로 된 새로운 형태를 만든다. 각 세로줄의 제일 위에는 옮겨야 할 성냥의 개수가 나와 있고, 각 가로줄의 제일 왼쪽에는 만들어야할 정사각형의 개수가 나와 있다. (정사각형은 겹쳐도 되고 변을 공유해도 된다.) 아래의 12개를 모두 풀어라.

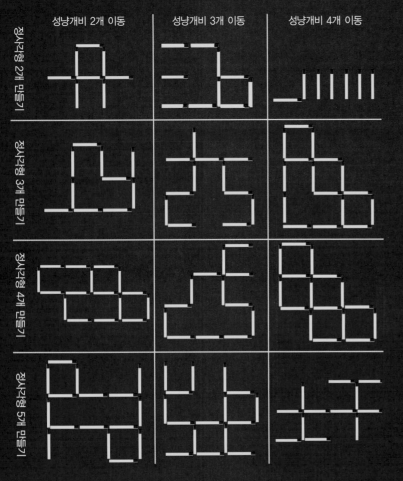

성냥개비 2개 이동 　성냥개비 3개 이동 　성냥개비 4개 이동

정사각형 2개 만들기

정사각형 3개 만들기

정사각형 4개 만들기

정사각형 5개 만들기

PLAYTHINK
164
난이도:●●●●○○○○○
준비물:●
완성여부:□ 시간:____

성냥 물고기

성냥개비를 3개만 옮겨서 물고기의 방향을 바꾸어라.

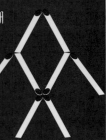

PLAYTHINK
165
난이도:●●●●●●●●●●
준비물:●
완성여부:□ 시간:____

성냥개비 한 점에서 만나기

아래 그림에서 성냥개비 3개가 한 점에서 만나고 있다. 모든 성냥개비의 양 끝이 다른 성냥개비 2개와 연결되면서, 성냥개비의 수가 최소인 모양을 만들어 보라. 단, 성냥개비는 끝 부분만 닿아야 하며 겹쳐서는 안 된다.
이 문제는 독일의 수학자인 헤이코 하보스가 최초로 만들고 놉 요시가하라가 《퍼즐토피아》에 실었다. 이 문제에서는 모든 점에서 성냥개비가 3개씩 만나지만, 이를 응용하여 4개나 5개씩 만나는 문제도 만들어졌다. 모든 점에서 4개씩 만나는 문제는 104개의 성냥개비로 52점을 만드는 것이 지금까지의 최고 기록이다. 5개의 성냥개비를 이 규칙에 따라 만드는 것은 아직 해답이 발견되지 않았다.

PLAYTHINK
163
난이도:●●●●●○○○○
준비물:●
완성여부:□ 시간:____

유리잔 속의 체리

성냥개비를 2개만 옮겨서 체리가 유리잔 밖으로 나오도록 하라. 단, 유리잔의 형태는 같아야 한다.

PLAYTHINK 166

난이도: ●●●●●●○○○
준비물: ●
완성여부: □   시간:＿＿＿

성냥 모형

이 문제는 고전적인 솔리테르 게임을 응용한 것이다. 각 성냥개비의 수로 평면 위에 기하학적으로 서로 다른 모양을 몇 개나 만들 수 있을까? 이때 규칙은 다음과 같다.

1. 한 변은 성냥개비 하나로 만들고, 두 성냥은 끝 부분끼리만 닿는다.
2. 성냥개비는 평면 위에 놓여야 하지만, 만일 3차원 공간에서 교점이 그대로인 채 한 모형을 다른 모형으로 변환시킬 수 있다면 둘은 같은 것으로 취급한다.

성냥개비 1개, 2개, 3개로 만들 수 있는 모양은 아래에 나와 있다. 이 규칙에 따라 성냥개비가 4개일 때와 5개일 때의 모양을 각각 만들어 보라.

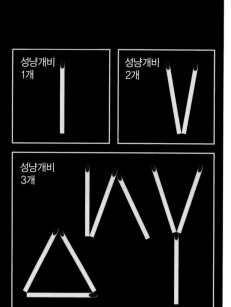

성냥개비 1개

성냥개비 2개

성냥개비 3개

PLAYTHINK 167

난이도: ●●●●○○○○
준비물: ●
완성여부: □   시간:＿＿＿

단검 배열하기

아래의 그림에 단검 8개가 있다. 단검 1개와 다른 단검 5개 이상이 닿도록 배열하라.

선과 연동장치

선은 직선 막대기를 추상화시킨 것이기 때문에 막대기를 연결하는 문제는 기하학의 직선 문제와 같다.

연동장치란 막대기(선)를 연결한 구조이다. 막대기가 움직이는 이음새에 연결되어 있거나, 360도 회전할 수 있는 축을 중심으로 평면에 고정되어 있다. 막대기의 한쪽 끝을 축이라 하면, 다른 한 쪽 끝은 그 점을 중심으로 원 운동을 한다.

원 운동은 연동장치에서 가장 기본적인 움직임이기 때문에 직선운동을 만들기가 쉽지 않다. 증기기관차의 회전운동을 피스톤을 통해 직선운동으로 바꿀 수는 있다. 문제는 피스톤에 필요한 베어링이 쉽게 마모된다는 것이다. 따라서 증기기관차의 효율을 높이기 위해서는 연동장치에 대한 연구가 필수적이다.

증기기관차를 발명한 제임스 와트는 간단한 직선 운동을 하는 연동장치 구조를 만들어냈다. 하지만, 와트의 연동장치는 엄밀히 말하면 일직선이 아니라 '베르누이 연주형(숫자 8을 길게 늘여 놓은 모양)'이라는 복잡한 곡선 운동을 그렸다. 오히려 간단한 직선으로 된 연동장치가 직선이 아닌 복잡한 곡선을 만들어내는 것이 더 신기한 일이었다.

정확한 직선운동을 하는 최초의 장치는 포어셀리어가 1864년에 고안해 낸 연동장치이다. 포어셀리어 연동장치는 반전이라고 불리는 기하학의 원리를 사용하여 막대기 6개(짧은 막대기 4개, 긴 막대기 2개)가 변환기 역할을 하도록 설계되었다. 따라서 한 막대기가 연결 지점에서 곡선운동을 하면 다른 지점은 역곡선 운동을 한다. 직선의 역곡선은 원이기 때문에, 포어셀리어 연동장치에서 한쪽에서는 원운동을 하고 다른 쪽에서는 직선운동을 하는 것이다.

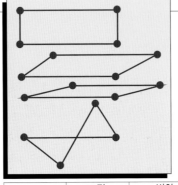

PLAYTHINK 168

난이도: ●●●○○○○○○○
준비물: ● ✎
완성여부: □   시간: ___

평행사변형 연동장치

직선 4개를 가요성이음(두 축의 중심을 완전히 일치시키기 위해 탄성체로 연결한 이음)으로 연결해 주면 평행사변형 연동장치를 만들 수 있다. 이 장치를 이용하면 정사각형이나 직사각형을 마름모와 같은 다른 평행사변형으로 변환시킬 수 있다. 변환과정에서 바뀐 요소와 바뀌지 않은 요소를 오른쪽 도표에 적어라.

	고정	변화
넓이		
둘레		
변		
각도		

PLAYTHINK 169

난이도: ●●●●●●○○○
준비물: ● ✎
완성여부: □   시간: ___

와트 연동장치

아래에 기계식 연동장치가 있다. 파란색 막대의 한쪽 끝은 판에 고정되어 있지만 다른 한쪽은 자유롭게 움직인다. 빨간색 막대는 파란색 막대 2개를 연결해주며 움직임을 제한하는 역할을 한다. 이 장치가 완전히 1바퀴 돌 때, 빨간색 막대 중간의 흰색 점은 어떤 경로를 그릴까?

PLAYTHINK 170

난이도: ●●●●●●○○○
준비물: ● ✎
완성여부: □   시간: ___

흔들리는 삼각형

아래의 기계식 연동장치에는 녹색 막대가 파란색 베이스에 고정되어 있다. 녹색 막대와 빨간색 삼각형은 서로 연결되어 있지만, 전체는 앞뒤로 자유롭게 움직일 수 있다. 이 장치가 완전히 1바퀴 돌 때 빨간 삼각형 끝의 흰색 점은 어떤 경로를 그릴까?

PLAYTHINK 171

난이도: ●●●●●●○○○○
준비물: ● ✎ ✂
완성여부: □   시간: ___

원 따라 움직이기

직선 연동장치의 양 끝 부분이 서로 교차하고 있는 두 원에 연결되어 있다. 이 연동장치가 두 원을 따라 움직일 때 녹색 막대 중간의 검정색 점은 어떤 경로를 그릴까?
이 문제는 장치를 직접 만들어 연필로 경로를 그려보는 것이 풀기 쉽다.

PLAYTHINK 172

난이도: ●●●●●●●●○
준비물: ● ✎ ✂
완성여부: □   시간: ___

크랭크축

두꺼운 종이나 카드지에 긴 막대 3개(노란색)와 짧은 막대 3개(분홍색)를 그려서 자른다. 종이 1장을 바닥에 깔고 적당한 크기의 정삼각형을 그린다. 긴 막대 3개의 한쪽 끝(녹색 점)을 각각 삼각형의 세 꼭짓점에 고정한다.(점은 움직이지 않지만, 막대는 이 점을 축으로 하여 원운동을 할 수 있다.) 그리고 긴 막대의 다른 한쪽 끝(파란색 점)에 각각 짧은 막대 3개를 연결한다.(이 연결은 종이에 고정되지 않는다.) 짧은 막대의 나머지 부분들은 모아서 연필이 들어갈 정도의 구멍을 뚫어 연결한다. 그 다음 그 구멍에 연필을 넣어 결합장치에 의해 연필이 움직이는 영역을 그려 보라.(움직이는 영역의 한계 경계를 고려할 것)

● 고정된 점
● 움직이는 점

PLAYTHINK 173

난이도: ●●●●●●●○○○
준비물: ● ✎ ✂
완성여부: □   시간: ___

움직이는 삼각형

아래의 삼각형에 있는 두 점이 각각 서로 교차하는 두 원의 둘레를 따라 움직인다. 이 때, 삼각형 안에 있는 흰색으로 표시된 점에 구멍을 뚫고 연필이 들어가도록 만든다. 원둘레에 있는 삼각형의 두 점이 각각의 원둘레를 따라 움직이면 흰색 점은 복잡한 경로를 그리며 움직인다. 흰색 점의 경로를 그려보라. 이 문제는 그림과 같은 삼각형의 연동장치를 직접 그려 경로를 찾아보는 것이 좋다.

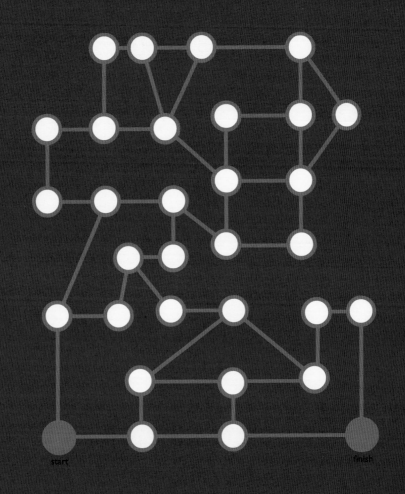
start

finish

그래프와 네트워크

4

그래프 이론

당신이 제한된 시간 내에 여러 도시를 여행해야 한다면 어떻게 여행하는 것이 가장 효과적일까? 변을 따라 십이면체의 꼭짓점을 한 번씩만 지나가는 경로는 어떻게 그려야 할까?

이 두 가지 문제는 모두 그래프 이론과 관련 된다. 그래프란 점 사이를 선으로 연결한 2차원 체계로, 복잡하고 추상적인 형태를 단순화시켜 나타낸 것이다. 따라서 여행 경로나 십이면체의 경로를 모두 그래프로 나타낼 수 있다.

만일 그래프의 점이 상품 제조에 필요한 작업 과정을 나타낸다면, 이 점들을 연결하는 선은 작업 진행의 순서를 의미한다. 그래서 각 점을 어떤 식으로 연결시키느냐에 따라 작업 공정이 달라지며 그래프로 나타낼 수 있다. 기술자들은 그래프를 분석하여 최적의 작업 공정을 찾아낸다.

두 그래프를 비교하여 각 대응점이 같은 방식으로 결합한다면, 그 두 그래프를 같은 것으로 보며 위상학적으로 동치라고 말한다. 그래프 이론에서는 점의 정확한 위치나 변의 모양이 아니라 연결의 패턴만을 중요시한다.

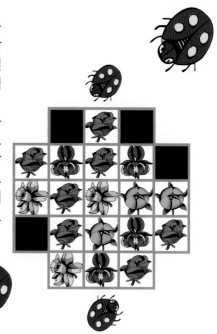

영리한 무당벌레

그림 아래쪽의 무당벌레가 여러 종류의 꽃밭을 지나 그림 위쪽의 친구 무당벌레를 만나려고 한다. 꽃은 색깔마다 다른 방향(상/하/좌/우)을 나타내며, 검은색 칸으로 표시된 웅덩이는 반드시 피해야 한다. 각 꽃의 색깔이 의미하는 방향을 알아보고 무당벌레가 친구를 만나러 가는 경로를 찾아보라.

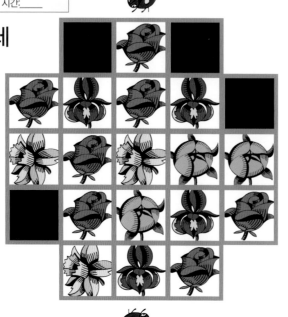

이상한 발자국

모래 위에 이상한 발자국이 찍혀있다.
어떻게 찍힌 것일까?

오일러의 문제

레온하르트 오일러는 18세기 스위스의 수학자로서 수많은 업적을 남겼다. 그중에서도 프러시아의 도시 쾨니히스베르크의 프레겔 강에 있는 다리 7개를 한 번씩만 건너서 전부 건너는 문제(쾨니히스베르크의 다리 문제)에 대한 해답을 찾은 것으로 유명하다.

문제는 간단해 보이지만 주어진 조건을 만족시키는 것은 쉽지가 않다. 오일러는 그래프를 이용해 다리와 섬을 각각 선과 점으로 바꾸어 문제를 단순화시켰다. 그러자 육지(섬 2개와 강둑 2곳)는 7개의 선이 만나는 교차점이 되었다. 그런 후, 홀수점(한 점에서 만나는 선분의 개수가 홀수인 점)이 최대 두 개여야 한다는 것을 밝혀냈다. 또 출발점으로 다시 돌아오는 조건에서는 홀수점이 0개라는 것도 알아냈다. 오일러 회로는 출발점

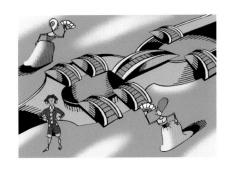

과 도착점을 제외한 나머지 교점에서는 건너는 횟수와 돌아오는 횟수가 같아야 한다는 원리이다. 그런데 쾨니히스베르크 그래프에는 홀수점의 개수가 4개이므로 한 번씩만 건너서 모든 다리를 건너기가 불가능하다는 것을 증명했다.

오일러의 문제는 위상학을 잘 보여주는 예이다. 위상학이란 도형을 연속 변환(도형을 접거나, 잡아 늘이거나, 줄이거나, 구부리거나, 뒤틀리게 해서 가까이 있는 점들이 가까운

다른 점들로 옮겨가는 것)시켜도 그대로 보존되는 특징을 다루는 수학의 한 분야이다.

레크리에이션 수학으로도 흥미로운 문제인 쾨니히스베르크의 다리 문제를 오일러가 푼 방식이 바로 그래프 이론이 탄생하게 된 출발점이다.

4점 그래프

아래 그림의 점 4개를 모두 연결시키거나 일부만 연결시킬 수 있는 모든 방법을 찾아보라. (단, 회전이나 반사는 무시한다.)

기둥 게임

나는 어렸을 때 둘레에 기둥 8개가 있는 마당에서 자주 놀았다. 마당 중심에는 팔각형의 화단을 둘러싼 낮은 울타리가 있었다. 나는 가능한 한 오랫동안 기둥에서 기둥까지를 일직선으로 뛰어다니는 게임을 좋아했다. 이미 내가 뛴 길을 가로지를 수 있지만 울타리를 뛰어넘거나 화단을 가로지르는 것은 불가능했다. 또 만일 뛰는 경로가 똑같이 반복되거나 8개의 기둥면을 따라서 계속 뛰게 되면 게임을 끝내야 했다. 그 중 한 경로를 오른쪽에 그려놓았다. 이때는 13구간까지는 성

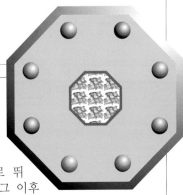

공적으로 뛰었는데 그 이후의 경로는 기둥을 따라 도는 것밖에 없어서 게임을 중단할 수밖에 없었다. 이 게임을 할 경우, 13번보다 더 많은 구간을 뛸 수 있는 방법이 있을까?

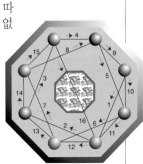

그래프와 네트워크

• 경로(route)란 하나의 연속된 선으로 그릴 수 있는 것이다.

• 선이 출발점으로 되돌아오는 것을 순환 경로라 한다.

순환 경로

• 선이 출발점으로 되돌아오지 않고 출발점과 도착점이 따로 있는 것을 비순환 경로라 한다. 또, 부분적으로 순환하여 하나의 도착점만 있으면 부분적 순환 경로라 한다.

비순환 경로   부분적 순환 경로

• 교차점(junction)은 2개 이상의 경로가 만나는 점이다.

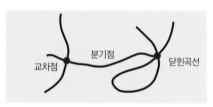

교차점   분기점   닫힌곡선

• 교차점의 제곱수(power)는 교차점에서 만들어지는 경로의 수이다.

• 분기점(branch)은 연속한 2개의 교차점 사이의 경로이다.

• 닫힌곡선/루프(loop)는 출발점과 도착점이 같은 원형이며 다른 교차점을 가로지르지 않는다. 닫힌곡선이 있는 교차점의 제곱수를 알려면 닫힌곡선의 양팔을 분리된 분기점으로 하여 세면된다.

• 1쌍의 교차점의 차수(order)는 그 교차점에 연결된 분기점의 수를 말한다.

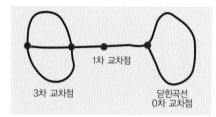

1차 교차점

3차 교차점   닫힌곡선 0차 교차점

• 2개의 교차점 사이에 분리된 경로가 최소 2개 있으면 네트워크가 연결되었다고 말한다.

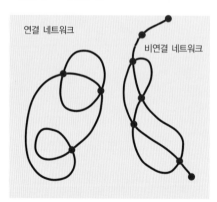

연결 네트워크

비연결 네트워크

• 영역(region)은 네트워크에서 1개 이상의 분기점으로 둘러싸인 곳이다.

3영역 네트워크

• 네트워크의 계수(rank)는 각 분기점을 1번만 그릴 때 필요한 최소한의 호의 개수이다.

• 만일 2개의 네트워크가 같은 순서로 유사한 제곱수로 동일한 수의 교차점을 가질 때 두 네트워크는 동치라고 말한다.

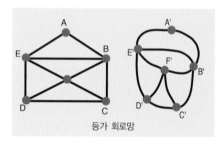

등가 회로망

• 트리(tree) 네트워크는 폐쇄루프가 없는 선으로 연결된 점을 말한다.

• 결합가(valency)는 특정 중심점에서 만나는 변의 수이다.

PLAYTHINK
178
난이도: ●●●●●○○○○
준비물: ✏️ ●
완성여부: □   시간:_____

을 가로지르면 안 된다. 애벌레가 각 꼭짓점을 한 번씩만 지나가는 길을 찾아보라.

입체도형 건너기

애벌레 1마리가 오른쪽에 있는 입체도형의 모서리를 따라 기어오르고 있다. 같은 길을 2번 지나가거나 지나온 길

교차수

만약 그래프의 점을 연결한 선을 다른 선이 가로질러서는 안 된다면 그릴 수 있는 그래프의 종류는 매우 한정될 것이다. 그래서 점 5개로도 완전 그래프를 그릴 수 없다. 그렇지만 선을 가로질러도 된다면 평면 위에 그릴 수 있는 선의 종류는 무한하다. 그래프를 위상학적으로 변환시키면 교차점의 수도 변한다. 예를 들면, 점 4개를 이어서 정사각형 둘레와 그 안에 대각선의 형태를 만들면 완전 그래프가 된다. 이

때 두 대각선이 만나는 점이 교차점이다. 평면 위에 교차점이 없도록 똑같은 그래프를 그릴 수도 있다.

주어진 그래프를 그리는 방법은 많지만, 교차의 수가 최소인 것은 하나밖에 없다. 교차의 수가 최소인 것을 교차수라 부르는데, 교차수가 0인 것을 평면 그래프라 한다. 5개의 점을 가진 완전그래프의 교차수는 1이다.

완전 그래프

서로 다른 두 점 사이에 완전히 구별되는 경로가 최소한 2개 있는 그래프로써, 서로 다른 2개의 꼭짓점이 반드시 하나의 변으로 연결된 경우를 말한다. 오른쪽의 예는 점이 3개에서 6개까지인 완전 그래프이다.

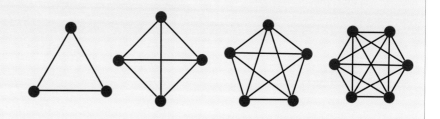

평면 그래프

평행한 모서리가 존재하지 않는 그래프로써, 점이 4개인 평면 그래프에는 교차점이 없다.

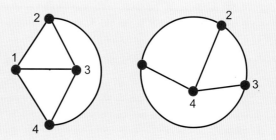

5점 완전 그래프

5점 완전그래프는 최소한 한 쌍의 교차 분기점이 있어야함을 옆의 그림이 증명하고 있다.

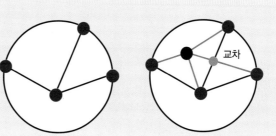
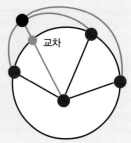

4점 그래프　　　중간에 점 1개 더하기　　　바깥에 점 1개 더하기

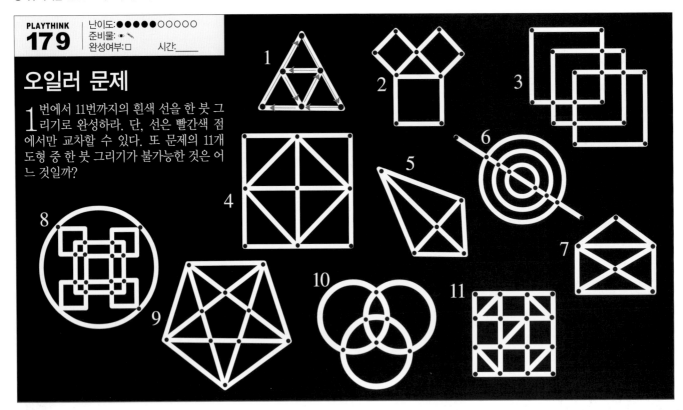

오일러 문제

1번에서 11번까지의 흰색 선을 한 붓 그리기로 완성하라. 단, 선은 빨간색 점에서만 교차할 수 있다. 또 문제의 11개 도형 중 한 붓 그리기가 불가능한 것은 어느 것일까?

오일러 회로

모든 변을 다 한 번씩만 지나고 출발점으로 되돌아오는 그래프를 레온하르트 오일러의 이름을 따서 오일러 회로라고 부른다. 오일러 회로에 대해서 다음과 같은 의문점을 제기할 수 있다.

첫째, 계산으로 특정한 그래프에 오일러 회로가 있는지 알 수 있는가? 둘째, 직접 그려보지 않고 가능한 오일러 회로를 어떻게 찾을 수 있는가?

오일러는 각 교차점에 연결된 선의 개수가 홀수인가 짝수인가로 이 의문점을 해결했다. 즉, 어떤 그래프가 교점이 짝수라면 그 그래프에는 오일러 회로가 있다는 것이다. 따라서 오일러 회로의 여부는 각 교점마다 연결된 선분의 개수만 세면된다. 만약 홀수점이 두 개가 넘으면 오일러 회로가 불가능하다.

오일러 회로와 약간 다른 해밀턴 회로는 모든 꼭짓점을 한 번씩만 따라가는 변의 경로를 찾는 것이다. 해밀턴 회로는 그래프의 모든 변을 반복하지는 않지만 주로 몇 개의 변을 반복해서 지난다. 오일러 회로와 해밀턴 회로에는 한 번씩만 지나야한다는 공통점은 있지만, 오일러 회로는 변을 한 번만 지나야 하고 해밀턴 회로는 꼭짓점을 한 번씩만 지나야 한다. 해밀턴 회로가

오일러 회로보다 훨씬 더 파악하기 어렵다.

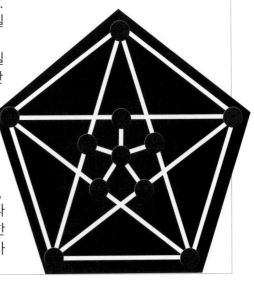

PLAYTHINK
180
난이도:●●●●○○○○○○
준비물:✎◐
완성여부:□　　시간:＿＿＿

다른 경로

화살표만 따라가면서 '입구'에서 출발하여 '출구'로 나올 수 있는 모든 경로는 몇 개인지 찾아보라.

PLAYTHINK
181
난이도:●●●●●●●○○
준비물:✎◐
완성여부:□　　시간:＿＿＿

해밀턴 회로

그래프의 모든 꼭짓점을 꼭 한 번씩만 지나가는 경로를 해밀턴 회로라 한다. 아래의 11점 그래프에서 해밀턴 회로를 찾아보라.

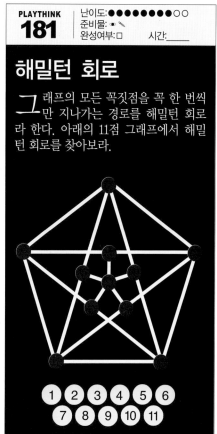

PLAYTHINK
182
난이도:●●●●●○○○○
준비물:✎◐
완성여부:□　　시간:＿＿＿

유성

아래의 그림에 한 점에서 다른 별과 연결된 별 4개가 있다. 노란색 선을 한 붓 그리기로 그려보라. 단, 경로는 교차할 수 있고, 빨간색 점도 여러 번 지날 수 있지만 노란색 선은 꼭 한 번씩만 지나가야 한다.

PLAYTHINK
183
난이도:●●●●○○○○○
준비물:✎◐
완성여부:□　　시간:＿＿＿

울타리 안의 이웃집

울타리 안에 빨강, 파랑, 녹색 집이 1채씩 있다. 각 집의 색깔과 똑같은 색의 대문을 통하고 다른 도로와 교차하지 않는 전용도로를 지나야 집안으로 들어갈 수 있다. 그림에서는 빨간색 길과 녹색 길이 만나고 있다. 조건에 맞도록 새로운 전용도로를 그려보라.

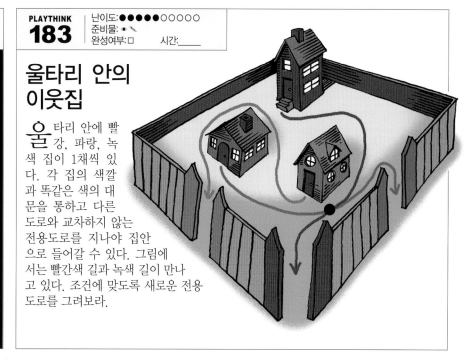

PLAYTHINK 184

난이도:●●●●●●●○○
준비물: ✏️ ✂️
완성여부:□　　시간:_____

아이코시언 게임
정십이면체 연결하기

아이코시언 게임은 1859년에 해밀턴이 만든 고전적인 기하학 문제이다. 원래 해밀턴이 만든 문제는 각 면이 오각형인 십이면체의 입체도형이었지만, 이를 그림과 같이 위상학적으로 동일한 평면 위에 펼쳐진 형태로 그렸다. 게임은 흰색 선을 따라 빨간색 점에서 빨간색 점으로 이동하는 것인데, 시작은 어느 점에서 해도 되지만 각 점을 한 번씩만 지나서 다시 출발점으로 돌아와야 한다. 지나는 점마다 순서대로 번호를 붙이면서 문제를 풀어라.

이렇게 3차원의 문제를 2차원으로 투사한 그래프를 슈레겔 다이어그램이라 하며, 이를 이용하면 문제를 더 쉽게 풀 수 있다.

① ② ③ ④ ⑤ ⑥ ⑦ ⑧ ⑨ ⑩
⑪ ⑫ ⑬ ⑭ ⑮ ⑯ ⑰ ⑱ ⑲ ⑳

십이면체

PLAYTHINK 185

난이도:●●●●○○○○○
준비물: ✏️ ✂️
완성여부:□　　시간:_____

4개의 학교

4명의 자녀가 모두 다른 학교에 다니는 가족이 있다. 이 학교들은 각 학교마다 건물의 색과 똑같은 색깔의 공책을 학생들에게 나눠준다. 4명의 학생이 등교할 때 서로 길에서 만나지 않도록 등굣길을 그려보라.

이분 그래프

 든 점 사이를 연결하지 않아도 되는 그래프 중 하나가 완전 이분 그래프이다. 완전 이분 그래프는 각각 m개의 점과 n개의 점을 가진 두 집합으로 이분된다. 그리고 각 집합의 모든 점은 다른 집합에 있는 모든 점과 연결되지만 같은 집합 내에서는 전부 분리되어야 한다.

완전 이분 그래프의 교차수가 알려진 것도 있지만, m과 n이 주어졌을 때의 일반적인 교차수는 아직 밝혀지지 않았다. 예를 들어 만약 m과 n이 모두 7일 때 교차수는 77, 79 또는 81 중 하나라고만 알려져 있고, 정확한 정답은 아직 밝혀지지 않았다.

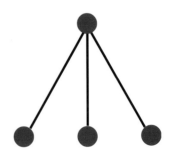

PLAYTHINK 186

난이도: ●●●●○○○○○
준비물: ●✎
완성여부: □　　시간:＿＿＿

연결하기 1

아래 세 채의 집에 누군가 이사를 오려면, 입주 전에 집마다 전화선, 전기선, 수도관을 연결해야 한다. 3개의 라인이 서로 만나지 않고 집과 연결할 수 있을까?

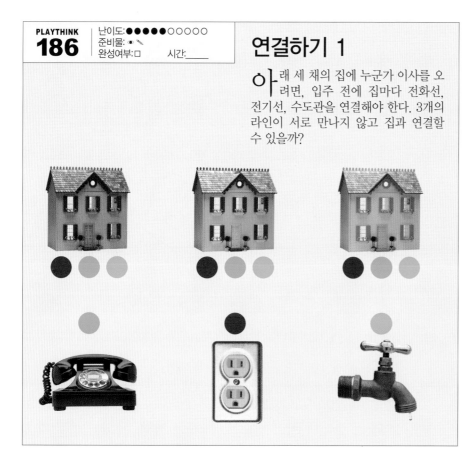

PLAYTHINK 187

난이도: ●●●●●●○○○
준비물: ●✎
완성여부: □　　시간:＿＿＿

연결하기 2

각 동물을 색이 다른 모든 동물과 연결하되, 선끼리 만나는 교점이 하나도 없도록 연결하라. 예를 들면 빨간색 물고기는 녹색 물고기나 노란색 앵무조개와는 연결될 수 있지만 빨간색 조개와는 연결될 수 없다. 교차점 없이 연결하려면 선을 최대 몇 개까지 그릴 수 있을까? 연결하기 1 문제는 이분그래프로 점이 두 집합밖에 없지만, 이 문제는 삼중그래프로 점이 세 집합인 경우이다.

PLAYTHINK 188

난이도: ●●●●●●●○○
준비물: ●✎
완성여부: □　　시간:＿＿＿

연결하기 3

각 동물을 색이 다른 모든 동물과 연결하라. 교차점 없이 연결하려면 선을 최대 몇 개까지 그릴 수 있을까?

PLAYTHINK 189

난이도: ●●●●●●●●○○
준비물: ●✎
완성여부: □　　시간:＿＿＿

연결하기 4

각 동물을 색이 다른 모든 동물과 연결하라. 교차점 없이 연결하려면 선을 최대 몇 개까지 그릴 수 있을까?

PLAYTHINK 190

난이도:●●●●●●○○○
준비물:●
완성여부:□   시간:____

애벌레 여행

애벌레 1마리가 가로×세로×높이가 2×3×2센티미터인 상자의 모서리를 따라 기어간다. 한 번 갔던 길은 반복해서 가지 않는다면 가장 긴 여행 거리는 얼마일까?

PLAYTHINK 191

난이도:●●●●●●○○○
준비물:●✎
완성여부:□   시간:____

짝수 경로

출발점에서 도착점까지 선이 짝수 개이면서 최단거리인 경로를 찾아보라.

출발점   도착점

PLAYTHINK 192

난이도:●●●●●●○○○
준비물:●✎
완성여부:□   시간:____

지하철

지하철은 최단시간에 최대한 많은 정거장을 통과하도록 설계한다. 이 도시에는 지하철 노선은 여러 개 있지만 환승역이 몇 개 없기 때문에 승객들이 돌아가야 한다. 또, 환승하러 가는 시간도 많이 걸려서 낭비하는 시간이 많다.

이 문제는 두 역 사이를 최단시간 내에 이동하는 길을 찾는 것이다. 출발역을 포함해서 통과하는 역마다 1분, 환승역은 2분으로 계산한다. A에서 B, C에서 D, E에서 F, G에서 H까지 가는 가장 빠른 길은 무엇일까? 각 노선은 색깔별로 표시되어 있으며, 환승은 서로 다른 두 노선이 만나는 곳에서만 가능하다. 또, 환승하는 데 걸리는 시간은 지하철로 한 정거장 이동하는 데 걸리는 시간과 거의 비슷하다.

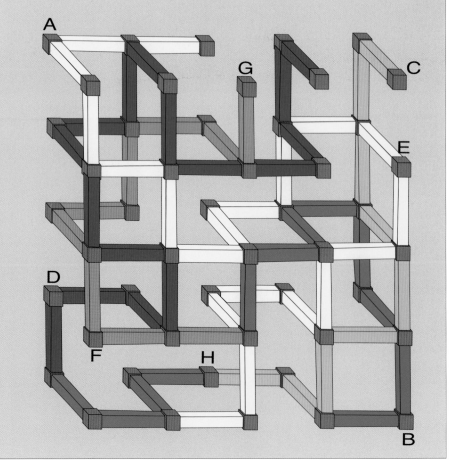

PLAYTHINK
193
난이도:●●●●●●○○○
준비물: ✎ ✏
완성여부:□   시간:____

우주여행

최소 3개의 이웃별과 연결된 별 14개가 있다. 별을 한 번씩만 방문하여 모든 별을 일주하는 여행을 하려고 한다. 별을 잇는 통로마다 번호가 매겨져 있는데, 각 통로는 번호 순서대로 수리를 한 후 닫힌다. 1번 통로 없이 이 여행을 마칠 수 있을까? 마찬가지로 2번과 3번 통로가 없이도 여행을 마칠 수 있을까? 통로 16개가 순서대로 닫힐 때마다 모든 별을 방문할 수 있는 여행 경로를 각각 찾아보자. 16개 통로 중에서 닫혔을 때 여행을 마칠 수 없는 통로 2개는 어느 것일까?

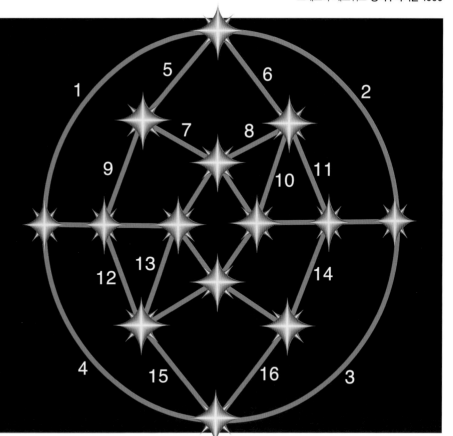

PLAYTHINK
194
난이도:●●●●●●●○○
준비물: ✎ ✏
완성여부:□   시간:____

화성 퍼즐

화성 표면에 과학 기지 20개를 세우고 기지마다 알파벳으로 표시한다. 각 기지는 적어도 다른 두 기지와 연결되어 있다. T기지에서 시작하여 각 기지를 한 번씩만 지나 완전한 영어 문장을 만드는 경로를 찾아 보라.

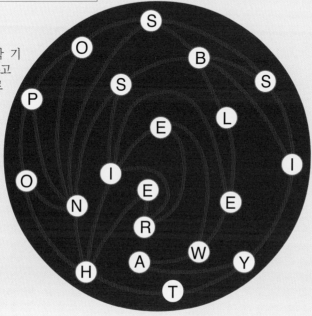

PLAYTHINK
195
난이도:●●●○○○○○○
준비물: ✏
완성여부:□   시간:____

화살표 찾기 1

빈칸에 알맞은 화살표를 넣어 전체 격자에 특정한 패턴을 만들어 보라.

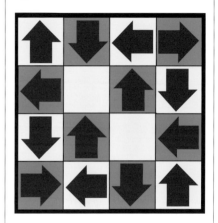

PLAYTHINK 196

난이도:●●●●●○○○○
준비물: ✏ ✎
완성여부:□   시간:____

인쇄회로 1

2차원 그래프인 인쇄회로에서는 교점에서 전기가 생성되어 선을 통해 전달한다. 선이 교차되면 누전이 되어서 회로가 작동하지 않는다. 아래의 컬러회로 5쌍을 교차되지 않도록 연결하라. 단, 선은 흰색 영역 안에 있어야 하며 색깔이 같은 회로끼리 연결해야 한다.

PLAYTHINK 197

난이도:●●●●●●○○
준비물: ✏ ✎
완성여부:□   시간:____

인쇄회로 2

선 5개로 아래의 컬러회로 5쌍을 연결하라. 단, 모든 선은 흰색 선 위에 있어야 하고 교차해서는 안 된다.

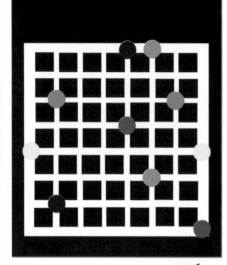

PLAYTHINK 198

난이도:●●●●●○○○
준비물: ✏ ✎
완성여부:□   시간:____

인쇄회로 3

선 8개로 아래의 컬러회로 8쌍을 연결하라. 단, 모든 선은 흰색 선 위에 있어야 하고 교차해서는 안 된다. 이 문제는 2명이 번갈아가며 회로를 연결하고 연결하지 못한 사람이 지는 2인용 게임으로 해도 된다.

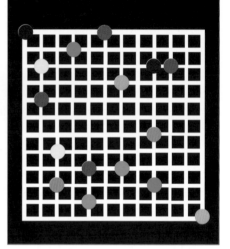

PLAYTHINK 199

난이도:●●●●○○○○○
준비물: ✏
완성여부:□   시간:____

전구 켜기

전지와 전구가 3개씩 삼각형 회로판의 둘레에 놓여 있다. 옆에 있는 3개의 회로 중 어느 것을 넣어야 회로판이 작동하여 전구가 켜질까?

PLAYTHINK 200

난이도:●●●●●●●○
준비물: ✏ ✎
완성여부:□   시간:____

주사위 화살표

정육면체의 면에 화살표 6개를 그려 넣는 서로 다른 방법은 몇 가지일까?

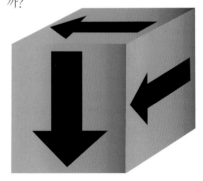

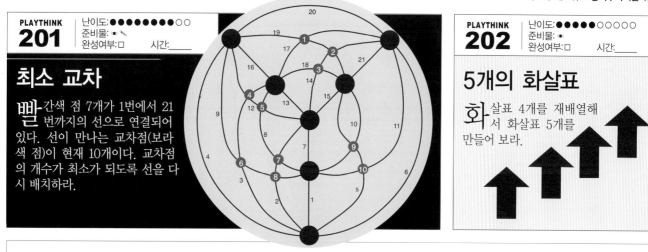

PLAYTHINK 201

난이도: ●●●●●●○○
준비물: ✎
완성여부: □   시간: _____

최소 교차

빨간색 점 7개가 1번에서 21번까지의 선으로 연결되어 있다. 선이 만나는 교차점(보라색 점)이 현재 10개이다. 교차점의 개수가 최소가 되도록 선을 다시 배치하라.

PLAYTHINK 202

난이도: ●●●●○○○○○
준비물: ✎
완성여부: □   시간: _____

5개의 화살표

화살표 4개를 재배열해서 화살표 5개를 만들어 보라.

위상학과 트리 그래프

도형을 하나 골라서 각을 바꾸고 변을 늘이고 모서리의 개수를 더하는 식으로 변형해보라. 원래 도형과 비교하여 그대로 남아있는 것은 무엇일까? 이처럼 도형을 연속 변환시켜도 변하지 않는 특성을 찾는 것이 위상학이다.

위상학은 전통적인 기하학과는 관점이 많이 다르다. 예를 들어, (1)삼각형에는 안과 밖이 있다. (2)변을 가로지르지 않으면 한 면(예를 들면 안)에서 다른 면(예를 들면 밖)으로 갈 수 없다와 같은 사실들에 초점을 맞춘다. 위상학에서는 도형을 안과 밖의 존재 여부로 정의한다. 평면에서 삼각형은 어떻게 변형해도 여전히 안과 밖이 존재한다. 그래서 삼각형, 사각형, 평행사변형 심지어 원도 다 같은 것으로 본다. 즉, 삼각형을 변형시켜 사각형, 평행사변형, 원을 모두 만들 수 있다는 것이다. 하지만, 도넛이나 튜브같이 가운데가 뚫린 원은 변형의 정도와는 관계없이 중심에 구멍이 있으므로 삼각형과는 다른 도형이

된다. 이 같은 관점에서 8과 B는 둘다 두 개의 구멍이 있으므로 같은 것으로 본다.

위상학은 도형의 연결방식과 관련이 많기 때문에 안과 밖, 오른쪽과 왼쪽, 연결, 매듭, 분리 같은 개념을 기본적으로 다룬다. 이런 위상학적 개념은 그래프를 이해하는 데 매우 중요한 역할을 한다. 선끼리 만나서 교점을 이룰 때 선이나 점의 정확한 위치가 중요한 것이 아니라 그 연결방식이 중요하다. 예를 들면 그래프가 '하나로' 연결된다는 말은, 한 점에서 한 점으로 잇는 경로가 모두 연결된다는 것이다. 위상학에서 중요한 것은 선의 정확한 모양이 아니라 그래프의 연결방식이다.

폐곡선이 없는 그래프를 트리라고 하며(가지는 줄기 부분을 제외하면 연결되는 부분이 없다.), 가지가 있는 그래프는 트리라고 볼 수 있다. 예를 들면 체스 게임에서 말의 위치를 그래프로 나타내면 말의 움직임은 선이 되는 트리를 그릴 수 있다. 많은 게임에서 기본적으로 게임을 트리로 보고 전략을 세운다.

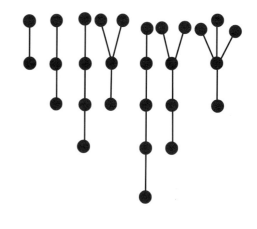

PLAYTHINK 203

난이도: ●●●●●○○○○
준비물: ✏
완성여부: □ 시간: ____

4점 트리 그래프

여러 점을 폐곡선이 없는 선으로 연결한 것을 트리 그래프라 한다. 아래의 점 4개를 연결하여 만들 수 있는 서로 다른 트리 그래프의 개수는 몇 개일까?

① ②

③ ④

PLAYTHINK 204

난이도: ●●●●●○○○○
준비물: ✏
완성여부: □ 시간: ____

트리 그래프

오른쪽의 그림과 같이 점이 2개면 위상학적으로 같은 트리 그래프는 1개뿐이다. 점이 3개일 경우도 1개이며, 점이 4면 2개, 점이 5개면 3개의 트리 그래프가 있다. 점이 6개와 7개일 경우 트리 그래프는 각각 몇 개일까?

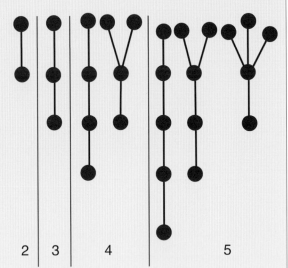

2   3   4   5

PLAYTHINK 205

난이도: ●●●●●●○○○
준비물: ● ✏ 📄 ✂
완성여부: □ 시간: ____

트리 게임

성냥개비 5개를 최소한으로 이동시켜 카드에 그려진 패턴을 만드는 게임이다. 우선 206번 문제를 참고하여 카드에 점이 3, 4, 5, 6개인 위상학적으로 같은 트리 그래프를 그린다. 그리고 이 트리 그래프를 만들 수 있는 성냥개비 6개를 준비한다.

카드를 전부 섞은 후 앞면을 뒤집어서 한 줄로 쌓는다. 탁자 위에 성냥개비 5개를 오른쪽 샘플 게임의 제일 아래 왼쪽처럼 1자 형태가 되도록 일직선으로 놓는다. (마지막 남은 6번째 성냥개비는 여유분이다.)

1번 선수가 제일 위에 놓인 카드 3장을 뽑아서 앞면이 위로 오게 한다. 일직선인 성냥개비를 카드의 그래프 모양으로 만든다. 각 선수는 매번 총 2번의 기회를 갖는데, 기회마다 3가지(1. 탁자 위의 성냥을 새 위치로 옮긴다. 2. 여유분의 성냥을 그래프에 놓는다. 3. 그래프에서 성냥을 빼내서 여유분으로 남겨 둔다.) 중 1가지를 골라서 한다. 단, 성냥의 끝이 같은 자리

에 고정되어 있으면 횟수 제한 없이 그 성냥을 회전시킬 수 있다.

완성한 카드는 게임이 끝날 때까지 자신이 갖고, 완성하지 못한 카드는 그대로 탁자 위에 둔다.

2번 선수는 앞 사람이 완성하여 가져간 수만큼의 카드를 새로 뽑는다. 카드가 모두 없어지면 게임은 끝나고, 가장 많은 카드를 가진 사람이 이긴다.

샘플게임

아래 회색 칸 안에 있는 3장의 카드는 윗면이 보이도록 놓은 것이다. 그리고 검정색 칸은 일직선으로 늘어선 5개의 성냥을 카드(회색 칸)의 그래프대로 맞춘 것이다. 이 경우 3개를 모두 완성했으므로 3점을 얻는다.

회색선=자리 이동시켜 없앤 성냥개비
노란선=회전시켜 없앤 성냥개비

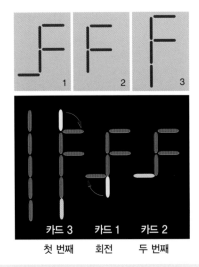

카드 3   카드 1   카드 2

첫 번째   회전   두 번째

PLAYTHINK 206
난이도:●●●●●○○○○○
준비물:●
완성여부:□ 시간:____

트리 게임 카드와 변형

트리 게임에서는 아래의 카드 64장을 사용한다. 위상학적으로 동일한 카드가 한 세트에 4개씩, 총 16세트가 있다.

예를 들면 카드 1, 20, 35, 61번이 한 세트로 구성된다. 이 카드들을 모두 같은 세트로 4개씩 묶어라.

PLAYTHINK 207
난이도:●●●●○○○○○○
준비물:●✎
완성여부:□ 시간:____

트리 체인

탁자 위에 있는 19개의 구슬을 줄로 엮어서 트리 그래프를 만들어 보라.
19개의 구슬을 잇는 줄(가지)의 개수를 최소로 하면 몇 개일까? 그래프가 1개이므로 각 점은 다른 모든 점과 가지로(이때 가지의 개수는 무관) 연결되어야 한다. 또, 트리 그래프이므로 폐쇄 루프가 있어서는 안 된다는 것을 염두에 두라. 필요한 가지의 수를 최소화하는 공식이 있을까?

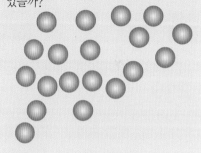

PLAYTHINK 208
난이도:●●●●○○○○○○
준비물:●
완성여부:□ 시간:____

사라진 화살표 2

아래의 빈칸에 들어갈 화살표의 방향은 무엇일까?

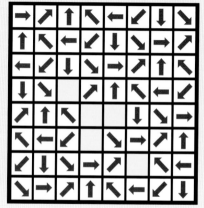

PLAYTHINK 209

난이도:●●●●●○○○○
준비물: ●
완성여부:□   시간:_____

화살표 퍼즐과 게임 1

퍼즐: 화살표 16개를 가로×세로가 4×4칸으로 된 게임판 위에 둔다. 각 가로, 세로, 주대각선마다 동서남북 네 방향을 가리키는 화살표 4개로 채워라.

게임: 각 가로/세로/주대각선마다 같은 방향을 가리키지 않도록 네 화살표를 넣는 게임이다. 2명이 번갈아가며 자신의 색깔로 화살표(동서남북 중 하나)를 놓는다. 화살표를 놓을 때마다 규칙에 맞는지 확인한다. 만일 규칙에 맞지 않는 화살표를 놓으면 그 칸을 그 사람의 색과 같은 색으로 표시한 후, 그 다음 선수가 자신의

화살표를 놓는다.
규칙에 맞는 화살표를 더 둘 수 없으면 게임은 끝난다. 가로, 세로, 주대각선에서 같은 색깔이 3칸 이상인 선수가 각 줄마다 1점씩 얻는다. 단, 이 때 3칸 중 최소 2칸에는 화살표가 놓여 있어야 한다.

옆에 있는 샘플 게임에서는 두 선수가 모두 3점으로 동점이다.

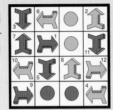

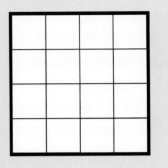

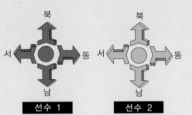

선수 1   선수 2

PLAYTHINK 210

난이도:●●●●●●○○○
준비물: ●
완성여부:□   시간:_____

화살표 퍼즐과 게임 2

퍼즐: 화살표 64개를 가로×세로가 8×8칸으로 된 게임판 위에 둔다. 각 가로와 세로줄마다 8개의 다른 방향(동, 서, 남, 북, 북동, 북서, 남동, 남서)을 가리키는 화살표 8개로 채워라.

게임: 각 가로/세로/주대각선마다 같은 방향을 가리키지 않도록 8개의 서로 다른 화살표를 넣는 게임이다. 두 명이 번갈아가며 자신의 색깔로 화살표를 놓고, 규칙에 맞는 화살표를 둘 수 없으면 게임은 끝난다. 가로, 세로, 주대각선에서 같은 색깔이 5칸 이상인 선수가 각 줄마다 1점을 획득하게 된다.
오른쪽의 샘플 게임에서는 2점을 획득한 1번 선수(빨간색)가 1점을 획득한 2번 선수(녹색)를 이겼다.

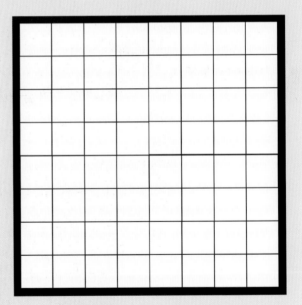

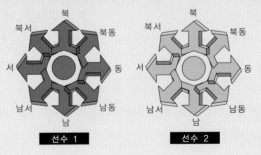

북서 북 북동
서   동
남서 남 남동

선수 1   선수 2

방향 그래프

그래프에서 각 선마다 화살표를 넣으면 방향 그래프가 된다. 각 선마다 방향표시가 있고 모든 두 점 사이가 선으로 연결되는 것을 완전 방향그래프, 또는 토너먼트라 한다. 화살표의 방향과는 관계없이 모든 토너먼트에는 해밀턴 경로가 있으므로 모든 점을 한 번씩만 지난다. 모든 점을 한 번씩 지난 후, 다시 출발점으로 돌아오는 것을 해밀턴 회로라 하는데, 이는 모든 토너먼트에서 가능한 것은 아니다.

PLAYTHINK 211
난이도: ●●●●○○○○○
준비물: ✎✏
완성여부: □ 시간:_____

오각형 방향 그래프

노란색 점 5개가 일방통행인 길로 연결되어 있다. 점 5개를 모두 지나는 경로를 번호 순서대로 말해 보라.

PLAYTHINK 212
난이도: ●●●●○○○○○
준비물: ✎✏
완성여부: □ 시간:_____

육각형 방향 그래프

노란색 점 6개가 일방통행인 길로 연결되어 있다. 점 6개를 모두 지나는 경로를 번호 순서대로 말해 보라.

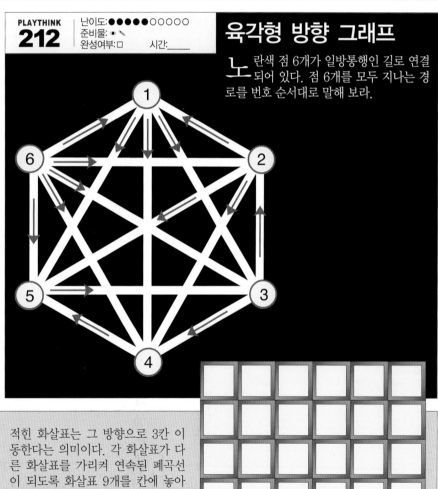

PLAYTHINK 213
난이도: ●●●●●●○○○
준비물: ● 📄 ✂
완성여부: □ 시간:_____

화살표 여행

아래의 화살표에 적힌 번호는 이동할 칸의 숫자를 가리킨다. 따라서 3이 적힌 화살표는 그 방향으로 3칸 이동한다는 의미이다. 각 화살표가 다른 화살표를 가리켜 연속된 폐곡선이 되도록 화살표 9개를 칸에 놓아라. 폐곡선이 되어야 하므로 9개의 화살표를 따라가면 출발점으로 돌아와야 한다.

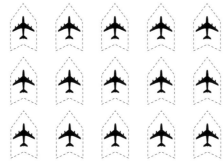

PLAYTHINK 214

난이도:●●●○○○○○○○
준비물: ✎ ✐ ▤ ✂
완성여부:□   시간:____

해밀턴 게임 1

오른쪽의 비행기를 복사하고 오려서 아래의 15개 항로에 무작위로 놓아라. 6개의 도시를 정확히 한 번씩만 지나도록 화살표를 따라가라. 도시의 이름을 방문 순서대로 말해 보라.

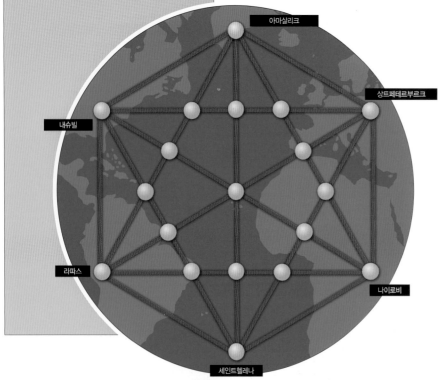

PLAYTHINK 215

난이도:●●●●●●○○○
준비물: ✎ ✐ ▤ ✂
완성여부:□   시간:____

해밀턴 게임 2

앞의 문제를 응용한 것으로, 교점 19개를 꼭 한 번씩만 방문하여 모두 지나도록 화살표를 놓는다. 따라서 19개의 교점을 모두 잇는 연속 경로를 찾아야 한다.

이 문제를 두 명이 하면, 1번 선수가 15개의 선을 따라 화살표를 놓는다. 2번 선수가 교점을 잇는 연속된 경로를 만들어 교점에 순서대로 번호를 적는다. 해밀턴 경로가 항상 있지는 않지만, 바깥에 있는 경로보다는 안쪽에 있는 9개의 경로를 염두에 두고 문제를 풀어라. 이번 문제는 수백 가지의 조합이 가능한데 다음은 그 중 9가지이다. 19개의 교점을 꼭 한 번씩 지나는 연속된 경로가 되도록 노란색 교점에 번호를 적어 보라.

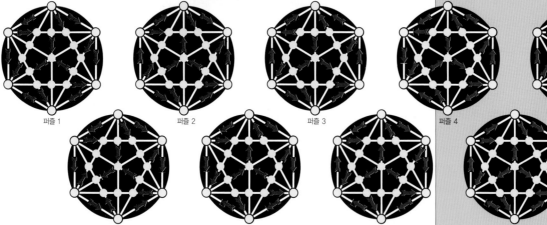

퍼즐 1   퍼즐 2   퍼즐 3   퍼즐 4   퍼즐 5

퍼즐 6   퍼즐 7   퍼즐 8   퍼즐 9

램지이론

영국의 프랭크 램지는 경제학과 철학에도 지대한 공헌을 했지만 그의 이름은 '램지이론'의 천재 수학자로 더욱 알려져 있다. 안타깝게도 그는 1930년에 27세의 나이로 요절했지만, 그 짧은 인생에 비해 놀라운 업적을 남긴 천재였다.

램지는 어떤 특성을 공유한다는 것을 확인할 최소한의 집합을 알고자 했다. 예를 들면 동성인 사람 2명을 반드시 포함하려면 최소한 3명이 인원이 필요하다. 왜냐하면 만일 2명이라면 남녀 1명씩 될 수도 있지만 3명이면 여기에 남자나 여자가 1명 더 해지는 것이기 때문에 동성인 사람이 최소 2명이 되기 때문이다.

2가지 색깔로 변을 칠하되 같은 색으로 칠해진 세 모서리가 없도록 완전 그래프를 그릴 수 있는가? 램지는 이 문제에 대한 일반적 공식을 만

들어냈지만, 점이 4개나 5개 또는 6개일 때에는 종이와 연필만으로 바로 풀 수 있을 만큼 간단하다. 유명한 파티 퍼즐(216번 문제 '사랑과 증오의 삼각형')도 램지이론을 바탕으로 한 것이다.

램지 이론을 확대 적용시킨 것이 파티문제이다. 파티에서 모든 사람이 서로 친구이거나 모르는 관계로 구성된 4명을 찾는다고 하자. 이 때 필요한 최소한의 인원은 몇 명인가? 램지는 최소 18명이 필요하다고 했다. 18개의 점이 있는 완전 그래프를 그리면 2가지 색깔로 선을 어떻게 칠하든지 결국은 같

은 색으로 된 4점을 잇는 사각형이 만들어진다는 것이다.

파티문제에서 5명을 찾는 경우의 답은 43과 49사이에 있는데 정확한 답은 아직 밝혀지지 않았다.

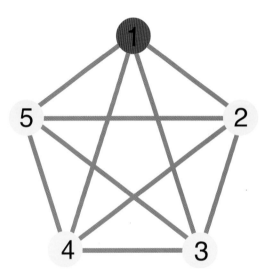

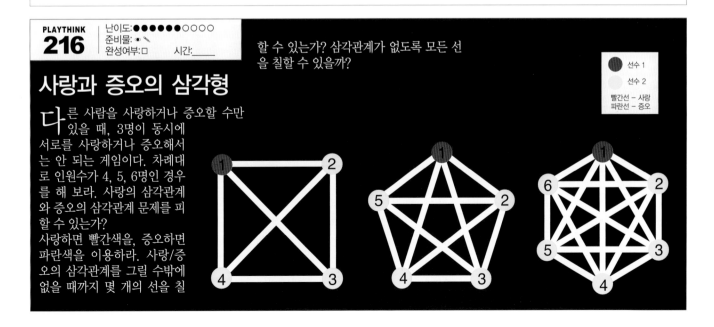

할 수 있는가? 삼각관계가 없도록 모든 선을 칠할 수 있을까?

● 선수 1
○ 선수 2
빨간선 – 사랑
파란선 – 증오

사랑과 증오의 삼각형

다른 사람을 사랑하거나 증오할 수만 있을 때, 3명이 동시에 서로를 사랑하거나 증오해서는 안 되는 게임이다. 차례대로 인원수가 4, 5, 6명인 경우를 해 보라. 사랑의 삼각관계와 증오의 삼각관계 문제를 피할 수 있는가?
사랑하면 빨간색을, 증오하면 파란색을 이용하라. 사랑/증오의 삼각관계를 그릴 수밖에 없을 때까지 몇 개의 선을 칠

PLAYTHINK
217
난이도: ●●●●○○○○○○
준비물: ✏ ✎
완성여부: □   시간:_____

거미줄 게임

1명 또는 2명이 할 수 있는 게임이다. 2명이 할 때에는 2가지 색을 정해서 선수가 번갈아가며 흰색 선을 칠한다. 두 선수 모두 2가지 색을 사용할 수 있지만, 같은 색으로 된 삼각형을 만들면 안 된다. 동일한 색으로만 된 삼각형이 만들어지면 게임은 끝난다. 각 선수가 상대방이 사각형을 만들도록 유도하는 게임으로 약간 변형할 수도 있다.

혼자서 할 때에도 역시 흰색 선을 칠한다. 꼭짓점 3개가 모두 번호가 있는 빨간색 점으로만 된 삼각형을 만드는 것 외에 다른 방법이 없으면 게임을 끝낸다.

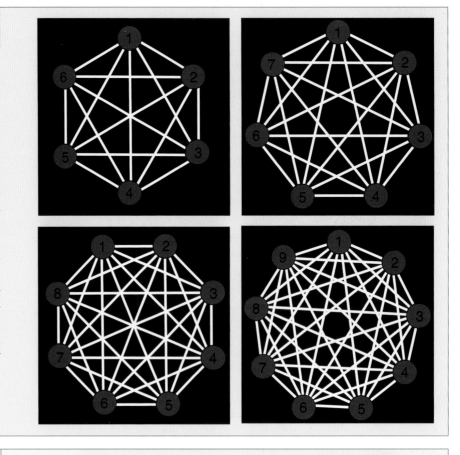

PLAYTHINK
218
난이도: ●●●●●●○○○
준비물: ✏ ✎
완성여부: □   시간:_____

교통 퍼즐

교통 표지판이 엉망인 격자형 도시에서 목적지에 도착하는 것은 쉬운 일이 아니다. 게다가 최근 시에서 표지판의 개수와 종류까지 늘어서 문제가 더욱 심각해졌다. 결국, 거의 모든 교차로마다 못 가는 방향이 최소 하나가 생기고 길을 아주 많이 돌아서 목적지에 겨우 도착할 수 있다.

그림에 있는 컬러 자동차가 각각 도시의 반대쪽에 도착하려면 어떤 길을 따라 가야 할까?

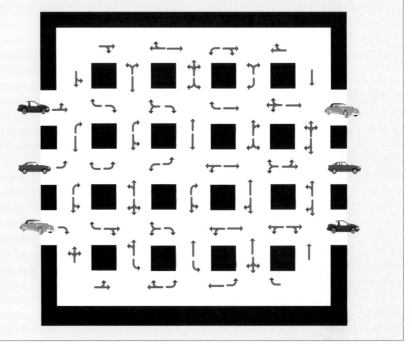

곡선과 원

5

우리 주변의 곡선

강물이 굽이굽이 흐르는 물길을 보고 있으면 기하학의 아름다움을 느끼게 된다. 수학자와 과학자들이 수 세기 동안 연구한 끝에 물길이 굽어질 때 미치는 작용을 최소화하기 위해 곡류가 만들어진다는 것을 밝혀냈다.

그렇다면 굴곡이란 무엇일까? 굴곡은 곡선, 즉 모가 나지 않고 연속적으로 굽은 선을 말한다.

곡선에는 여러 형태가 있다. 포물선과 같이 끝이 열려있어서 선이 출발점으로 되돌아오지 않는 열린 곡선도 있고, 원과 타원처럼 닫힌곡선도 있다. 또 나선형 곡선처럼 3차원 공간에서 뒤틀린 형태도 있다.

이렇게 형태가 간단한 곡선도 있지만 실험을 통해서만 발견할 수 있는 매우 복잡한 형태도 있다. 여러 가지 곡선의 형태가 철사 고리에 비누막을 만드는 실험으로 발견되었다. 뮌헨 올림픽 경기장의 복잡하면서도 아름다운 유리 지붕도 바로 이 비누막 형태로 설계된 것이다.

뱀

오른쪽 그림에 있는 8개의 컬러 조각은 자신의 꼬리를 먹은 뱀의 몸통이다. 8개의 조각을 모두 이어 하나의 고리로 만들어 보라. 조각을 복사한 후 오려서 만들거나 머릿속으로 맞춰보라.(단, 색깔은 무시한다.)

사실, 조각들을 배열하는 방법은 많지만 닫힌곡선인 고리를 만드는 경우는 단 하나밖에 없어서 맞추기가 쉽지 않다. 하지만 조각의 모양을 자세히 관찰해보면 쉽게 풀릴 수도 있다.

우로보로스

고대 이집트와 그리스 신화에 우로보로스라는 뱀이 등장한다. 우로보로스는 자신의 꼬리를 물고 있어 끊임없이 자기의 꼬리를 삼키면서도 다시 탄생하는 운명으로 태어났다. 따라서 우로보로스는 파괴와 창조의 영원한 순환을 의미한다. 19세기 독일의 화학자인 아우구스트 케쿨레는 우로보로스에게서 영감을 얻어 벤젠의 구조를 발견했다.

PLAYTHINK 220
난이도:●●●●●○○○○○
준비물: ✏
완성여부:□   시간:＿＿＿

거미줄 기하학 1

원 둘레를 모두 동일한 길이로 나눈 후, 원 안에 대각선 3개를 그었다. 이 3개의 선을 그은 방식으로 계속해서 선을 3개씩 그으면 어떤 패턴이 나타날까? 거미줄과 비슷한 모양이 될까?

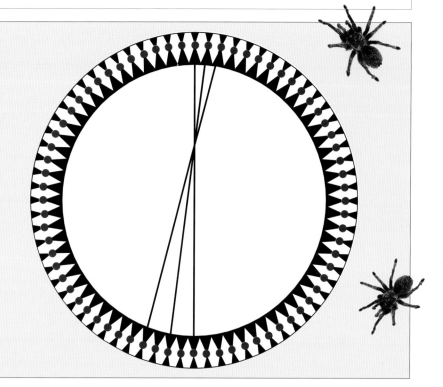

PLAYTHINK 221
난이도:●●●●●○○○○○
준비물: ✏
완성여부:□   시간:＿＿＿

거미줄 기하학 2

220번 문제와 같다. 원의 둘레를 모두 동일한 길이로 나눈 후, 원 안에 3개의 대각선을 그었다. 이 3개의 선을 그은 방식으로 계속해서 선을 3개씩 그으면 어떤 패턴이 나타날까?

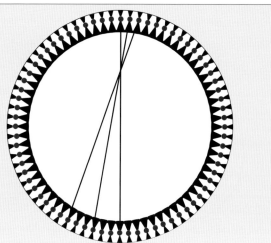

자연의 기본 계획

조가비, 식물, 곤충을 비롯한 모든 생명체에서 기하학적 형태를 볼 수 있다. 아무런 관련이 없는 물체 사이에서도 엄청난 유사성이 발견되며 이를 통해 자연의 기본 질서와 원리를 파악할 수 있다. 원이나 사각형, 또는 삼각형 심지어 소용돌이에서도 그러한 기본 질서와 원리를 엿볼 수 있다.

자연의 기본 요소는 서로 결합하여 새롭고 독창적인 형태를 만든다. 그렇다면 어디서 이러한 체계를 가장 많이 볼 수 있을까? 대표적인 예는 바로 자연계 그 자체이다. 유한한 화학 원소가 결합하여 만들어지는 물질, 음표가 만들어내는 노래와 교향곡을 생각해 보라. 이런 방법으로 요소가 결합하여 무한히 새로운 것을 창조해 나간다.

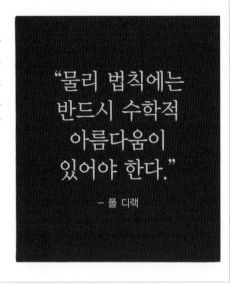

"물리 법칙에는 반드시 수학적 아름다움이 있어야 한다."

– 폴 디랙

PLAYTHINK
222
난이도: ●●●●●○○○○
준비물: ◐ ✎
완성여부: □　　시간:＿＿＿

비틀거리는 거미 1

중심이 기준원의 둘레에 있으면서 기준점을 지나는 원을 계속해서 그리면 어떤 패턴이 나타날까?

PLAYTHINK
223
난이도: ●●●●●○○○○
준비물: ◐ ✎
완성여부: □　　시간:＿＿＿

비틀거리는 거미 2

중심이 기준원의 둘레에 있으면서 기준원의 지름에 접하는 원을 계속해서 그리면 어떤 패턴이 나타날까?

원 기본용어

아래의 각 원에서 빨간색 부분을 지칭하는 용어를 써라.

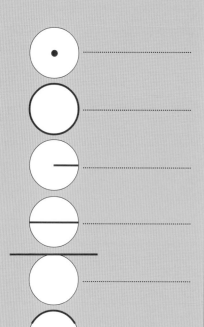

구의 아름다움

원과 구는 곡률이 일정하기 때문에 기하학적으로 거의 완벽한 도형이다. 또, 시작도 끝도 없기 때문에 신성함을 상징한다. 아리스토텔레스는 이런 이유로 행성의 궤도가 원일 것이라고 발표했다. 그리고 거의 2,000년 후에 지동설을 주장한 코페르니쿠스도 아리스토텔레스의 생각을 아무런 비판 없이 받아들였다. 또, 독일의 천문학자인 케플러조차도 아리스토텔레스의 생각이 사실이라고 믿었다가, 실제 행성의 궤도가 타원형이라는 것을 발견하고서야 타원 궤도를 받아들였다.

선사시대 동굴 벽화에도 자주 등장하는 원은 우리가 태어나서 최초로 그리는 모양 중 하나이기도 하다. 기하학적 관점에서 볼 때, 원은 한 점(중심)에서 같은 거리에 있는 점을 이은 곡선(둘레)에 의해 둘러싸인 평면 도형이다.

말 따라잡기

일직선으로 달리는 말을 뒤따라 잡으려는 사람은 어떤 경로를 그릴까?(단, 말과 사람의 이동 속도는 같다.)

바퀴

약 5,000년 전 메소포타미아 지역에서 최초의 바퀴가 만들어졌다. 무거운 물체를 나르는 굴림대 위에 실려 온 판자에서 유래된 최초의 탈 것은 사륜으로 만들어졌을 것이다. 그러나 굴림대를 사용하면 끝에서 앞으로 굴림대를 계속 날라야 하는 문제가 생겼다. 결국 굴림대가 제자리에 있도록 해야 되는 것을 알게 되면서, 굴림대가 축과 바퀴로 발달하게 되었다. 그러나 사실 진정한 의미의 바퀴는 금속 발견 이후에 이루어졌다.

바퀴의 발명은 인류의 기술사에 획을 긋는 엄청난 사건이었다. 수천 년의 세월이 지나면서 인간의 생활을 바꿀 수 있는 이동수단에 대한 개념이 생기기 시작한 것이다. 사실 바퀴는 발명 이후 지금까지도 거의 변화가 없어서 최초의 메소포타미아 바퀴와 현대 바퀴의 가장 큰 차이점은 공기 타이어를 사용한다는 것뿐이다.

PLAYTHINK
226
난이도: ●●●●●●○○○
준비물: ✏ ✂
완성여부: □   시간: _____

원-사각-삼각형

아래에 3가지 도형으로 나뉜 칸이 있는데, 이 칸이 회전하면 빨간색 액체가 도형에서 도형으로 이동한다. 원의 지름, 정사각형의 한 변, 삼각형의 밑변과 높이가 모두 a일 때 세 도형의 넓이를 구하고 또 이 문제를 이용해서 π를 계산해 보라.

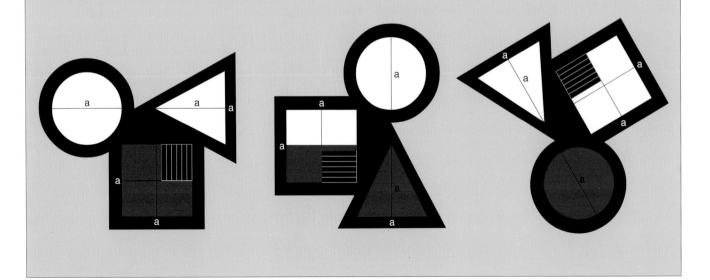

PLAYTHINK 227

난이도: ●●●●●●○○○
준비물: ▣ 📄 ✂
완성여부: □　　시간:_____

둘레

원형 탱그램(원래 탱그램은 큰 정사각형을 7조각으로 나누어 다시 모양을 만드는 놀이이다.)과 고전 원 분할 퍼즐에서는 다른 패턴나 모양이 나오도록 조각을 맞추는 문제가 많다. 이 문제는 아래의 조각 10개를 맞추어 원래의 원을 다시 만드는 것이다. 아래의 조각들은 컴퍼스를 원래의 원 반지름에 맞춰 고정시킨 후 잘랐기 때문에 자른 곡선이 모두 같다는 것을 참고하라.

APLAYTHINK 228

난이도: ●●●○○○○○○
준비물: ●
완성여부: □　　시간:_____

맨홀 뚜껑

맨홀 뚜껑이 둥근 원형의 모습을 하고 있는 이유를 3가지 말해보라.

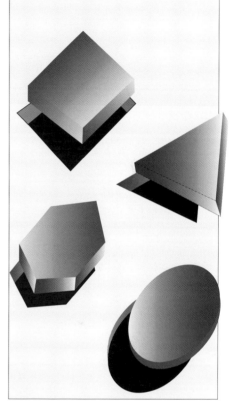

PLAYTHINK 229

난이도: ●●●●●○○○○
준비물: ✎ ⚒
완성여부: □　　시간:_____

굴림대

옛날 사람들은 무거운 물체를 통나무로 만든 굴림대 위에 놓고 운반했다. 단면의 둘레가 1미터인 똑같은 통나무 2개를 굴림대로 사용한다면, 통나무가 1바퀴 굴렀을 때 그 위에 있는 물체의 이동거리는 얼마가 될까?

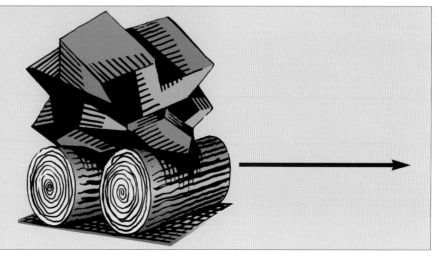

숫자 π : 3.14159265358979323846264338327950288……

수학에서 가장 흥미로운 숫자 중 하나가 원의 둘레와 지름 사이의 비율이다. 바빌로니아인들은 성경의 내용을 토대로 이 비율을 단순히 3이라고 했지만, 이집트인들은 기원전 1,500년경에 이미 그 비율을 3.16으로 구했고, 아르키메데스는 기원전 225년에 원에 내접하는 정구십육각형과 원에 외접하는 정구십육각형을 이용해서 그 비율이 $3^{1/7}$과 $3^{10/71}$ 사이에 있는 숫자라는 것을 알아냈다. 또, 프톨레마이오스는 서기 150년에 실제값에 아주 근접한 수치인 3.1416이라는 것까지 밝혀냈다.

그런데 많은 수학자들이 그토록 오랜 세월동안 이 π를 끝없이 계산하려 한 이유는 도대체 무엇일까? 다음의 세 가지에서 그 답을 찾을 수 있다.

첫째, π는 창조물이 아니라 이미 존재하고 있는 실제적인 값이다. 수학자들은 진리 탐구를 위해 혼신의 노력을 다한다.

둘째, π계산으로 새로운 컴퓨터를 시험하거나 프로그래머를 훈련시킬 수 있다.

셋째, π의 소수점 자리의 수를 더 많이 알게 될수록 수 이론에서 풀지 못한 과제, 즉, 소수점 이하의 패턴에 대해 정확히 알게 될 것이다.

1737년에 오일러가 이 비율을 π라고 최초로 명명했고, 1882년에는 독일인 수학자인 폰 린데만이 π가 초월수임을 증명했다. 즉, π 자체뿐 아니라 π의 어떤 거듭제곱도 분수 형태로 나타낼 수 없다는 말이다. 따라서 어떤 분수로도 π를 나타낼 수 없고, 컴퍼스와 자만으로 π 길이의 직선을 그릴 수도 없다.

기하학적 비율뿐만 아니라 많은 분야에서 π의 중요성이 대두된다. π는 과학자들이 자기장의 힘을 계산하는 공식에도 이용되고 물리학자들이 시간과 공간을 정의할 때도 사용된다.

π:3.14159265358979323846264338327950288……

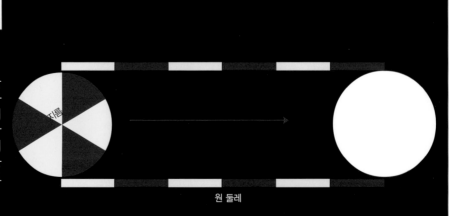

PLAYTHINK
230
난이도:●●●●○○○○○○
준비물: ● ✎
완성여부:□   시간:_____

원의 둘레와 숫자 π

원을 어떤 선을 따라 정확히 1바퀴 굴리면 그 선의 길이는 원의 둘레와 같아진다. 이 원뿐만 아니라 다른 크기의 원도 선을 따라 굴리면 그 선의 길이는 항상 원의 둘레와 같다. 왼쪽에 있는 원의 둘레와 지름 사이에는 어떤 관계가 있을까? 여기서 파악한 관계가 모든 원에도 성립할까?

지름

원 둘레

원을 정사각형으로 만들기

가장 유명한 고대 기하학 문제 중 하나가 직선 자와 컴퍼스만으로 주어진 원과 면적이 같은 정사각형을 그리는 것이었다. 고대 그리스의 수학자들은 이 문제의 답을 알아가는 과정에서 복잡한 곡선들을 사각형으로 그리게 되었고, 이를 통해 여러 흥미로운 발견이나 이론을 만들어냈다.

수학자들이 이 문제를 풀려고 무려 2,000년 넘게 노력했다. 그러나 린데만이 π가 초월수라는 것을 증명하고 나서야 결국 컴퍼스와 자만으로는 원의 면적과 같은 정사각형을 그릴 수 없다는 것을 알게 되었다. 그리하여 마침내 이 문제를 풀려고 한 모든 수학자들이 원을 정사각형으로 만드는 것은 불가능함을 공식적으로 발표했다.

PLAYTHINK 231
난이도: ●●●●●●○○○
준비물: ●
완성여부: □　시간:＿＿＿

히포크라테스의 초승달

고대 그리스의 기하학자인 히포크라테스가 원을 정사각형으로 그리는 과정에서 발견한 문제이다. 그림에서 보듯이 직각 삼각형의 밑변을 지름으로 하는 원을 그리고, 나머지 두 변을 각각 지름으로 하는 반원을 그렸다. 빨간색으로 칠해진 초승달 2개의 넓이의 합은 얼마일까?

PLAYTHINK 232
난이도: ●●●●●○○○○
준비물: ●
완성여부: □　시간:＿＿＿

정사각형 안의 원

검정색으로 칠해진 넓이와 빨간색으로 칠해진 넓이 중 어느 것이 더 클까?

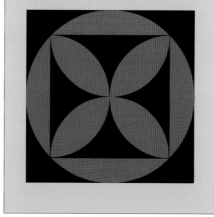

PLAYTHINK 233
난이도: ●●●●●●●○○
준비물: ●✎
완성여부: □　시간:＿＿＿

정사각형 꽃병

정사각형 안에 있는 빨간색 꽃병을 조각내려고 한다. 조각을 맞추면 정사각형이 되도록 이 꽃병을 여러 조각으로 나누어라. 꽃병을 3조각, 4조각으로 나누는 방법은 각각 두 가지이다.

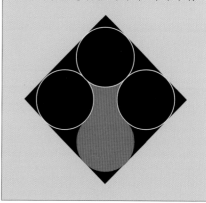

PLAYTHINK 234
난이도: ●●●●●●○○○
준비물: ●
완성여부: □　시간:＿＿＿

아르키메데스의 낫

큰 반원의 지름 위에 작은 반원을 2개 그렸다. 선 L은 작은 반원 2개가 만나는 지점에서 큰 반원의 둘레까지 그은 수직선이다.

큰 반원의 영역에서 작은 반원의 영역을 제외하면 낫처럼 생긴 빨간색 영역이 나온다. 이 낫 모양의 빨간색 영역의 넓이는 얼마일까?

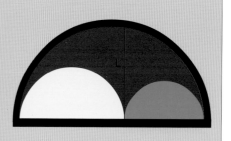

미스틱 로즈

한 원의 둘레를 따라 점 사이의 거리가 같도록 점을 여러 개 찍고 그 점과 다른 모든 점을 직선으로 이으면 미스틱 로즈 패턴이 나온다. 점의 개수가 작으면 패턴이 단순하지만 점의 개수가 증가하면서 패턴도 점점 복잡해진다.

1809년, 프랑스의 수학자인 푸앵소가 다양한 크기의 미스틱 로즈를 그리는데 필요한 연속선의 개수에 대해 연구했다.(연속선이란 한 붓 그리기로 그려지는 선을 말한다.) 3점 미스틱 로즈는 하나의 연속선으로 그릴 수 있다. 하지만 4점을 연속선 하나로 잇는 것은 불가능하며 반드시 2개의 연속선이 있어야 한다.

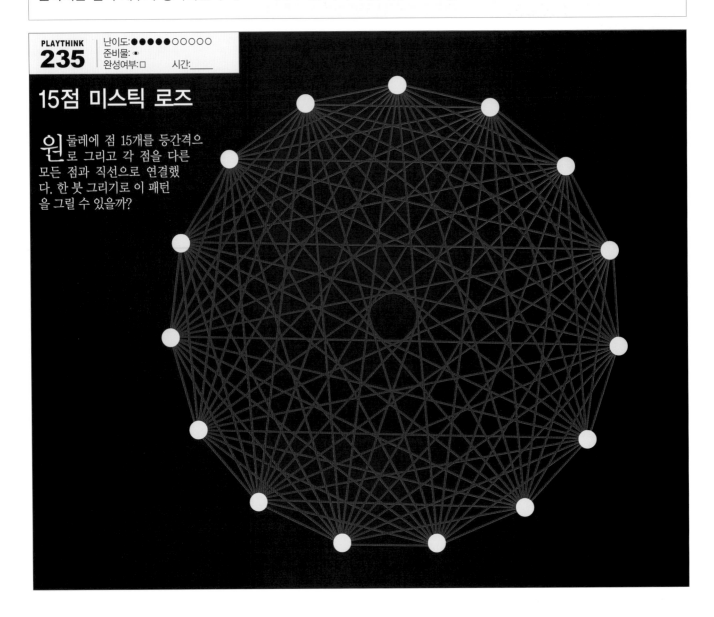

PLAYTHINK
235

난이도:●●●●●○○○○○
준비물:◉
완성여부:□   시간:_____

15점 미스틱 로즈

원 둘레에 점 15개를 등간격으로 그리고 각 점을 다른 모든 점과 직선으로 연결했다. 한 붓 그리기로 이 패턴을 그릴 수 있을까?

PLAYTHINK
236

난이도: ●●●○○○○○○○
준비물: ✎
완성여부: □   시간:_____

원의 넓이

원의 넓이를 구하는 공식은 다음과 같이 증명할 수 있다.

어떤 원의 반지름을 r, 그 둘레를 2πr이라 하자. 그림처럼 원을 조각내서 그 조각을 평행사변형으로 재배열한다. 조각의 크기가 작을수록 삼각형에 가까운 모양이 되기 때문에, 이를 재배열하여 나온 평행사변형의 모양도 점점 가로가 πr이고 세로가 r인 직사각형에 가까워진다. 이제 이 원의 넓이를 계산해 보라.

수학자들이 말하는 것과 같이, 원 안에 내접하는 다각형의 변의 수를 늘리면 점점 원의 모양에 가까이 갈수는 있지만 실제로 원과 결코 일치할 수는 없다. 하지만 이렇게 수를 무한히 늘려 최대한 근접해 나가는 방법이 미적분학의 기본 원리이다.

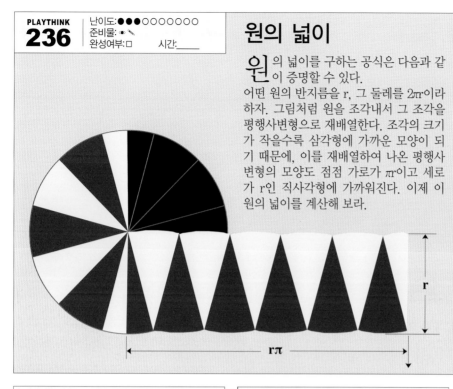

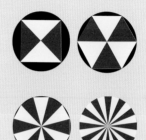

평행사변형

PLAYTHINK
237

난이도: ●●●●●●●●●
준비물: ✎
완성여부: □   시간:_____

3개의 원

똑같은 크기의 정삼각형이 3개 있는데 각 삼각형마다 원 3개를 다른 방법으로 내접시켰다. 다음 중 내접한 세 원의 넓이가 합이 가장 큰 경우는 어느 것일까?

1. 정삼각형 안에 내접할 수 있는 가장 큰 원 1개와 그 양 옆에 작은 원을 2개 그린 경우
2. 큰 원 1개와 크기가 똑같은 작은 원 2개를 그린 경우
3. 크기가 똑같은 원 3개를 최대한 크게 그린 경우

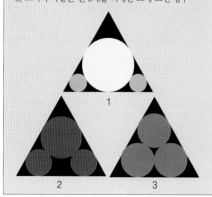

PLAYTHINK
238

난이도: ●●●●○○○○○
준비물: ✎
완성여부: □   시간:_____

동전 육각형

피라미드 모양을 이루는 동전 6개를 재배열하여 가운데에 동전 1개 크기의 구멍이 있는 육각형으로 만들려고 한다. 5번만 이동하여 이 육각형을 만들어 보라.

단, 매번 평면 위의 동전 1개를 밀어 최소 2개의 다른 동전과 접하는 새로운 자리로 이동시키며, 움직이는 동전 외의 다른 동전은 제자리에 있어야 한다.

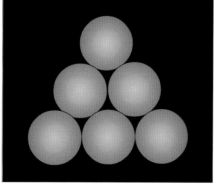

PLAYTHINK
239

난이도: ●●●●○○○○○
준비물: ✎
완성여부: □   시간:_____

동전 역피라미드

피라미드 모양을 이루는 동전 10개를 재배열하여 역피라미드 모양으로 만들려고 한다. 6번만 이동하여 완성하는 것은 쉽다. 이제 3번만 이동하여 이 역피라미드를 만들어 보라.

단, 한 번 움직일 때마다 평면 위의 동전 1개를 밀어 최소 2개의 다른 동전과 접하는 새로운 자리로 이동시키며, 움직이는 동전 외의 다른 동전은 제자리에 있어야 한다.

PLAYTHINK 240

난이도:●●●●●○○○○○
준비물: ✏
완성여부:□ 시간:____

원과 접선

한 평면에 크기가 다른 두 원을 배열 하는 방법은 몇 가지일까?
배열 방법마다 그릴 수 있는 공통 접선 의 개수를 더하면 총 몇 개일까?
두 원의 크기가 같다면 공통 접선의 총 개수가 달라질까?

PLAYTHINK 241

난이도:●●●●●○○○○
준비물: ✏
완성여부:□ 시간:____

7개의 원

그 림의 빨간색 원과 같이 임의로 원을 하나 그린다. 그 둘레에 원 6개를 새로 그리는데, 이때 각 원이 빨간색 원은 물론 새로 그린 다른 두 원과 접하도록 한 다. 이 중에 3개(노란색 원)는 계속 커지 고 나머지 3개(녹색 원)는 계속 작아지되, 노란색 원과 녹색원은 계속 접하도록 한 다. 만약 노란색 원이 계속 커져서 서로 교차해야 한다면 이 그림은 결국 어떻게 될까?

PLAYTHINK 242

난이도:●●●●●●●●●○
준비물: ✏
완성여부:□ 시간:____

아폴로니우스의 원

세 원에 모두 접하는 4번째 원 을 그리는 방법은 몇 가지일 까?
고대 그리스에서 전해진 고전 문 제로써 한 평면에 최소 두 원과 접 하는 원을 최대한 많이 그리는 문 제와 비슷한 유형의 문제이다.

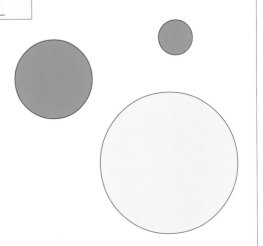

PLAYTHINK 243

난이도:●●○○○○○○○○
준비물: ✏
완성여부:□ 시간:____

원 색칠하기

왼 쪽에 있는 컬러 원이 색칠된 방법대로 오른쪽 빈 원을 모 두 칠하여라. 단, 원의 크기와 색 깔은 무관하다.

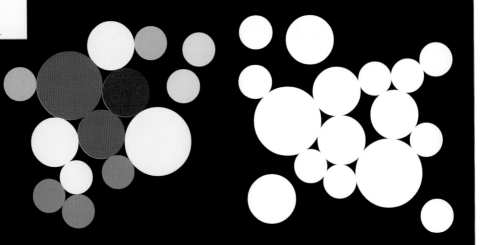

PLAYTHINK
244
난이도:●●●●●●○○○○
준비물: ✏
완성여부:□   시간:＿＿＿

원 영역 나누기

평면에 원 1개를 그리면 원의 안과 밖이라는 2개의 영역으로 나뉜다. 원 2개를 2개의 교점에서 만나도록 배열하면 평면은 4개의 영역으로 나뉜다. 임의의 두 원의 교점이 2개이며, 한 점을 지나는 원은 2개가 되도록 그린다. 그렇다면, 오른쪽에 있는 원 5개는 평면을 몇 개로 나눌까? n개의 원이 있을 때 일반적인 공식은 무엇일까?

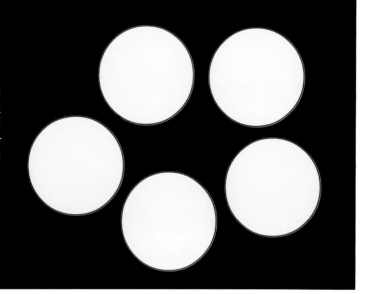

원 1개
영역 2개

원 2개
영역 4개

원 3개
영역 8개

원 4개
영역 14개

PLAYTHINK
245
난이도:●●●●●●○○○○
준비물: ✏
완성여부:□   시간:＿＿＿

원 안의 다각형

원둘레를 오등분하는 점 5개를 그리고, 한 점에서 출발하여 연필을 떼지 않고 직선으로 다른 모든 점을 연결한 후 다시 출발점으로 돌아오는 다각형을 그린다. 점 5개로 그릴 수 있는 서로 다른 다각형은 몇 개일까? (회전하여 같은 경우도 다른 도형으로 본다.)

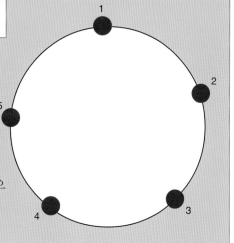

PLAYTHINK
246
난이도:●●●●●●●●●○
준비물: ✏
완성여부:□   시간:＿＿＿

원과 접하기 1

크기가 같은 원 3개가 각각 다른 색으로 칠해져 있다. 아래 흰 상자에 있는 것처럼 세 원이 서로 접하되 같은 색의 원이 접해서는 안 된다. 색이 같은 원끼리 접하지 않기 위해 4가지 색이 반드시 있어야 한다면 최소 몇 개의 원이 필요할까?

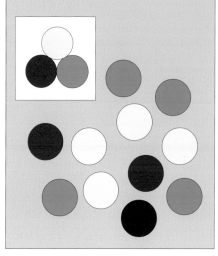

PLAYTHINK
247
난이도:●●●●●○○○○○
준비물: ✏
완성여부:□   시간:＿＿＿

16개의 동전과 접하기

탁자 위에 놓인 동전 16개를 재배열하되 동전 1개가 다른 동전 3개와 접하도록 하라. 단, 동전을 겹치게 놓아서는 안 된다.

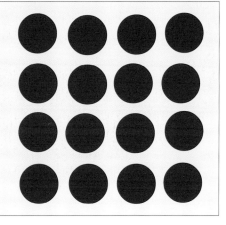

PLAYTHINK	난이도:●●●●●●○○○
248	준비물:● ✎
	완성여부:□ 시간:_____

원 관계

정 사각형에 외접하는 원(녹색 원) 과 그 정사각형에 내접하는 원 (주황색 원)을 그리면 이 두 원의 넓이 사이의 관계는 어떻게 될까?

PLAYTHINK	난이도:●●○○○○○○○
249	준비물:● ✖
	완성여부:□ 시간:_____

튜브 착시

위 에 있는 종이튜브의 구멍을 통해서 보면 어떤 모양이 보일까?

PLAYTHINK	난이도:●●●●●○○○○
250	준비물:● ✎
	완성여부:□ 시간:_____

주황색 공과 노란색 공

노 란색 공 6개와 주황색 공 4개를 정삼각형 모양으로 쌓되, 노란색 공 3개가 정삼각형의 모서리에 오지 않도록 하라. 이때 정삼각형의 크기는 가장 바깥의 도형뿐 아니라 내부에 생기는 모든 크기의 정삼각형을 의미한다. 따라서 노란색 공 3개를 이었을 때 어떤 정삼각형도 생겨서는 안 된다. 왼쪽의 예는 노란색 공 3개가 모두 모서리에 오기 때문에 틀린 경우이다.

PLAYTHINK	난이도:●●●●●○○○○
251	준비물:● ✎
	완성여부:□ 시간:_____

원 굴리기 패러독스

가 로선 3개로 평행한 길 2개를 만들어 길 위에 크기가 같은 공 2개를 나란히 놓으면 같이 굴러간다. 그리고 1번 공이 2번 공 위에 떨어지지 않고 있다. 만일 1번 공이 2번 공보다 2배가 커도 계속 위에 있을까?

PLAYTHINK	난이도:●●●●●○○○○
252	준비물:● ✎
	완성여부:□ 시간:_____

동전 건너뛰기

번 호가 적힌 동전 6개를 이동시켜 1줄에 동전이 3개인 세로줄 2개로 쌓아야 한다. 동전 하나가 한 번에 다른 동전 3개를 건너뛰어 새로운 자리로 이동한다. 예를 들어 제일 처음에 2번 동전을 움직이면 3, 4, 5번을 건너뛰어 6번 위에 2번 동전이 올라간다. 5번만 움직여서 세로줄 2개로 쌓아올려라.

PLAYTHINK 253

난이도:●●●●○○○○○
준비물: ●
완성여부:□ 시간:____

원 접하기 2

똑같은 크기의 원 3개를 그림처럼 배열하면 검정색 접점이 3개 생긴다. 한 평면에 9개의 접점을 만들려면 똑같은 크기의 원이 최소한 몇 개 필요할까?

PLAYTHINK 254

난이도:●●●●●●○○○
준비물: ● ✏
완성여부:□ 시간:____

내접원

지름이 1인 검정색 원 안에 내접하는 정삼각형과 정사각형이 있다. 그림처럼 내접하는 3개의 컬러 원의 지름은 각각 얼마일까?

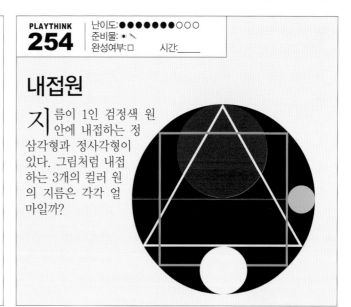

PLAYTHINK 255

난이도:●●●●●●●○○
준비물: ● 📄 ✂
완성여부:□ 시간:____

반원 체인

아래의 일직선 페그보드에 반원 조각 8개를 서로 겹치지 않도록 배열하라. 단, 반원은 일직선 페그보드 상하 어디든 올 수 있지만, 구멍 1개당 점선 1개를 사용하여 반원 조각 1개만 꽂아야 한다.

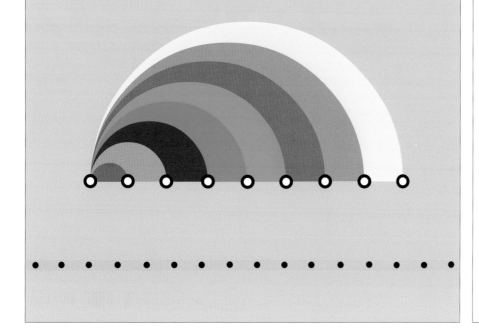

PLAYTHINK 256

난이도:●●●●●●○○○
준비물: ● ✏
완성여부:□ 시간:____

로제트 둘레

한 점을 기준으로 반지름이 같은 원을 계속 그려 나가면 로제트라고 하는 모양이 나온다. 아래 그림에서 로제트 둘레는 보라색 선으로 표시되어 있다. 이 그림을 참고하여 반지름이 각각 1과 2인 원으로 로제트를 그리면 둘 중 둘레가 더 큰 쪽은 어느 쪽일까?

PLAYTHINK 257

난이도: ●●●●●●●●○
준비물: ● ✎
완성여부: □　시간: ____

모든 삼각형에서 이 특성이 항상 성립할까?

● 중점
● 수선이 대변에 만나는 점
● 수심까지의 거리의 중점

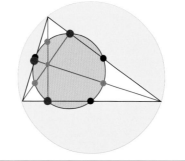

9점 원

흰색 삼각형에는 다음과 같은 흥미로운 점이 있다. 각 변의 중점(검정색 점), 꼭짓점에서 대변에 수직으로 그은 점(빨간색 점), 꼭짓점에서 수심(꼭짓점에서 대변에 내린 수선이 만나는 점)까지의 거리의 중점(회색 점)이 모두 한 원의 둘레에 있다.

PLAYTHINK 258

난이도: ●●●●○○○○
준비물: ●
완성여부: □　시간: ____

인디아나 존스의 탈출

인디아나 존스가 등 뒤에서 굴러오는 큰 공을 피하기 위해서 정사각형 모양의 터널 안을 사력을 다해 뛰고 있다. 터널의 넓이와 공의 지름은 둘 다 20미터로 비슷한데, 터널이 너무 길어서 시간 내에 터널 밖으로 빠져나가는 것이 거의 불가능해 보인다. 결국 그는 공에 깔리고 말까?

PLAYTHINK 259

난이도: ●●●●●●●●
준비물: ● ✎
완성여부: □　시간: ____

일본 사찰의 판

크기가 같은 두 검정색 원 안에 똑같은 다각형이 내접한다. 이 다각형은 여러 삼각형 조각으로 나누어져 있고, 각 삼각형에는 그 안에 내접할 수 있는 최대 크기의 원이 그려져 있다. 파란색 원과 빨간색 원의 지름의 합계를 비교해 보라.

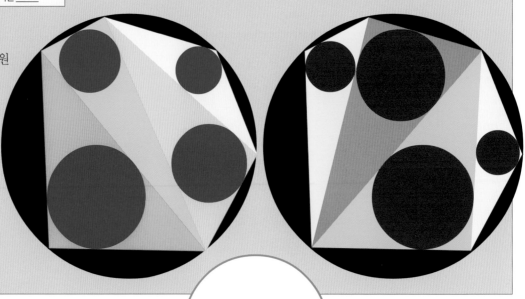

PLAYTHINK 260

난이도: ●●●●●●●●
준비물: ● ✎
완성여부: □　시간: ____

세 원

세 원 A, B, C가 서로 두 점에서 교차하도록 하고 3개의 공통현을 그리자 그 공통현이 한 점에서 만났다. 크기와 위치에 관계없는 모든 세 원도 이런 식의 관계가 성립할까

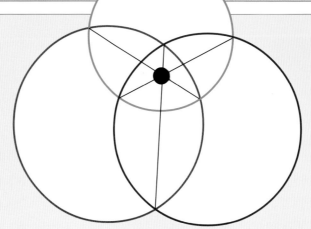

PLAYTHINK
261
난이도:●●●●●●○○○
준비물: ◉ ✎
완성여부:□　　시간:＿＿＿

원의 접선

크기가 다른 원 3개를 아무렇게나 배열한 후, 각 원에 접선을 2개씩 그었다. 그리고 보니, 접선의 교점 3개가 일직선 위에 놓였다. 우연의 일치일까?

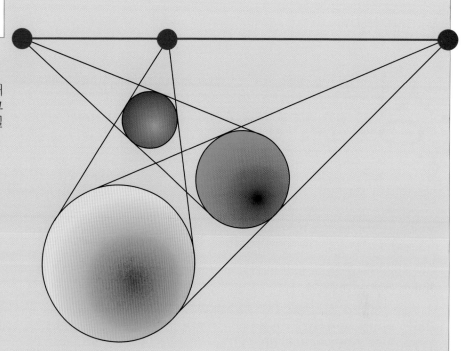

PLAYTHINK
262
난이도:●●●●○○○○○
준비물: ◉ ✎
완성여부:□　　시간:＿＿＿

동전 뒤집기

동전 7개를 모두 앞면이 보이도록 하여 원 모양으로 늘어놓았다. 동전을 한 번에 5개씩 뒤집는다면 몇 번을 뒤집어야 7개가 모두 뒷면이 보이게 될까?

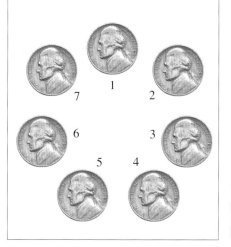

PLAYTHINK
263
난이도:●●●●●●●○○
준비물: ◉ ✎
완성여부:□　　시간:＿＿＿

직사각형 따라 구르기

크기가 같은 원 2개가 직사각형의 안과 밖에 하나씩 있는데, 이 둘은 한 점에서 서로 접하고 있다. 두 원은 변을 따라서 구르기 시작하여 다시 출발점으로 돌아온다. 직사각형의 세로가 원 둘레의 2배이고 가로는 세로 길이의 2배라면 각 원은 몇 번을 회전해야 출발점으로 돌아올 수 있을까?

원 배열하기

상자에 공을 넣어 채우는 것이 단순 작업일까? 평면 위에 원을 배열하는 것이나 상자 안에 공을 넣는 것처럼 일정한 모양의 물체로 무언가를 채우는 방법은 수학에서는 매우 중요한 문제이다.

공으로 공간을 채우거나 원으로 평면을 채우면 반드시 공간이 남는다. 원을 정육각형의 벌집과 비슷한 모양으로 배열할 때가 공간이 가장 적다는 것은 쉽게 알 수 있다. 그러나 일정하지 않은 모양으로 원을 배열하면 공간을 효율적으로 채울 수 없다는 것을 증명하는 것은 어렵다. 또한 입체 도형을 구로 채우는 것은 이보다도 더 어려우며 이는 이미 증명되어 있다.

최근에는 정사각형이나 원과 같이 최소한의 도형 안에 특정한 수의 원을 채우는 문제에 학자들이 관심을 가지기 시작했으나 원을 배열하는 방법의 공식은 아직 밝혀지지 않았다. 그래서 현재로서는 원 몇 개를 규칙적인 형태로 배열하는 방법이 최상이다. 작은 원으로 큰 원을 가장 조밀하게 채우는 방법은 작은 원의 개수가 열 개일 때까지만 입증되어 있다. 아래의 그림으로 각 경우를 제시한다. 각 원 옆의 숫자는 두 원의 지름이 겹치도록 빨간색 원의 지름 위에 노란색 원을 놓을 때 배열할 수 있는 노란색 원의 개수를 의미한다.

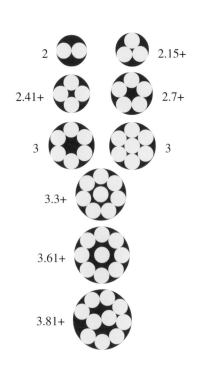

2 2.15+

2.41+ 2.7+

3 3

3.3+

3.61+

3.81+

정사각형 안에 원 10개 채우기

노란색 원의 반지름은 정사각형 한 변의 길이×0.148204이다. 노란색 원 10개로 빨간색 정사각형을 채워라. 단, 원은 겹쳐져서도 안 되고 정사각형 밖으로 나와서도 안 된다.

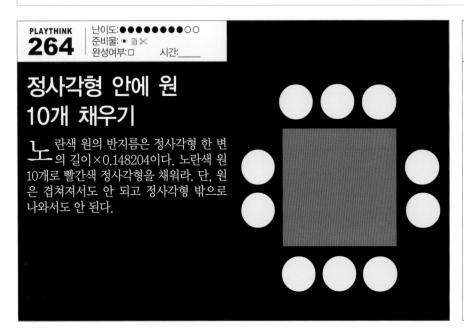

원 안에 원 12개 채우기

파란색 원 12개를 빨간색 원 안에 넣으려고 한다.

빨간색 원의 지름은 파란색 원의 지름보다 4.02배 크다. 이 문제는 원 12개를 원 안에 가장 조밀하게 넣는 방법이다. 원의 배열 방식을 찾아보라.

구

상자에 공을 넣어 채우는 것이 단순 작업일까? 평면 위에 원을 배열하는 것이나 상자 안에 공을 넣는 것처럼 일정한 모양의 물체로 무언가를 채우는 방법은 수학에서는 매우 중요한 문제이다.

공으로 공간을 채우거나 원으로 평면을 채우면 반드시 공간이 남는다. 원을 정육각형의 벌집과 비슷한 모양으로 배열할 때가 공간이 가장 적다는 것은 쉽게 알 수 있다. 그러나 일정하지 않은 모양으로 원을 배열하면 공간을 효율적으로 채울 수 없다는 것을 증명하는 것은 어렵다. 그러나 입체 도형을 구로 채우는 것은 이보다도 더 어려우며 이는 이미 증명되어 있다.

최근에는 정사각형이나 원과 같이 최소한의 도형 안에 특정한 수의 원을 채우는 문제에 학자들이 관심을 가지기 시작했으나 원을 배열하는 방법의 공식은 아직 밝혀지지 않았다. 그래서 현재로서는 원 몇 개를 규칙적인 형태로 배열하는 방법이 최상이다. 작은 원으로 큰 원을 가장 조밀하게 채우는 방법은 작은 원의 개수가 열 개일 때까지만 입증되어 있다. 아래의 그림으로 각 경우를 제시한다. 각 원 옆의 숫자는 두 원의 지름이 겹치도록 빨간색 원의 지름 위에 노란색 원을 놓을 때 배열할 수 있는 노란색 원의 개수를 의미한다.

PLAYTHINK 266
난이도: ●●●●●○○○○○
준비물: ●
완성여부: □ 시간:_____

동전 굴리기 1

노란색 동전이 7개의 고정된 동전의 둘레를 따라 굴러간다. 노란색 동전이 몇 번이나 회전해야 다시 출발점으로 돌아올까? 이때 동전의 인물은 좌우 중 어느 쪽을 향하게 될까?
(동전은 세우지 않고 평면 상태 그대로 둘레를 따라 굴린다.)

PLAYTHINK 267
난이도: ●●●●●●●●○○
준비물: ●✎
완성여부: □ 시간:_____

원 굴리기

작은 노란색 원이 반지름이 3배 큰 빨간색 원 둘레를 따라 돈다. 작은 원이 몇 번이나 회전해야 다시 출발점으로 돌아올까?

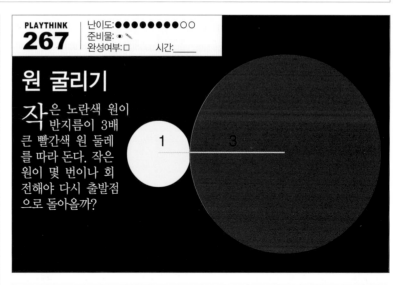

PLAYTHINK 268
난이도: ●●●●○○○○○○
준비물: ●
완성여부: □ 시간:_____

동전 굴리기 2

똑같은 동전 2개가 서로 나란히 놓여있는데, 그 중 오른쪽 동전은 고정되어 있다. 왼쪽 동전을 오른쪽 동전의 둘레를 따라 굴려서 오른쪽 동전의 오른편에 오게 한다. 이 때, 동전의 인물은 왼쪽, 오른쪽, 또는 뒤집힌 방향 중 어느 쪽을 향하겠는가?(동전은 세우지 않고 평면 상태 그대로 둘레를 따라 굴린다.)

구 쌓기

천문학자인 케플러는 행성의 궤도 연구에 많은 영향을 주었다. 그는 또한 구를 배열하는 방법을 연구하여 구를 평면에 배열하는 데에는 정방(정사각형)과 육방(육각형)의 두 가지가 방법이 있다는 것을 알아냈다. 이 두 배열을 여러 방법으로 쌓아 입체 형태를 만들 수 있다.

예를 들면 정방격자를 구가 나란하도록 쌓을 수도 있고, 구가 서로 엇갈리게 쌓을 수도 있는데, 후자인 경우를 면심입방격자라고 한다. 육방격자도 역시 나란히 쌓거나 엇갈리게 쌓을 수도 있는데, 이 때 후자는 사실 정방격자에서의 면심입방격자와 같다.

각각의 구조가 어떤 형태를 만들겠는가? 입방격자의 구는 단순히 입방체 구조를, 또 육방격자는 육각형 각기둥 형태를 만들 것이다. 입체 격자형태의 효율성은 공간을 구로 채웠을 때의 비율로 측정한다. 평면 위에서 정방격자와 육방격자의 효율성은 각각 78.54퍼센트와 90.69퍼센트이다. 3차원의 입체구조에서는 정방격자, 육방격자, 면심입방격자의 효율성이 차례대로 52.34퍼센트, 60.46퍼센트, 70.04퍼센트이다.

PLAYTHINK
269
난이도:●●●●●●○○○
준비물:✎●
완성여부:□   시간:_____

원 배열하기

아래에 평면을 원으로 채우는 2가지 방법이 나와 있다. 육방형과 정방형 각 경우마다 원으로 둘러싸인 면적의 밀도를 백분율로 구하라.

육방(삼방)배열

직방(정방)배열

PLAYTHINK
270
난이도:●●●●○○○○○
준비물:✎●
완성여부:□   시간:_____

구면 접촉하기

녹색 구의 지름은 빨간색 구의 지름보다 3배 더 크다. 녹색 구 안에는 빨간색 구를 몇 개나 넣을 수 있을까?

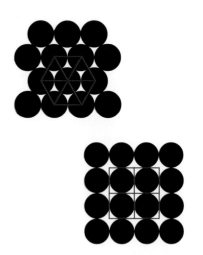
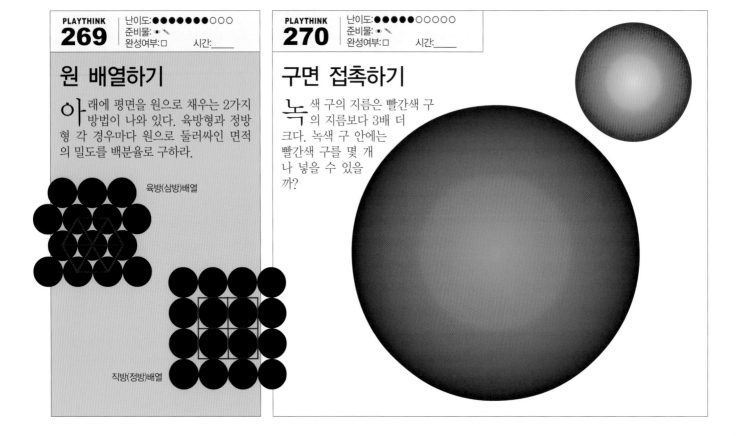

사이클로이드

우주 속에 고정된 점은 존재하지 않는다. 자동차 속에 고정된 점은 차가 도로 위를 움직임에 따라 직선 경로를 그리며, 태양과 은하계조차도 계속 팽창하는 우주를 따라 경로를 그린다.

움직이는 물체 위에 고정된 점은 매우 특이한 곡선을 그린다. 예를 들어 회전하는 원 위의 점은 사이클로이드라는 곡선을 그리는데, 이 곡선은 우리 주변에서도 많이 볼 수 있다. 기계기어의 톱니바퀴에도 한 면에 사이클로이드 곡선이 있으며 지폐를 찍어내는 판에 정교한 사이클로이드 패턴을 새기는 기계도 있다. 스피로그래프(톱니와 볼펜을 결합시켜 다양한 패턴을 만드는 도구)를 이용하면 원 모양 몇 개만으로도 다양한 사이클로이드를 그릴 수 있다. 실이 실패에서 풀리면서 그리는 선이 이와 유사한 곡선을 그린다.

PLAYTHINK 271
난이도: ●●●●●●○○○○
준비물: ✏ ●
완성여부: □　　시간:＿＿＿

구르는 원: 하이포사이클로이드

작은 원이 큰 원의 안쪽을 구른다. 큰 원은 고정되어 움직이지 않으며 안쪽의 지름은 작은 원의 지름의 2배이다. 작은 원이 완전히 1바퀴 돌면 빨간 점은 어떤 경로를 그릴까?

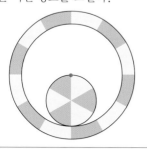

PLAYTHINK 272
난이도: ●●●○○○○○○○
준비물: ✏
완성여부: □　　시간:＿＿＿

북극점 탐험

비행기 1대가 북극점을 출발해 정남쪽으로 50킬로미터인 지점의 상공을 날다가, 동쪽으로 방향을 틀어서 100킬로미터를 더 비행한 후에 착륙했다. 착륙 지점은 북극점에서 얼마나 떨어진 곳일까?

PLAYTHINK 273
난이도: ●●●●○○○○○○
준비물: ✏
완성여부: □　　시간:＿＿＿

5개의 동전

다음 8개의 동전 중에서 동전 하나만 움직여 5개의 동전으로 된 줄 2개를 만들어 보라.

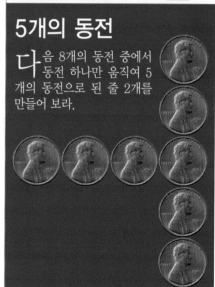

PLAYTHINK 274
난이도: ●●●●●●○○○○
준비물: ✏ ●
완성여부: □　　시간:＿＿＿

기차바퀴

기차바퀴가 철로를 따라서 움직이고 있다. 노란색의 작은 원(바퀴)은 철로와의 접점에 있어야 하지만, 빨간색의 큰 원이 철로와의 접점 아래까지 내려와야 기차가 계속 달릴 수 있다. 다음 세 점의 이동경로를 그려보라.

- 작은 원 안쪽의 빨간색 점
- 작은 원 둘레 위의 녹색 점
- 큰 원 둘레 위의 보라색 점

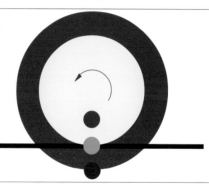

PLAYTHINK 275

난이도: ●●●●●●○○○
준비물: ✏
완성여부: □　　시간:＿＿＿

구 조각내기

다음의 구를 직선 칼로 4번 잘랐을 때 나올 수 있는 조각의 수는 최대 몇 개일까?

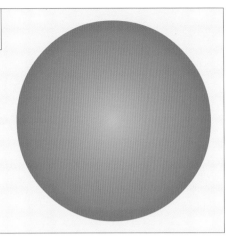

PLAYTHINK 276

난이도: ●●●●●●○○○
준비물: ✏ ✂
완성여부: □　　시간:＿＿＿

뢸로의 삼각형

정사각형 안에 이상한 모양의 삼각형이 있고, 다시 그 안에 정삼각형이 있다. 우선, 정삼각형을 그려서 각 꼭짓점을 중심으로 하고 다른 두 점을 지나는 호를 그리면 이상한 모양의 삼각형이 만들어진다. 이 삼각형은 발견한 사람의 이름을 따서 '뢸로의 삼각형' 이라 부른다. 이 때 각 꼭짓점에서 호 위의 모든 점까지의 거리가 정삼각형의 한 변의 길이와 같다. 이 뢸로의 삼각형이 정사각형 안을 회전하면 파란색 점은 어떤 경로를 그릴까?

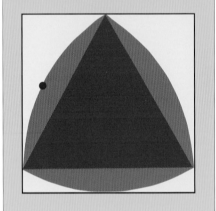

PLAYTHINK 277

난이도: ●●●●●●○○○
준비물: ▨ ▤ ✂
완성여부: □　　시간:＿＿＿

육각형 솔리테르: 슬라이딩 디스크 퍼즐

그림의 디스크를 하나씩 공간(흰색)으로 밀어 제일 아랫줄의 빨간 디스크를 제일 윗줄의 빨간 점이 찍힌 곳까지 옮겨라. 현재, 빈 공간으로 들어갈 수 있는 디스크는 녹색과 파란색뿐이다. 녹색을 아래로 내리거나 파란색을 위로 올릴 수 있지만 노란색은 공간이 좁아서 옮길 수 없다. 이런 방법으로 한 번에 두 가지씩 이동할 수 있다. 최대 50번 이동하여 퍼즐을 완성하라.

PLAYTHINK 278

난이도: ●●●●●●○○○
준비물: ✏
완성여부: □　　시간:＿＿＿

나선

그림과 같이 원통 파이프에 줄이 4번 돌아서 감겨 있다. 파이프의 둘레가 4미터이고 길이가 12미터일 때 감긴 줄의 길이를 계산해 보라.

PLAYTHINK 279

난이도: ●●●●●○○○○
준비물: ✏
완성여부: □　　시간:＿＿＿

지구와 적도

그림과 같이 지구가 완전한 구 모양이며, 적도가 지구 주위를 벨트처럼 둘러싸고 있다고 가정해보자. 이 벨트의 길이를 2미터 더 늘린 후 지표면에서 멀어지도록 잡아당기면 그림의 빨간색 선처럼 된다. 벨트를 지표면에서부터 얼마나 높이 잡아당길 수 있을까? 0.03미터, 0.33미터, 3.3미터 중에서 정답을 고르라.

PLAYTHINK
280
난이도:●●●●●●○○○
준비물: ●
완성여부:□　시간:＿＿＿

구의 표면적

야은 원통 안에 구가 꼭 맞게 끼워져 **램** 있어서, 원통의 높이와 지름, 또 구의 지름이 모두 같다. 구와 원통 중에서 표면적이 더 넓은 것은 어느 것일까?

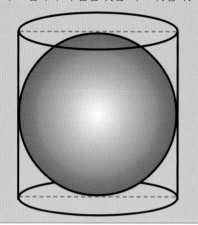

PLAYTHINK
281
난이도:●●●●●●○○○
준비물: ●
완성여부:□　시간:＿＿＿

부피의 관계

그림의 원기둥과 구와 원뿔, 세 입체 도형의 높이와 폭이 같다면 각 입체

도형의 부피 사이에는 어떤 관계가 있을까?

PLAYTHINK
282
난이도:●●●●●●●○○
준비물: ●
완성여부:□　시간:＿＿＿

사이클로이드 면적

다음의 사이클로이드 아래의 면적을 계산해 보라. 원과 사이클로이드 아치의 길이는 어떤 관계가 있을까?

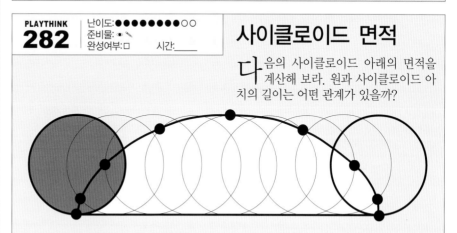

PLAYTHINK
283
난이도:●●●●●●○○○
준비물: ●
완성여부:□　시간:＿＿＿

금궤

다음의 이야기를 믿을 수 있을까? 어떤 왕이 직사각형 궤안에 공 모양의 금괴 20개를 담았다. 각 공은 서로 맞닿아 있어서 하나를 집어도 다른 공이 움직이지 않는다. 다른 공을 움직이지 않게 하면서 골라낼 수 있는 공의 개수는 몇 개일까?

옛날 옛적에 한 왕이 자신의 재산을 전부 똑같은 공 모양의 금괴로 만들어서 궤짝 안에 꼭 채워 넣어두었다. 그래서 왕은 금궤를 흔들어봐서 덜걱덜걱 소리 내며 움직이지 않으면 금궤가 가득 차 있다고 생각했다.
그런데, 어느 날 왕비가 그 중 일부를 가져가면서 남은 금을 다시 잘 넣어 흔들어도 소리가 나지 않게 했다. 얼마 지나지 않아 공주가 일부를 가져가면서 남은 금을 다시 잘 넣어 흔들어도 소리가 나지 않게 했다. 그런 후 이번에는 총리가 일부를 가져가면서 남은 금을 다시 잘 넣어 흔들어도 소리가 나지 않게 했다. ……

정폭곡선

어느 방향에서나 폭이 일정한 곡선을 정폭곡선이라고 한다. 정폭곡선은 두 평행선 사이에서 또는 사각형 내에서 회전할 수 있다. 이 중에는 꺾임이 있는 것도 있지만 꺾임이 없는 것도 있고, 대칭적인 것도 있지만 아무런 규칙이 없는 형태도 있다. 변이 홀수 개인 모든 정다각형으로 둥근 정폭곡선을 만들 수 있다.

모든 정폭곡선은 그 곡선의 길이가 폭×π와 같다는 특징을 가진다. '민코프스키 정리'로 알려진 이 특징은 우리가 알고 있는 원둘레의 공식 (지름×π)에서도 볼 수 있다.

PLAYTHINK 284 난이도:●●●●●●○○○ 준비물:● 완성여부:□ 시간:____

최단 강하곡선

똑같은 공 4개가 각각 구부러진 길, 일직선 길, 원모양의 길, 사이클로이드 모양의 길을 굴러 내려온다. 어느 공이 가장 먼저 도착할까?

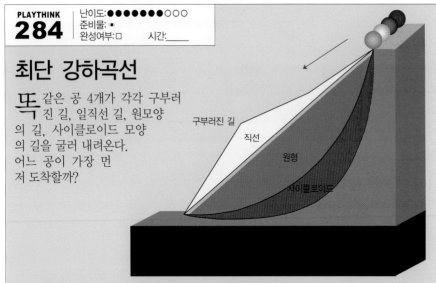

구부러진 길
직선
원형
사이클로이드

PLAYTHINK 285 난이도:●●●●●○○○○ 준비물:● 완성여부:□ 시간:____

정폭곡선

어떤 도형이 두 평행선 사이를 회전하면서 그 도형에 맞게 두 선 사이의 폭을 계속 바꾼다고 하자. 만일 그 도형이 원이라면 평행선 사이의 간격은 처음과 똑같아서 변하지 않을 것이다. 그러나 타원형이라면 그 폭은 계속 바뀌게 될 것이다.

아래의 도형 5개가 회전하여 만드는 곡선 중 원형과 비슷한 것과 타원형과 비슷한 것을 찾아보라.

원   타원

PLAYTHINK 286 난이도:●●●●●●○○○ 준비물:●✂✗ 완성여부:□ 시간:____

다각형 바퀴

아래 5개의 다각형 바퀴마다 녹색과 빨간색 점이 하나씩 있다. 이 바퀴들을 굴려서 나오는 두 점의 경로를 그려보라. 필요하면 아래의 모양을 복사해 오려서 직접 굴려보라.

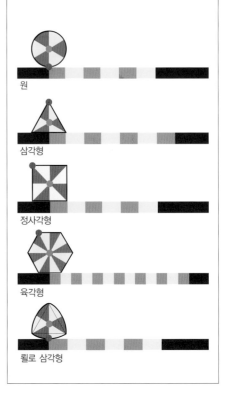

원

삼각형

정사각형

육각형

뢸로 삼각형

원뿔곡선과 나선형

고대 그리스에서는 원뿔곡선, 즉, 원뿔을 빗면으로 잘랐을 때 생기는 단면의 곡선을 많이 연구했다. 유클리드를 비롯한 많은 기하학자들이 타원, 쌍곡선, 포물선에 대해 연구했지만, 단순히 흥미로운 수학놀이라는 것 외에 아무런 학문적인 성과도 이루지 못했다.

그러나 후세에 이르러 이 단순한 연구가 과학의 발전에 지대한 공헌을 하였다. 원뿔곡선 역시 과학에 큰 영향을 미쳤다. 케플러와 뉴턴은 이 연구를 통해 천체의 궤도를 설명했고, 행성, 혜성, 은하계는 타원, 쌍곡선, 포물선 중 한 궤도를 그리며 돌고 있다고 밝혔다.

공중으로 던진 공은 포물선 궤도를 그린다. 사실 총알, 화살, 로켓, 호스에서 나오는 물줄기 등 모든 투사체가 모든 지점에서 그 물체의 경로에 중력이 작용하기 때문에 포물선 궤도를 그린다. 따라서 던진 물체는 직선경로가 아니라 끊임없이 꺾이다가 시간이 지나면서 점점 수직경로에 다가간다. 물론 완전한 수직경로를 그리지는 않고 그 형태에 가까이 갈 뿐이다. 하지만, 로켓으로 발사된 인공위성처럼 물체의 속력이 충분하면 그 경로는 물체가 떨어지지 않는 방향으로 곡선 경로를 그리며 결국 지구 주위를 돈다.

칼과 칼집

전사 4명이 전투를 시작하기 위해 칼집에서 칼을 꺼내들었다. 칼의 모양은 각각 직선, 반원, 곡선, 나선형이었다. 이 이야기 중 말이 안 되는 부분은 어디일까?

원뿔 곡선론

기원전 225년에 그리스 학자인 아폴로니우스가 쓴 《원뿔곡선론(conis)》을 보면, 원을 밑면으로 하는 원뿔을 다양한 곡선 형태로 자를 수 있다고 한다. 그림에서 1번에서 4번까지 잘라서 나오는 각각의 곡선을 그려보라.

PLAYTHINK 289

난이도: ●●●●○○○○○○
준비물: ●
완성여부: □   시간:_____

타원은 어디에?

그림의 남자가 펜, 컴퍼스, 컴퓨터 등의 도구를 사용하지 않고 타원 형태를 직접 볼 수 있는 방법이 있을까?

PLAYTHINK 290

난이도: ●●●●●○○○○○
준비물: ●
완성여부: □   시간:_____

원 굴리기: 외 사이클로이드

작은 원의 반지름은 큰 원의 반지름의 반이다. 작은 원이 큰 원의 둘레를 따라 돌 때, 녹색점이 그리는 경로를 대략적으로 그려보라.

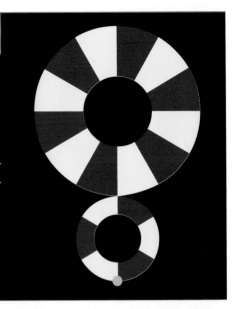

PLAYTHINK 291

난이도: ●●●●●○○○○
준비물: ✂
완성여부: □   시간:_____

종이접기로 타원 만들기

펜이나 다른 도구를 사용하지 않고서 원 모양의 종이를 접어서 타원을 만들어 보라.

PLAYTHINK 292

난이도: ●●●●●○○○○
준비물: ●
완성여부: □   시간:_____

타원 당구대

타원모양의 당구대에 초점이 2개 있는데 한 초점에는 구멍이, 다른 초점에는 당구공이 있다. 그리고 두 초점 사이에는 장애물이 하나 놓여있다. 당구공을 어떻게 쳐야 장애물을 피해 구멍에 들어갈 수 있을까?

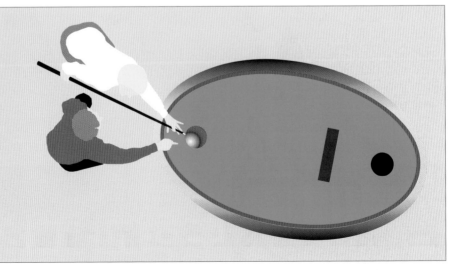

6

도형과 다각형

PLAYTHINK
293
난이도: ●●○○○○○○○○
준비물: ●
완성여부: □　　시간:_____

이상한 모양 1

아래의 7개 도형 중 나머지와 다른 하나는 어느 것일까?

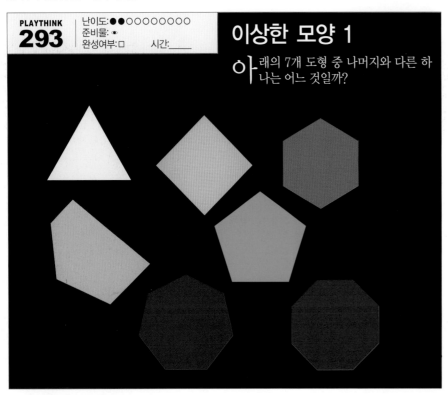

PLAYTHINK
294
난이도: ●●●●●○○○○
준비물: ✎ ✂
완성여부: □　　시간:_____

정삼각형과 정사각형으로 만든 다각형

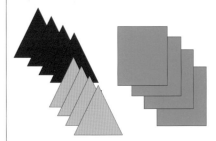

모든 변의 길이가 같은 정삼각형과 정사각형을 필요한 만큼 변끼리 붙여 볼록 다각형을 만든다. 변의 개수가 5개에서 10개까지인 다각형을 그리고, 각 다각형마다 필요한 정삼각형과 정사각형의 개수를 구하라.

PLAYTHINK
295
난이도: ●●●○○○○○○
준비물: ●
완성여부: □　　시간:_____

이상한 모양 2

오른쪽의 모양 중 나머지와 다른 하나는 어느 것일까?

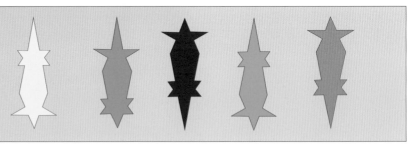

PLAYTHINK
296
난이도: ●●●●○○○○○
준비물: ● ✎
완성여부: □　　시간:_____

볼록-오목

빨간색 다각형의 중간에 들어갈 숫자는 무엇일까?

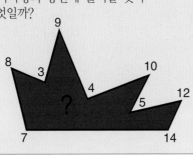

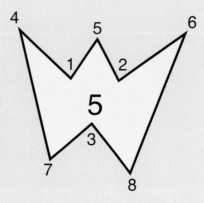

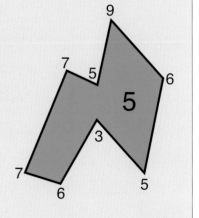

PLAYTHINK
297

난이도:●●●●●○○○○○
준비물: ✎
완성여부:□　　시간:_____

모양과 구멍

왼쪽의 파란색 도형은 보강재(판이 휘는 것을 방지하기 위한 받침대)이며, 오른쪽 그림은 다양한 보강재를 만드는 장치이다. 보강재의 형태가 나오도록 4개의 캠 바퀴를 각각 고정시킨다. 그러면 중간에 있는 단면을 통해 보강재가 만들어져 나온다.

왼쪽에 있는 보강재 6개 중에서 이 장치로 만들 수 있는 것과 만들 수 없는 것을 찾아보라.

PLAYTHINK
298

난이도:●●●●●●○○○
준비물: ✎ ✂
완성여부:□　　시간:_____

오일러 공식

아래의 복잡한 다각형 지도에서 검정색 점으로 표시된 곳을 세어보라. 그 숫자에서 변의 개수를 빼고 다시 영역의 개수를 더한 값을 구하라.

크기나 모양에 관계없이 모든 다각형이 같은 값을 가질까?

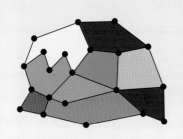

PLAYTHINK
299

난이도:●●●●○○○○○
준비물: ✎ ✂
완성여부:□　　시간:_____

둘레와 같은 넓이

가로×세로가 5×5인 정사각형의 둘레는 20이고, 넓이는 25이다. 가로×세로가 5×4인 직사각형의 둘레는 18이고 넓이는 20이다. 그렇다면 둘레와 넓이가 같은 정사각형과 직사각형은 무엇일까?

PLAYTHINK 300

난이도: ●●●●●●●●●○
준비물: ●
완성여부: □   시간: _____

내접하는 다각형

바깥에 반지름이 1인 큰 원이 있다. 이 큰 원 안에 정삼각형이 내접하고 그 안에 작은 원이 내접한다. 그리고 그 작은 원 안에 정사각형이 내접하고 다시 더 작은 원과 정오각형의 순서로 계속 내접한다. 다각형의 변의 수는 하나씩 증가하고 이에 따라 원의 크기는 계속 감소한다. 이런 식으로 내접하는 도형을 계속 그려나가면 결국 원의 크기는 어느 정도까지 작아질까?

PLAYTHINK 301

난이도: ●●●●●○○○○○
준비물: ✎
완성여부: □   시간: _____

삼각형 겹치기

한 변이 5인 큰 삼각형과 작은 정삼각형 8개가 부분적으로 겹친다. 작은 정삼각형은 각각 한 변의 길이가 1, 2, 3인 세 종류로 나뉜다. 빨간색 영역과 파란색 영역 중 어디가 더 넓을까?

PLAYTHINK 302

난이도: ●○○○○○○○○○
준비물: ●
완성여부: □   시간: _____

펙보드

펙 보드 위에 펙 4개의 둘레를 연결하는 고무줄이 있다. 측정 도구를 사용하지 않고 고무줄 안의 넓이를 계산해 보라.

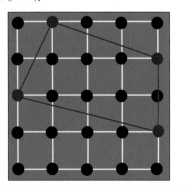

PLAYTHINK 303

난이도: ●●●●●●○○○
준비물: ✎
완성여부: □   시간: _____

육각형의 안과 밖

빨간색 정육각형이 어떤 원에 내접하고, 이 원이 다시 바깥쪽 정육각형에 내접한다. 빨간색 육각형의 넓이가 3일 때 노란색 영역의 넓이는 얼마일까?

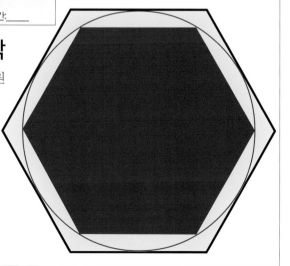

PLAYTHINK
304
난이도:●●●●○○○○○○
준비물: ●
완성여부:□   시간:____

삼각형 찾기

그림과 같이 여러 개의 정삼각형들이 겹쳐져 있다. 총 몇 개의 정삼각형을 찾을 수 있을까?

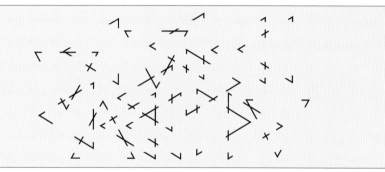

PLAYTHINK
305
난이도:●●●●●●○○○
준비물: ● ✎ 📄 ✂
완성여부:□
시간:____

폴리고

폴리고란 간단한 4개(삼각, 사각, 오각, 육각형)의 다각형(폴리곤)으로 복잡하고 창의적인 도형을 만드는 게임이다. 이 다각형 4개를 조합하면 새로운 다각형을 많이 만들 수 있다.

아래의 각 조각에는 4가지 색(빨강, 노랑, 녹색, 파랑)으로 된 다각형이 있다. 2인용

게임으로 할 때에는 한 선수가 4가지 색 중 2가지를 골라서 조각 4개를 결합하여 단색으로 된 도형을 만든다. 이렇게 4개의 조각을 모아 한 가지 색으로 된 다각형을 만들면, 삼각형은 개당 1점, 사각형은 2점, 오각형은 3점, 육각형은 4점씩 준다. 점수가 가장 높은 사람이 이긴다.

혼자서 게임을 하려면 조각의 각 모서리마다 색이 같도록 24개의 조각을 격자 위에 놓으면 된다.

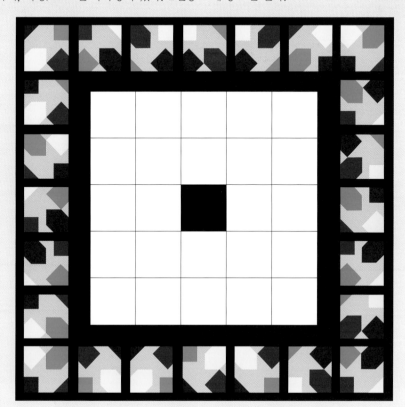

PLAYTHINK
306
난이도:●●●●●●○○○
준비물: ● ✎ ✂
완성여부:□   시간:____

회전 다각형

파란색 삼각형, 빨간색 정사각형, 녹색 오각형, 분홍색 육각형이 같은 크기의 원 안에 내접해서 회전하고 있다. 그림의 다각형 4개가 모두 같은 원 안에 있다면 원이 회전할 때 어떤 모양이 나타날까?

답을 직접 확인하려면 종이로 원을 그려서 그 중심에 작은 구멍을 뚫어라. 그리고 원 안에 도형 4개를 그리고 작은 구멍에 연필의 끝을 끼워서 돌려보라.

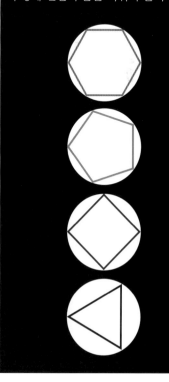

섬 문제

넓이와 부피는 이해하기가 쉬운 개념이 아니다. 넓이와 부피는 직사각형 형태일 때는 쉽게 구할 수 있지만 다른 도형, 특히 곡선이 있으면 더 어렵다.

고대 그리스인들은 둘레의 중요성에 대해 알고 있었다. 실제로 길이의 단위인 '미터' 라는 단어는 그리스어로 '둘레를 재다' 라는 말에서 나왔다. 그리스인들은 대부분 섬에서 살았다. 그래서 섬의 위치와 모양을 잘 알고 있어야 했고, 섬의 넓이를 파악해야 했다. 하지만

섬의 넓이는 해안선을 걸어서 걸린 시간으로는 파악할 수 없었다. 또 해안선이 길다고 섬이 크다는 것은 아니라는 것도 쉽게 알 수 있었다. 그렇지만 섬에 대한 가치를 매길 때에는 면적이 아니라 둘레로 판단하는 것이 관례였다.

고대에 다음과 같은 이야기가 전해진다. 티레의 공주였던 디도가 북아프리카 해안의 어떤 곳으로 도망을 갔는데, 그곳에서 땅을 받게 되었다. 그런데 받을 땅의 크기는 소가죽으로 덮을 수 있을 만큼만 이라는 제약이 있었다. 디도 공주는 소가죽을 띠 모양으로

길게 잘라서 길이가 약 1.6킬로미터 정도 되는 가죽끈을 만들었다. 그리고 그 소가죽 끈을 해안선을 경계로 하여 최대한 크게 펼쳤다. 그러자 소가죽 하나가 25에이커의 땅을 둘러쌀 수 있게 되었다. 공주는 그 땅에 유명하고 강력한 도시인 카르타고를 세웠다.

숨겨진 삼각형

그림과 같이 삼각형의 각을 3등분하고, 삼각형 내의 점 3개로 만들어진 노란색 삼각형을 잘 살펴보라. 각을 3등분한 삼각형에는 항상 이런 삼각형이 나타날까?

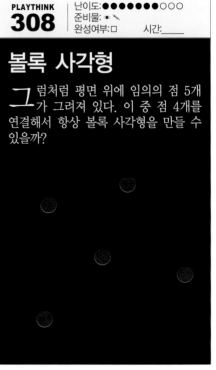

볼록 사각형

그림처럼 평면 위에 임의의 점 5개가 그려져 있다. 이 중 점 4개를 연결해서 항상 볼록 사각형을 만들 수 있을까?

PLAYTHINK 309

난이도:●●●●●●●○○
준비물: ◉ ✎
완성여부:□　　시간:＿＿＿

염소와 펙보드

펙 보드의 파란색 펙은 들판의 울타리 안에서 풀을 뜯는 염소를 의미한다. 염소가 풀을 뜯을 때 한 마리당 가로×세로가 1×1인 영역이 필요하다면, 울타리 (검정색 선) 안의 영역에서 풀을 뜯을 수 있는 염소의 수는 몇 마리일까?

PLAYTHINK 310

난이도:●●●●●●○○○
준비물: ◉ ✎
완성여부:□　　시간:＿＿＿

다각형의 개수

1. 삼각형의 개수를 세라.
2. 삼각형의 개수를 세라.
3. 삼각형과 정사각형의 개수를 세라.
4. 정사각형의 개수를 세라.
5. 삼각형의 개수를 세라.
6. 삼각형과 정사각형의 개수를 세라.
7. 정육각형의 개수를 세라.
8. 정사각형의 개수를 세라.
9. 정사각형의 개수를 세라.

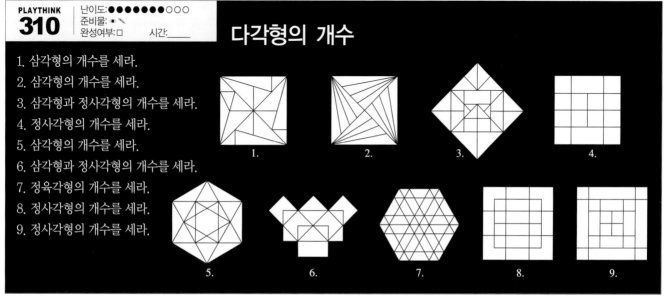

PLAYTHINK 311

난이도: ●●●●○○○○○
준비물: ✎
완성여부: □ 시간: ____

다각형 넓이

아래에 있는 정육각형과 정삼각형의 둘레의 길이가 같다면 넓이의 비는 얼마가 될까?

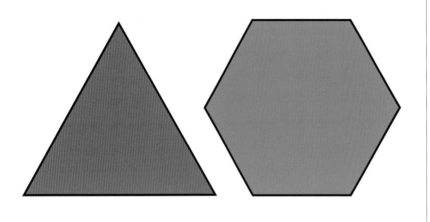

PLAYTHINK 312

난이도: ●●●●●○○○○
준비물: ✎
완성여부: □ 시간: ____

사각형 안의 삼각형

아래와 같은 사각형에 직선을 그으면 삼각형 2개로 나뉜다. 직선 1개를 그으면 삼각형 3개로 나뉘는 사각형을 그려 보라.

PLAYTHINK 313

난이도: ●●●●●○○○○
준비물: ●
완성여부: □ 시간: ____

삼각형의 개수

그림에서 삼각형은 총 몇 개가 있을까?

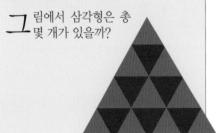

PLAYTHINK 314

난이도: ●●●●●●○○
준비물: ✎
완성여부: □ 시간: ____

판자로 만든 공간

그림처럼 방의 한 구석에 똑같은 판자 두 개로 공간을 하나 만들었다. 이 공간을 최대한 크게 하려면 두 판자의 각도가 어떻게 되어야 할까?

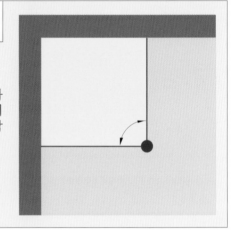

PLAYTHINK 315

난이도: ●●●●●○○○○
준비물: ✎
완성여부: □ 시간: ____

동물 우리 만들기

길이가 같은 판자 19개로 6마리의 동물을 수용하는 우리 6개를 지었다. 그런데 그만 재해가 나서 판자 7개가 망가져 버렸다. 남은 판자 12개로 6마리의 동물을 모두 수용할 새로운 우리 6개를 만들 수 있을까? 단, 동물은 판자로 완전히 둘러싸인 우리에 1마리씩 있어야 하며 다른 동물과 우리를 같이 쓸 수 없다.

PLAYTHINK 316

난이도:●●●●●○○○○
준비물: ✎
완성여부:□ 시간:____

정사각형 4개

이 곳에 정사각형 4개가 있었는데 지워져서 각 변의 중점만 남았다. 처음 있었던 정사각형 4개를 복원해보라.

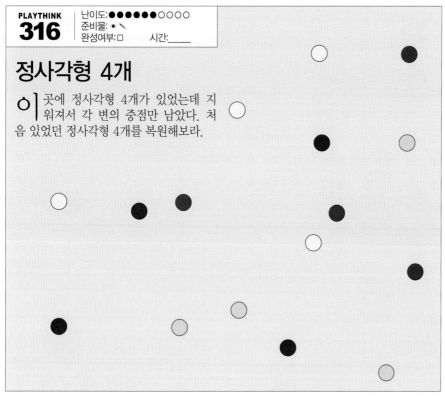

PLAYTHINK 317

난이도:●●●○○○○○○
준비물: ✎
완성여부:□ 시간:____

육각형 패턴

아래의 큰 육각형은 하나를 제외하고 모두 똑같은 24개의 컬러 조각으로 구성되어 있다. 나머지와 다른 하나는 어느 것일까?

PLAYTHINK 318

난이도:●●●●●○○○○
준비물: ✎
완성여부:□ 시간:____

내접 삼각형 1

칠각형의 꼭짓점을 이어서 삼각형을 만들되, 칠각형의 변과 삼각형의 변이 공유하지 않는 것은 몇 개 그릴 수 있을까? 예를 들어서 사각형과 오각형에는 그런 삼각형을 그릴 수 없고 정육각형에는 아래처럼 두 개를 그릴 수 있다.

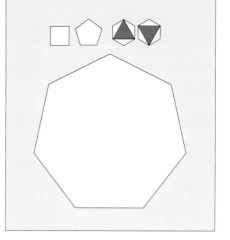

PLAYTHINK 319

난이도:●●●●●○○○○
준비물: ✎
완성여부:□ 시간:____

내접 삼각형 2

팔각형의 꼭짓점을 이어서 삼각형을 만들되, 팔각형의 변과 삼각형의 변이 공유하지 않는 것은 몇 개 그릴 수 있을까?

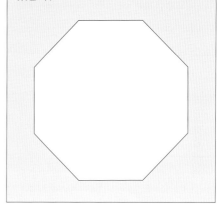

PLAYTHINK
320
난이도: ●●●●●○○○○○
준비물: ✏ ✎
완성여부: □   시간: _____

같은 둘레 길이

아래에 있는 원, 삼각형, 정사각형, 오각형의 둘레가 모두 같다. 넓이가 넓은 순서부터 차례대로 나열해 보라.

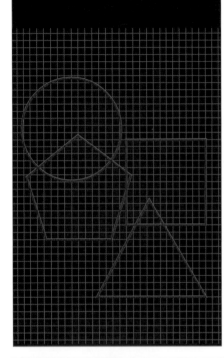

PLAYTHINK
322
난이도: ●●○○○○○○○○
준비물: ✏
완성여부: □   시간: _____

숨겨진 도형

패턴 인식은 컴퓨터보다 인간이 더 잘 하는 지적활동 중 하나이다. 아래에 패턴 6개와 도형 12개가 있는데, 각 패턴에는 하나 이상의 도형이 숨겨져 있다. 패턴 안의 도형은 그 둘레에 있는 도형과 크기나 방향이 정확히 같다. 아래의 도형을 패턴 안에 놓고 그 뒤에 숨겨진 도형을 찾아보라.

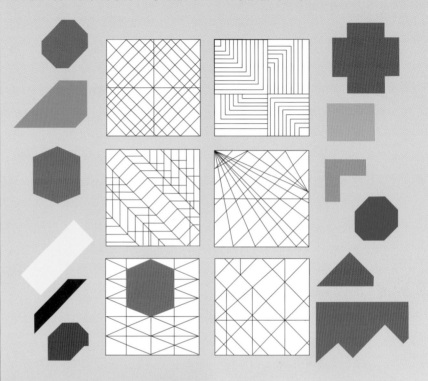

PLAYTHINK
321
난이도: ●●●●○○○○○○
준비물: ✏ ✎
완성여부: □   시간: _____

같은 넓이

오른쪽에 있는 원, 정삼각형, 사각형, 오각형의 넓이가 모두 같다. 둘레의 길이가 긴 도형부터 차례대로 나열해 보라.

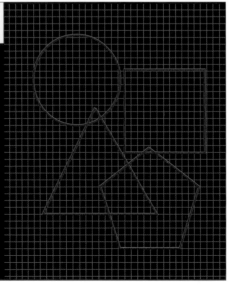

PLAYTHINK
323
난이도: ●●●○○○○○○○
준비물: ✏ ✎
완성여부: □   시간: _____

평행사변형 자르기

평행사변형을 직사각형으로 만들려면 몇 개의 직선을 이용해야 할까?

PLAYTHINK
324
난이도:●●●●●○○○○
준비물: ✎
완성여부:□　시간:_____

다각형 찾기

오른쪽 그림을 얼핏 보면 정사각형 안에 직선들이 단순히 교차하는 것으로만 보일 것이다. 하지만 자세히 살펴보면 그 복잡함 속에서 규칙과 대칭성을 찾을 수 있다. 그림에서 찾을 수 있는 패턴의 중요한 특징은, 한 꼭짓점이 정사각형의 꼭짓점에 있으면서 정사각형 안에 들어가는 최대 크기의 정삼각형 4개로 바탕을 만들었다는 것이다. 큰 정사각형 옆에 선만 있는 작은 정사각형(흰색 바탕)을 이용하여 아래의 도형을 전부 찾아보라.

1. 가장 큰 정삼각형 4개를 찾아보라.
2. 정사각형 4개를 찾아보라. (정사각형의 크기가 모두 같지는 않다.)
3. 중간 크기의 정삼각형 4개를 찾아보라.
4. 작은 정삼각형 8개를 찾아보라.
5. 정육각형을 반으로 자른 모양 4개를 찾아보라.
6. 가장 큰 육각형 2개를 찾아보라. (단, 크기는 서로 같고, 정육각형이 아니다.)

7. 중간 크기의 육각형 2개를 찾아보라. (단, 크기는 서로 같고, 정육각형이 아니다.)
8. 작은 크기의 육각형 2개를 찾아보라. (단, 크기는 서로 같고, 정육각형이 아니다.)
9. 팔각형 1개를 찾아보라. (정팔각형이 아니다.)
10. 가장 큰 직각이등변삼각형 4개를 찾아보라.
11. 가장 작은 직각이등변삼각형 4개를 찾아보라.
12. 변의 길이가 다른 가장 큰 직각삼각형 8개를 찾아보라. (삼각형 8개의 크기와 모양은 같다.)
13. 변의 길이가 다른 중간 크기의 직각삼각형 8개를 찾아보라. (삼각형 8개의 크기와 모양은 같다.)
14. 변의 길이가 다른 가장 작은 직각삼각형 8개를 찾아보라. (삼각형 8개의 크기와 모양은 같다.)
15. 가장 큰 마름모 2개를 찾아보라.

16. 가장 큰 평행사변형 4개를 찾아보라.
17. 중간 크기의 평행사변형 4개를 찾아보라.

PLAYTHINK
325
난이도:●●●●●○○○○
준비물: ●
완성여부:□　시간:_____

정사각형 찾기

오른쪽 그림에서 숨겨져 있는 정사각형 6개를 찾아보라.

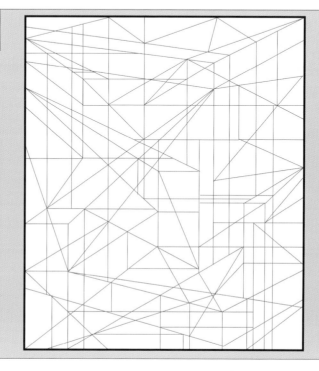

정사각형

정사각형은 가장 간단하고, 대칭적이고, 가장 완벽한 사각형이다. 변의 길이도 모두 같고 각도 같다. 그런데 이 단순함 속에는 많은 사실들이 감추어져 있다. 피타고라스 정리부터 아이슈타인의 상대성이론까지, 또 유클리드의 평면기하학에서부터 공간의 곡률까지 이들의 공통 요소는 바로 정사각형이다.

소금과 같은 수많은 광물의 결정체에서 정사각형을 볼 수 있다. 정사각형은 체스, 바둑, 솔리테르, 도미노와 같은 고대 게임도 탄생시켰다. 현대식 건물뿐 아니라 유명한 고대 건물도 정사각형의 비율을 이용하여 지어졌으며 미국 중서부 지역의 끝없이 펼쳐진 평원도 한 변이 1.6킬로미터인 정사각형 형태로 되어있다. 정사각형이 없는 곳은 찾아보기도 힘들다.

> "아름답고, 변의 길이가 같으면서도 직사각형 형태인 것, 그것이 정사각형이다."
>
> – 루이스 캐럴

PLAYTHINK 326
난이도: ●●●●●○○○○
준비물: ● ✎ 🗐 ✕
완성여부: □　시간: _____

정사각형 3개로 직사각형 만들기

정사각형 3개가 다음과 같이 5부분으로 나뉘어져있다. 이 조각들을 맞추어서 큰 직사각형 하나를 만들어 보라.

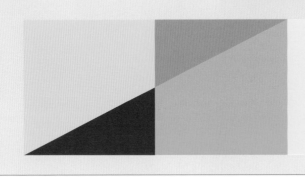

PLAYTHINK 327
난이도: ●●●●○○○○○
준비물: ● ✎
완성여부: □　시간: _____

삼각형으로 분할하기

칠각형, 구각형, 십일각형을 삼각형으로 나누려면 몇 개의 대각선이 필요할까? 그 결과로 나오는 삼각형의 개수는 몇 개일까?

PLAYTHINK 328
난이도: ●●●●●●○○○
준비물: ● ✎
완성여부: □　시간: _____

내접하는 정사각형

가로×세로가 7×7칸인 정사각형 안에 내접하는 정사각형을 그려보라. 단, 작은 정사각형의 한 변은 정수여야 하며, 네 꼭짓점은 격자의 교점 위에 있어야 한다.

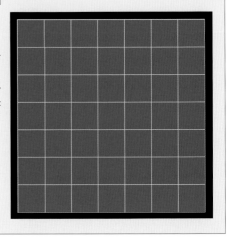

PLAYTHINK
329
난이도:●●●●●○○○○
준비물: ✎
완성여부:□   시간:_____

삼각형의 조건

아래 길이가 다른 컬러 선이 4세트 있다. 각 세트의 길이는 각각 3-4-6, 3-5-7, 4-5-9, 3-5-9로, 각 세트의 선 3개를 연결하면 삼각형을 만들 수 있다. 이 중에서 삼각형을 만들 수 없는 세트를 찾아보라.

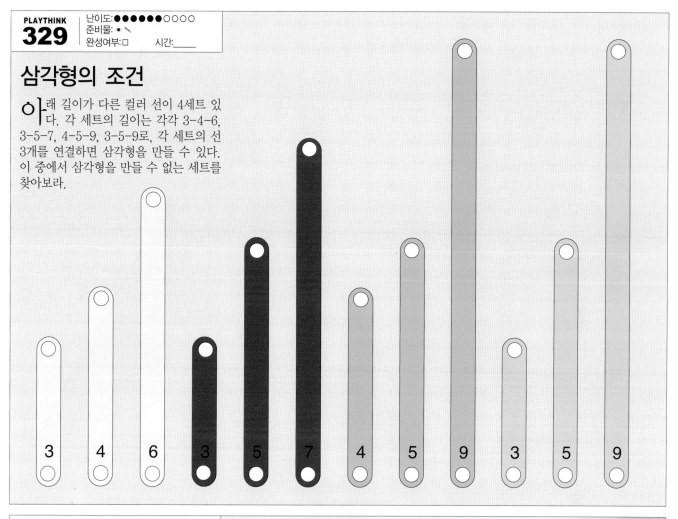

PLAYTHINK
330
난이도:●●●●●○○○○
준비물: ✎
완성여부:□   시간:_____

미술관

미술관의 14개 벽면은 길이가 모두 같으며, 벽에 설치된 여러 대의 회전 감시 카메라로 벽을 지켜볼 수 있다. 벽의 총 숫자와 길이는 그대로 유지한 채 카메라가 1대만 설치되도록 구조를 바꾸려고 한다. 어떤 구조로 바꾸어야 할까?

PLAYTHINK 331

난이도:●●●●●●●●○
준비물: ✏ 📄 ✂
완성여부:□ 시간:_____

정사각형 만들기

아래와 같이 똑같은 자 4개를 모서리마다 이어서 정사각형을 만든다. 연결된 모서리(검정색 점)는 움직일 수가 있어서 마름모로도 만들 수 있다. 똑같은 자를 추가해서 움직이지 않는 정사각형을 만들려면 자가 몇 개 더 필요할까? 단, 새로운 자도 정사각형과 같은 평면 위에 놓여야 하며 양 쪽 끝에서만 연결할 수 있다.

PLAYTHINK 332

난이도:●●●●●●○○○
준비물: ✏
완성여부:□ 시간:_____

삼각형 3등분하기

삼각형의 각 꼭짓점에서 대변을 3등분한 점을 연결한다.(이 점을 지오반니 체바의 이름을 따서 '체바선'이라고 한다.) 그러면 선 3개로 영역 7개가 생기는데 각 영역은 전체 삼각형의 넓이의 1/21의 배수가 된다. 모든 영역의 넓이 비를 찾아보라.

PLAYTHINK 333

난이도:●●●●○○○○○
준비물: ✏
완성여부:□ 시간:_____

펙보드 삼각형

회전해서 생기는 대칭이나 변환을 제외하면, 3×3인 펙보드 위의 점 3개를 연결하여 나올 수 있는 삼각형의 수는 정확히 11개이다. 10개가 오른쪽에 나와 있는데 마지막 한 개의 경우를 그려보라.

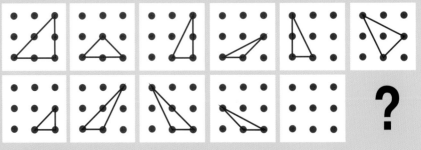

PLAYTHINK 334

난이도:●●●●○○○○○
준비물: ✏
완성여부:□ 시간:_____

최소 삼각형

마을 세 곳을 서로 잇는데 가장 경제적인 방법을 택하려고 한다. 이런 문제를 푸는 일반적인 방법을 찾아보라. 옆의 두 삼각형을 관찰하면 이 문제를 쉽게 풀 수 있다. 세 꼭짓점에서 전체 길이가 최소인 점을 삼각형마다 찾아보자.

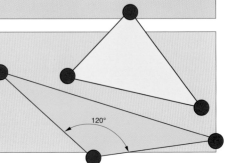

PLAYTHINK
335
난이도:●●●●●●○○○
준비물: ✏️
완성여부:□　　시간:＿＿＿

나폴레옹 정리

그림처럼 파란색 삼각형 1개를 그리고
각 변을 한 변으로 하는 정삼각형 3
개를 그려보라. 그리고 세 정삼각형의
무게중심을 이으면 주황색의 새로운
정삼각형이 생긴다. 모든 삼각형
에서 이 법칙이 성립할까? 이
정리는 아마추어 수학자였던
나폴레옹이 발견했다.

PLAYTHINK
336
난이도:●●●●●●○○○
준비물: ✏️
완성여부:□　　시간:＿＿＿

삼각형의 중점

삼각형의 각 꼭짓점에서 대변의 중점
에 선을 그으면 중선이 된다. 세 중
선이 모두 만나는 곳을 무게중심이라 하
는데, 이는 중선을 꼭짓점에서부터 2:1로
내분하는 점이며 삼각형이 균형을 이루
는 점이다.
각 꼭짓점에서 중선을 이등분하는
선은 대변을 일정한 비율로 나누
는데 그 비율을 찾아보라.

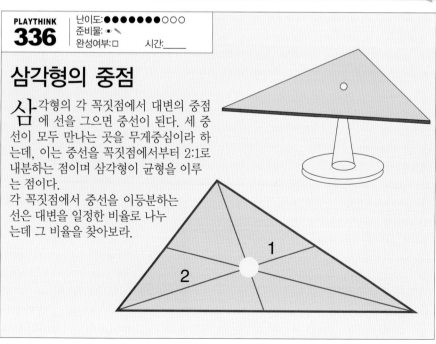

PLAYTHINK
337
난이도:●●●●○○○○○
준비물: ✏️
완성여부:□　　시간:＿＿＿

미술관 보안

그림과 같은 구조의 현대미술관에
보안용 회전 감시카메라 6대가 설
치되어 있다. 카메라는 빨간 점으로 표
시되어 있고 각 카메라는 동일한 면적
을 보여준다고 한다. 현재 이 영역을 보
는 데 필요한 최소한의 카메라의 수는
몇 대일까?

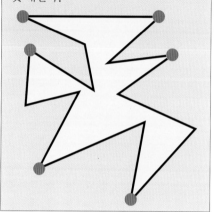

PLAYTHINK
338
난이도:●●●●○○○○○
준비물: ✏️
완성여부:□　　시간:＿＿＿

은행 보안

은행의 구석마다 감시카메라가 설치
되어 있다. 보안용 회전 카메라 5
대가 그림과 같이 빨간 점으로 표시된
곳에 설치되어 있다. 각 카메라는 동일
한 면적만큼 보여준다면 카메라 3대로
똑같은 영역을 감시하려면 어디에 설치
해야 할까?

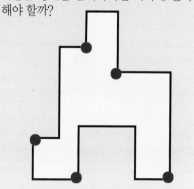

다각형

모든 다각형 중에서 삼각형이 가장 간단하다. 공학자이자 건축가인 벅민스터 풀러가 말했듯이, 삼각형만이 본질적으로 안정된 모양이다.

공학자들은 건물 등을 지을 때 삼각형의 견고함을 이용한다. 그래서 구조적 형태에 삼각형을 집어넣기도 하고, 심지어 직사각형 기둥도 삼각형 형태로 만든다. 어떤 다각형에서 만들 수 있는 삼각형의 수는 변의 수에서 2를 뺀 것과 같기 때문에, 정사각형은 삼각형 두 개로, 칠각형은 다섯 개로 나눌 수 있다. 또 모든 꼭짓점에서 그을 수 있는 대각선의 수는 변의 수에서 3을 뺀 것과 같다. 그리고 다각형의 내부의 각의 합은 삼각형과 어떤 연관성이 있어 보이는데, 변의 수에서 2를 뺀 값에 180을 곱하면 된다.

정다각형이란 모든 변이 같고 모든 각이 같은 특별한 다각형이다.(이 성질이 정다각형의 필수조건은 아니다. 예를 들어, 마름모와 직사각형은 이 두 성질 중 하나만 있다.) 정다각형은 정다면체를 만드는 기본 단위이며, 실제로 정다면체의 면은 정오각형, 정사각형, 정삼각형으로 세 개의 모양만 있다.

고대 천문학자는 밤하늘을 쳐다보며 별을 이어 정사각형, 삼각형, 직사각형 등 여러 다각형을 만들었고, 이것을 응용하여 괴물, 전사, 신과 같은 모양도 만들어냈다. 오늘날의 수학자들은 아무리 무질서한 점의 배열을 보아도 결국 일정한 모양이나 패턴을 찾을 수 있다는 것을 분명히 알고 있다.

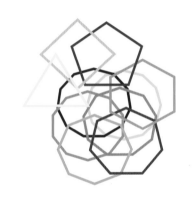

1844년의 일본 사찰 문제

아래의 정사각형 5개 중 녹색 정사각형의 넓이가 녹색 삼각형의 넓이와 같음을 증명하라.

숨겨진 조각

패턴 뒤에 숨겨진 아래의 컬러 조각들을 모두 찾아보라.

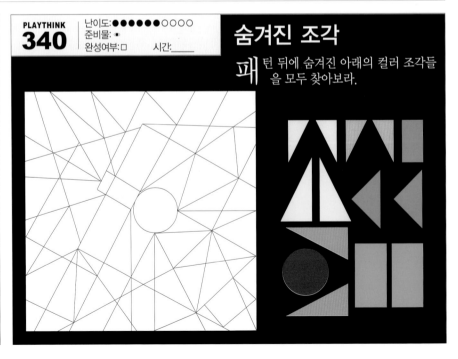

PLAYTHINK
341
난이도:●●●●●○○○○○
준비물: ✏
완성여부:□   시간:_____

스테인드글라스

이 창문의 유리에는 별 모양이 4개 있
다. 삼점별, 사점별, 오점별, 육점별
모양을 모두 찾아보라.

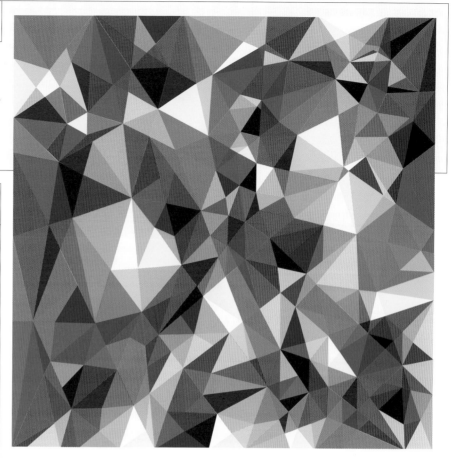

PLAYTHINK
342
난이도:●●●●●●○○○
준비물: ✏ ✎
완성여부:□   시간:_____

케이크 나누기

생 일 파티에 두 그룹이 참석하여 케
이크 3개를 다음과 같이 나누었
다. 한 그룹은 빨간색 조각을, 또 다른
그룹은 노란색 조각을 가져간다면 각
그룹이 가져가는 케이크는 모두 같을
까?

케이크 1은
세 번 나누어
각 조각이
60도이다.
케이크 2도
세 번으로 나
누었지만 중
심이 맞지 않
다. 하지만
각 조각은
60도이다.
케이크 3은
케이크 2번
과 같이 중심
이 맞지 않지
만 네 번으로
나누어서 각
조각이 45도
이다.

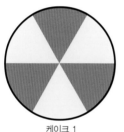

케이크 1

케이크 2

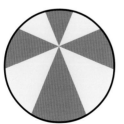

케이크 3

PLAYTHINK
343
난이도:●●●○○○○○○○
준비물: ✏
완성여부:□   시간:_____

다각형 고르기

여 러 색깔의 정다각형이 쌓
여있는데 제일 위에 놓
인 것부터 하나씩 골라내야
한다. 순서대로 색깔을 말
해 보라.

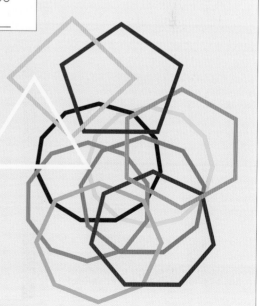

PLAYTHINK
344
난이도:●●●●●○○○○○
준비물: ● ✎
완성여부:□   시간:＿＿＿

사각형 게임

사 각형을 만드는 게임이다. 선수들은 자신의 색을 정하고 차례대로 삼각형 안을 칠한다. 새로 칠하는 영역은 기존에 칠한 영역에 접하는 부분이어야 한다. 사각형이 만들어지면 그 안에 있는 삼각형 하나당 1점을 얻는다. 이 때 삼각형의 색깔은 상관없지만, 다음 조건을 만족해야 한다.

• 사각형을 만드는 삼각형의 반 이상이 자신의 색깔이어야 한다.

• 사각형의 둘레는 같은 색으로 된 두 삼각형 사이를 지날 수 없다.

• 사각형 안에 칠해지지 않은 공간이 있으면 안 된다.

• 사각형은 대칭이어야 한다.

• 각 삼각형은 하나의 사각형에만 속해야 한다.

모든 삼각형이 다 칠해지면 게임은 끝난다. 옆에 아직 끝나지 않은 샘플 게임을 예시로 그려놓았다.

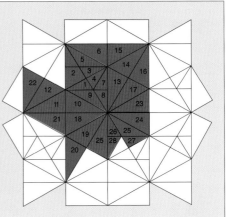

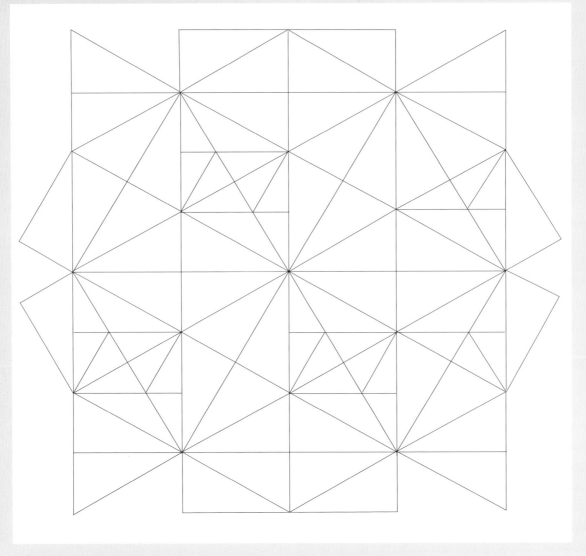

PLAYTHINK 345

난이도: ●●●○○○○○○○
준비물: ✎
완성여부: □ 시간:____

사각형 위의 정사각형

아래 빨간색 사각형의 변 위에 정사각형이 그려져 있다. 마주보는 각 정사각형의 중심을 서로 이으면 두 선분이 서로 직교할 뿐 아니라 길이도 같다고 한다.
모든 사각형이 모양과 관계없이 같은 결과를 나타낼까?

PLAYTHINK 346

난이도: ●●●●○○○○○○
준비물: ✎
완성여부: □ 시간:____

사각형의 조건

그림에 컬러 선 4개 세트가 있다. 각 컬러 선을 이용해 사각형을 만들어야 하는데, 4개의 세트 중에서 사각형을 만들 수 없는 세트를 찾아보라.

PLAYTHINK 347

난이도: ●●●●●●●●●○
준비물: ✎
완성여부: □ 시간:____

사라진 정사각형

정사각형이 선분 위의 4점을 남겨두고 지워져 버렸다. 원래 정사각형 모양을 다시 그려보라.

PLAYTHINK 348

난이도: ●●●●●●○○○○
준비물: ✎ 📋 ✂
완성여부: □ 시간:____

모양 맞추기

컬러 도형 6개를 겹치지 않게 검은색 판 안에 모두 넣어라.

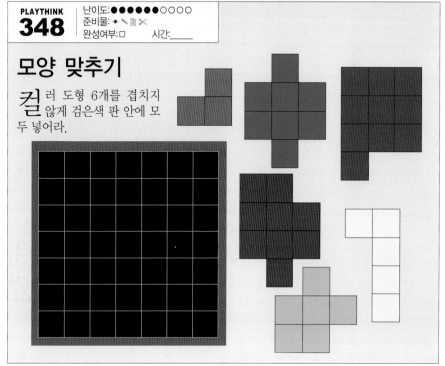

사각형의 정의

- **정사각형**
네 변의 길이가 같고 네 각이 모두 90도인 사각형

- **직사각형**
두 쌍의 대변이 평행하고 네 각이 모두 90도인 사각형

- **마름모**
두 쌍의 대변이 모두 길이가 같고 평행한 사각형

- **평행사변형**
두 쌍의 대변이 모두 평행한 사각형

- **사다리꼴**
한 쌍의 대변이 평행하고 한 각이 90도인 사각형

- **등변사다리꼴**
두 변이 평행하고 나머지 두 변의 길이가 같은 사각형

- **부등변사다리꼴**
두 변이 평행한 사각형

- **등각사각형**
인접한 두 쌍의 변의 길이가 같은 사각형

오각형 안의 정사각형

정오각형 안에 들어갈 수 있는 가장 큰 정사각형은 무엇일까? 그림의 예시보다 클까?

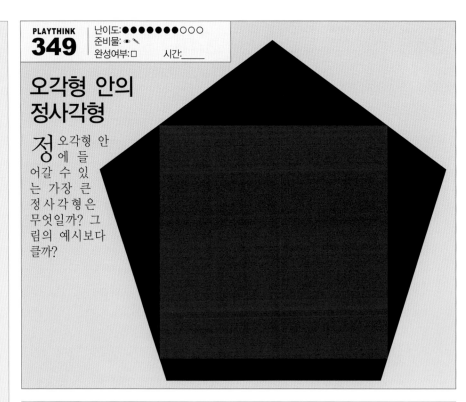

십자형 펙보드

여러 게임이나 교구에서 펙보드를 이용하는데 대부분 '정사각형'이나 '정사각형 안의 정사각형' 형태로 구멍이 나 있고 그 구멍에 펙을 꽂게 되어있다. 이 문제에서 펙은 빨간색 점으로 표현된다.

다른 보드에서는 삼각형 등 여러 형태로 배열되어 있을 수도 있지만 원리는 모두 같다.

4개의 펙을 이어서 만들 수 있는 정사각형의 수는 몇 개일까?

힌트: 사각형이 수평으로 된 변을 가질 필요는 없다.

PLAYTHINK
351
난이도:●●●●●○○○○○
준비물: ✏ ✎
완성여부:□　　시간:＿＿＿

펙보드 다각형

4개의 못으로 만드는 작은 정사각형의 넓이가 1이라면 1에서 16까지의 다각형이 포함하는 넓이는 각각 얼마일까?

1	2	3	4	5	6	7	8	9	10	11	12	13	14	15	16

PLAYTHINK
352
난이도:●●●●●○○○○○
준비물: ✏ ✎
완성여부:□　　시간:＿＿＿

체스판

체스판의 격자 패턴에는 정사각형이 총 몇 개가 있을까? 체스판은 64개의 정사각형 칸으로 되어 있음을 참고하여 여러 크기의 정사각형을 모두 찾아보라.

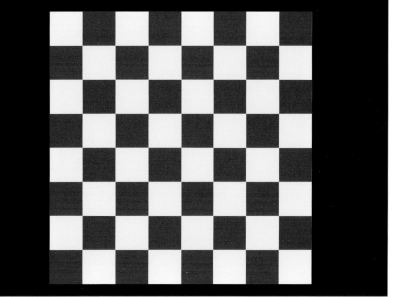

PLAYTHINK 353

난이도: ●●●●●○○○○
준비물: ✎
완성여부: □   시간:_____

둘레에 놓인 사각형

오른쪽의 그림에는 정사각형의 꼭짓점 중 2개는 다른 정사각형의 꼭짓점과 맞닿고 다른 꼭짓점 1개는 원 둘레에 둔다.

크기가 같은 정사각형 5개가 원둘레에 대칭적으로 놓여 있다.

원의 반지름과 정사각형의 한 변의 길이가 같다면, 이 조건에 맞는 도형을 만들기 위해 필요한 정사각형은 몇 개일까?

PLAYTHINK 354

난이도: ●●●●○○○○○
준비물: ✎ ✂
완성여부: □   시간:_____

정사각형 나누기 1

아래에 있는 컬러 도형 조각을 조합해서 크기가 같은 정사각형 9개를 만들어 보라.

힌트: 이 도형 조각은 9개의 정사각형 변을 2등분하거나 3등분하여 만들었다.

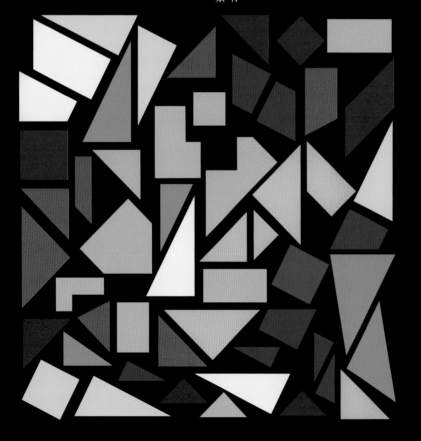

PLAYTHINK 355

난이도: ●●●●●○○○○
준비물: ✎
완성여부: □   시간:_____

삼각형의 외심과 내심

삼각형의 내심(내접원의 중심)과 외심(세 꼭짓점을 모두 지나는 원의 중심)은 어떻게 찾을까?

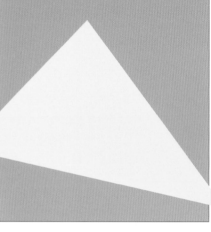

PLAYTHINK 356

난이도: ●●●●●●●●●○
준비물: ●
완성여부: □   시간:_____

정사각형 나누기 2

아래 그림을 보고 머릿속으로 빨간색 정사각형과 전체 도형의 넓이 비를 계산해 보라.

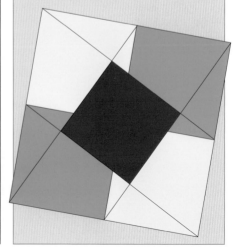

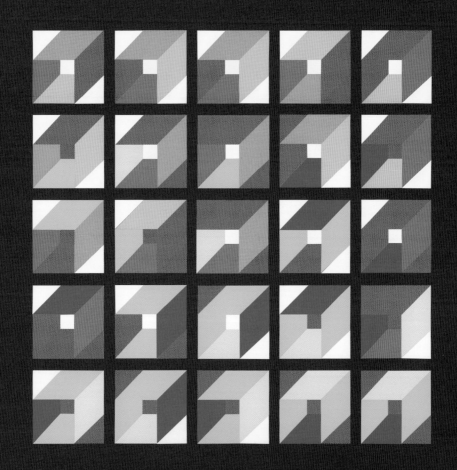

패턴

PLAYTHINK 357

난이도: ●●●○○○○○○○
준비물: ✏️ ✎
완성여부: □　　시간:_____

계승

O, N, W의 알파벳을 한 번씩만 써서 만들 수 있는 단어는 모두 몇 개일까?

PLAYTHINK 358

난이도: ●●●●●○○○○
준비물: ● ✎
완성여부: □　　시간:_____

컬러 왕관

보석 7개로 만들 수 있는 왕관의 개수는 몇 개일까? 단, 왕관을 회전시켜서 같은 배열의 보석이 나오는 경우는 같은 왕관으로 본다.

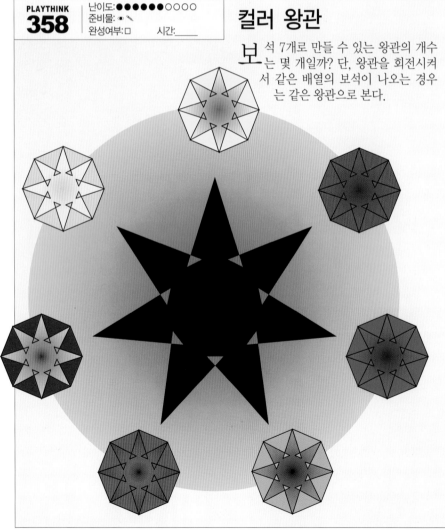

PLAYTHINK 359

난이도: ●●●●○○○○○
준비물: ✏️ ✎
완성여부: □　　시간:_____

매직 큐브 1

가로×세로가 1×1칸인 노랑, 빨강, 녹색 큐브가 각각 9개씩 있다. 이 1×1칸 큐브를 이용해서 아래에 색이 칠해지지 않은 3×3칸짜리 큐브를 만들려고 한다. 각 색이 3×3칸 큐브의 모든 세로줄과 가로줄에 한 번씩 나타나도록 큐브를 칠해 보라.

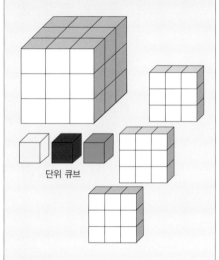

단위 큐브

PLAYTHINK 360

난이도: ●●●●●○○○○
준비물: ✏️ ✎
완성여부: □　　시간:_____

소풍 짝짓기

초등학교 학생들이 소풍을 가서 4명씩 짝지어 앉기로 했다. 모든 여학생들 옆에는 적어도 여학생 1명이 앉아 있을 경우는 몇 가지일까?

패턴 인식

원자구조에서부터 눈송이, 또 나선성운에 이르기까지 이 세상 모든 것에 패턴이 있다. 패턴은 이집트 무덤 벽화에서 현대미술까지 다양한 영역의 기본 예술이기도 하다.

그렇다면 패턴은 언제 나타날까? 어떤 면적을 작은 조각으로 나누기 위해 선을 여러 개 긋는다고 해보자. 만일 새로 생기는 작은 조각들이 어떤 유사성이나 규칙성을 가질 수 있도록 선을 그을 때 패턴이 나타난다. 격자도 면적을 정밀하게 분할하여 만든 패턴이다.

우리는 패턴 인식을 통해서 어떤 요소와 그 요소가 속한 전체 사이의 관계를 쉽게 알아차릴 수 있다. 패턴에는 항상 질서 체계가 있으며 그 규칙성을 찾아낼 때 수학이라는 언어를 사용한다.

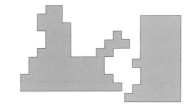

"수학자의 패턴은
화가나 시인의
패턴처럼
아름다워야 한다.
아름답지 않는
수학이 이 세상에
존재할 자리는 없다."

– 고드프리 하디

PLAYTHINK
361

난이도: ●●●●●○○○○
준비물: ✐ ✎ 🗐 ✂
완성여부: ☐   시간:_____

실루엣

파란색 조각 4개와 녹색 조각 2개를 검은 색 바탕 위에 적절히 배열하면 사람의 실루엣이 나타난다고 한다. 직접 사람의 모습을 맞춰 보자.

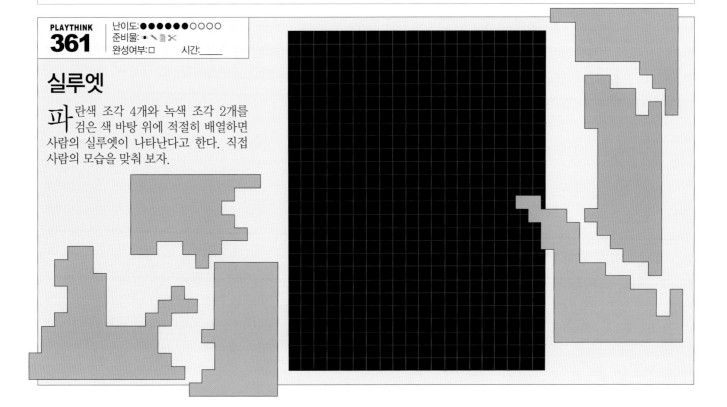

조합과 순열

조합과 순열의 원리는 확률과 통계에서부터 컴퓨터이론까지 다양하게 이용된다.

간단한 예로 어떤 특정 물체를 특정 방법이나 순서에 맞게 배열하는 경우를 살펴보자. 가령, a, b인 두 물체를 배열하는 방법은 ab나 ba로 총 2가지이다. a, b, c 세 물체를 배열하는 방법은 abc, acb, bac, bca, cab, cba로 총 6가지이다.

만일 n개의 물체가 있다면 한 번에 하나씩 배열하는 순열의 수를 생각하면 된다. 첫 번째 자리에 올 수 있는 물건의 개수는 n개이고, 두 번째에는 n-1개, 세 번째에는 n-2개가 있다.

그러므로 n개의 물체를 배열하는 수는 n-1개의 물체의 경우의 수보다 n배가 더 많아진다. 예를 들어, 물체가 4개일 때는 3개일 때보다 경우의 수가 4배가 증가하여 24개가 된다. 5개일 때는 5×24, 즉 120개가 되고, 6개일 때에는 여기에 6배가 되어 6×120, 즉 720개가 된다. 이렇게 물체를 순서대로 나열하는 것을 '계승'이라고 부르고 '!'를 사용해서 나타낸다. 따라서

$$n! = n \times (n-1) \times (n-2) \times (n-3) \times \cdots \times 3 \times 2 \times 1$$을 의미한다.

공식에 따라 6!은 6×5×4×3×2×1이며 720이 된다.

그렇다면 한 번에 하나씩 뽑지 않고 총 n개의 물체에서 k개를 뽑아 배열하면 어떻게 될까? 예를 들어 5개의 서로 다른 요소에서 3개를 뽑아 나열하는 경우의 수는 다음과 같이 구한다.

$$n!/(n-k)! = 5!/(5-3)! = 120/2 = 60$$

이는 5개에서 3개를 뽑아 그룹을 만드는 가지 수가 10가지인데 각 그룹마다 5개씩 순열이 가능하므로 총 60가지가 된다는 것이다. 공식에서 n은 원소의 수를, k는 그룹의 크기를 나타낸다.

물론 원소들의 순서가 항상 중요한 것은 아니다. 이처럼 특정 그룹에서 선택하되 순서를 고려하지 않는 경우를 조합이라고 하며,

$$n!/k!(n-k)!$$

로 구한다. 예를 들면 여러 명의 운동선수를 뽑아서 팀을 만들 때, 팀원의 순서는 상관없이 팀 전체의 구성만 중요하다.

n개의 원소 중 같은 것이 각각 a개, b개, c개가 있을 때, 이를 모두 일렬로 배열하는 경우의 수는

$$n!/(a! \times b! \times c!)$$

가지이다.

합이 30이 되도록 하라.

매직 스타 1

별 모양을 이루는 노란색 원 안에 1에서 10까지의 수를 넣어서 각 직선의

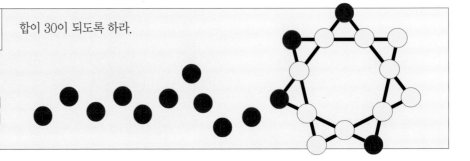

PLAYTHINK 363

난이도:●●●●○○○○○
준비물: ●
완성여부:□   시간:_____

매트릭스 패턴

매 트릭스의 규칙에 맞게 물음표 부분을 채워서 패턴을 완성하라.

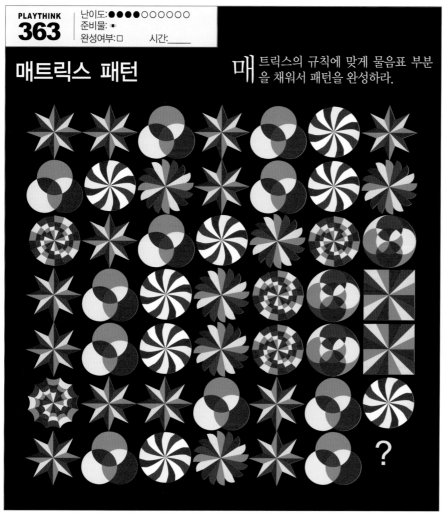

?

PLAYTHINK 364

난이도:●●●●●○○○○
준비물: ✏
완성여부:□   시간:_____

컬러 쌍

각 쌍의 색깔 조합이 모두 다르도록 아래에 있는 원 16쌍에 노랑, 빨강, 녹색, 파랑색을 칠하라.

1 ○○   9 ○○
2 ○○   10 ○○
3 ○○   11 ○○
4 ○○   12 ○○
5 ○○   13 ○○
6 ○○   14 ○○
7 ○○   15 ○○
8 ○○   16 ○○

PLAYTHINK 365

난이도:●●●●●○○○○
준비물: ✏
완성여부:□   시간:_____

순열

아 래의 과일 3가지를 나열하는 서로 다른 방법은 몇 가지일까?

PLAYTHINK
366
난이도:●●●●●○○○○
준비물: ✎
완성여부:□   시간:____

저녁 식사

가족 8명이 다음의 팔각형 식탁에 둘러앉아서 저녁을 먹는 방법은 몇 가지일까? 단, 회전은 무시한다.

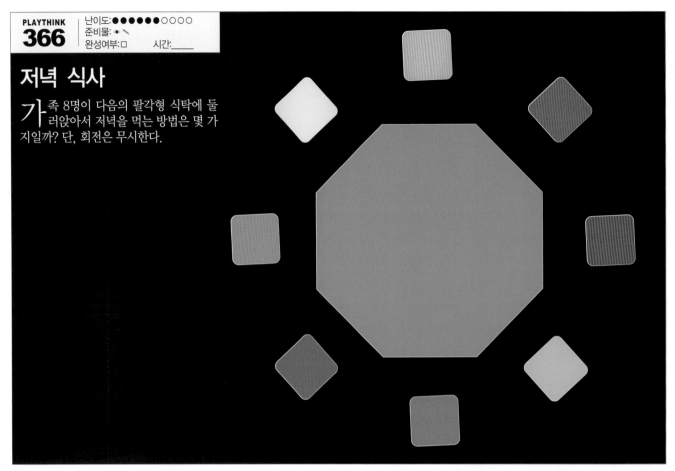

PLAYTHINK
367
난이도:●●●●●●○○○
준비물: ✎
완성여부:□   시간:____

마법의 펜타그램

1에서 12까지의 수를 노란색 원 안에 넣어 각 직선의 합이 24가 되도록 하라. 단, 3, 6, 9의 위치는 이미 나와 있고, 7과 11은 제외한다.

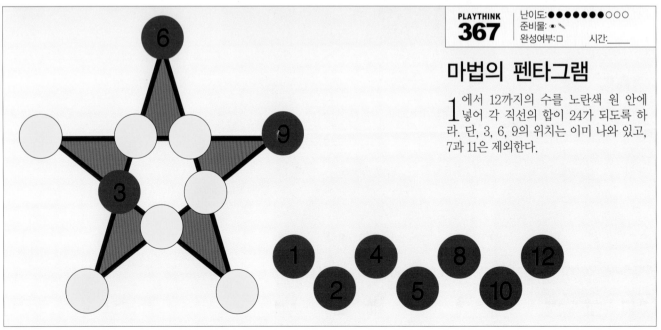

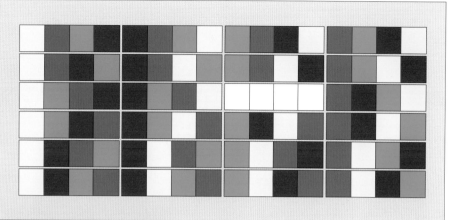

PLAYTHINK
368
난이도:●●●●●●○○○
준비물: ◉ ✎ 🗎 ✂
완성여부:□　　시간:＿＿＿

퍼뮤티노

4가지 색깔의 정사각형 색종이를 연결하여 띠를 만드는데 띠 하나가 없다. 어떤 색깔 배열의 띠가 없는 것일까? 이 문제와 370번 문제는 색종이를 직접 잘라서 해보라.

PLAYTHINK
369
난이도:●●●●●○○○○○
준비물: ◉ ✎
완성여부:□　　시간:＿＿＿

컬러 목걸이 2

아래에 2개씩 짝지어진 컬러 구슬쌍이 있다. 오른쪽에는 색깔이 없는 목걸이가 있는데, 여기에 색을 칠해 아래의 모든 컬러 쌍이 한 번씩만 나타나도록 하라. 예를 들어, 목걸이 중 일부가 녹색-녹색-파랑이면, 한 방향으로는 녹색-녹색 쌍과 녹색-파랑 쌍이 있는 것이며, 반대 방향으로는 파랑-녹색 쌍과 녹색-녹색 쌍이 있는 것이다. 목걸이에 나란히 있는 구슬을 2개씩 묶어 하나의 쌍으로 생각한다. 단, 구슬을 시계 방향으로 묶어도 모든 쌍이 한 번씩 나와야 하며 반시계 방향으로 묶어도 모든 쌍이 한 번씩 나와야 한다.

PLAYTHINK
370
난이도:●●●●●○○○○
준비물: ◉ ✎
완성여부:□　　시간:＿＿＿

퍼뮤티노

4가지 색으로 된 띠 24개를 가로×세로가 10×10칸인 격자 위에 놓았다. 검정색 칸 4개는 공간이다. 띠 24개를 모두 찾아보자.
2명이서 게임을 한다면 각 선수가 번갈아가며 게임 판에 있는 패턴에 맞게 컬러 띠를 하나씩 놓으면 된다. 규칙에 맞게 마지막으로 띠를 놓은 사람이 이긴다.

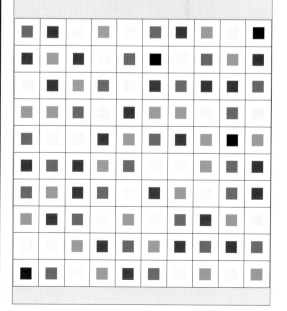

PLAYTHINK 371

난이도: ●●●●○○○○○
준비물: ✏️
완성여부: □   시간:_____

마방진 1

1에서 9까지의 수를 넣어 모든 가로, 세로, 대각선에서 양 끝의 두 수를 더하여 중간의 수를 빼면 같은 수가 나오도록 하라.

PLAYTHINK 372

난이도: ●●●●●○○○○
준비물: ✏️
완성여부: □   시간:_____

마방진 2

1, 2, 3, 4, 6, 9, 12, 18, 36의 수를 넣어 정사각형의 모든 가로, 세로, 대각선의 곱이 같도록 하라.

PLAYTHINK 373

난이도: ●●●●●○○○○
준비물: ✏️
완성여부: □   시간:_____

마방진 3

1, 2, 3, 4, 6, 9, 12, 18, 36의 수를 다음의 정사각형에 넣되, 모든 가로, 세로, 대각선에서 양 끝의 두 수를 곱해서 중간 수로 나누었을 때 그 값이 같도록 하라.

PLAYTHINK 374

난이도: ●●●●●●○○○
준비물: ✏️
완성여부: □   시간:_____

마방진 4

1에서 8까지의 수와 −1에서 −8까지의 수를 다음의 정사각형에 넣어서 모든 가로, 세로, 대각선의 합이 0이 되도록 하라.

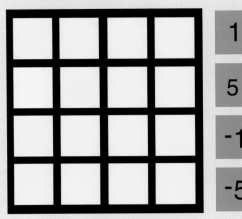

마방진

정 사각형을 이용한 최초의 놀이는 루빅큐브가 아니라 정사각형 안에 숫자를 배열하는 게임이었다. 4,500년 전에 널리 유행한 이 게임은 마방진이라 불리는 것으로 수학의 묘미를 맛볼 수 있는 놀이였다.

숫자를 어떤 패턴으로 사용하는 것은 고대 중국에서 시작되었는데, 당시에는 숫자를 주로 삼각형이나 사각형 안에 점이나 원으로 나타내었다. 마방진이란 여러 칸으로 이루어진 정사각형의 각 칸에 1부터 총 칸 수만큼 자연수를 넣는 것이다. 예를 들어 5×5 마방진에는 1에서 25까지의 자연수가 들어간다. 그리고 그 숫자는 모든 세로줄이나 가로줄, 대각선의 합계가 일정하도록 들어가야 하는데, 이 때 그 일정한 총 합을 마법수라 부른다.

마방진은 한 변에 있는 칸의 수로 구분하며 이것을 차수라고 한다. 이방진(2×2, 2차)은 존재하지 않고 삼방진은 문제 378번의 로슈 하나밖에 없다. 사방진은 880개가 있으며 오방진은 수백만 개나 있다. 마방진은 수 세기에 걸쳐 많은 사람들에게 인기를 얻었으며 심지어는 주술에도 사용되곤 했다.

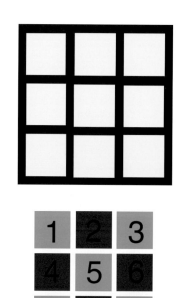

마방진 5

가로, 세로, 대각선에서 연속하는 수가 나타나지 않도록 1에서 12까지의 수를 빈칸에 넣어라.

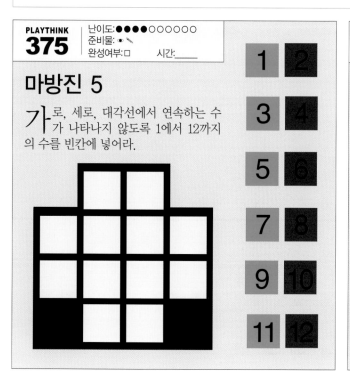

마방진 6

5×5 마방진에 노란색 칸과 흰색 칸이 있다. 1에서 25까지의 수를 넣어 가로, 세로, 대각선의 합이 같게 하되, 노란색 칸에는 홀수만 들어가도록 하라.

PLAYTHINK 377

난이도: ●●●●●○○○○○
준비물: ✏
완성여부: □ 시간: _____

떠한 사실을 발견할 수 있는가?

뒤러의 마방진

독 일인 화가 알브레히트 뒤러가 그의 작품인 판화 멜랑꼴리아에 4×4 마방진을 새겼다. 그런데 여기에는 마법수가 색다른 방식으로 나타난다. 오른쪽 숫자들로 옆의 빈칸을 모두 채우되 가로, 세로, 대각선의 합이 34가 되도록 하라. 어

		2	
	10		8
9		7	
	15		1

3	4	5
6	11	12
13	14	16

PLAYTHINK 378

난이도: ●●●●●○○○○○
준비물: ✏
완성여부: □ 시간: _____

로슈

로 슈는 가장 단순한 최초의 마방진으로 중국에서는 그 기원이 최소한 기원전 15세기까지 거슬러 올라간다고 전해진다. 로슈는 가로, 세로, 대각선의 합이 모두 같도록 1에서 9까지의 수를 3×3칸 안에 넣는 것이다. 회전과 반사는 같은 것으로 보기 때문에 정답이 하나밖에 없다.

직접 문제를 풀지 않고서도 각 줄의 합이 얼마인지 알 수 있을까?

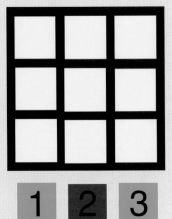

PLAYTHINK 379

난이도: ●●●●●○○○○○
준비물: ✏ 📄 ✂
완성여부: □ 시간: _____

매직 15게임

고 대 마방진을 응용해서 만든 게임이다. 우선 선수들이 차례대로 번호표를 게임판 위에 놓는다. 번호표를 모두 놓으면 차례대로 격자선을 따라 이웃하는 빈칸에 자신의 번호표를 이동시킨다. 체커 게임에서처럼 점프는 할 수 있지만, 상대의 번호가 자신의 번호보다 작을 때에만 번호표를 건너 뛸 수 있다.(자신의 번호표는 건너뛸 수 없다.)

이 게임에서는 1줄에 있는 번호표 3개를 더해서 15가 되도록 한다. 이 때 최소 2개의 번호표는 자신의 색깔이어야 한다. 1줄의 번호표의 합이 15가 되면 게임이 끝날 때까지 그 번호표는 이동할 수 없다. 가장 많은 줄을 만든 사람이 이긴다.

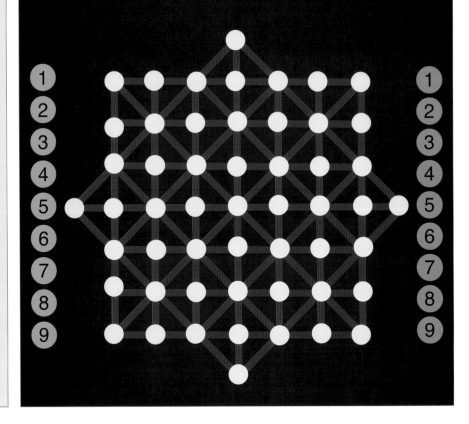

PLAYTHINK 380

난이도: ●●●●○○○○○
준비물: ● ✎
완성여부: □   시간:_____

경첩 마방진

숫자가 적힌 조각에 경첩이 달려있는데, 경첩을 따라 조각을 뒤집으면 숨겨진 숫자가 나온다. 각 조각의 뒷면에는 앞면과 같은 숫자가 적혀있고, 조각을 떼면 그 벽면에는 조각의 숫자보다 2배가 큰 숫자가 적혀있다.
조각 3개만 뒤집어서 가로, 세로, 대각선의 합이 34가 되도록 하라.

PLAYTHINK 381

난이도: ●●●●●○○○○
준비물: ● ✎
완성여부: □   시간:_____

라틴 방진 색칠하기

9×9칸 정사각형이 있다. 각 칸에 9개의 색을 칠해서 가로, 세로, 대각선에 9가지 색이 모두 한 번씩 나타나도록 하라. 각 색마다 번호가 있으므로 번호를 이용해서 풀어도 된다.

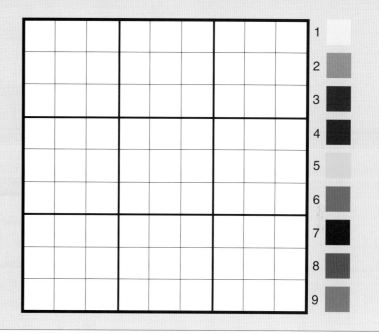

PLAYTHINK 382

난이도: ●●●●●●○○○
준비물: ● ✎
완성여부: □   시간:_____

침팬지와 당나귀

동물원에 침팬지 5마리와 당나귀 3마리가 있다. 침팬지 1마리와 당나귀 1마리를 쌍으로 고르는 경우의 수는 몇 가지일까?

PLAYTHINK 383

난이도:●●○○○○○○○○
준비물: ✏ ✂
완성여부:□　　시간:＿＿＿

컬러 삼방진

오른쪽의 컬러 조각을 삼방진에 넣어
서 가로와 세로에 모든 색깔이 한
번씩 나타나도록 하라. 주대각선이나 모
든 대각선에도 한 번씩 나타나도록 할 수
있을까?

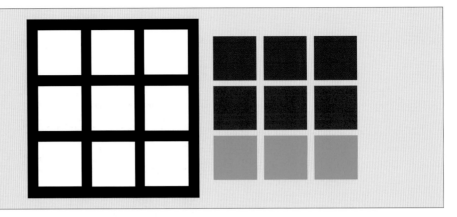

PLAYTHINK 384

난이도:●●●●●○○○○○
준비물: ✏ ✂
완성여부:□　　시간:＿＿＿

컬러 사방진

오른쪽의 컬러 조각을 사방진에 넣어
서 가로와 세로에 모든 색깔이 한
번씩 나타나도록 하라. 주대각선이나 모
든 대각선에도 한 번씩 나타나도록 할 수
있을까?

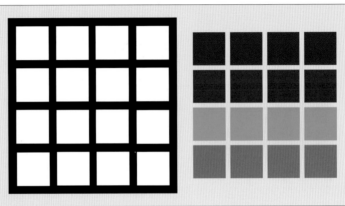

PLAYTHINK 385

난이도:●●●●●●○○○
준비물: ✏ ✂
완성여부:□　　시간:＿＿＿

컬러 육방진

아래의 컬러 조각을 육방진에 넣어서
가로와 세로에 모든 색깔이 한 번씩
나타나도록 하라. 주대각선이나 모든 대
각선에도 한 번씩 나타나도록 할 수 있을
까?
이 문제를 2인용 게임으로 할 수도 있다.
가로줄과 세로줄에 같은 색깔이 나타나지
않도록 각 선수가 번갈아가면서 컬러 조
각을 놓는다. 규칙에 맞게 마지막으로 조
각을 놓는 사람이 이긴다.

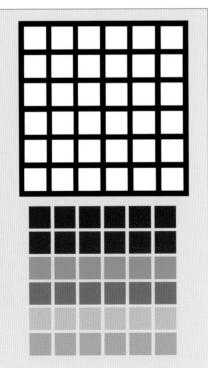

PLAYTHINK 386

난이도:●●●●●○○○○
준비물: ✏
완성여부:□　　시간:＿＿＿

수방진

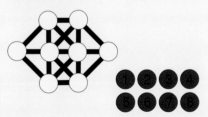

1에서 8까지의 수를 다음의 노란색 원
안에 넣되, 연속된 수는 검정색 선으
로 연결된 인접 원에 들어가지 않도록
하라. 아래의 예에서는
4와 5가 검정색 선
으로 연결되기 때문
에 틀린 경우이다.

라틴 방진

수학자 오일러는 라틴 방진이라는 새로운 마방진을 고안했다. 라틴 방진에서는 숫자나 글자, 또는 색깔 등 여러 가지 상징물을 정사각형 안에 놓아서 각 세로나 가로줄에 모든 상징물이 한 번씩 나오도록 한다.

더 복잡한 형태는 그레코 라틴 방진에서 볼 수 있는데, 여기서는 라틴 방진이 2개가 서로 포개어진다. 각 셀은 각 라틴 방진의 한 원소를 포함해야 하고 각 원소는 다른 라틴 방진의 원소와 꼭 한 번씩 결합해야 한다. 또한 각 가로줄과 세로줄은 두 가지 라틴방진의 모든 요소를 포함해야 한다. 예는 다음과 같다.

1a, 2b, 3c,
2c, 3a, 1b,
3b, 1c, 2a

라틴 방진과 그레코 라틴 방진은 단순한 놀이로 만들어진 것이 아니라 생활과학에 응용되기도 하였다. 예를 들어 7가지 밀 살균제의 효과를 시험하려면 밀밭을 7개의 평행한 띠로 나누어서 각각에 7가지 살균제를 뿌려야 한다. 하지만 이것도 땅의 위치와 같은 다른 변수에 의해 결과가 달라질 수 있기 때문에 신뢰하기 힘들다. 이러한 변수를 통제하기 위해서는 밀밭을 7×7칸의 정사각형으로 나누어서 라틴 방진에 따라 살균제를 뿌려 실험해야 한다. 즉 각 살균제를 모든 칸에 다 뿌리는 것이다. 만일 7종류의 밀에 7개의 다른 살균제를 실험하는 것이라면 이때는 그레코 라틴 방진을 이용하면 된다.

이러한 마방진 문제는 재미를 넘어서 농업뿐 아니라 사회학, 의학, 마케팅에 이르기까지 다양한 분야의 실험에 널리 이용된다.

PLAYTHINK
387
난이도:●●●●●○○○○
준비물:✏
완성여부:□   시간:_____

컬러 오방진

오른쪽의 컬러 조각을 오방진에 넣어서 가로와 세로에 모든 색깔이 한 번씩 나타나도록 하라. 주대각선이나 모든 대각선에도 한 번씩 나타나도록 할 수 있을까?

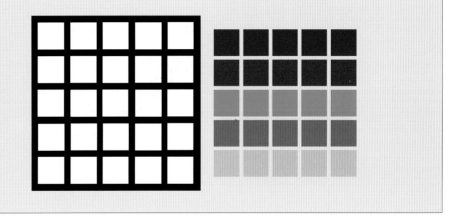

PLAYTHINK 388

난이도:●●●●●●●○○
준비물: ✎ ✎ 📄 ✂
완성여부:□　　　시간:_____

스페트릭스

다음의 규칙에 따라 아래의 컬러 조각을 격자 칸에 한 번에 하나씩 놓는다.
-같은 컬러 조각을 가로, 세로, 대각선의 바로 옆자리에 둘 수 없다.
-격자 칸에 조각을 놓으면 그 칸은 그 조각의 색깔과 같게 된다.
-조각을 다른 조각 위에 놓을 수 없다.
이 규칙에 따라 16개의 조각을 모두 놓아라.
2인용 게임으로 할 때에는 선수가 차례대로 위의 규칙에 따라 조각을 놓는다.
마지막에 조각을 놓는 사람이 이긴다.

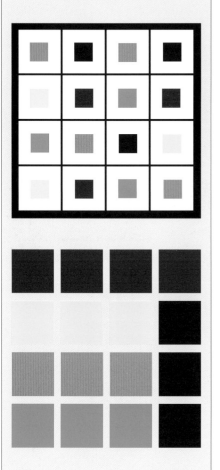

PLAYTHINK 389

난이도:●●●●●●●○○
준비물: ✎ ✎ 📄 ✂
완성여부:□　　　시간:_____

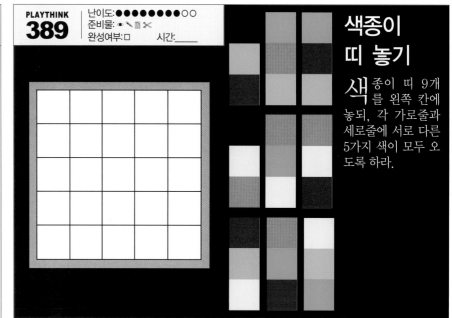

색종이 띠 놓기

색종이 띠 9개를 왼쪽 칸에 놓되, 각 가로줄과 세로줄에 서로 다른 5가지 색이 모두 오도록 하라.

PLAYTHINK 390

난이도:●●●●○○○○○
준비물: ✎ ✎
완성여부:□　　　시간:_____

4색 정사각형 게임

각 선수는 빨강-노랑, 또는 파랑-녹색의 색깔 조합 쌍 중 한 쌍을 선택한다. 차례대로 자신의 색깔 2개를 각각 정사각형 칸에 하나씩 놓아 색 칸을 만든다. 같은 색 칸은 접해서도 안 되며, 가로나 세로줄에 연속으로 5개 이상의 색 칸이

붙어도 안 된다.
4색으로 연결된 색 칸을 한 줄(4칸)씩 만들 때마다 1점씩 얻게 된다. 아래의 화살표가 가리키는 칸에 파란색을 놓으면 동시에 가로와 세로줄이 생긴다. 이럴 경우에는 줄마다 2점씩을 얻게 되어 총 4점이 된다.

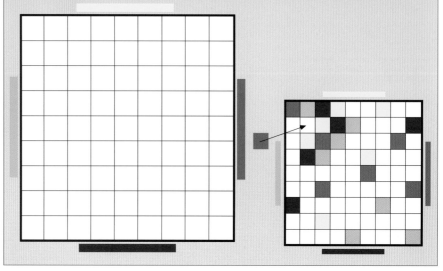

PLAYTHINK 391

난이도: ●●●○○○○○○○
준비물: ● 📄 ✂
완성여부: □ 시간: _____

광대 조각

광대 얼굴 그림이 있는 조각 16개를 가로×세로가 4×4칸인 정사각형으로 배열했다.
광대 얼굴이 나오는 횟수가 모두 같은가?

광대 얼굴은 전체 몇 개인가? 이미 맞추어져 있는 광대 얼굴은 몇 개인가?
이 조각 문제는 조각의 그림을 복사해 오려서 솔리테르 게임이나 단체게임으로 할 수 있다. 문제 123번과 104번과 같은 게임 규칙을 사용하면 된다.

PLAYTHINK 392

난이도: ●●●●●○○○○
준비물: ● ✎ 📄 ✂
완성여부: □ 시간: _____

빛나는 정사각형

이 정사각형 중 4개를 회전하면 색이 같은 변끼리 접한다. 어느 것을 회전해야 할까?

PLAYTHINK 393

난이도: ●●●●○○○○○
준비물: ●
완성여부: □ 시간: _____

곡예 넘기

곡예 넘기를 할 다음 광대는 누구일까?

PLAYTHINK
394

난이도:●●●●●●○○○
준비물: ✏️ ✒️
완성여부:□　시간:_____

매직 서클 1

원 4개(검은 선)를 다음과 같이 배열하여 교점마다 번호를 매긴다. 빈 칸에 남은 숫자를 넣어서 각 원에 있는 숫자의 합이 39가 되도록 하라.

PLAYTHINK
395

난이도:●●●●○○○○○
준비물: ✏️ ✒️ 🗒️ ✂️
완성여부:□　시간:_____

T교점

아래의 T자 도형 3개를 옆의 정사각형 위에 일부만 덮어서 각 세로줄과 가로줄에 같은 색깔이 나타나지 않도록 하라.

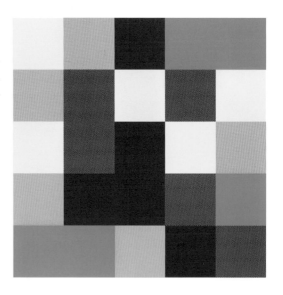

PLAYTHINK
396

난이도:●●●●●●○○○
준비물: ✏️ ✒️
완성여부:□　시간:_____

제곱수가 있는 정사각형

원 안에 서로 다른 수 4개를 넣어서 정사각형의 각 변에 있는 두 수의 합이 제곱수가 되도록 하라.

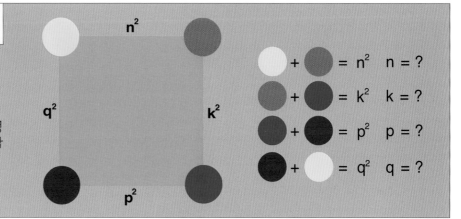

$\circ + \bullet = n^2 \quad n = ?$

$\circ + \bullet = k^2 \quad k = ?$

$\circ + \bullet = p^2 \quad p = ?$

$\circ + \circ = q^2 \quad q = ?$

PLAYTHINK 397

난이도: ●●●●●○○○○
준비물: ✏️
완성여부: □　시간:_____

매직 삼각형 1

1에서 6까지의 수를 아래의 노란색 원 안에 넣어서 각 변의 합이 모두 같도록 하라. 답은 모두 몇 가지일까?

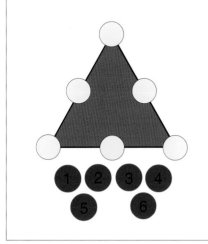

PLAYTHINK 398

난이도: ●●●●●○○○○
준비물: ✏️
완성여부: □　시간:_____

매직 삼각형 2

1에서 9까지의 수를 아래의 노란색 원 안에 넣어서 각 변의 합이 모두 같도록 하라. 답은 모두 몇 가지일까?

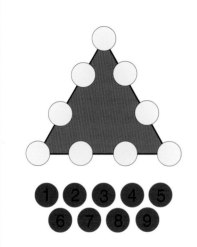

PLAYTHINK 399

난이도: ●●●●●●○○○
준비물: ✏️
완성여부: □　시간:_____

매직 육각형 1

육각형의 빈 원에 아래의 숫자를 넣어서 모든 직선의 합이 21이 되도록 하라.

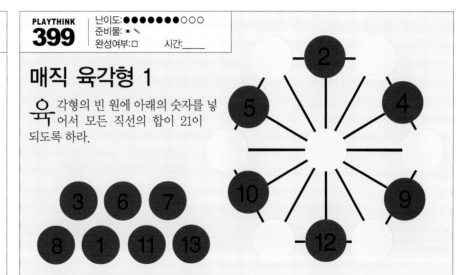

PLAYTHINK 400

난이도: ●●●●●●○○○
준비물: ✏️ 📄 ✂️
완성여부: □　시간:_____

매직 컬러 도형

아래에 있는 컬러 도형 16개를 배열해서 단순한 매직 컬러 사각형 이상으로 만들어 보라.

즉, 1~6번 까지의 조건에 모두 맞게 서로 다른 4색과 서로 다른 4도형을 조합해야 한다.

| 1. 세로선 4줄 | 2. 가로선 4줄 | 3. 주대각선 2줄 | 4. 모서리 4칸 | 5. 중심 4칸 | 6. 각 사분면 4칸 |

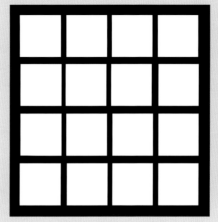

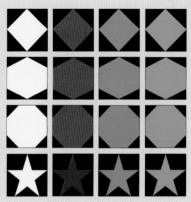

PLAYTHINK 401

난이도: ●●●●●●●○○
준비물: ✏️
완성여부: □   시간: _____

제곱수 삼각형

삼각형의 각 원에 서로 다른 숫자를 넣어서 각 변에 있는 두 수의 합이 제곱수가 되게 하라.

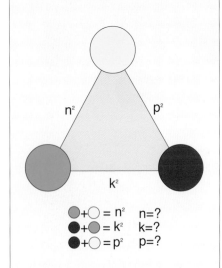

●+○ = n²   n=?
●+● = k²   k=?
●+○ = p²   p=?

PLAYTHINK 402

난이도: ●●○○○○○○○○
준비물: ✏️
완성여부: □   시간: _____

매직 서클 2

1에서 9까지의 수를 원 안에 넣어서 각 직선의 합이 15가 되게 하라.

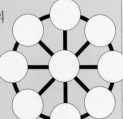

PLAYTHINK 403

난이도: ●●●●●○○○○
준비물: ✏️
완성여부: □   시간: _____

칠각형 매직 2

1에서 14까지의 수를 원 안에 넣어서 칠각형의 각 변의 합이 26이 되게 하라.

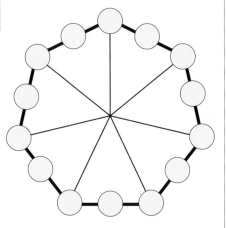

PLAYTHINK 404

난이도: ●○○○○○○○○○
준비물: ✏️
완성여부: □   시간: _____

외계인 마방진

왼쪽에 있는 외계인 다섯 중에서 가운데 빈칸에 들어갈 외계인을 찾아보라.

그레코 라틴 십방진

오랫동안 사람들은 10차 그레코 마방진은 불가능하다고 생각했다. 1959년 100시간 동안 컴퓨터 프로그램을 돌려서 답을 찾으려고 했으나 실패로 끝났고, 이 사건 이후 학자들 사이에서 10차 그레코 마방진은 불가능하다는 의견이 대두됐다.

그 후 학자들이 1960년부터 새로운 방법을 찾기 시작했는데, 여기 소개하는 이 방법이 10차뿐만 아니라, 14차, 18차, 또 그 이상의 경우에도 답을 찾는 데 쓰이고 있다. 오른쪽에 있는 마방진이 10차 그레코 라틴 마방진을 푸는 방법으로 숫자를 색으로 치환한 것이다.

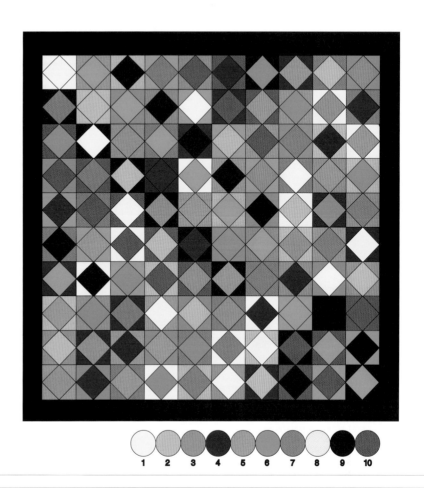

1 2 3 4 5 6 7 8 9 10

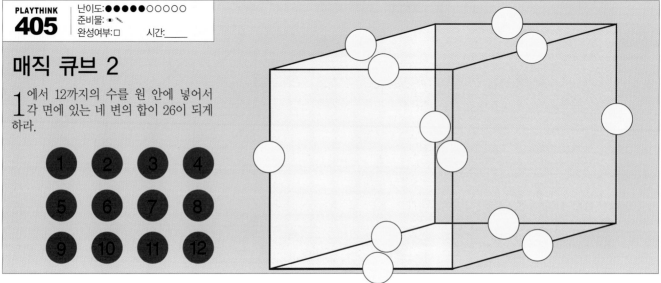

PLAYTHINK
405
난이도 : ●●●●○○○○○
준비물 : ✎ ✏
완성여부 : □   시간 : _____

매직 큐브 2

1에서 12까지의 수를 원 안에 넣어서 각 면에 있는 네 변의 합이 26이 되게 하라.

1 2 3 4
5 6 7 8
9 10 11 12

PLAYTHINK 406

난이도: ●●●●●●○○○
준비물: 👁 ✐
완성여부: □   시간:_____

매직 서클 3

원 3개를 다음과 같이 배열할 때 나타나는 교점마다 빈칸을 그린다. 각 빈칸에 아래의 숫자를 넣어서 각 원에 있는 숫자의 합이 모두 같도록 하라.

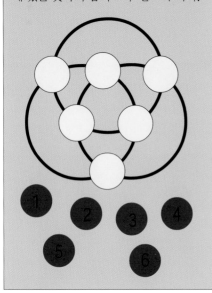

PLAYTHINK 407

난이도: ●●○○○○○○○
준비물: 👁 ✐
완성여부: □   시간:_____

스퀘어 캐스케이드

각 칸의 숫자가 오른쪽 칸과 아래 칸에 있는 숫자보다 크도록 한다. 2×2칸인 경우의 답은 아래에 나와 있다. 3×3칸에 1에서 9까지 넣고, 4×4칸에 1에서 16까지의 숫자를 넣어라.

모두 완성하면 왼쪽 위에서부터 오른쪽 아래까지 숫자가 마치 폭포와 같이 떨어지는 것을 볼 수 있다.

4	3
2	1

PLAYTHINK 408

난이도: ●●●●●●●○○○
준비물: 👁 ✐
완성여부: □   시간:_____

하이퍼큐브

테저렉(tesseract, 4차원 입방체)이란 도형은 이슬람 사원에서 최초로 등장했는데 현대 수학자들은 사면체의 하이퍼큐브를 2차원적 평면에 나타낸 것이라 본다. 우리는 3차원적 공간에 살아도 수학적인 훈련을 통해서 4차원 입방체를 시각화시킬 수 있다.

하이퍼큐브의 노란색 원에 0에서 15까지의 숫자를 넣는다. 아래에 있는 큐브의 "정사각면(밝은면)" 모서리의 합이 30이 되도록 하라.

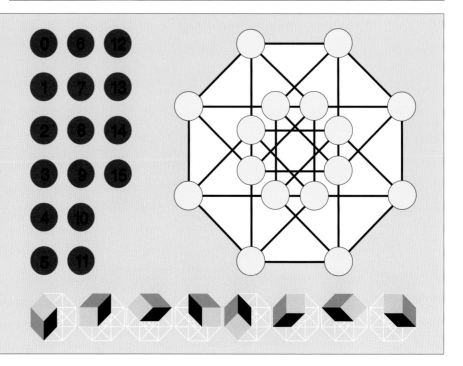

PLAYTHINK 409

난이도: ●●●●●●○○○
준비물: ✎
완성여부: □   시간: ____

매직 서클 4

노란색 칸이 1쌍씩 대칭적으로 배열되어 있다. 1에서 18까지의 수를 넣어서 대칭이 되는 칸의 합이 19가 되게 하라. 3쌍은 이미 그림에 나와 있으므로 나머지 칸을 모두 채워라.

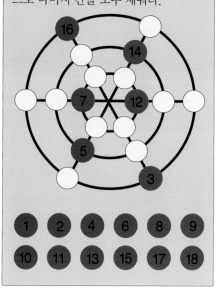

PLAYTHINK 410

난이도: ●●●●●●○○○
준비물: ✎
완성여부: □   시간: ____

매직 육각형 2

지금까지 풀어본 마방진 규칙을 삼각형이나 원 또는 육각형 등 다른 다각형으로 확대시켜 보자. 다음의 육각형

게임판에 1에서 19까지의 숫자를 넣어서 각 일직선의 합계가 모두 같도록 하라. 마법수는 무엇일까?
숫자 일부는 이미 나와 있으므로 나머지 칸을 모두 채워라.

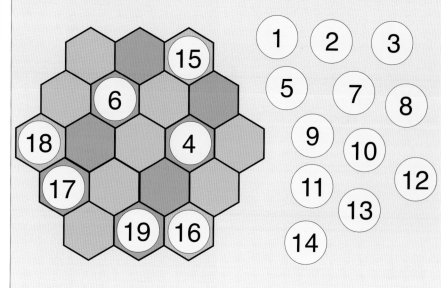

PLAYTHINK 411

난이도: ●●●●●●○○○
준비물: ✎ ▤ ✂
완성여부: □   시간: ____

매직 스트립

색종이 띠 13개를 7×7칸으로 나누어진 정사각형의 칸에 놓아서 각 가로줄이 모두 같은 색이 되도록 하라. 또 각 가로줄마다 색깔이 한 번씩만 나오게 해보라. 그리고 모든 가로, 세

로, 대각선에 색이 한 번씩만 나오도록 해보라. 2명이서 차례대로 색종이 띠를 판에 놓아서 규칙에 맞게 마지막 띠를 놓는 사람이 이기는 게임을 해도 된다.

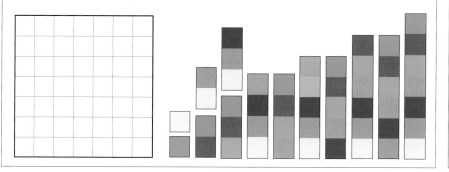

PLAYTHINK 412

난이도: ●●●●●○○○○
준비물: ✎
완성여부: □   시간: ____

매직 스타 2

별 모양 그림의 노란색 원에 1에서 12까지의 수를 넣어서 각 직선의 합이 26이 되도록 하라.

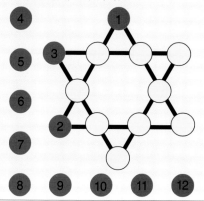

PLAYTHINK 413

난이도: ●●●●●○○○○
준비물: ◉ ✎ ▤ ✂
완성여부: □　　시간:＿＿＿

옥토퍼즐 1

아래의 팔각형을 회전시키면 색이 같은 변끼리 접한다. 회전이 최소가 되도록 문제를 풀라.

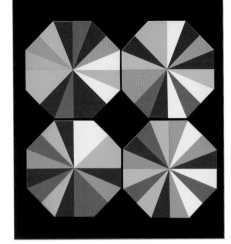

PLAYTHINK 414

난이도: ●●●●●●○○○
준비물: ◉ ▤ ✂
완성여부: □　　시간:＿＿＿

옥토퍼즐 2

아래에 있는 팔각형 아홉 개를 회전시켜서 색이 같은 변끼리 접하도록 하라. 답은 두 가지이다.

PLAYTHINK 415

난이도: ●●●●●○○○○
준비물: ✎
완성여부: □　　시간:＿＿＿

스퀘어 댄스

아래 1~4번까지 번호가 붙은 가로줄 4개가 있다. 각 줄은 검은색 칸 5개의 움직임을 예상한 것이다 줄마다 패턴이 하나씩 사라져있다. 아래의 빈 칸을 채워서 완성하라.

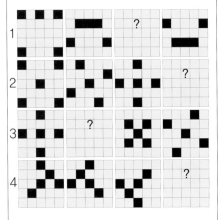

PLAYTHINK 416

난이도: ●●●●●●●○○○
준비물: ◉ ✎
완성여부: □　　시간:＿＿＿

화살표 격자

정사각형 테두리의 노란색 칸 안에는 화살표가 들어간다. 각 화살표는 가로, 세로, 대각선 중 하나로 정사각형 칸을 가리켜야 한다. 흰색 칸 안의 숫자가 그 칸을 가리키는 화살표의 개수와 같도록 빈칸에 화살표를 채워라.

↓	↗				
	3	2	1	2	2	↙
↗	2	1	3	1	4	
	2	4	2	5	2	
	4	2	5	2	3	
→	3	4	2	3	3	
	↗	↑				

PLAYTHINK
417
난이도:●○○○○○○○○○
준비물:● 📄 ✂
완성여부:□　시간:____

큐브 투시하기 2

아래 조각의 색을 맞춰 배열하면 조
각의 패턴이 합쳐져서, 착시현상과
시각반전 현상으로 퍼즐이 매우 재미있
고 역동적으로 보인다.

　아래의 조각 25개를 베끼고
오려서 각자 자유롭게 조각 패
턴을 몇 가지 만들어 배열해 보
자.

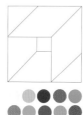

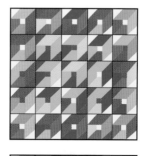

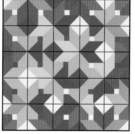

PLAYTHINK
418
난이도:●●●●○○○○○○
준비물:● ✏
완성여부:□　시간:____

케이크 칠하기

흔히 케이크를 자르는 방식은 원의
중심에서 반지름을 따라 크기가
같은 조각을 내는 것이다. 또 다른 방식
은 케이크가 동심원이 되도록 자르는
것이다. 아래의 케이크는 각 방법마다
조각의 개수를 같게 하고, 두 가지 방법
을 합쳐서 조각을 만들었다. 예를 들면,
원 중심에서 반지름을 따라 크기가 같
은 2조각으로 자른 후, 동심원 2개가 나
오도록 다시 자르면 총 4조각이 된다.
또 같은 방식으로 반지름을 따라 크기
가 같은 3조각을 낸 후, 동심원 3개가
나오도록 자르면 총 9조각이 나온다.

　이 문제는 각 조각을 서로 이웃하는
조각과 다른 색깔로 칠하는 것이다. 꼭
짓점만 접하는 조각도 색깔이 달라야
한다. 칠할 수 있는 색깔의 개수는 동심
원의 수와 같다. 따라서 2조각으로 자르
면 2가지 색깔, 3조각으로 자르면 3가
지 색깔을 사용할 수 있다.

　아래와 같이 동심원의 수가 2개와 3
개일 경우는 이 규칙에 맞게 칠할 수 없
다. 그렇다면 동
심원이 5개와 6
개일 경우에는
규칙에 맞게 칠
할 수 있을까?

2조각 2색　　3조각 3색

5조각 5색

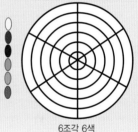

6조각 6색

도미노와 조합게임

일반적인 도미노는 2×1인 직사각형 조각 형태로 양 끝에 각각 다른 숫자가 적혀있다. 도미노 게임의 규칙은 숫자가 같은 조각끼리 접하도록 놓는 것으로 흔히 이것을 도미노 원리라 부른다.

영국의 수학자 맥마흔은 컬러 다각형 도미노를 평면에 놓는 독창적인 게임을 많이 만들었다. 모양이 같은 조각을 모든 경우의 수로 다 색칠하여 완전히 똑같은 조각이 없도록 했다.(도미노는 한 쪽만 칠하기 때문에, 반사를 시켜 나온 것은 다른 경우로, 회전을 시켜 같은 것은 같은 경우로 본다.) 그리고 이 도미노 세트로 특정한 패턴을 만드는 게임을 제작했다.

맥마흔의 작업은 대칭함수(독립변수를 임의로 바꾸어도 함수 값이 변하지 않는 함수)에 바탕을 두고 있다. 예를 들어, $a+b+c$와 $ab+bc+ca$는 모두 a, b, c의 대칭함수가 된다. 따라서 만약 맥마흔 도미노 세트의 색깔을 모두 다른 색으로 치환해도 결국 같은 세트가 나온다는 것이다.

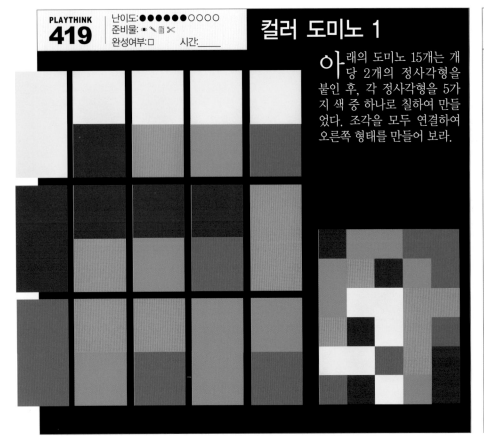

PLAYTHINK 419
난이도:●●●●●○○○○
준비물: ◉ ＼ ▤ ✕
완성여부:□　　시간:＿＿＿

컬러 도미노 1

아래의 도미노 15개는 개당 2개의 정사각형을 붙인 후, 각 정사각형을 5가지 색 중 하나로 칠하여 만들었다. 조각을 모두 연결하여 오른쪽 형태를 만들어 보라.

PLAYTHINK 420
난이도:●●●●●○○○○
준비물: ◉
완성여부:□　　시간:＿＿＿

도미노 체스판

정사각형 칸 62개로 만들어진 체스판을 잘라서 31개의 도미노 패턴이 있는 체스판을 만들었다. 빨강-노랑 도미노 조각을 이용해서 아래의 체스판을 만들 수 있을까?

PLAYTHINK 421

난이도: ●●●●●○○○○○
준비물: ✎✐
완성여부: □　　시간:_____

디저트와 접시

디 저트 2종류와 접시 2종
류가 모두 하나씩 있다.
디저트를 접시에 담을 수 있
는 서로 다른 방법은 몇 가지
일까?

PLAYTHINK 422

난이도: ●●●●●○○○○○
준비물: ✎✐
완성여부: □　　시간:_____

과일과
접시

과 일 2종류
와 접시 3
종류가 모두 하
나씩 있다. 과일
을 접시에 담을
수 있는 서로 다
른 방법은 몇 가
지일까?

PLAYTHINK 423

난이도: ●●●●●●●○○○
준비물: ◉✎📄✂
완성여부: □　　시간:_____

컬러 도미노 2

아 래의 도미노 28개는 개당 2
개의 정사각형을 붙인 후,
각 정사각형을 7가지 색깔 중 하
나로 칠하여 만들었다. 도미노 조
각을 모두 연결하여 위의 패턴을
만들어 보라.

PLAYTHINK 424

난이도: ●●●●●○○○○○
준비물: ✏️📄✂️
완성여부: ☐　　시간: _____

헥사 조각

그림의 육각형은 2면을 1쌍으로 묶어 6면을 3쌍으로 나눈 것이다. 각 쌍은 6가지 색 중 하나로 칠하되, 같은 쌍은 같은 색이어야 하며, 다른 쌍과는 색을 달리했다. 이 규칙에 맞는 육각형은 모두 20개인데 (회전이나 반사를 해서 같은 배열이 나오는 것은 같은 도형으로 본다.), 이 중 1개를 잃어버려 19개만 있다. 잃어버린 도형을 찾아보라. 그 후에 육각형을 모두 위의 격자에 넣되, 접하는 모든 면이 같은 색이 되도록 하라.

PLAYTHINK 425

난이도: ●●●●●○○○○○
준비물: ✏️📄✂️
완성여부: ☐　　시간: _____

컬러 삼각형 1

삼각형을 아래처럼 3등분하여 각 영역을 4가지 색 중 하나로 칠하는 방법은 총 24가지이다. 24개 중 1개를 잃어버려 23개만 나와 있다. 잃어버린 도형을 찾아서 흰색 삼각형을 알맞게 칠하라. 그 후에 삼각형을 모두 아래의 육각형 틀에 넣되, 접하는 모든 면이 같은 색이 되도록 하라.

PLAYTHINK 426

난이도: ●●●●●○○○○○
준비물: ✏️📄
완성여부: ☐　　시간: _____

트로미노와 모노미노

트로미노(정사각형 3개로 만든 도미노) 21개와 모노미노 1개로 오른쪽의 체스판을 만들어 보라.

PLAYTHINK
427
난이도:●●●●●○○○○
준비물: ● ✎ ▦ ✕
완성여부:☐　　시간:_____

컬러 삼각형 2

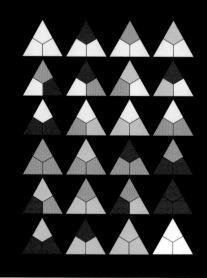

PLAYTHINK
428
난이도:●●●●●○○○○
준비물: ● ✎ ▦ ✕
완성여부:☐　　시간:_____

삼각형을 아래처럼 3등분하여 각 영역을 4가지 색 중 하나로 칠하는 방법은 총 24가지이다. 삼각형 24개 중 1개를 잃어버려 23개만 나와 있다. 잃어버린 도형을 찾아서 흰색 삼각형을 알맞게 칠하라.

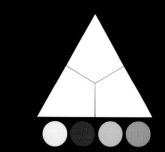

컬러 정사각형

각 정사각형을 대각선을 따라 4등분 하고, 각 부분은 3가지 색깔 중 하나로 칠하는 방법은 총 24가지이다. 정사각형 24개 중 1개를 잃어버려 23개만 나와 있다. 잃어버린 도형을 찾아서 흰색 정사각형을 알맞게 칠하라.
그 후에 정사각형을 모두 아래의 6×8칸 직사각형 틀에 넣어라. 이때 정사각형끼리 접하는 면의 색이 같고, 직사각형의 네 변이 모두 같은 색이 되도록 하라.

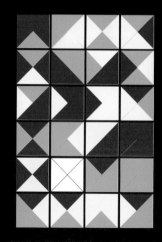

PLAYTHINK
429
난이도:●●●●●●○○○
준비물: ● ✎ ▦ ✕
완성여부:☐　　시간:_____

색 연결하기

정사각형의 네 변을 6등분하여 중심점과 연결한다. 각 변마다 6가지 색을 사용하여 6영역을 모두 칠한다. 오른쪽에 그렇게 만든 정사각형 4개가 있다. 이 정사각형을 제일 아래처럼 변끼리 접하게 놓아서 한 색깔이 지그재그 모양이 나오도록 하라. 1분 내로 해보아라. 어떤 색이 지그재그 모양을 만들까?

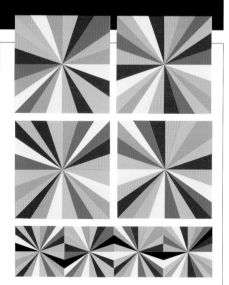

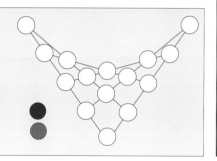

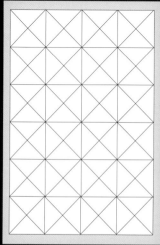

PLAYTHINK
430
난이도:●●●●●○○○○
준비물: ● ✎
완성여부:☐　　시간:_____

교점 색칠하기

빨강과 파랑색만 사용해서 오른쪽의 각 교점을 모두 칠한다. 한 직선 위의 같은 색인 점이 4개 이상이 되지 않도록 하라.

PLAYTHINK
431
난이도: ●●●●○○○○○○
준비물: ● 📄 ✂
완성여부: □　　　시간:_____

외계인 구출하기 게임

세 명 이상이 할 수 있는 게임이다. 오른쪽 페이지의 컬러 띠 60개를 복사해 자른 후 통 안에 담는다. 각 선수는 차례대로 띠를 하나씩 꺼내서 다른 사람들이 볼 수 있도록 둔다. 띠를 뽑은 선수를 제외한 나머지 선수는 띠에 맞는 외계인을 왼쪽 페이지에서 찾는다. 그러면 띠를 뽑은 선수가 그 띠와 외계인이 일치하는지 검사하는 역할을 한다. 맞게 찾은 선수가 그 외계인을 구출하기 위해 사진을 손가락으로 가리킨다. 처음으로 맞춘 사람이 1점을 얻어서 총 5점을 먼저 얻는 사람이 이긴다.

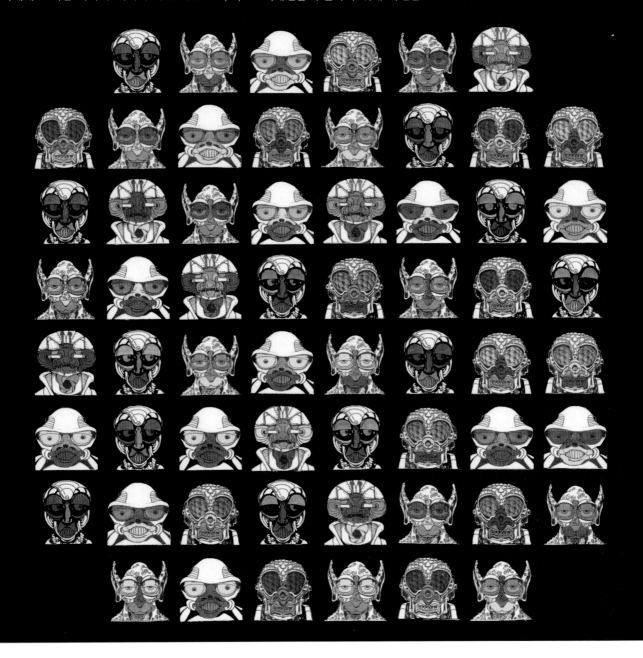

외계인	눈	코	입	외계인	눈	코	입	외계인	눈	코	입	외계인	눈	코	입
1				16				31				46			
2				17				32				47			
3				18				33				48			
4				19				34				49			
5				20				35				50			
6				21				36				51			
7				22				37				52			
8				23				38				53			
9				24				39				54			
10				25				40				55			
11				26				41				56			
12				27				42				57			
13				28				43				58			
14				29				44				59			
15				30				45				60			

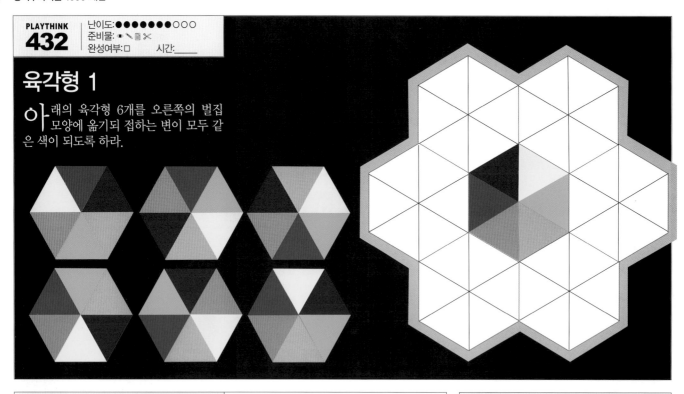

PLAYTHINK 432

난이도:●●●●●●○○○
준비물: ✏✎▤✂
완성여부:□　　시간:＿＿＿

육각형 1

아래의 육각형 6개를 오른쪽의 벌집 모양에 옮기되 접하는 변이 모두 같은 색이 되도록 하라.

PLAYTHINK 433

난이도:●●●●●●●○○
준비물: ✏▤✂
완성여부:□　　시간:＿＿＿

육각형 2

아래의 육각형 7개를 접하는 변이 모두 같은 색이 되도록 자리를 이동시켜라.(각 육각형은 회전하지 않고 자리만 이동시킨다.)

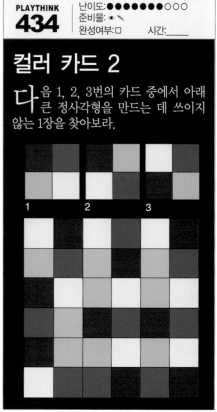

PLAYTHINK 434

난이도:●●●●●●○○○
준비물: ✏✎
완성여부:□　　시간:＿＿＿

컬러 카드 2

다음 1, 2, 3번의 카드 중에서 아래 큰 정사각형을 만드는 데 쓰이지 않는 1장을 찾아보라.

8

도형 분할

다각형 변형

도형을 조각으로 잘라서 규칙에 맞게 다시 배열하면 도형을 쉽게 이해할 수 있다. 예를 들어, 같은 조각들로 서로 다른 두 다각형을 만들면 그 둘의 넓이가 같다는 것을 알게 된다.

도형을 분할하는 수많은 방법 중에는 특별히 흥미로운 분할법도 있다. 인류는 수천 년 전부터 분할 문제를 접하기 시작했지만, 이를 체계적으로 저술한 사람은 10세기의 페르시아 천문학자인 압둘 웨파가 최초였다. 그가 쓴 책은 소실되어 일부만 남아있지만 흥미있는 분할 문제가 많이 실려 있다.

분할은 직소퍼즐이나 탱그램 등의 여러 문제나 게임에서 많이 사용된다. 19세기의 수학자들은 분할 문제를 구체적으로 다루지 않았지만, 지금은 분할이론이라는 분야까지 생겨났다. 분할이론은 평면 기하학이나 입체 기하학의 문제를 풀 때 많이 사용되고 있다.

유명한 수학자인 데이비드 힐버트가 1900년에 파리의 한 강연에서 그때까지 풀리지 않던 수학난제 23개를 제시했다. 그 후 1년이 지난 후 막스 덴이라는 수학자가 부피가 같은 입체 다면체 두 개를 똑같은 조각으로 자를 수 있는가 하는 문제를 풀었다. 덴은 면적이 같은 경우와는 달리 부피가 같을 때에는 이것이 항상 성립하지 않는다는 것을 증명했다.

PLAYTHINK
435
난이도: ●●●●●●●○○
준비물: ✎
완성여부: □   시간:_____

웨파의 분할

10세기의 수학자였던 웨파가 만든 가장 오래되고 재미있는 아름다운 분할 문제이다. 오른쪽에 있는 똑같은 정사각형 3개를 조각으로 나누어 큰 정사각형 1개가 되도록 조각들을 맞추라. 웨파는 조각을 9개로 내서 문제를 풀었는데 그 방법대로 풀어 보라.

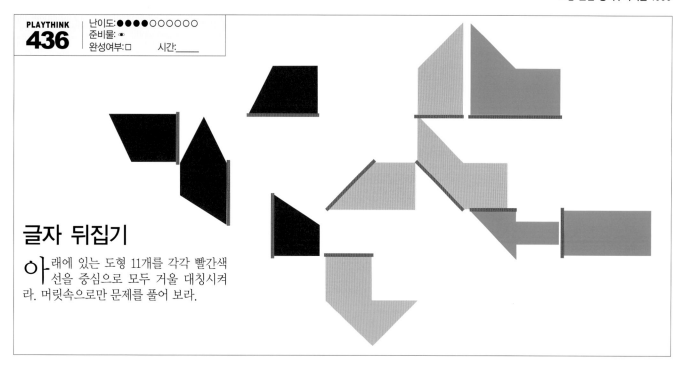

PLAYTHINK
436
난이도:●●●●○○○○○
준비물:◉
완성여부:□　　시간:＿＿＿

글자 뒤집기

아래에 있는 도형 11개를 각각 빨간색 선을 중심으로 모두 거울 대칭시켜라. 머릿속으로만 문제를 풀어 보라.

PLAYTHINK
437
난이도:●●●●○○○○○
준비물:◉ ▧ ✂
완성여부:□　　시간:＿＿＿

20분할 정사각형

크기가 같은 2:1 직각삼각형 16개를 맞추어서 그림처럼 완전한 정사각형을 만들었다. 오른쪽에 있는 삼각형 4개를 더하면 총 20개가 되는데 이것으로 조금 더 큰 정사각형을 만들어 보라. 16개일 경우보다 삼각형의 배열이 조금 더 복잡하다는 것을 참고하라.

PLAYTHINK
438
난이도:●●●●○○○○○
준비물:◉
완성여부:□　　시간:＿＿＿

거울 대칭

아래에 있는 도형 4개를 각각 빨간색 선을 중심으로 모두 거울 대칭시켜라. 머릿속으로만 문제를 풀어 보라.

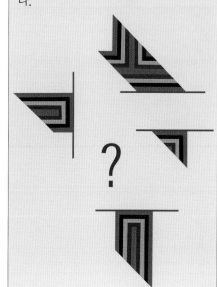

PLAYTHINK 439

난이도:●●●●●○○○○
준비물: ● ↘ ▤ ✕
완성여부:□ 시간:____

정사각형 3개를 1개로 만들기

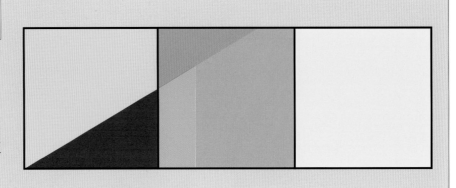

오른쪽에 있는 정사각형 3개 중 2개를 각각 2조각과 3조각으로 나누었다. 조각 6개 모두를 재배열하여 큰 정사각형 1개로 만들어 보라.

PLAYTHINK 440

난이도:●●●●●●○○○○
준비물: ●
완성여부:□ 시간:____

정사각형 2등분하기

4×4칸인 정사각형을 크기와 모양이 같은 도형 2개로 나누는 방법은 총 6가지가 있다. 그 중 하나가 오른쪽에 나와 있다. 나머지 5가지를 찾아보라.

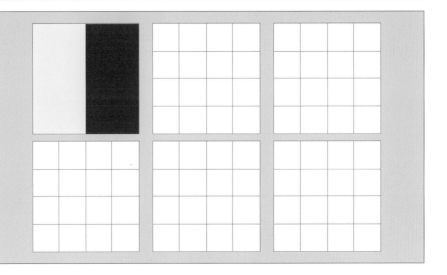

탱그램

정사각형을 7개로 나누는 탱그램은 가장 오래되고 재미있는 분할 문제 중 하나이다. 이 탱그램을 응용하면 추상적이거나 회화적인 그림을 얼마든지 만들어 낼 수 있다. 탱그램의 다양성과 미묘함은 문제를 어느 정도 풀어본 후에야 알게 된다.

탱그램은 1826년에 펴낸 중국 책에 최초로 언급되었지만, 실제로 그 기원은 훨씬 전일 것으로 추측된다. 유명한 소설가 에드거 앨런 포와 루이스 캐럴은 탱그램을 무척 즐겼으며, 나폴레옹도 유배지에서 탱그램에 많은 시간을 보냈다. 직사각형, 원, 달걀, 심장 등 여러 가지 모양을 분할하는 응용문제가 아주 많다. 탱그램은 추상적인 시각화 능력을 기를 수 있다.

PLAYTHINK 441
난이도:●●●●○○○○○○
준비물: ✏ ✂
완성여부:□ 시간:____

탱그램

탱그램은 전통적으로 정사각형을 7조각으로 나눈다. 아래의 컬러 조각을 재배열하여 오른쪽에 있는 6가지 모양이 나오도록 하라. 각 모양을 배열한 조각의 색으로 칠하라.

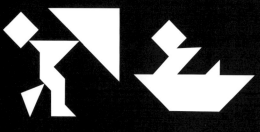

PLAYTHINK 442
난이도:●●●●●○○○○○
준비물: ✏ ✂
완성여부:□ 시간:____

탱그램 패러독스

왼쪽에 있는 모양 2개는 아래에 위치한 삼각형 1개만 제외하면 똑같아 보인다. 하지만 둘 다 아래 탱그램 7조각을 모두 이용한 것이다. 컬러 조각으로 각 모양을 만들고 배열한 조각의 색으로 칠하라.

PLAYTHINK 443
난이도:●●●●○○○○○○
준비물: ✏ ✂
완성여부:□ 시간:____

더블 탱그램

아래에 있는 정사각형 2개를 선을 따라 오리면 총 14조각이 나온다. 이 조각을 모두 이용하여 큰 정사각형 1개를 만들어 보라.

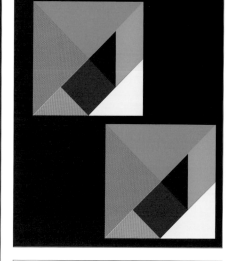

PLAYTHINK 444
난이도:●●●●●○○○○○
준비물: ✏ ✂
완성여부:□ 시간:____

행운의 분할

직선 2개로 아래의 말발굽을 6조각으로 나누어라.

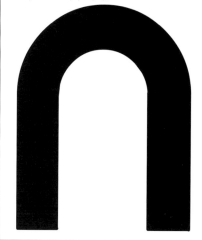

PLAYTHINK
445
난이도:●●●●●○○○○
준비물:✏️✂️
완성여부:☐   시간:_____

원숭이 우리 만들기

원숭이 4마리를 각각 자신의 우리 안에 집어넣어야 한다. 6×6칸의 선을 따라 크기와 모양이 같은 우리 4개를 만들어서 각 원숭이가 우리마다 들어가도록 하라.

PLAYTHINK
446
난이도:●●●●●●○○○
준비물:✏️✂️
완성여부:☐   시간:_____

정사각형 4등분하기

정사각형을 크기와 모양이 같은 조각으로 4등분하는 방법은 총 6가지가 있다.(회전이나 반사를 하여 같은 경우는 하나로 본다.) 그 중 하나가 오른쪽에 나와 있는데 나머지 5가지 경우를 찾아보라.

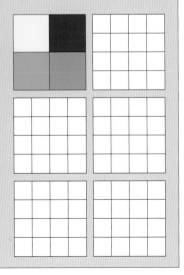

PLAYTHINK
447
난이도:●●●●○○○○○
준비물:✏️
완성여부:☐   시간:_____

5×5 정사각형 4등분하기

중앙에 칸이 없는 5×5칸 정사각형을 크기와 모양이 같은 조각으로 4등분하는 방법은 총 7가지가 있다. 그 중 하나가 오른쪽에 컬러로 나와 있는데 나머지 6가지 경우를 찾아보라.

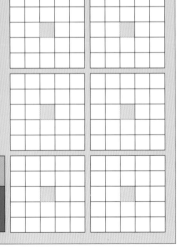

PLAYTHINK
448
난이도:●●●●○○○○○○
준비물: ✎
완성여부:□　　시간:_____

동물 우리 만들기

4종류의 동물을 같은 종류별로 각각 우리 안에 집어넣어야 한다. 6×6칸의 선을 따라 크기와 모양이 같은 우리 4개를 만들어서 동물들을 종류별로 우리 안에 집어넣으라.

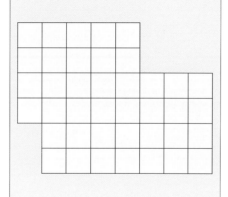
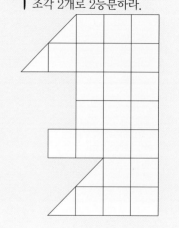

PLAYTHINK
449
난이도:●●●●●○○○○
준비물: ✎
완성여부:□　　시간:_____

2등분하기 1

아래의 도형을 크기와 모양이 같은 조각 2개로 나누어라. 또, 조각 4개로도 나누어 보라. 4등분하는 방법은 두 가지가 있는데, 그 중 한 경우는 새로운 선을 그어 나누는 방법도 있다.

PLAYTHINK
450
난이도:●●●●●●○○○
준비물: ✎
완성여부:□　　시간:_____

2등분하기 2

아래의 도형을 크기와 모양이 같은 조각 2개로 2등분하라.

PLAYTHINK
451
난이도:●●●●●●○○○
준비물: ✎
완성여부:□　　시간:_____

2등분하기 3

아래의 도형을 크기와 모양이 같은 조각 2개로 2등분하라.

단순하지 않은 단순성

어떤 도형을 같은 조각으로 2등분, 3등분, 4등분, 또는 그 이상으로 분할하는 문제 유형은 많다. 그런데 이때 주의해야 할 점은 '같은' 이 의미하는 바가 문제마다 다르다는 것이다. 단순히 크기만을 지칭할 때도 있고, 크기와 모양 모두를 의미할 때도 있다. 이런 문제들이 단순하다고 생각하겠지만, 사실은 어려운 경우가 많다.

PLAYTHINK 452
난이도: ●●●●●○○○
준비물: ✎
완성여부: □   시간: _____

2등분하기 4

옆의 도형을 크기와 모양이 같은 조각 2개로 2등분하라.

PLAYTHINK 453
난이도: ●●●●●●○○○
준비물: ✎
완성여부: □   시간: _____

하트 2등분하기

아래의 하트 모양에 노란색 점을 그려 그 점을 통과하는 직선 2개를 그었다. 어느 선이 하트 모양의 둘레를 2등분하는 것일까?

PLAYTHINK 454
난이도: ●●●●○○○○
준비물: ✎
완성여부: □   시간: _____

4등분하기 1

아래의 도형을 크기와 모양이 같은 조각 4개로 4등분하라.

4등분하기 2

위의 도형을 크기와 모양이 같은 조각 4개로 4등분하라.

PLAYTHINK 455
난이도: ●●●●●○○○○
준비물: ✎
완성여부: □   시간: _____

PLAYTHINK 456
난이도: ●●●●●●○○○
준비물: ✎
완성여부: □   시간: _____

4등분하기 3

아래의 도형을 크기와 모양이 같은 조각 4개로 4등분하라.

PLAYTHINK 457

난이도: ●●●●●○○○○
준비물: ✎
완성여부: □　　시간:＿＿＿＿

연결 도형 1

한점을 중심으로 크기와 모양이 같은 조각 2개가 나오도록 2등분하라.

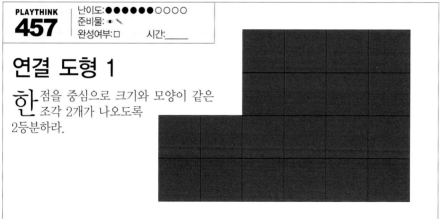

PLAYTHINK 458

난이도: ●●●●○○○○○
준비물: ✎
완성여부: □　　시간:＿＿＿＿

연결 도형 2

위의 비볼록 다각형은 크기와 모양이 같은 컬러 삼각형 24개로 이루어져 있다. 현재 다각형의 테두리 안에서 삼각형을 다시 배열하여 모양과 크기가 같은 조각 4개로 만들어 보라. 단, 각 조각은 색이 하나로 통일되어야 하며, 조각의 형태가 회전이나 반사된 형태로 나타나더라도 같은 조각으로 본다. 또 현재의 다각형 밖에 놓여서도 안 된다.

PLAYTHINK 459

난이도: ●●●●○○○○○
준비물: ✎
완성여부: □　　시간:＿＿＿＿

무당벌레 구역 나누기

아래의 그림에 직선을 3개 그어 각각의 무당벌레가 자기 구역이 있도록 분리하라. 단, 각 영역의 크기나 모양은 고려하지 않는다.

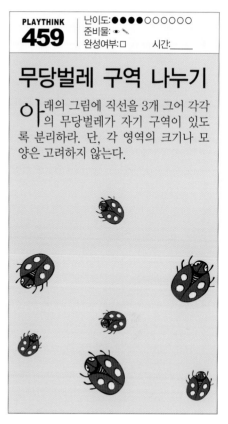

PLAYTHINK 460

난이도: ●●●●●●○○○
준비물: ✎✐▤✂
완성여부: □　　시간:＿＿＿＿

정십자가

아래의 도형을 크기와 모양이 같은 조각 2개로 2등분하는데, 조각을 재배열하면 완벽한 정십자가 모양이 나타나게 하라.

PLAYTHINK 461

난이도:●●●●●●○○○
준비물:✎
완성여부:□　시간:＿＿＿

자리의 조건

9×9칸 모눈종이에 파리가 9마리 앉아 있는데, 각 파리가 있는 자리의 가로, 세로, 대각선에는 다른 파리가 없어야 한다. 아래의 파리 중 3마리만 자리를 옮기되, 여전히 자리의 조건을 만족하도록 하라. 단, 원래 위치에서 가로나 세로 또는 대각선으로 한 칸씩만 이동할 수 있다.

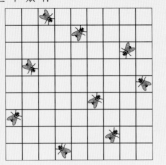

PLAYTHINK 462

난이도:●●●●●○○○○
준비물:✎
완성여부:□　시간:＿＿＿

정십자가로 정사각형 만들기

정십자가를 9조각으로 나누는데, 조각을 재배열하면 작은 정사각형 5개를 만들 수 있고, 또 큰 정사각형 1개로도 만들 수 있게 하려면 어떻게 나눠야 할까?

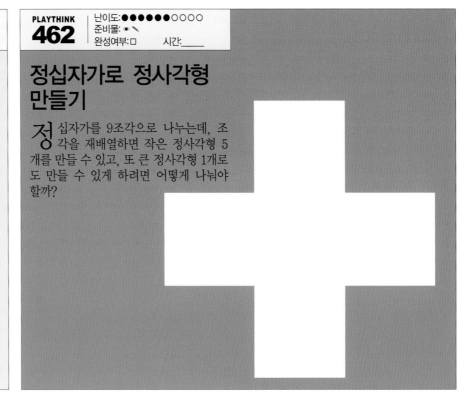

PLAYTHINK 463

난이도:●●●●●●○○○
준비물:✎ 📖 ✂
완성여부:□　시간:＿＿＿

별 모양으로 직사각형 만들기

육점별 모양이 6조각으로 나누어져 있다. 조각을 재배열하여 직사각형 1개를 만들어 보라.

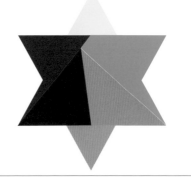

PLAYTHINK 465

난이도:●●●●●●○○○
준비물:✎
완성여부:□　시간:＿＿＿

숨겨진 삼각형

정삼각형을 4조각으로 분할하여 빨간색 점을 3군데 표시했다. 빨간색 점을 중심으로 도형은 연결되어 있고, 또 회전할 수 있다. 파란색 조각을 제자리에 둔 채 다른 조각을 중심점 주위로 돌리면 완전히 새로운 도형이 된다. 어떤 도형일까?

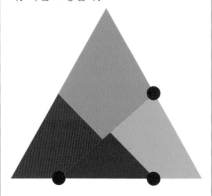

PLAYTHINK 464

난이도:●●●●●○○○○
준비물:✎
완성여부:□　시간:＿＿＿

큰 정사각형 1개로 정사각형 2개 만들기

5×5칸짜리 큰 정사각형을 나눈 후, 그 조각들로 정사각형 2개를 만들려고 한다. 3×3칸과 4×4칸 정사각형을 1개씩 만들려면 큰 정사각형을 최소 몇 조각으로 나누어야 할까?

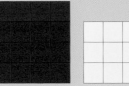

PLAYTHINK
466
난이도:●●●●●○○○○
준비물: ✐ ✎
완성여부:□   시간:_____

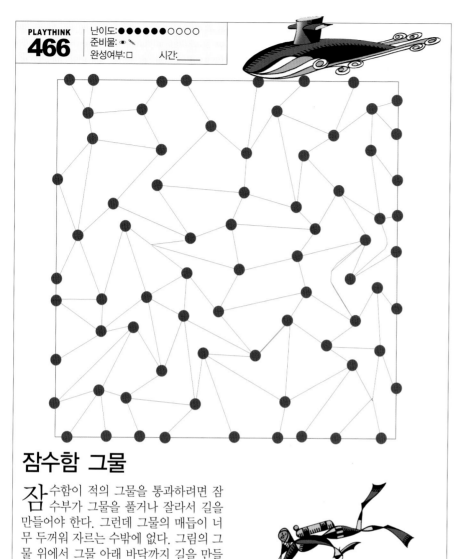

잠수함 그물

잠 수함이 적의 그물을 통과하려면 잠
수부가 그물을 풀거나 잘라서 길을
만들어야 한다. 그런데 그물의 매듭이 너
무 두꺼워 자르는 수밖에 없다. 그림의 그
물 위에서 그물 아래 바닥까지 길을 만들
되, 자르는 곳의 수가 최소가 되게 잘라
보라.

PLAYTHINK
467
난이도:●●●●○○○○○
준비물: ▤ ✂
완성여부:□   시간:_____

삼각형으로 육각형 만들기

아 래의 조각들을 재배열하여 정삼각
형을 만들어 보라. 같은 조각들로
육각형도 만들어 보라.

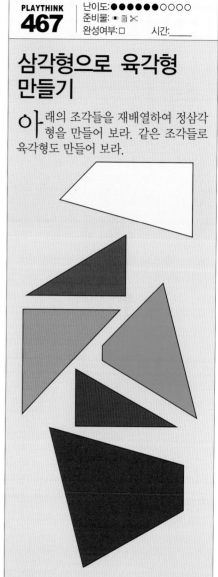

PLAYTHINK
468
난이도:●●●●●○○○○
준비물: ✐ ✎
완성여부:□   시간:_____

큰 정사각형 1개로 정사각형 3개 만들기

정 사각형을 7×7칸으로 나눈 후, 그
조각들로 6×6, 3×3, 2×2칸인 정
사각형을 각각 한 개씩 만들려면 큰 정사
각형을 최소 몇 조각으로 나누어야 할까?

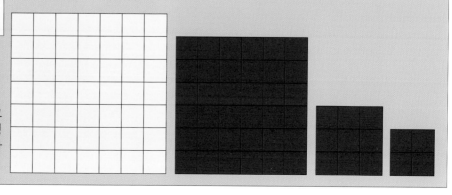

피타고라스 정리

피타고라스 정리는 공식으로 나타내면

$$a^2 + b^2 = c^2$$

이며 이를 풀어쓰면 '각 삼각형의 빗변의 길이의 제곱은 나머지 두 변의 길이의 제곱의 합과 같다.'는 것이다.

그렇다면 이 공식이 내포하고 있는 진정한 의미는 무엇일까?

숫자만 놓고 보면, 피타고라스 정리를 만족하는 임의의 숫자 a, b, c로 직각삼각형을 그릴 수 있다는 말이 된다.

예를 들면,

$$3^2 + 4^2 = 5^2$$

이므로 변의 길이가 3, 4, 5인 삼각형은 직각삼각형이 된다. 고대 이집트의 측량 기술자들도 이 관계를 알고 이를 건축에 이용했다. 즉, 줄 하나를 길이대로 십이등분하는 위치마다 매듭을 지어서 그 줄만 있으면 거의 완벽한 직각 삼각형을 만들 수 있었다. 그래서 당시에 그들이 쓴 삼각형을 이집트 삼각형이라고 부른다.

5-12-13, 8-15-17등 피타고라스 정리를 만족시키는 세 정수쌍은 많다. 이는 디오판투스 방정식(정수의 답만을 허용하는 방정식)을 연구하는 과정에서 최초로 발견된 정수쌍이기도 하다. 그리고 디오판투스 방정식으로 모든 정수쌍을 다 찾아냈다.

피타고라스 정리를 통해 면적의 동일성도 확인할 수 있게 되었다. 한 변이 직각삼각형의 빗변인 정사각형의 넓이는 직각삼각형의 나머지 변을 한 변으로 하는 두 정사각형의 넓이의 합과 같다.

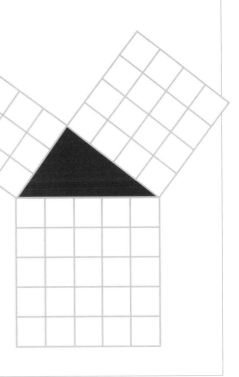

PLAYTHINK
469
난이도:●○○○○○○○○○
준비물:✎
완성여부:□   시간:_____

이집트 삼각형

고대 이집트의 측량 기술자들은 거의 완벽한 직각삼각형을 만들 수 있는 간단한 도구를 사용했다. 즉, 줄 하나를 12등분하여 각 지점마다 매듭을 지었다. 줄을 길게 펴서 각 변의 비가 3:4:5가 되는 삼각형을 만들면, 그 때 제일 큰 각이 직각이 된다는 것을 알았던 것이다.

오른쪽에 직각삼각형을 한 변으로 하는 1, 2, 3번 정사각형 3개가 있고, 그 아래에는 조각 5개가 있다. 5개의 조각을 모두 사용해 3번 정사각형을 만들어 보고, 5개의 조각을 적절히 사용하여 1번과 2번의 정사각형 2개도 만들어 보라.

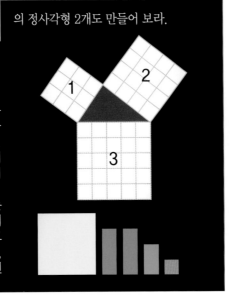

PLAYTHINK
470
난이도:●●●●●○○○○○
준비물:✎ ✂
완성여부:□   시간:_____

페리갈 퍼즐

파란색 정사각형 1조각으로 1번 정사각형을 채워 보고, 빨간색과 분홍색의 사다리꼴 4조각으로 2번 정사각형을 만들어 보라. 마지막으로 파란색 정사각형, 빨간색 사다리꼴, 분홍색 사다리꼴의 5조각 모두를 이용해 3번 정사각형도 만들어 보라.

PLAYTHINK
471

난이도: ●●●●○○○○○
준비물: ◉ ✎ 🗎 ✂
완성여부: □　　시간:_____

피타고리노

피 타고라스의 정리로 만든 3인용 도미노 게임이다. 오른쪽에 빨강, 파랑, 노랑의 3가지 색을 조합하여 칠한 피타고라스 조각 27개가 있다.
이 조각을 한 번에 하나씩 아래의 격자에 놓는다. 이 때 가장 큰 정사각형은 격자의 대각선과 맞아야 하며, 나머지 두 정사각형은 격자의 가로/세로선에 맞아야 한다. 선수 3명이 빨강, 파랑, 노랑 중에서 자신의 색깔을 정한다. 그리고 도미노 게임처럼 변에 접하는 정사각형끼리 색

이 같도록 차례대로 조각을 놓으면 된다. 각자의 색으로 된 큰 정사각형으로 만들어진 띠만 점수로 계산하는데 큰 정사각형 1개당 1점씩이다. 따라서 큰 정사각형이 하나만 있거나 작은 정사각형으로 된 띠는 점수에 포함되지 않는다.
조각을 더 놓을 수 없으면 게임은 끝나고 가장 점수가 많은 사람이 이긴다. 비길 경우에는 정사각형 띠가 더 적은 사람이 이긴다.

샘플 게임

빨 강, 파랑, 노랑의 점수가 각각 6, 6, 5점이다. 빨강과 파랑이 점수가 같지만 빨강색 띠는 2개이고, 파랑색 띠는 3개이므로 빨강색이 이긴다.

PLAYTHINK
472
난이도:❶●●●●●●●○○
준비물:● 📄 ✕
완성여부:□   시간:_____

4개의 오점별

오점별 4개를 12조각으로 나누었다. 12조각을 모두 모아서 커다란 오점별 모양 1개를 만들어 보라.

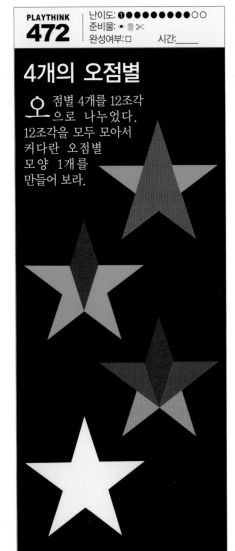

PLAYTHINK
473
난이도:●●●●●●○○○
준비물:●
완성여부:□   시간:_____

삼각형으로 별 모양 만들기

크기와 모양이 같은 직각삼각형 24개로 아래의 큰 정삼각형을 만들었다. 머릿속으로만 이 조각을 재배열하여 육점별 모양 1개를 만들어 보라.

PLAYTHINK
474
난이도:●●●●●●●○○
준비물:● 📄 ✕
완성여부:□   시간:_____

오각형으로 별 모양 만들기

오점별 모양을 아래처럼 18조각으로 나누었다. 이 18조각들을 모두 모아   서 커다란 오점별 모양 1개를 만들어 보라.

PLAYTHINK
475
난이도:●●●●○○○○○
준비물: ● 📄 ✂
완성여부:☐   시간:____

T모양으로 직사각형 만들기

T 모양을 아래처럼 여러 조각으로 나누었다. 이 조각들을 재배열하여 직사각형 1개를 만들어 보라.

PLAYTHINK
476
난이도:●●●●●○○○○
준비물: ● 📄 ✂
완성여부:☐   시간:____

지오메트릭스

아래의 컬러 조각 5개를 이용하면 정사각형에서 사다리꼴, 삼각형, 정십자가, 평행사변형까지 모두 만들 수 있다. 이 5가지 도형을 모두 만들어 보라.

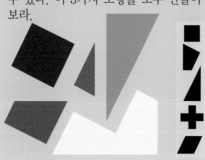

PLAYTHINK
477
난이도:●●●●●●○○○
준비물: ● ✎ 📄 ✂
완성여부:☐   시간:____

원으로 직사각형 만들기

일정한 반지름으로 맞추어 놓은 컴퍼스로 오른쪽의 모양을 그렸다. 여기에 직선 3개를 그어서 조각으로 나눈 후, 빨간색 조각만을 맞추어서 직사각형을 만들어 보라.

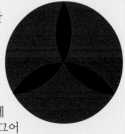

PLAYTHINK
478
난이도:●●●●●●●○
준비물: ● 📄 ✂
완성여부:☐   시간:____

구각형 매직

이 구각형을 복사해 15조각으로 오린 후, 조각들을 재배열해서 작은 구각형 3개를 만들어 보라.

PLAYTHINK
479
난이도:●●●●●●●○
준비물: ● 📄 ✂
완성여부:☐   시간:____

오점별

위의 오점별을 복사해서 선을 따라 17조각으로 오린 후 이 조각들을 재배열해서 크기와 모양이 같은 십각형 4개를 만들어 보라. 모든 도형 분할 문제 중에서 별 모양 분할 변형 문제가 가장 흥미롭다. 별 모양을 조각의 수가 최소가 되도록 분할하면 그 대칭과 아름다움에 감탄하게 된다.

도형 채우기

크 정사각형 안에 작은 정사각형 여러 개를 놓는다고 해보자. 작은 사각형끼리 겹치지 않게 하려면 큰 정사각형은 한 변이 최소 얼마여야 하는가? 작은 정사각형을 비스듬히 놓을 수 없다면 문제는 쉽게 풀 수 있다. 만일 비스듬히 놓는 경우를 포함한다면 문제가 더 복잡해지겠지만, 반대로 더 쉽게 풀 수 있는 방법도 생긴다.

작은 정사각형의 수가 1개에서 4개일 때에는, 비스듬히 넣는 것과 똑바로 놓는 것의 차이점이 없다. 즉, 비스듬히 놓아도 아무런 이점이 없다. 5개일 때에는 똑바로 놓으려고 하면 큰 정사각형의 한 변은 작은 정사각형의 3배가 되어야 한다. 그런데 5개를 비스듬하게 넣으면 큰 정사각형의 한 변은 작은 정사각형의 2.828배면 된다. 또 만일 정중앙의 조각만 비스듬하게 넣으면 훨씬 경제적이어서 한 변이 2.707배 크기의 정사각형에 작은 정사각형 5개가 모두 들어간다.

n=6, 7, 8, 9면 똑바로 놓았을 때와 차이점이 없지만, 10개를 넣을 때에는 똑바로 놓는 것보다 비스듬히 놓는 것이 더 낫다. 그러나 이 배열이 가장 경제적인지는 증명되지 않았다.

큰 도형에 작은 도형을 넣는 문제는 많지만 대부분 어렵다. 특히 패턴 없이 배열하게 되는 경우는 더 어렵게 된다. 그 대표적인 예가 평면을 원으로 채우는 것이다. 이를 3차원으로 확대하여 공간을 구로 채우면 문제가 더 어려워진다. 어떤 도형을 채울 때 그 안에 들어가는 작은 도형을 패턴 있게 배열하는 가장 경제적인 방법은 이미 알려져 있다.

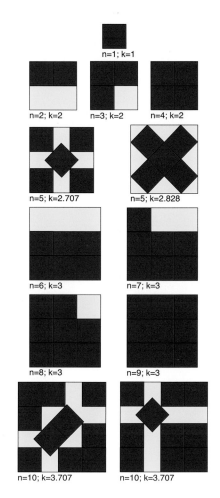

정사각형 배열하기

1개에서 10개까지의 정사각형을 큰 정사각형 안에 넣는 가장 경제적인 방법이다.

정사각형 넣기

크 기와 모양이 같은 빨간색 정사각형 11개를 노란색 정사각형에 넣어야 한다. 빨간색 정사각형과 노란색 정사각형의 한 변의 비는 1:3.877083이다. 빨간색 정사각형은 노란색 정사각형 밖으로 나가서도 안 되며 빨간색 정사각형끼리 겹쳐서도 안 된

다. 어떻게 배열해야 11개의 빨간색 정사각형 모두를 노란색 정사각형 안에 넣을 수 있을까?

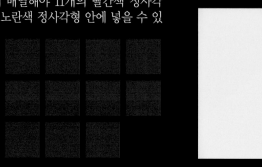

PLAYTHINK 481

난이도: ●●●○○○○○○
준비물: ✏🖊📄✂
완성여부: □   시간:____

사라진 연필

오른쪽 그림에 빨간 연필 7자루와 파란 연필 6자루가 있다. 점선을 따라 그림을 자르고, 선 아래의 왼쪽 조각과 오른쪽 조각의 자리를 바꾼다. 어떤 그림이 될까?

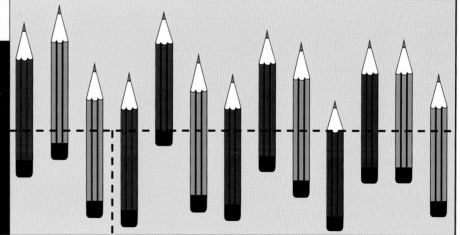

PLAYTHINK 482

난이도: ●●●●●●●○○
준비물: ✏📄✂
완성여부: □   시간:____

십이점별 모양 1

십이점별 모양을 24조각으로 나누었다. 이 조각들을 재배열해서 작은 십이점별 모양 3개를 만들어 보라.

PLAYTHINK 483

난이도: ●●●●●●●○○
준비물: ✏📄✂
완성여부: □   시간:____

십이점별 모양 2

아래의 십이점별 모양을 복사해서 선을 따라 24조각으로 오린 후, 이 조각들을 재배열하여 작은 십이점별 모양 3개를 만들어 보라.

PLAYTHINK 484

난이도: ●●●●○○○○○
준비물: ✏📄✂
완성여부: □   시간:____

직사각형 분할

오른쪽의 7×5칸 직사각형이 8조각으로 나뉘어져 있다. 눈으로만 보고 각 조각의 크기를 칸으로 나타내라. 빨간색 조각의 넓이와 나머지 조각의 넓이의 총합 중 어느 것이 더 클까?

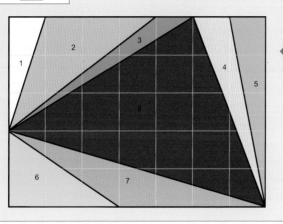

완전 정사각형과 직사각형

1934년 헝가리의 수학자 폴 에르도스가 정사각형이나 직사각형을 모두 크기가 다른 작은 정사각형으로 나누는 문제를 생각했다.

이것이 가능한 정사각형이나 직사각형인 경우는 '완전하다'고 하고, 같은 크기의 정사각형이 하나라도 나오는 경우는 '불완전' 하다고 한다. 그는 연구 끝에 완전 직사각형은 가능하지만 완전 정사각형은 불가능하다고 결론을 내렸다.

그 이후 한동안 에로도스의 결론이 사실인 것 같았지만, 어떤 수학팀이 완전 정사각형을 발견하게 되었다.

그래서 연속적인 수 24개로 구성된 이 정사각형을 최소 완전 정사각형으로 생각했다.

그러나 1978년에 독

일의 수학자 뒈베스텐이 21개로 된 완전 정사각형을 발견하면서 그 기록이 깨졌다.

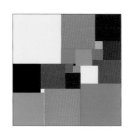
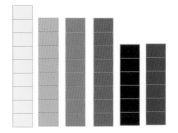

PLAYTHINK **485**	난이도:●●●●●●○○○ 준비물: ◉ ✎ ▯ ✄ 완성여부:□ 시간:_____

최소 완전 직사각형

서로 다른 크기의 정사각형 조각으로 나누어지는 직사각형을 완전 직사각형이라 한다. 현재 발견된 최소 크기는 아래처럼 9조각으로 나누는 것으로, 변의 길이가 각각 1, 4, 7, 8, 9, 10, 14, 15, 18 이다. 이 정사각형 9개로 큰 직사각형 1개를 만들어 보라.

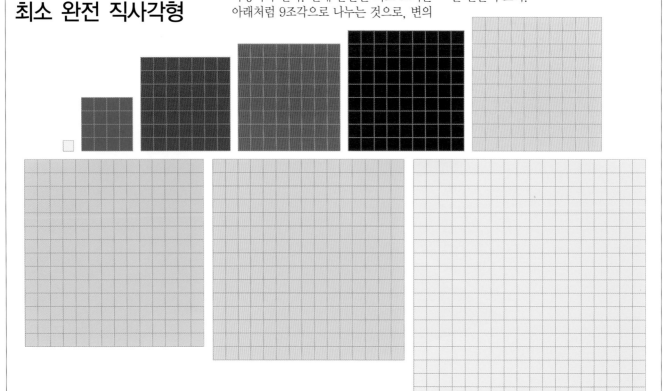

신기한 우연

지금까지는 조각을 똑같은 도형, 원, 정사각형으로 나누는 문제를 풀었다. 이제는 모양이 다른 조각으로 나누는 경우를 생각해보자. 이때 한 변이 1, 2, 3, 4⋯ 로 연속되는 정사각형이 머릿속에 떠오를 수 있다. 과연 이런 식으로 나눌 수 있는 큰 정사각형이 있을까?

큰 정사각형을 작은 정사각형 조각으로 완전히 채우려면, 작은 조각을 기울이지 않고 똑바로 놓아야만 한다. 그러면 큰 정사각형의 한 변은 정수이며, 작은 조각의 넓이 합은 완전제곱수라는 것을 알게 된다.

이 조건을 만족하는 연속한 정수를 찾아보면 다음과 같다.

$$1^2 + 2^2 + 3^2 + 4^2 + \cdots + 24^2 = 4,900 = 70^2$$

사실은 이 경우가 연속된 정수의 제곱합이 다시 완전제곱이 되는 유일한 예이다.

정사각형 안의 24개 정사각형

한변이 1에서 24까지 연속된 정수인 정사각형 24개가 있다. 이 정사각형의 넓이를 모두 더하면 4,900인데, 이는 다시 70×70인 정사각형으로 표현된다. 24개 정사각형 모두를 겹치지 않게 배열해서 70×70 정사각형 판을 모두 덮을 수 있을까? 오른쪽에 19에서 24까지의 정사각형은 이미 자리에 놓여있다. 연속된 정수의 제곱합이 완전제곱이 되는 수 중 문제의 24보다 더 작은 경우도 있을까?

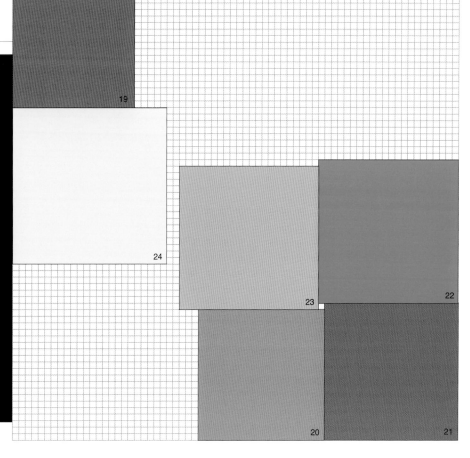

완전 정사각형

크기가 모두 다른 정사각형 조각으로 나누어지는 정사각형을 완전 정사각형이라고 한다. 이 때 모든 정사각형 조각의 한 변은 정수여야 한다. 지금까지 알려진 가장 작은 완전 정사각형은 한 변이 2, 4, 6, 7, 8, 9, 11, 15, 16, 17, 18, 19, 24, 25, 27, 29, 33, 35, 37, 42, 50이다. 이 정사각형 21개로 한 변이 112인 완전 정사각형을 만들면 오른쪽처럼 된다.

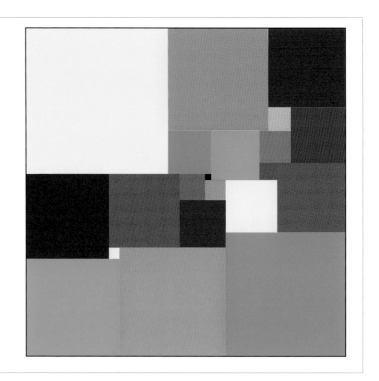

PLAYTHINK
487
난이도: ●●●●●○○○○○
준비물: ✏
완성여부: □   시간:_____

불완전 정사각형 1

정사각형이 크기가 모두 다른 작은 정사각형 조각으로 나누어지는 것을 완전 정사각형이라 한다. 반대로, 작은 정사각형 중 같은 크기가 1개라도 있는 것을 불완전 정사각형이라고 한다. 예를 들어, 3×3 정사각형은 총 6조각(1×1 조각 1개, 2×2 조각 5개)으로 나눌 수 있다. 4×4 정사각형은 총 8조각(3×3 조각 1개, 1×1 조각 7개)으로 나눌 수도 있지만, 조각의 수를 최소로 하려면 4조각(2×2 조각 4개)로 나누어야 한다.

일반적으로, 한 변의 길이가 짝수인 정사각형은 불완전 정사각형이 되기 쉽다. 한 변의 길이가 홀수인 경우는 훨씬 파악하기 어렵다. 다음을 한번 살펴보자. 오른쪽에 한 변의 길이가 각각 11, 12, 13, 14인 정사각형이 있다. 이것을 조각의 개수가 최소인 불완전 사각형으로 나누어라.

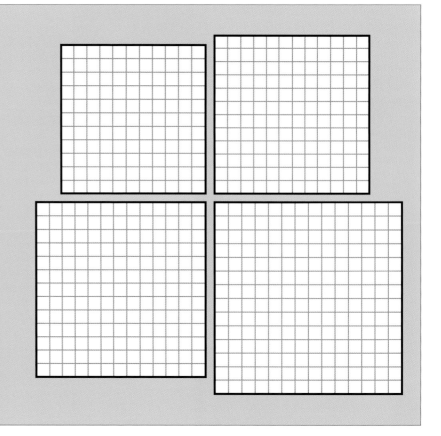

PLAYTHINK 488

난이도: ●●●●●○○○○
준비물: ✏️ ✎
완성여부: ☐　　시간:＿＿＿

정사각형의 빈칸

아래에 있는 V자 조각 5개를 겹치지 않게 4×4 정사각형 판을 채우려고 하면, 항상 조각이 없는 빈칸이 하나 생긴다. 이를 잘 살펴보면, 조각 1개는 3칸을 덮고, 5개로는 15칸을 덮기 때문에 16칸짜리 정사각형 판에 항상 1칸이 빌 수밖에 없다. 그렇다면 그 빈칸의 위치는 정사각형 판의 어디에나 생길 수 있는 것일까?

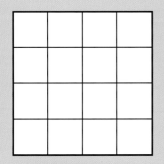

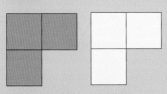

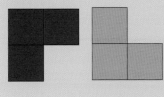

PLAYTHINK 489

난이도: ●●●●●○○○○○
준비물: ✏️ ✎
완성여부: ☐　　시간:＿＿＿

불완전 정사각형 2

정사각형 15개로 그림처럼 13×13 불완전 정사각형을 만들었다. 이 중 5×5인 빨간색 정사각형을 제외하면, 나머지 정사각형으로 12×12인 완전 정사각형을 만들 수 있을까?

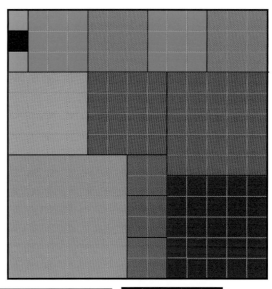

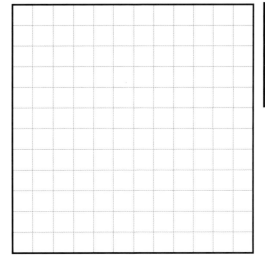

PLAYTHINK 490

난이도: ●●●●●○○○○○
준비물: ✏️ ✎
완성여부: ☐　　시간:＿＿＿

삼각형이 필요할까?

불완전 정삼각형

한 칸이 1인 삼각격자에 한 변이 11칸인 큰 정삼각형 1개를 그렸다. 이 삼각형을 한 변의 길이가 모두 정수인 작은 정삼각형으로 분할하려고 한다. 큰 정삼각형을 완전히 덮으려면 최소 몇 개의 작은 정

PLAYTHINK
491
난이도:●●●●●○○○○○
준비물: ✏ ✎
완성여부:□　　시간:＿＿＿

컬러 그래프

아래에 있는 1×1칸으로 만든 컬러 그래프 10개를 합하면 총 60칸이다. 컬러 그래프 아래에는 길이가 1×20인 빈 그래프가 3개 있다. 컬러 그래프 10개를 이용해 빈 그래프 3개를 채워 보라. 단, 컬러 그래프는 자르지 말고 그대로 사용해야 하며, 빈 그래프의 칸을 넘어서도 안 된다.

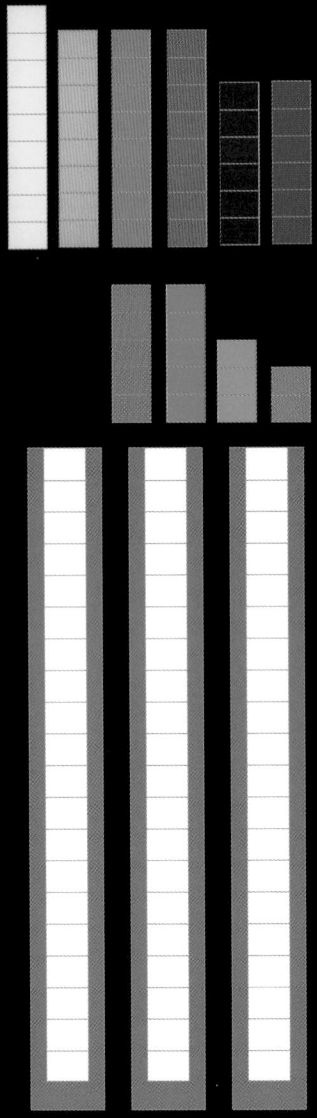

PLAYTHINK
492
난이도:●●●●●○○○○○
준비물: ✏ ✎
완성여부:□　　시간:＿＿＿

포문 1

도미노처럼 변의 비율이 2:1인 블록을 이용한 문제가 많다. 이 문제에서는 구멍의 수가 최대가 되도록 블록을 배열한다. 오른쪽의 8×4 격자판 위에 1×1 구멍이 8개 생기도록 10개의 2×1 도미노 블록을 알맞게 배열해 보라.

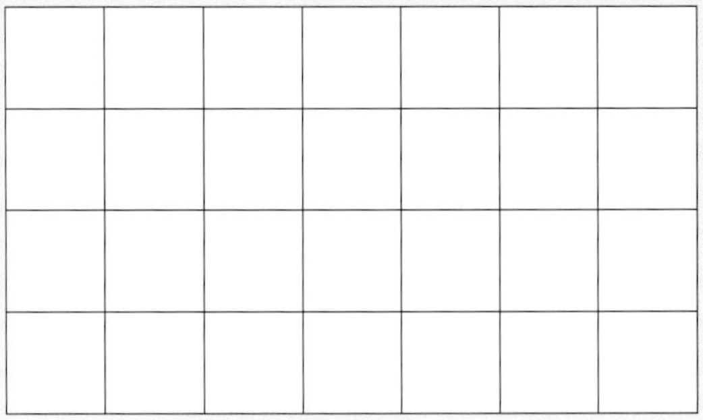

PLAYTHINK
493
난이도:●●●●○○○○○○
준비물: ✏ ✎
완성여부:□　　시간:＿＿＿

포문 2

8×4 격자판 위에 10개의 구멍이 생기도록 11개의 도미노를 알맞게 배열해 보라.

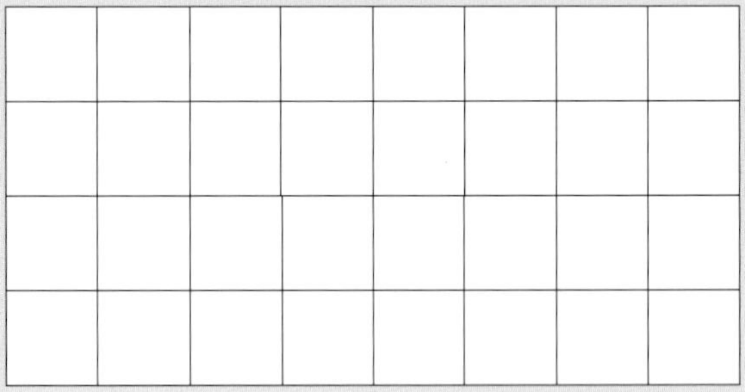

PLAYTHINK
494
난이도:●●●●●○○○○
준비물: ✏ ✎
완성여부:□　　시간:＿＿＿

포문 3

8×5 격자판 위에 12개의 구멍이 생기도록 14개의 도미노를 알맞게 배열해 보라.

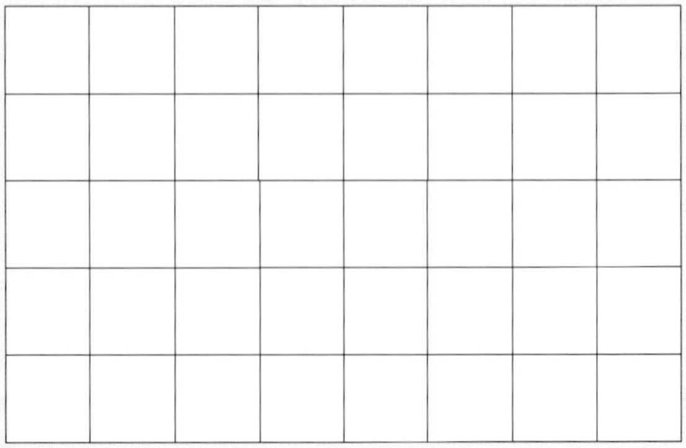

PLAYTHINK 495

난이도:●●●●●○○○○
준비물: ✏️🖊️
완성여부:□   시간:_____

포문 4

10×8 격자판 위에 26개의 구멍이 생기도록 27개의 도미노를 알맞게 배열해 보라.

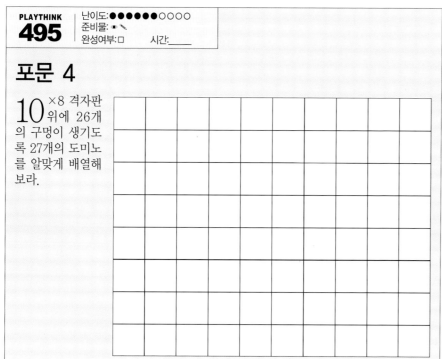

PLAYTHINK 496

난이도:●●●●●○○○○
준비물: ✏️🖊️📋✂️
완성여부:□   시간:_____

정육각형 채우기

왼쪽과 같은 모양의 도형 2개를 각각 6개씩 이용하여 아래의 정육각형을 모두 채워 보라.

사라진 조각

일반적으로 눈속임이나 착시 현상은 그 비밀이 금방 눈에 띄기 마련이다. 그러나 '기하학적 패러독스'라고 알려진 이미지는 너무 정교해서 계속 속게 되고 설명을 들은 후에도 신기해한다.

기하학적 패러독스란 총 길이나 면적을 분할하여 재배열하는 것과 관련된 문제로서, 퍼즐 천재인 마틴 가드너는 이 현상을 숨겨진 분할이라고 불렀다.

우리 눈은 변화를 빨리 파악하지 못 하기 때문에 눈앞에서 사라진 후에도 원래 있던 것처럼 보인다. 따라서 재배열한 조각들 사이에 공간이

아주 조금 있어도 알아채지 못하며, 원래 도형과 재배열한 도형의 넓이나 길이가 같다고 생각한다.

미국의 퍼즐 작가인 샘 로이드는 이런 문제 중 유명한 '지구를 떠나라' 퍼즐을 제작했다. 1896년에 만든 최초의 문제는 디스크 2개가 공통 중심에 나란히 붙어있는 것이었다. 한 쪽 방향에서 보면 지구 위에 서 있는 전사 13명이 부분적으로 보인다. 하지만 위의 디스크가 살짝 회전하면 곧 전사들이 사라져서 보이지 않는다. 캐나다의 마술사인 멜빌 스토버를 비롯한 많은 사람들이 이 현상을 이용해 사람들을 신기하게 만들었다.

PLAYTHINK 497

난이도: ●●●●●●○○○
준비물: ●
완성여부: □ 시간:_____

삼각형 안의 직사각형

직 각이등변삼각형 안에 부분적으로 정사각형이나 직사각형을 채워 넣었다. 눈으로만 보고서 빈 곳(검정색)의 면적이 가장 적은 직각이등변삼각형을 말해보라.

PLAYTHINK 498

난이도: ●●●●●●○○○
준비물: ✎ ＼
완성여부: □ 시간:_____

불완전 평행사변형

19 ×20 평행사변형이 삼각형 격자로 나누어져 있다. 이 평행사변형을 격자를 따라 정삼각형 13개로 나누어 보라. 이 때 크기가 같은 정삼각형이 적어도 2개 있어야 한다.

PLAYTHINK 499

난이도: ●●●●●●○○○
준비물: ● ＼ ▤ ✂
완성여부: □ 시간:_____

비교불가 직사각형

아 래에 있는 서로 다른 직사각형 7개로 커다란 직사각형 1개를 만들어 보라.

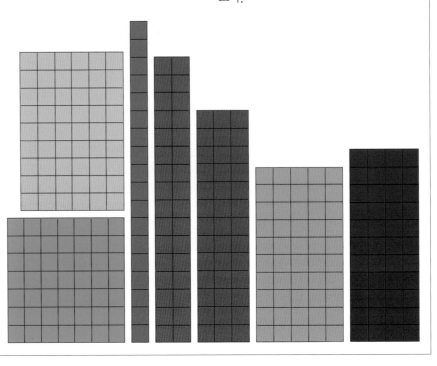

폴리오미노

도미노는 단위 정사각형 2개를 한 변이 접하도록 붙이고 각각의 정사각형에 점을 찍어 만들었다. 수학자들은 이 기본 도미노에 단위 정사각형을 연속적으로 붙여서 더 복잡한 조각을 만들어 냈다. 3개를 붙인 것을 트로미노라 하고 4개를 붙인 것을 테트로미노라고 하며, 이처럼 최소한 1개의 변을 공유하도록 정사각형 여러 개를 붙인 조각 전체를 폴리오미노라고 불렀다.

1907년에 최초로 폴리오미노 문제가 등장했으며 엄청난 인기를 끌었다. 폴리오미노가 수학 교육용으로 널리 사랑을 받은 데에는 솔로몬 골롬과 마틴 가드너 두 사람의 역할이 매우 컸다. 솔로몬 골롬이 1953년 폴리오미노라는 조각을 만들었으며, 마틴 가드너는 재미있는 폴리오미노 문제와 게임을 많이 제작해 알렸다.

제한된 수의 단위 정사각형으로 만들 수 있는 서로 다른 폴리오미노를 생각해 보자. 도미노는 1가지, 트로미노는 2가지, 테트로미노는 5가지, 펜토미노와 헥소미노는 12가지씩 있다. 그 이상은 숫자가 급격히 증가하여 헵토미노는 108가지, 옥토미노는 369가지가 있다.

난이도:●●●●○○○○○○
준비물: ◉ ✎
완성여부:□　　시간:＿＿＿

폴리오미노

1개에서 4개까지의 정사각형을 최소 한 변이 접하도록 붙이는 서로 다른 방법은 아래처럼 9가지가 있다. 정사각형 5개를 같은 방식으로 연결하여 만들 수 있는 서로 다른 모양을 모두 찾아보라.

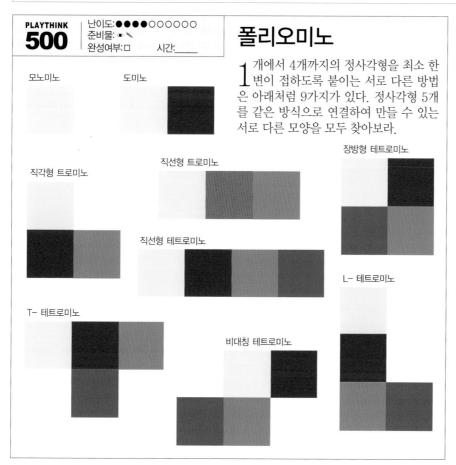

모노미노

도미노

직각형 트로미노

직선형 트로미노

장방형 테트로미노

직선형 테트로미노

L- 테트로미노

T- 테트로미노

비대칭 테트로미노

난이도:●●●●○○○○○
준비물: ◉ ✎ 📄 ✂
완성여부:□　　시간:＿＿＿

테트로미노

아래에 있는 테트로미노 5가지 중 하나씩만 4×4 격자 위에 놓는다. 서로 다른 배열 방법은 몇 가지가 있을까? 단, 회전이나 반사로 같은 모양이 나오면 하나로 본다.

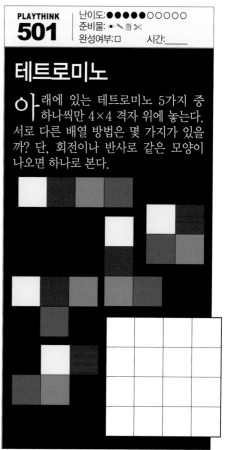

PLAYTHINK 502

난이도:●●●●○○○○○
준비물: ✏
완성여부:□　　시간:____

항공모함

고전적인 전함 문제는 배 10척을 서로 접하지 않도록 10×10 격자판에 배열하는 것이다. 배 10척은 종류별로 크기가 1×1인 잠수함 4척, 2×1인 구축함 3척, 3×1인 순양함 2척, 4×1인 항공모함 1척이다. 배끼리는 변은 물론 꼭짓점에서도 접해서는 안 된다. 이 문제에서도 같은 조건을 적용한다. 격자판에 항공모함(4×1)을 놓을 수 없도록 나머지 배 9척을 알맞게 배치해 보라.

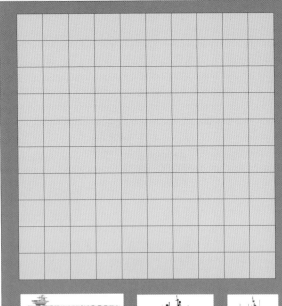

PLAYTHINK 504

난이도:●●●●○○○○○
준비물: ✏
완성여부:□　　시간:____

삼각형 맞추기

오른쪽의 빈 공간을 그 아래의 컬러 도형으로 겹치지 않게 채운다. 도형 몇 개가 필요할까?

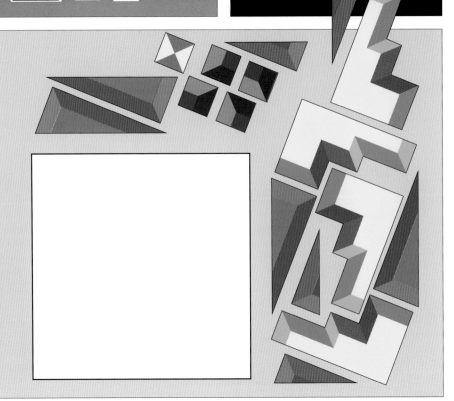

PLAYTHINK 503

난이도:●●●●●●●○○
준비물: ✏ 📄 ✂
완성여부:□　　시간:____

미스트릭스: 사라지는 정사각형

모든 사람이 당신을 바라보고 있는 도중에 당신이 갑자기 사라진다. 그런데 아무도 그 사실을 모르는 것이 가능할까? 속임수나 최면 없이 도형을 이용해 그런 마술을 펼쳐보자.

우선 오른쪽의 17조각을 복사해서 오리고, 그 조각들로 흰색 정사각형을 완전히 채워라. 그런 후, 녹색과 노란색으로 칠해진 작은 정사각형 조각 1개를 뺀다. 나머지 조각들로 다시 흰색 정사각형을 채워라. 이 문제를 완성하면 조각의 배열 패턴이 매우 유사하다는 것을 알게 된다. 조각 1개를 뺐는데도 어떻게 이런 일이 가능할까?

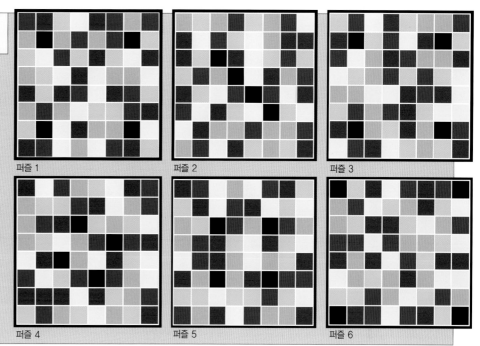

PLAYTHINK
505
난이도:●●●●●○○○○
준비물: ● ◣ 🗎 ✂
완성여부:□　　시간:____

펜토미노 퍼즐 1-6

제 508번에 있는 컬러 펜토미노 12개가 오른쪽의 1에서 6번까지 퍼즐에 모두 있다. 검정색 칸은 펜토미노가 없는 칸이다. 각각의 퍼즐에서 펜토미노 12개를 모두 찾아보라. 펜토미노가 회전된다는 것을 유념하라.

퍼즐 1　　퍼즐 2　　퍼즐 3

퍼즐 4　　퍼즐 5　　퍼즐 6

PLAYTHINK
506
난이도:●●●●●●○○○
준비물: ● ◣ 🗎 ✂
완성여부:□　　시간:____

T조각

T조각은 단위 정사각형의 변을 붙여서 만든 대칭형 도형이다. 제일 작은 T조각은 정사각형 4개로 만든다. 4개 중 1개를 정중앙에 놓고 나머지 3번에 조각을 1개씩 붙인다. 이 3조각에 정사각형 조각을 1개씩 더 붙이면 더 큰 T조각을 만들 수 있다. 즉, 일직선에 놓인 조각 2개의 양 끝에 각각 1조각씩 붙이거나, 정중앙에서 수직인 조각에 1개를 더 붙이면 대칭형 도형이 된다.

모두 다른 형태의 T조각 12개를 한 세트라 할 때, 오른쪽에 있는 세트가 최소이다. 15×15 격자판에 이 12개를 모두 놓되 조각끼리 서로 겹치지 않도록 하라.

오른쪽의 작은 보기는 단위 정사각형 13개로 만든 T조각을 둘 수 없어서 실패한 경우이다.

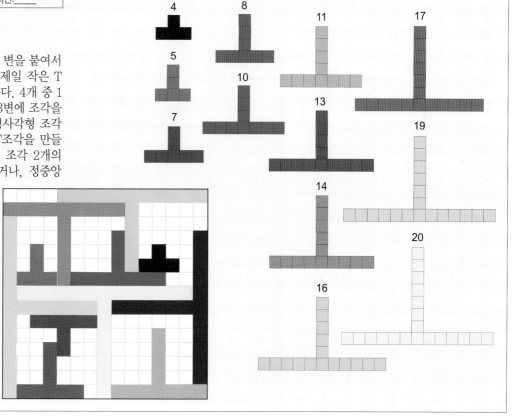

PLAYTHINK 507

난이도: ●●●●○○○○○○
준비물: ✏
완성여부: □　　시간: _____

레플리-폴리곤

아래의 작은 조각으로 오른쪽 모눈종이를 모두 채우려면 몇 개의 조각이 필요할까?

PLAYTHINK 508

난이도: ●●●●●○○○○○
준비물: ✏📄✂
완성여부: □　　시간: _____

펜토미노 컬러게임

기본 펜토미노에 색을 칠하여 만든 2인용 게임이다. 오른쪽에 정중앙 4조각(검정색 칸)이 막힌 모눈종이가 있고, 그 아래에 컬러 펜토미노 12조각이 있다. 선수가 번갈아가며 컬러 펜토미노를 이 모눈종이에 놓되, 같은 색깔인 정사각형과 최소한 한 변이 닿도록 해야 한다. 규칙에 따라 조각을 놓은 마지막 선수가 이긴다. 이 게임은 색깔이 같은 펜토미노 조각을 만들도록 변형시켜 할 수도 있다.

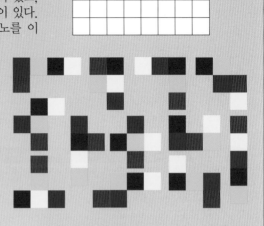

PLAYTHINK 509

난이도: ●●●●○○○○○○
준비물: ✏
완성여부: □　　시간: _____

정 테셀레이션

정테셀레이션이란 평면을 빈틈이나 겹침없이 채우는 것이다. 정다각형은 정삼각형에서부터 원에 이르기까지 무한하며, 원은 변의 개수가 무한한 것으로 보면 된다. 정다각형 중 테셀레이션을 할 수 있는 것은 몇 개나 될까?

PLAYTHINK 510

난이도: ●●●●○○○○○○
준비물: ✏
완성여부: □　　시간: _____

물고기 먹이사슬

작은 물고기는 큰 물고기에게 잡아먹히고, 큰 물고기도 더 큰 물고기에게 잡아먹힌다. 중간 크기의 물고기를 노랑, 녹색, 빨강의 제일 작은 물고기로 겹치지 않게 채워 넣으면 몇 마리가 들어갈까? 같은 방법으로 큰 물고기를 중간 물고기로 채워 넣으면 몇 마리가 들어갈까? 제일 작은 물고기는 총 81마리가 있다. 제일 큰 물고기 안에 모두 들어갈 수 있을까?

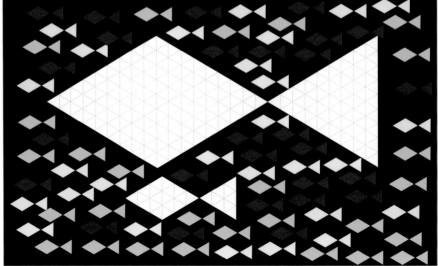

숫자

9

숫자와 수열

간단한 수학 공식만으로도 자연현상을 설명할 수 있다. 자연의 수학적 특징은 분할 도형, 원소 주기율표, 나선형, 황금비율 등에서 잘 나타난다. 사실, 수학이란 학문은 자연현상을 설명하기 위한 목적으로 만들어진 것이 아니다. 그럼에도 여러 가지 자연현상이 대부분 간단한 수학 공식으로 설명되는 이유는 자연이 본질적으로 수학적인 특징을 가지고 있기 때문이다.

숫자는 또한 물체를 글이나 말로 간단히 표현하기 위한 상징이기도 하다. 인류 초기에 이미 사람들은 손가락을 보여주며 "난 이만큼을 원해."라고 말하는 것보다 "난 5개를 원해."라고 하는 것이 더 쉽다는 것을 알았다. 특히 표현하고자 하는 숫자가 손가락이나 발가락의 개수를 넘으면, 이처럼 숫자로 표현하는 것이 훨씬 효과적이라는 것을 알게 되었다.

숫자가 의미와 패턴을 나타내기도 한다. 숫자는 대부분 개별단위로 사용될 때가 많지만, 수열을 이룰 때도 있다. 그래서 이를 통해 쉽게 전체 패턴을 파악할 수 있다. 이런 특징 때문에 수학자와 과학자들은 오랫동안 수열을 통해 자연계에서 발견되는 패턴을 해석해왔고, 그 대표적인 예로 유명한 피보나치수열(551번 참고)을 꼽을 수 있다. 수많은 자연현상이 피보나치수열로 설명되기 때문에 학자들은 이를 순수한 수학적 창조물이라 평가하고 있다.

이렇듯이, 예전에는 수학이란 학문을 숫자의 학문으로만 생각했지만, 이제는 숫자를 비롯하여 색깔, 모양 등으로 표현된 패턴의 과학으로 정의한다. 수열은 가장 간단한 패턴으로 특정한 순서에 따라 숫자를 나열한 것이다. 급수는 이보다 조금 더 복잡한 패턴으로 수열에 있는 숫자를 더한 것이다. 이렇게 수열이나 급수에 있는 패턴을 파악함으로써 이후의 나올 숫자를 예측하는 것이 가능하다. 하지만, 그전에 물체가 어떻게 구성되어 있는지 알아야만 그 패턴을 파악할 수 있고 예측할 수 있다.

PLAYTHINK **511**	난이도:●●●●●○○○○○
	준비물: ✐ ✎
	완성여부:□ 시간:___

테트락티스

테트락티스를 구성하는 10개의 물체마다 아래처럼 0에서 9까지 숫자를 적어라. 반사나 회전을 제외하면 물체들의 배열이 다른 경우는 몇 가지나 있을까?

PLAYTHINK **512**	난이도:●●●●●○○○○
	준비물: ✐ ✎
	완성여부:□ 시간:___

삼각수

삼각수는 물체를 정삼각형으로 쌓아 올려 만든다. 즉, 처음에 물체 1개를 두고 그 아래에 물체 2개를, 다시 그 아래에 물체 3개의 두는 방법으로 만들어 간다. 이 중에서 4번째 삼각수인 10은 피타고라스학파가 테트락티스라 일컬으며 신성하게 여긴 수이다. 삼각형의 패턴에 특별한 점은 무엇이며, 18번째 삼각수에 있는 물체의 개수는 몇 개일까?

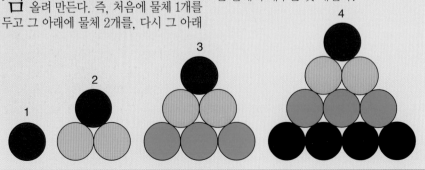

PLAYTHINK 513

난이도: ●●●●●○○○○
준비물: ✎
완성여부: □ 시간: _____

여섯 개의 9

숫자 9를 6번 사용하여 100을 표현하라.

PLAYTHINK 514

난이도: ●●●●●○○○○
준비물: ✎
완성여부: □ 시간: _____

육각수

1번째부터 4번째까지의 육각수인 1, 7, 19, 37이 순서대로 그려져 있다. 이 연속된 육각수의 특징을 파악하여 5번째 육각수를 예측하라.

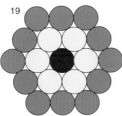

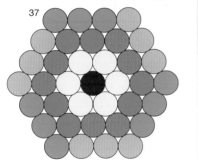

PLAYTHINK 515

난이도: ●●●○○○○○
준비물: ✎
완성여부: □ 시간: _____

제곱수

제곱수는 같은 숫자를 2번 곱한 수이다. 아래에 1번째부터 6번째 제곱수까지 그림으로 나타냈다. 연속된 제곱수의 특징을 파악하여 7번째 제곱수를 예측하라.

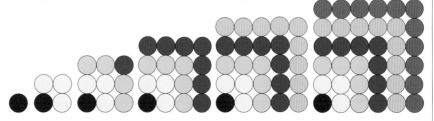

PLAYTHINK 516

난이도: ●●●●○○○○○
준비물: ✎
완성여부: □ 시간: _____

삼각수-사각수

제일 오른쪽 그림에 동그라미를 이용하여 7번째 사각수인 49를 나타냈다. 각각의 사각수가 연속한 두 삼각수의 합이라면, 49는 어떤 두 삼각수의 합일까?

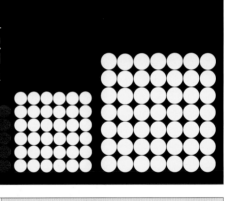

PLAYTHINK 517

난이도: ●●●●○○○○○
준비물: ✎
완성여부: □ 시간: _____

삼각수-홀수 사각수

디오판타스 해석은 수이론 분야 중 다각수를 연구하여 부정방정식 해법을 연구하는 학문이다. 이 해석에 따르면 홀수 사각수는 삼각수를 8배 한 수에 1을 더한 것과 같다고 한다. 그렇다면 121개의 물체가 가로×세로에 11×11개로 배열되어 있는 11번째 사각수는 어떤 삼각수로 만들어질 수 있을까?

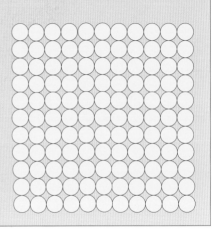

PLAYTHINK 518

난이도:●●●●●●○○○
준비물: ✎
완성여부:□　시간:＿＿＿

입체 다각수

평면 다각수에 대비되는 입체 다각수는 공을 3차원의 피라미드 모양으로 쌓아 만든다. 그러면 삼면 피라미드에서는 사면체 수가 나오고, 사면 피라미드에서는 사각뿔 수가 나오는데, 처음의 세 사면체수는 1, 4, 10이며, 처음의 세 사각뿔 수는 1, 5, 14이다. 이 두 종류의 입체 다각수의 차이점을 파악하여 각각 그 다음의 숫자들을 예측하라.

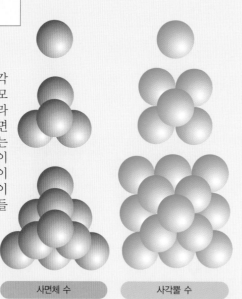

사면체 수　　　　사각뿔 수

PLAYTHINK 519

난이도:●●●○○○○○○
준비물: ✎
완성여부:□　시간:＿＿＿

양 숫자 세기

우측을 보는 양과 좌측을 보는 양 중 어느 것이 더 많을까? 눈으로 풀어 보라.

PLAYTHINK 520

난이도:●●●●○○○○○
준비물: ✎
완성여부:□　시간:＿＿＿

40 만들기

1에서 40까지의 숫자만을 생각한다. 그리고 더하거나 빼서 그 숫자를 만들 수 있는 두 수를 생각하라. 예를 들어 3은 1+2, 또는 4−1로 표현할 수 있다. 이런 식으로 1부터 40까지의 자연수를 모두 표현할 수 있는 숫자 4개를 찾아보라. 각 숫자는 단독으로 쓰여도 되고 다른 숫자와 +/−의 기호로 연결될 수 있다. 단, 같은 숫자를 1번만 사용하여 1에서 40까지의 수를 표현해야 한다.(5+5는 불가능하다.) 다음의 빈칸을 채우면서 찾아보라.

	=			=	
	=	1		=	21
	=	2		=	22
	=	3		=	23
	=	4		=	24
	=	5		=	25
	=	6		=	26
	=	7		=	27
	=	8		=	28
	=	9		=	29
	=	10		=	30
	=	11		=	31
	=	12		=	32
	=	13		=	33
	=	14		=	34
	=	15		=	35
	=	16		=	36
	=	17		=	37
	=	18		=	38
	=	19		=	39
	=	20		=	40

PLAYTHINK 521

난이도:●●●●●●○○○
준비물:✎
완성여부:□　　시간:＿＿＿

가우스 계산법

1783년, 독일의 어느 학교 수학시간에 선생님이 1에서 100까지의 자연수를 모두 더하는 문제를 냈다. 아이들이 계산 하는데 한참 시간이 걸릴 것이라고 생각 했던 선생님은 불과 6살의 카를 프리드리

히 가우스가 그 자리에서 금방 정답을 말 하자 매우 놀랐다. 후에 독일을 대표하는 수학자이자 과학자가 된 이 어린 가우스 는 수열 속에서 규칙을 찾아 문제를 푼 것 이다. 가우스는 이 문제를 어떻게 풀었을 까?

PLAYTHINK 522

난이도:●●●○○○○○○
준비물:✎
완성여부:□　　시간:＿＿＿

15 만들기

선수 2명이 하는 게임이다. 먼저 각자 녹색과 빨강색 중 자신의 색깔을 고 른 후, 번갈아가며 자신의 색깔로 숫자 1개

씩을 칠한다. 칠한 숫자의 합이 먼저 15가 되는 사람이 이기는 게임이다. 이 게임에 서 이기는데 가장 좋은 방법은 무엇일까?

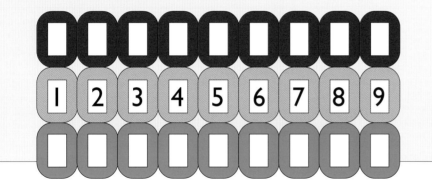

PLAYTHINK 523

난이도:●●●○○○○○○
준비물:✎✐
완성여부:□　　시간:＿＿＿

라그랑주 이론

모든 자연수가 정사각형 4개로 표현될 수 있다는 사실은 이미 널리 알려져 있다. 이것을 칸을 이용하면 더 쉽게 풀 수 있다. 아래 직사각형 2개는 각각 12칸, 15칸의 정사각형으로 만들었다. 각 직사각형을 정사각형 4개로 표현하라.

12

15

PLAYTHINK 524

난이도:●●●●○○○○○
준비물:✎✐
완성여부:□　　시간:＿＿＿

유리수와 무리수

고대 그리스 사람들은 길이나 넓이를 분자와 분모가 모두 자연수인 분수로 나타낼 수 있다고 믿었다. 심지어는 1.000390623과 같이 이상한 숫자 도 2,561/2,560으로 간단히 쓸 수 있다. 현재는 이처럼 정수가 아닌 분수로 나 타낼 수 있는 수를 유리수라 부른다. 피타고라스학파는 직각삼각형을 심도 있게 연구하면서 가장 간단한 직각이등 변삼각형의 빗변의 길이를 측정했다. 그런데 결과는 전혀 뜻밖이었다. 아래에 두 변의 길이가 1인 직각 이등변삼각형이 있다. 피타 고라스학파가 이 빗변의 길이를 정확히 잴 수 있었을까?

PLAYTHINK 525

난이도: ●●●○○○○○○
준비물: ✎
완성여부: □   시간:_____

말 숫자 세기

5마리 말은 1에서 5까지의 숫자를 의미하며, 말끼리는 선과 사칙연산의 기호로 연결되어 있다.

여러 가지 순서로 말을 연결할 수 있는데, 그 중 한 가지인 2×3+5÷1−4는 계산하면 7이 된다. 말을 어떻게 연결해야 결과가 최대가 될까? 단, 사칙연산은 연결 순서대로 계산한다. 잴 수 있었을까?

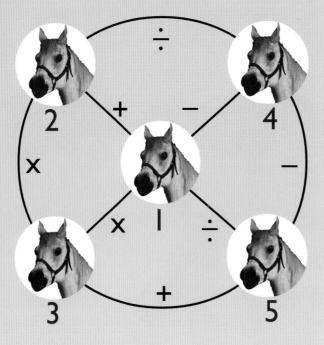

PLAYTHINK 528

난이도: ●●●●●○○○
준비물: ✎
완성여부: □   시간:_____

완전수

완전수는 자신의 수를 제외한 양의 약수(1포함)의 합으로 표현되는 수이다. 예를 들면, 6은 6을 제외하면 그 약수가 1, 2, 3인데, 이 약수를 모두 더하면 6이 되므로 완전수이다. 지금까지 발견된 완전수는 38개인데, 이 중 가장 작은 수는 6이다. 그 다음 완전수는 무엇일까?

$$1+2+3=6$$

PLAYTHINK 526

난이도: ●●●●○○○○
준비물: ✎
완성여부: □   시간:_____

홀수 합

홀수 5개를 더해서 100을 만들 수 있을까?
홀수 6개를 더해서 100을 만들 수 있을까?

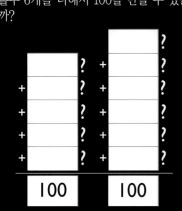

PLAYTHINK 527

난이도: ●●●●○○○○
준비물: ✎
완성여부: □   시간:_____

사과 따기

5명이 사과 5개를 따는 데 5초가 걸린다. 1분에 사과 60개를 따기 위해서는 몇 사람이나 필요할까?

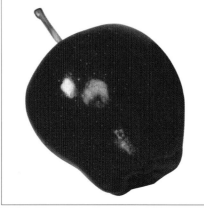

PLAYTHINK 529

난이도: ●●●●○○○○
준비물: ✎
완성여부: □   시간:_____

순서 정하기

아래의 컬러 블록 8개를 다음의 간단한 규칙에 따라 쌓아라.

1. 1쌍의 빨강 블록 사이에는 블록이 1개 있어야 한다.
2. 1쌍의 파랑 블록 사이에는 블록이 2개 있어야 한다.
3. 1쌍의 녹색 블록 사이에는 블록이 3개 있어야 한다.
4. 1쌍의 노랑 블록 사이에는 블록이 4개 있어야 한다.

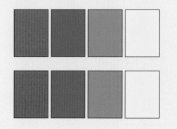

PLAYTHINK
530
난이도: ●●●●●○○○○
준비물: ● 📄 ✂
완성여부: □   시간:_____

숫자 띠

2인 기억력 게임

숫자를 기억하는 간단한 게임이다. 13개의 조각을 숫자가 적힌 앞면이 안 보이도록 뒤집고 순서를 섞어서 게임판의 제일 윗줄에 둔다. 1부터 시작해서 차례대로 그 숫자를 찾는 것이다. 선수 2명은 빨강과 녹색 중에서 자신의 색깔을 고른다. 그리고 차례대로 조각을 1개씩 골라 뒤집는다. 만약 조각의 수가 찾는 숫자와 일치하면 앞면이 위로 오게 조각을 뒤집고 맞힌 선수의 원 위에 둔다. 즉, 빨간색을 선택한 선수가 맞췄다면 빨간색 원 위에 조각을 두고, 녹색을 선택한 선수가 맞췄다면 녹색 원 위에 조각을 두는 것이다. 만일 고른 조각의 숫자가 맞지 않았으면 다시 조각의 앞면이 바닥을 향하도록 해서 제일 아래의 흰색 줄의 오른쪽부터 둔다. 맞는 조각을 고를 때마다 그 선수는 한 번 더 조각을 선택할 기회를 얻는다. 가장 많은 숫자를 맞춘 사람이 이긴다.

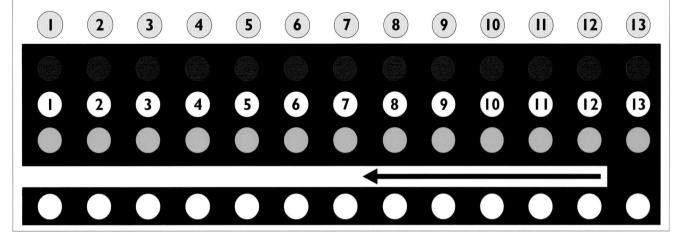

PLAYTHINK
531
난이도: ●●●●●○○○○
준비물: ● ✏
완성여부: □   시간:_____

숫자 쌍 게임

1에서 8까지의 숫자를 정사각형 안의 녹색이나 노란색 칸에 놓는다. 각 숫자는 가로줄이나 세로줄에 한 번씩만 나타나야 하며, 빨간색 칸은 빈칸으로 두어야 한다. 그리고 특정 숫자 쌍은 전체 정사각형 안에 한 번만 들어갈 수 있다. 예를 들면, 첫째 줄의 제일 처음 칸에 1-8의 숫자 쌍이 들어있기 때문에 1-8은 물론 8-1도 다시 사용할 수 없다. 첫 번째 가로줄과 첫 번째 세로줄은 맞춰져 있다. 나머지를 완성하라.

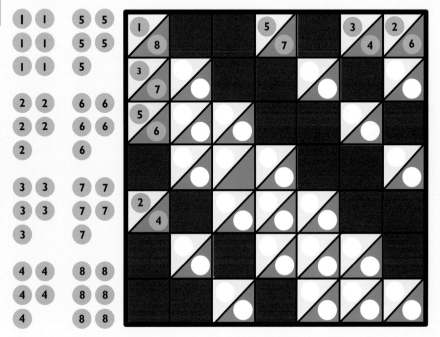

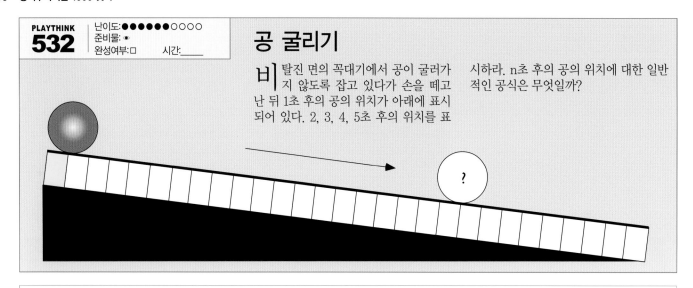

공 굴리기

비 탈진 면의 꼭대기에서 공이 굴러가지 않도록 잡고 있다가 손을 떼고 난 뒤 1초 후의 공의 위치가 아래에 표시되어 있다. 2, 3, 4, 5초 후의 위치를 표시하라. n초 후의 공의 위치에 대한 일반적인 공식은 무엇일까?

완전수

피 타고라스학파는 자신의 숫자를 제외한 양의 약수(1포함)의 합으로 표현되는 수를 완전수로 생각했다. 제일 작은 완전수는 6으로, 6을 제외한 약수가 1, 2, 3이며 이를 모두 더하면 6이 된다.

이러한 완전수는 몇 개 되지 않아서 12만 해도 자신을 제외한 약수인 1, 2, 3, 4, 6을 더하면 16이 되어 완전수가 되지 않는다. 사실상, 고대 그리스인들이 발견한 완전수는 6, 28, 496, 8,128로 총 4개뿐이었다. 이후 1460년에서야 5번째 완전수인 33,550,336이 발견되었다. 또 오일러는 1782년에 19자리나 되는 또 다른 완전수를 발견했다.

그러나 오늘날 우리가 알고 있는 많은 완전수는 유클리드 공식을 통해 발견한 것이다.

유클리드는 《원론elements》에서 2^n-1이 소수라면 $2^{n-1} \times (2^n-1)$이 완전수가 된다는 것을 증명했다. 그런데 유클리드의 공식을 이용하면 짝수 완전수만 나오며 홀수 완전수가 있는지는 확인할 수 없다. 그래서 10^{200}이상의 완전수가 있는지는 아직도 밝혀지지 않았다.

완전수에 대해 신기한 점이 여러 가지 있다. 우선, 지금까지 발견된 모든 완전수가 짝수이다. 또, 완전수의 끝자리 숫자도 미스터리이다. 지금까지 발견한 완전수는 모두 6이나 28로 끝나며 그 앞자리는 홀 수 이다. 발견된 완전수 23개의 끝자리는 6-8-6-8-6-6-8-8-6-6-8-8-6-8-8-8-6-6-6-8-6-6-6으로써 수학자들이 아직 풀지 못하는 수열 중 하나이다. 예를 들면, 이 수열을 왼쪽부터 3개씩 나누면 같은 숫자로만 된 부분은 없다. 이 수에 어떤 법칙이 있는 것일까 아니면 단순한 우연일까?

자신을 제외한 약수의 총합이 자신보다 작은 수를 부족수, 자신보다 큰 수를 과잉수라 부르는데, 첫 번째 과잉수는 120이다.

6

28

496

8,128

33,550,336

PLAYTHINK
533
난이도: ●●●●●○○○○○
준비물: ●
완성여부: □   시간: _____

차이 삼각형

여러 개의 원을 삼각형 모양이 되도록 배치하고 그 원 안에는 숫자를 넣는다. 이때, 각 숫자는 한 번씩만 쓰고, 빨간 선으로 연결된 아랫줄 원에는 그 윗줄에 있는 두 수의 차이를 넣는다. 예를 들면, 6과 4가 윗줄에 있으면 그 아래 원에는 2가 들어간다.

가장 작은 삼각형은 1에서 3까지의 수로 만들어진다. 왼쪽부터 차례대로 1에서 6, 1에서 10, 1에서 15까지의 숫자를 넣어 삼각형을 완성하라.

① ② ③ ④
⑤ ⑥ ⑦ ⑧
⑨ ⑩ ⑪ ⑫
⑬ ⑭ ⑮

③ ②
①

PLAYTHINK
534
난이도: ●●●●●○○○○○
준비물: ●
완성여부: □   시간: _____

무당벌레의 패턴

내 딸이 여러 마리의 무당벌레를 기르는데 빨간색 점이 있는 것이 8마리이고 점이 아예 없는 것도 1마리 있다. 전체 무당벌레 중 55퍼센트가 노란색 점을 가지고 있다면 무당벌레는 최소한 몇 마리일까?

PLAYTHINK
535
난이도: ●●●●●○○○○○
준비물: ●
완성여부: □   시간: _____

카드 여덟 장

아 래에 카드 8장이 세로로 두 줄로 배열되어 있다. 이 카드 중 2장만 자리를 바꾸어서 두 세로줄의 합이 같게 만들어 보라.

1   3
2   4
7   5
9   8

PLAYTHINK
536
난이도: ●●●●●●○○○○
준비물: ●
완성여부: □   시간: _____

신문 페이지 수

신 문을 보다가 그 중에서 한 페이지를 뽑아냈더니, 8페이지와 21페이지가 같은 면에 놓였다. 원래 신문은 몇 페이지까지 있었을까?

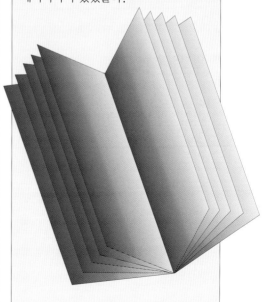

숫자카드

숫자카드 세트에서 각 숫자는 2번씩 나타나지만 각 숫자 쌍은 1번씩만 나타나야 한다.

가장 간단한 세트의 카드는 3장이다. 카드 1장에는 2개의 숫자가 있으며, 숫자 쌍은 1-2, 1-3, 2-3이다. 여기서 각 숫자는 2번씩 쓰였지만, 어느 2장의 카드를 비교해도 공통되는 숫자는 1개뿐이다. 카드가 4장이면 카드 1장에는 숫자가 3개씩 있고, 어느 2장의 카드를 비교해도 공통되는 숫자는 2개가 된다.

아래에 카드 세트가 각각 4, 5, 6장인 문제가 있다. 잘 풀어 보고 7장 카드 세트에는 왜 52개의 숫자가 필요한지 생각해 보라.

PLAYTHINK 537

난이도:●●○○○○○○○○
준비물:● ✎
완성여부:□ 시간:_____

숫자카드 1

1에서 6까지의 숫자로 만드는 카드 4장이 있다. 각 숫자는 2번씩 쓰되, 어떤 카드 2장을 비교해도 공통되는 숫자는 1개가 되도록 하라.

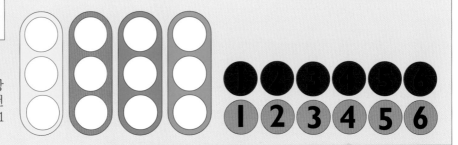

PLAYTHINK 538

난이도:●●●○○○○○○○
준비물:● ✎
완성여부:□ 시간:_____

숫자카드 2

1에서 10까지의 숫자로 만드는 카드 5장이 있다. 각 숫자는 2번씩 쓰되, 어떤 카드 2장을 비교해도 공통되는 숫자는 1개가 되도록 하라.

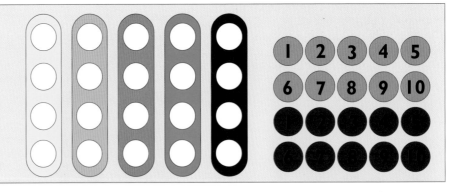

PLAYTHINK 539

난이도:●●●●○○○○○○
준비물:● ✎
완성여부:□ 시간:_____

숫자카드 3

1에서 15까지의 숫자로 만드는 카드 6장이 있다. 각 숫자는 2번씩 쓰되, 어떤 카드 2장을 비교해도 공통되는 숫자는 1개가 되도록 하라.

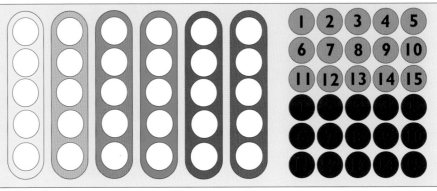

PLAYTHINK 540

난이도:●●●●○○○○○
준비물:● ✎
완성여부:□　시간:＿＿＿

합계 정사각형

아래에 세 자리 숫자 3개가 들어가
도록 칸 9개가 정사각형으로 배열
되어 있다. 1에서 9까지의 숫자를 한 번
씩만 써서 아래의 식이 성립하도록 만
들어 보라.

$$
\begin{array}{cccc}
 & 2 & 1 & 8 \\
+ & 4 & 3 & 9 \\
\hline
= & 6 & 5 & 7 \\
\end{array}
$$

PLAYTHINK 541

난이도:●●●●●○○○○
준비물:● ✎ ✄
완성여부:□　시간:＿＿＿

열자리 숫자

0에서 9까지의 숫자를 사용해서 만
들 수 있는 열자리 숫자의 개수는
몇 개일까? (단,
첫 째 자리가 0이
되면 안 된다.)

1,234,567,890

PLAYTHINK 542

난이도:●●●○○○○○○
준비물:● ✎
완성여부:□　시간:＿＿＿

프리즈 숫자패턴

아래 프리즈(Frieze)에 새겨진 숫자의
패턴을 자세히 보고 규칙을 찾아보
라. 중간에 있는 빨간색 선으로 만든 빈칸
에 들어갈 숫자는 무엇일까?

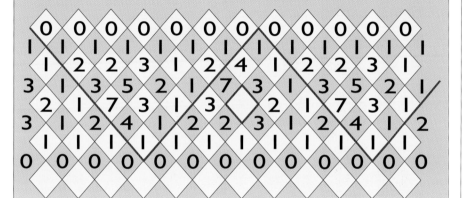

PLAYTHINK 543

난이도:●●●●●○○○○
준비물:● ✎
완성여부:□　시간:＿＿＿

숫자의 지속성

숫자의 특성 중 하나가 지속성이다.
예를 들어 723을 보면 각 자리의
숫자인 7, 2, 3을 곱하면 42가 되고, 다
시 4와 2를 곱하면 8이 된다. 이렇게 각
자릿수를 곱해서 한 자리 숫자가 되는
데 2단계가 필요하기 때문에 723의 지
속성은 2이다.
지속성 중 최소인 것은 얼마일까? 지속
성이 2, 3, 4인 수 중 최소인 수는 각각
무엇일까?

723

7x2x3=42

4x2=8

PLAYTHINK 544

난이도:●●●●○○○○○
준비물:● ✎
완성여부:□　시간:＿＿＿

연산 정사각형

1에서 9까지의 숫자를 사용해서 가로
와 세로의 연산이 모두 성립하도록
아래의 빈칸을 채워라.

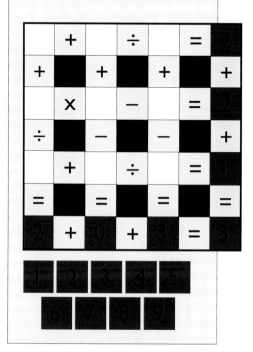

PLAYTHINK 545

난이도:●●●●○○○○○
준비물:● ✎
완성여부:□　시간:＿＿＿

숫자 매트릭스

다음의 매트릭스를 보고 빈칸을 채
워라.

1	1	1	1
1	3	5	7
1	5	13	25
1	7	25	?

PLAYTHINK 546

난이도: ●●●●●○○○○○
준비물: ✎
완성여부: □ 시간:_____

숫자 4의 마법

이 문제는 100년 전에 처음 제작된 후 지금까지 많은 응용문제가 만들어졌다.

숫자 4, 사칙연산 기호, 괄호를 사용해서 0에서 10까지의 자연수 모두를 만들어 보라. 숫자 4는 여러 번 사용할 수 있지만, 가장 간단한 방법으로 각 숫자를 만들어 보라.

PLAYTHINK 547

난이도: ●●●●○○○○○
준비물: ✎
완성여부: □ 시간:_____

합계 20

홀수 8개를 더해서 20을 만드는 방법은 11가지가 있다. 아래 빈칸을 모두 채워라.

+	+	+	+	+	+	+	=	**20**
+	+	+	+	+	+	+	=	**20**
+	+	+	+	+	+	+	=	**20**
+	+	+	+	+	+	+	=	**20**
+	+	+	+	+	+	+	=	**20**
+	+	+	+	+	+	+	=	**20**
+	+	+	+	+	+	+	=	**20**
+	+	+	+	+	+	+	=	**20**
+	+	+	+	+	+	+	=	**20**
+	+	+	+	+	+	+	=	**20**
+	+	+	+	+	+	+	=	**20**

PLAYTHINK 548

난이도: ●●●●●○○○○○
준비물: ✎
완성여부: □ 시간:_____

과녁 맞추기

정확히 100점을 만들기 위해서 필요한 화살의 개수는 몇 개일까?

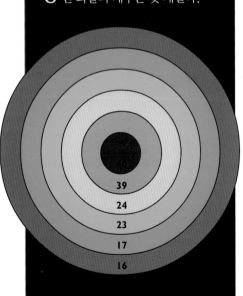

39
24
23
17
16

PLAYTHINK 549

난이도: ●●●●●●○○○○
준비물: ✎
완성여부: □ 시간:_____

숫자 띠 2

아래에 4칸짜리 띠가 색깔별로 7개 있다. 이 띠를 다시 배열해서 가로줄 4개가 수학적으로 참인 수식이 되도록 하라. 단, 필요시 기호만 적힌 띠(녹색, 하늘색, 분홍색)는 위아래를 뒤집을 수 있다.

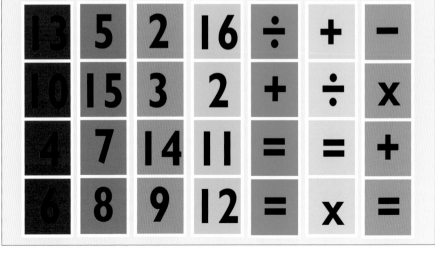

PLAYTHINK 550

난이도: ●●●●●○○○○
준비물: ✎
완성여부: □   시간:_____

합계 계산하기

9	8	7	6	5	4	3	2	1
+	8	7	6	5	4	3	2	1
	+	7	6	5	4	3	2	1
		+	6	5	4	3	2	1
			+	5	4	3	2	1
				+	4	3	2	1
					+	3	2	1
						+	2	1
							+	1

아래는 1에서 9까지의 숫자를 이용하여 만든 수를 더한 것이다. 각 줄의 자릿수도 같고 이 때 사용한 숫자도 같다. 둘 중 총합계가 더 큰 것은 어느 것일까?

1	2	3	4	5	6	7	8	9
+	1	2	3	4	5	6	7	8
	+	1	2	3	4	5	6	7
		+	1	2	3	4	5	6
			+	1	2	3	4	5
				+	1	2	3	4
					+	1	2	3
						+	1	2
							+	1

PLAYTHINK 551

난이도: ●●●●○○○○○
준비물: ✎
완성여부: □   시간:_____

피보나치수열

이탈리아의 수학자 레오나르도 피보나치가 발견한 유명한 피보나치수열에 관한 문제이다. 13세기에 발견된 피보나치수열은 자연 곳곳에서 발견되며, 데이지 꽃, 해바라기, 앵무조개 껍질 등이 모두 이 나선형 법칙을 따른다. 오른쪽의 수열의 규칙에 따라 마지막 칸에 알맞은 숫자를 넣어라.

0 → 1 → 1 → 2 → 3 → 5 → 8 → 13 → ?

PLAYTHINK 552

난이도: ●●●●●○○○○
준비물: ✎
완성여부: □   시간:_____

비연속 숫자

두 자리의 자연수 중 각 자리의 수가 비연속적인 수는 몇 개나 될까? 예를 들어, 12인 경우는 1과 2가 연속인 경우이다. 단, 9-0과 21은 비연속으로 본다.

10, 11, 13, 14, ...

PLAYTHINK 553

난이도: ●●●●●○○○○
준비물: ✎
완성여부: □   시간:_____

잃어버린 고리

아래의 숫자는 숫자들 사이에 덧셈과 뺄셈의 기호가 지워진 것이다. 또, 두 자리 숫자도 하나가 있었다. 원래의 식은 무엇이었을까?

1 2 3 4 5 6 7 8 9 = 100

PLAYTHINK 554

난이도: ●●●●●○○○○
준비물: ✎
완성여부: □   시간:_____

나눗셈

1, 2, 3, 4, 5, 6, 7, 8, 9 모두로 나눌 수 있는 가장 작은 수는 얼마일까?

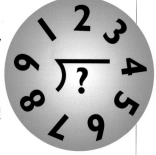

PLAYTHINK 555

난이도: ●●●●●○○○○
준비물: ✎
완성여부: □   시간:_____

놉의 재미있는 수열

놉 요시가하라가 발견한 멋진 수열이다. 분명히 문제에는 전혀 오류가 없다는 것을 명심하라.(마지막 원 안의 수는 8이 아니라 분명히 7이다.) 이 수열의 규칙에 따라 빈칸에 알맞은 숫자를 넣어라.

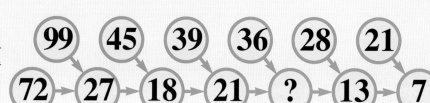

99, 45, 39, 36, 28, 21
72 → 27 → 18 → 21 → ? → 13 → 7

PLAYTHINK 556

난이도:●●●●●○○○○
준비물:●
완성여부:□ 시간:____

수열 1

오른쪽에 있는 수열의 규칙에 맞도록 마지막 칸에 알맞은 숫자를 넣어라.

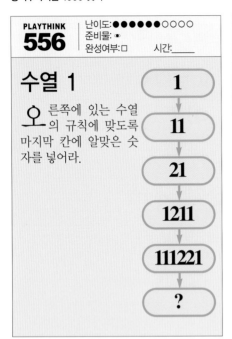

1
11
21
1211
111221
?

PLAYTHINK 559

난이도:●●●●●●○○○
준비물:✎
완성여부:□ 시간:____

생일 촛불

내가 태어난 이후 매해 생일마다 나이의 수만큼 초가 꽂힌 축하 케이크를 받았다. 지금까지 받은 초가 총 210개였다면, 지금 내 나이는 몇 살일까?

PLAYTHINK 560

난이도:●●●●●○○○○
준비물:●
완성여부:□ 시간:____

벌집 수열

벌집에 있는 빈칸 4개에 들어갈 알맞은 수는 무엇일까?

PLAYTHINK 557

난이도:●●●●●○○○○
준비물:●
완성여부:□ 시간:____

수열 2

아래에 있는 수열의 규칙에 맞도록 마지막 칸에 알맞은 숫자를 넣어라.

2 ▸ 4 ▸ 7 ▸ 11 ▸ 16 ▸ ?

PLAYTHINK 561

난이도:●●●●○○○○○
준비물:✎
완성여부:□ 시간:____

나이 차

아들이 태어나고 얼마 안 있어 마술사가 된 친구가 있다. 이 친구가 직업 마술사가 된 지는 45년이 넘었다. 최근에 그 친구가 나에게 말하길 자신의 나이를 거꾸로 쓰면 아들의 나이가 된다고 했다. 만일 그 친구가 아들보다 27살이 더 많다면 내 친구 마술사 부자의 나이는 각각 얼마일까?

PLAYTHINK 558

난이도:●●●●○○○○○
준비물:●
완성여부:□ 시간:____

수열의 지속성

아래에 있는 수열의 규칙에 맞도록 마지막 칸에 알맞은 숫자를 넣어라.

77 ▸ 49 ▸ 36 ▸ 18 ▸ ?

PLAYTHINK 562

난이도:●●●●●○○○○
준비물:✎
완성여부:□ 시간:____

시간

아래의 디지털시계는 매우 정확한데 작동이 제대로 안 되고 있다. 실제 시간이 9:50일 때 화면에 다음과 같이 나타났다. 제일 앞의 빼기 기호를 옮겨서 실제 시간에 맞도록 하라.

-101010

PLAYTHINK 563

난이도:●●●●●○○○○
준비물:✎
완성여부:□ 시간:____

숫자 넣기

연산기호가 성립하도록 1부터 9까지의 숫자를 넣어라.

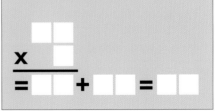

PLAYTHINK 564

난이도: ●●○○○○○○○○
준비물: ✏️ ✂️
완성여부: □　시간:＿＿＿

숫자 더하기

1 70과 30 모두에 어떤 수를 더해야 그 답의 비율이 3:1이 될까?

$$\frac{170}{+X}$$
$$\overline{Y}$$

$$\frac{30}{+X}$$
$$\overline{Z}$$

$$\frac{Y}{Z}=\frac{3}{1} \quad X=?$$

PLAYTHINK 565

난이도: ●●●●●●○○○○
준비물: ✏️
완성여부: □　시간:＿＿＿

방정식 고치기

아래의 방정식에서 숫자 하나를 옮겨 참이 되게 하라. 단, 숫자가 아닌 기호를 옮겨서는 안 된다.

$$62-63=1$$

PLAYTHINK 566

난이도: ●●●○○○○○○○
준비물: ✏️
완성여부: □　시간:＿＿＿

직소퍼즐

조각이 100개짜리인 직소퍼즐이 있다. 그런데 한 번 맞출 때마다 조각 2개가 붙어 한 덩어리를 이루거나 원래 있던 조각 덩어리에 붙어야 한다. 퍼즐을 완성하기 위해서 최소한 몇 번을 맞추어야 할까?

PLAYTHINK 567

난이도: ●●●●●●●●○○
준비물: ✏️
완성여부: □　시간:＿＿＿

수도원 퍼즐

오른쪽과 같은 정사각형이 있다. 검정색 칸은 비워두고, 나머지 칸 안에는 색깔별로 같은 숫자가 들어간다. 1에서 9사이의 숫자를 사용해서 정사각형의 네 변이 각각 그 합이 9가 되도록 하라. 오른쪽에 있는 답을 제외한 나머지 답을 찾아보자.

PLAYTHINK 568

난이도: ●●○○○○○○○○
준비물: ✏️
완성여부: □　시간:＿＿＿

와인 따르기

탁자 위에 와인 14잔이 있다. 그런데 그 중 7잔은 와인이 가득 차있고, 나머지 7잔에는 반만 차있다. 각 잔에 들어있는 와인의 양을 그대로 두고 14잔의 와인 잔을 3그룹으로 나누되, 각 그룹의 와인의 총 양이 같도록 배열해 보라.

PLAYTHINK 569

난이도: ●●○○○○○○○○
준비물: ✏️
완성여부: □　시간:＿＿＿

축구 경기

5 8개의 축구팀이 싱글 엘리미네이션 토너먼트 방식(한 경기마다 한 팀이 떨어지는 방식)으로 경기를 진행한다면 우승팀이 나올 때까지 몇 번의 경기를 치러야 할까?

PLAYTHINK 570

난이도:●●○○○○○○○○
준비물:✎
완성여부:□ 시간:_____

보라색 빨간색 꽃

4 0송이의 꽃이 정원에 피어있는데 각 꽃의 색깔은 보라색이거나 빨간색이다. 어떤 꽃을 2송이씩 선택해도 그 중 1송이는 보라색이라고 한다. 그렇다면 정원에 핀 빨간색 꽃은 몇 송이일까?

PLAYTHINK 571

난이도:●●○○○○○○○○
준비물:✎
완성여부:□ 시간:_____

정원 안의 꽃

정 원에 피어있는 꽃의 색깔은 보라색, 빨간색, 노란색이다. 꽃을 3송이씩 선택하는데 그 중 빨간색 꽃과 보라색 꽃이 항상 1송이씩 있다. 그렇다면 정원에 핀 꽃은 총 몇 송이일까?

PLAYTHINK 572

난이도:●●●●●●○○○○
준비물:✎✐
완성여부:□ 시간:_____

탈옥

2 층짜리 건물인 어떤 교도소에 각 층마다 방이 8개씩 있다. 교도소 소장이 죄수들을 완전히 감시하기위한 최적의 조건은 다음과 같아서 순찰을 돌 때마다 이 사항을 확인한다.

1. 2층에 있는 죄수의 수는 1층에 있는 죄수의 2배여야 한다.
2. 빈 방이 있어서는 안 된다.
3. 그림에서 진한 빨간색 선으로 표시된 6개의 방에는 언제나 총 11명의 죄수가 있어야 한다.

그러던 어느 날 밤 죄수 9명이 탈옥했다. 다음 날 아침에 소장이 순찰을 돌 때 보니 위의 규칙에 어긋난 점은 하나도 없었다. 처음에 있었던 죄수의 수는 몇 명일까? 탈옥할 때 죄수를 방마다 어떻게 배치했기에 성공할 수 있었을까?

층별 방 배치도

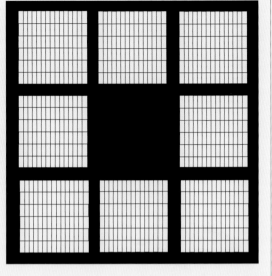

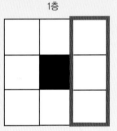

2층 1층

PLAYTHINK 573

난이도:●●○○○○○○○○
준비물:✎✐
완성여부:□ 시간:_____

동물 세기

낙 타와 에뮤를 보러 동물원에 가서 동물의 머리와 발을 세었더니 머리가 35개, 발이 94개였다. 낙타와 에뮤는 각각 몇 마리씩 있었을까?

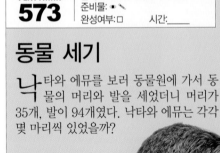

PLAYTHINK 574

난이도: ●●●○○○○○○○
준비물: ✏️ ✂️
완성여부: ☐　　시간: _____

동물 섞기

또 다시 동물원에 가서 이번에는 머리 36개와 발 100개를 보았다. 그렇다면 조류와 네발짐승은 각각 몇 마리 있었을까?

PLAYTHINK 575

난이도: ●●●●●●○○○
준비물: ✏️ ✂️
완성여부: ☐　　시간: _____

두발과 세발

어 떤 도서관의 독서실에 세발 의자와 네발 의자가 몇 개씩 놓여있다. 어느 날 보니 사람이 모두 의자에 앉아 있어 사람의 수와 의자의 수가 똑같았다. 이 때 방안의 다리의 수를 모두 세어보니 총 39개였다. 독서실 안에 있었던 세발 의자, 네발 의자, 사람의 수는 각각 얼마일까?

PLAYTHINK 576

난이도: ●●●○○○○○○
준비물: ✏️
완성여부: ☐　　시간: _____

강아지 세기

어 떤 여자가 모두 암컷인 개 10마리를 기른다. 이 개들은 모두 최소 1마리의 강아지를 가지고 있으며 강아지가 10마리나 되는 어미개는 없다. 그렇다면 최소 2마리의 어미개가 같은 수의 강아지를 가지고 있을까?

PLAYTHINK 577

난이도: ●●●●●●●●○
준비물: ✏️ ✂️
완성여부: ☐　　시간: _____

저녁 초대

친 구 9명을 토요일마다 저녁식사에 초대하기로 했다. 총 12번의 토요일이 있고, 한 번에 3명씩 초대를 하는데, 한 번 만난 친구는 다른 날 다시 못 만나도록 짝을 지어 보라.

Kate
David
Lucy
Emily
Jane
Theo
Mary
James
John

PLAYTHINK 578

난이도: ●●●●●●○○○
준비물: ✏️ ✂️
완성여부: ☐　　시간: _____

고양이 목숨

고 양이의 목숨이 9개라는 고대 이집트 퍼즐을 응용한 문제이다. 어떤 어미 고양이가 9개의 목숨 중 7개를 쓰고, 새끼 고양이 중 몇 마리는 6개를, 또 나머지 몇 마리는 4개를 썼다. 남아있는 목숨이 총 25개라면 새끼 고양이의 수는 몇 마리일까?

PLAYTHINK 579

난이도: ●●●●●●○○○
준비물: ✏️ ✂️
완성여부: ☐　　시간: _____

기계 도장

어 떤 책에 기계 도장으로 페이지를 찍는데, 다하고 보니 기계 도장으로 찍은 각 숫자의 개수(모든 자릿수의 숫자)가 총 2,929개였다. 책은 총 몇 페이지였을까? 예를 들어 10페이지에 쓰인 숫자는 1과 0 두 개이다.

PLAYTHINK 580

난이도: ●●●○○○○○○
준비물: ●✏
완성여부: □   시간:＿＿＿

최소 거리 원 1

원둘레를 똑같이 7등분하여 각 지점마다 흰색 점을 찍었다. 두 빨간색 점 사이의 호의 길이가 1에서 6까지의 숫자를 의미하도록 빨간색 점 3개를 흰색 점 위에 놓아두라.

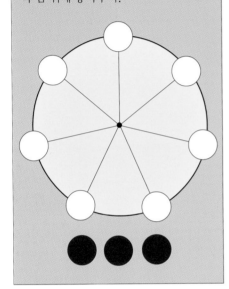

PLAYTHINK 581

난이도: ●●●●●●○○○
준비물: ●✏
완성여부: □   시간:＿＿＿

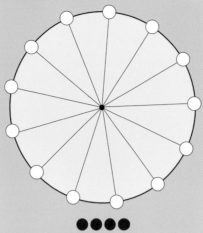

최소 거리 원 2

원둘레를 똑같이 13등분하여 각 지점마다 흰색 점을 찍었다. 두 빨간색 점 사이의 호의 길이가 1에서 12까지의 숫자를 의미하도록 빨간색 점 4개를 흰색 점 위에 놓아두라.

PLAYTHINK 582

난이도: ●●●●●●●○○
준비물: ●✏
완성여부: □   시간:＿＿＿

최소 거리 원 3

원둘레를 똑같이 21등분하여 각 지점마다 흰색 점을 찍었다. 두 빨간색 점 사이의 호의 길이가 1에서 20까지의 숫자를 의미하도록 빨간색 점 5개를 흰색 점 위에 놓아두라.

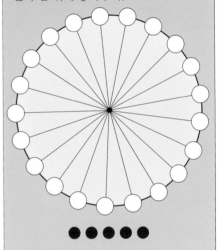

PLAYTHINK 583

난이도: ●●●●●○○○○
준비물: ✏
완성여부: □   시간:＿＿＿

퍼시스토

연필과 종이를 이용한 2인용 게임이다. 두 선수가 차례대로 옆에 있는 정사각형의 칸 안에 숫자를 넣는다. 1번 선수는 아무 칸에나 1을 넣어도 되지만 2는 1과 같은 세로줄이나 가로줄에 놓아야 한다. 즉, 연속한 숫자는 같은 가로줄이나 세로줄에 있어야 하고, 숫자를 적을 때 두 숫자 사이에 다른 숫자가 있어서는 안 된다. 자신이 마지막으로 써 넣은 수가 본인의 점수가 된다. 옆에 5×5칸에는 18점으로 끝난 샘플게임이 있다. 100이 될 때까지 해보라.

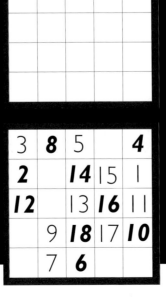

PLAYTHINK 584

난이도: ●●●●●●●○○
준비물: ●✏
완성여부: □   시간:＿＿＿

죄수들의 운동

죄수 9명이 월요일에서 토요일까지 매일 3명이 한 조가 되어 수갑을 찬 채 운동을 한다. 월요일에서 토요일까지 6일의 운동 기간 동안 한 번 같은 조가 된 죄수들이 다시 만나지 않도록 일자별로 조를 짝지어라.

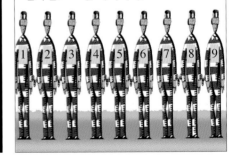

PLAYTHINK
585

난이도:●●●●●●○○○
준비물:●
완성여부:□　　시간:____

지킬과 하이드

가로×세로가 4×4칸인 게임판에 동전 16개가 무작위로 놓여있다. 동전의 한 면에는 지킬박사의 얼굴이, 반대 면에는 하이드의 얼굴이 그려져 있다. 선수들은 차례대로 동전을 뒤집어 게임판이 모두 같은 얼굴이 되도록 한다. 단, 동전을 뒤집을 때마다 그 동전의 가로, 세로, 대각선(주대각선과 모든 대각선 포함하므로 동전이 하나만 있는 대각선이라도 뒤집어야 한다.)에 있는 모든 동전을 다 뒤집어야 한다.

아래에 무작위로 나열된 동전 게임판이 있는데, 게임판이 모두 같은 얼굴이 되도록 하라.

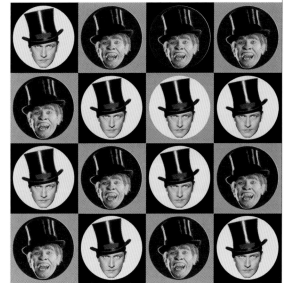

PLAYTHINK
586

난이도:●●●●●●○○○○
준비물:●✎
완성여부:□　　시간:____

최소 단위 자

제일 위에 놓인 자에 빨간색 눈금 4개를 그어 1에서 6까지의 모든 자연수의 단위 길이를 재는 데 사용한다. 그 밑의 자에 빨간색 눈금 5개를 그어서 1에서 11까지의 10개의 단위 길이를 잴 수 있도록 하려고 한다. 5개 눈금 중 2개는 양 끝에 그어져 있다. 나머지 눈금 3개를 표시하라.

PLAYTHINK
587

난이도:●●●●●●○○○○
준비물:●✎
완성여부:□　　시간:____

무당벌레 가족

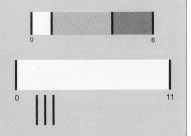

무당벌레 가족 중 1/5이 노란색 장미로 날아가고 1/3은 보라색 장미로 날아갔다. 그리고 이 두 수의 차이에 3을 곱한 수만큼의 무당벌레는 양귀비꽃으로 날아갔다. 그리고 엄마 무당벌레는 빨래를 하러 강으로 갔다. 무당벌레 가족은 총 몇 마리일까?

PLAYTHINK
588

난이도:●●●●●○○○○
준비물:●✎
완성여부:□　　시간:____

자 연결하기 1

눈금이 없는 자 5개가 그림처럼 두 점에서 연결되어 있다. 연결된 자 5개의 길이가 각각 얼마가 되어야 1에서 15단위를 모두 잴 수 있을까? 연결 부위를 중심으로 자가 움직인다는 것에 주의하라. 여러 개의 자를 더하더라도 일직선으로 연결될 수 있으면 길이를 잴 수 있다.

PLAYTHINK
589

난이도:●●●●●○○○○
준비물:●✎
완성여부:□　　시간:____

자 연결하기 2

눈금이 없는 자 3개가 그림처럼 한 점에서 연결되어 있다. 연결된 3개의 자의 길이가 각각 얼마가 되어야 1에서 8단위를 모두 잴 수 있을까? 연결 지점이 있으므로 자가 다른 자와 겹치게 놓일 수 있다는 것에 주의하라.

유사성의 원리

조나단 스위프트가 쓴 《걸리버 여행기》에 나오는 거인국의 사람들은 보통 사람보다 키가 12배나 크다. 그렇다면 신장이 21미터나 되는 거인이 과연 자신의 무게를 지탱할 수 있을까? 사실, 그렇게 큰 사람이 물리적으로 있을 수가 없다. 물체의 단면적은 변의 제곱에 비례하지만 부피는 변의 세제곱에 비례한다는 사실을 알아야 한다. 만일 어떤 사람이 다른 사람보다 12배가 크다면 그 부피는 12^3, 즉 1,728배만큼 증가한다. 그런데 뼈의 힘은 그 단면적에 비례하므로 12^2, 즉 144배만 증가하게 된다. 따라서 거인국 사람들이 두

다리로 일어서려면 다리뼈가 부러졌을 것이다.

이런 문제는 우리가 어떤 물체를 세우려고 할 때 항상 직면하게 된다. 30층짜리 빌딩과 3층짜리 집을 같은 방식으로 지을 수 없다. 갈릴레오는 크기가 큰 물체가 작은 물체에 비해 상대적으로 더 많이 변형되는 이유를 유사성의 원리로 설명했다. 비틀림 힘은 부피에 따라 증가하지만 물체를 지탱하는 힘은 단면적에 따라 증가한다. 따라서 이 두 힘이 비교할 수 없을 만큼 차이가 나기 때문에 물체의 안정성은 길이의 증가에 반비례한다. 예를 들어, 길이가 모든 방향으로 10배씩 증가하면 그 부피는 1,000배가 커진다. 또한, 작은 물체가 큰 물체보다 단위 부피당 표면적이 훨씬 크다.

PLAYTHINK
590

난이도: ●○○○○○○○○○
준비물: ●
완성여부: □　　시간:＿＿＿

크기와 무게

어느 날 아침 눈을 떴는데 자신의 키, 폭, 두께가 모두 2배씩 증가했다는 것을 알았다. 뼈와 근육의 밀도가 일정하다면 몸무게는 어떻게 변했을까?

"논리는 과학도 예술도 아니다. 단지 그럴듯한 속임수에 불과하다."

– 벤자민 조엣

PLAYTHINK
591
난이도:●●●●●●○○○○
준비물:● ✎
완성여부:□   시간:_____

등비급수 1

커다란 노란색 정사각형 안에 차례대로 정사각형을 계속 그렸다. 빨간색 삼각형 면적의 총합을 가장 바깥에 있는 노란색 정사각형 면적과 비교해 보라.

PLAYTHINK
592
난이도:●●●●●○○○○○
준비물:● ✎ 🗐 ✂
완성여부:□   시간:_____

등비급수 2

커다란 노란색 정사각형 안에 차례대로 정사각형을 계속 그렸다. 빨간색 면적의 총합을 가장 바깥에 있는 노란색 정사각형 면적과 비교해 보라.

PLAYTHINK
593
난이도:●●●●●●●○○○
준비물:● ✎
완성여부:□   시간:_____

띠 배열하기 1

오른쪽에 있는 컬러띠 9개에는 길이별로 숫자가 적혀있다. 이 띠를 모두 나열하되 4개의 띠가 연속적으로 증가하거나 감소하지 않게 하라. 단, 4개의 숫자는 중간에 다른 숫자가 끼어있어도 연속적이라고 본다. 예를 들면, 7, 5, 8, 1, 9, 4, 6, 2, 3은 7, 5, 4, 2의 네 숫자사이에 다른 숫자들이 끼어있지만 연속적으로 감소하고 있으므로 틀린 경우가 된다.

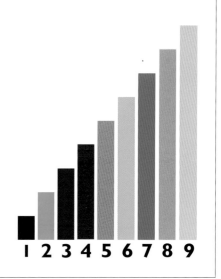

PLAYTHINK
594
난이도:●●●●●○○○○○
준비물:● ✎
완성여부:□   시간:_____

띠 배열하기 2

오른쪽에 컬러띠 10개에는 길이별로 숫자가 적혀있다. 이 띠를 모두 나열하되 4개의 띠가 연속적으로 증가하거나 감소하지 않게 하라. 단, 4개의 숫자는 중간에 다른 숫자가 끼어있어도 연속적이라고 본다. 예를 들면, 1, 2, 8, 0, 3, 6, 9, 4, 5, 7에서 1, 2, 8, 9의 네 숫자사이에 다른 숫자들이 끼어있지만 연속적으로 증가하고 있으므로 틀린 경우가 된다.

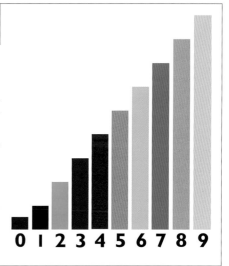

PLAYTHINK
595
난이도:●●○○○○○○○○
준비물:●
완성여부:□   시간:_____

아메바 분열

비커 속에 아메바 1마리가 있는데 1분 후면 몸이 둘로 갈라져 2마리가 된다. 다시 1분 후면 이 2마리가 각각 다시 분리되어 총 4마리가 된다. 40분 후면 비커가 아메바로 가득 찬다. 그렇다면 아메바가 비커의 반만 차는 데 걸리는 시간은 얼마일까?

PLAYTHINK
596
난이도:●●●●●○○○○○
준비물:◉⬩✎
완성여부:□   시간:_____

세포 자동화

1번 정사각형 안에 빨간색과 검정색 칸이 임의로 섞여있다. 정사각형 번호가 하나씩 증가할 때마다 아래의 예시와 같이 다음의 규칙을 따른다. 그 칸 주위(상하좌우 4칸)에 검정색 칸이 더 많으면 2번 정사각형에서 그 칸은 빨간색이 되고, 빨간색 칸이 더 많으면 검정색이 되며, 검정색 칸과 빨간색 칸의 수가 같으면 원래 색 그대로 둔다. 1번에서 시작하여 6번까지가 오른쪽에 나와 있다. 나머지 7번에서 9번까지의 빈칸을 알맞은 색으로 칠하라.

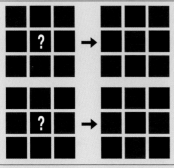

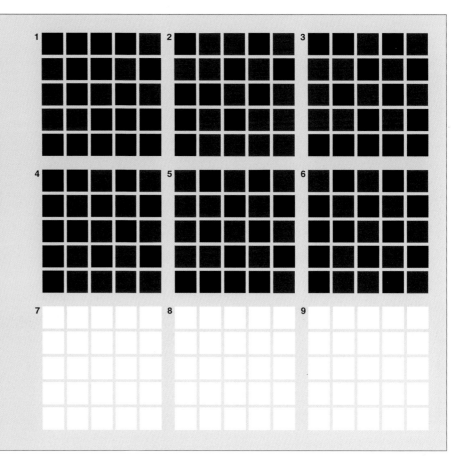

PLAYTHINK
597
난이도:●●●●●○○○○○
준비물:◉⬩✎
완성여부:□   시간:_____

프레드킨 세포 자동화

2차원적 자기증식 메커니즘

1번에 빨간색 칸이 5개 있는데 다음의 규칙에 따라 색을 더하거나 뺀다. 옆의 예를 참고해서 문제를 풀어 보라. 각 칸에서 변을 공유하는 4칸(상하좌우) 중 빨간색 칸의 수가 짝수이면 그 칸은 2번에서 흰색, 홀수이면 빨간색이 된다. 이 규칙에 따라 2번에서 5번까지 칸을 완성하라. 마지막 5번에서 생각지도 못한 결과를 보게 될 것이다.

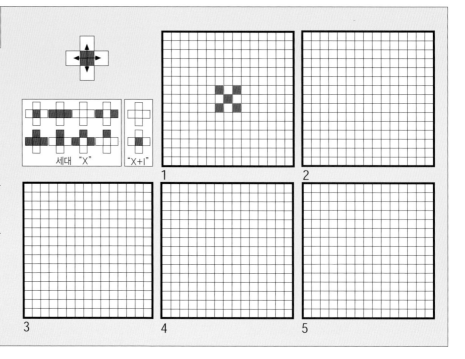

세대 "X"   "X+1"

PLAYTHINK
598
난이도:●●●●○○○○○○
준비물: ◔ ✎ 🖹 ✂
완성여부:□   시간:_____

삼각형의 증식 패턴

우리 주변의 자연 현상에서 기하학적 패턴을 본 적이 있는가? 수많은 자연계 현상에서 증식할 때에 기하학적 패턴을 보인다. 이 문제를 이용하면 예술적인 패턴을 만들어 낼 수 있다.

오른쪽 격자 중앙에 검정색 칸이 하나 있다. 일직선으로 나열되어있는 색깔을 다음의 규칙에 따라 순서대로 칠한다. 방금 색칠한 칸과 오직 한 변만 닿아있는 칸에 그 다음 색을 칠하는 것이다. 14개의 색을 모두 쓰고 나면 다시 처음부터 같은 방식으로 색을 사용한다.

색깔별로 몇 개의 칸을 칠하는가? 어떤 패턴이 나타나는가?

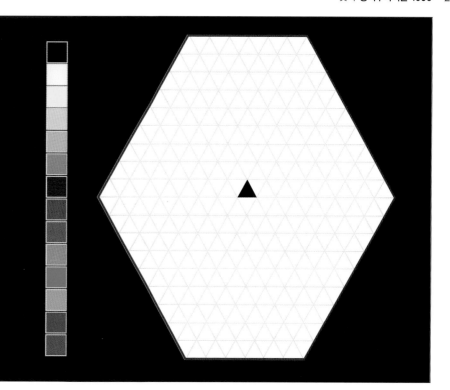

PLAYTHINK
599
난이도:●●●●○○○○○○
준비물: ◔ ✎ 🖹 ✂
완성여부:□   시간:_____

정사각형 칸 색칠하기

오른쪽 격자 중앙에 검정색 칸이 하나 있다. 일직선으로 나열되어있는 색깔을 순서대로 다음의 규칙에 따라 칠한다. 방금 색칠한 칸과 오직 한 변이 닿아있는 칸에 그 다음 색을 칠하는 것이다.

색깔별로 몇 개의 칸을 칠하는가? 어떤 패턴이 나타나는가?

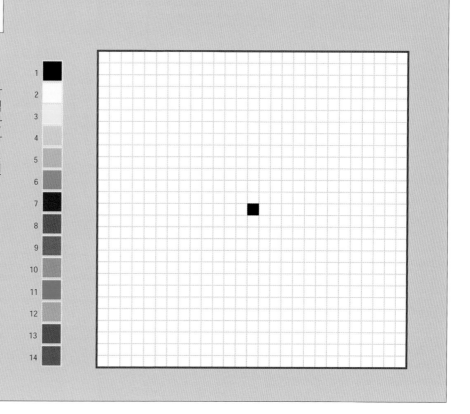

PLAYTHINK 600

난이도: ●●●●○○○○○
준비물: ✏
완성여부: □ 시간: _____

무당벌레의 산책

다음과 같은 5가지 게임에서 무당벌레 1마리는 규칙에 따라 직진과 꺾기만 한다. 무당벌레가 출발점으로 다시 돌아오는 것은 어느 것일까?

〈게임 1〉 노란색 점에서 시작해서 위로 1칸 기어오른 후 오른쪽으로 2칸, 다시 오른쪽으로 3칸 가는 식을 5칸까지 계속하라. 5칸 이동 후에는 오른쪽으로 꺾어서 처음 1칸에서 5칸까지의 이동을 계속 반복하라.

〈게임 2〉 게임1과 같이 하되 이번에는 6칸까지 이동한 후 처음부터 다시 반복하라.

〈게임 3〉 게임1과 같이 하되 이번에는 7칸까지 이동한 후 처음부터 다시 반복하라.

〈게임 4〉 게임1과 같이 하되 이번에는 8칸까지 이동한 후 처음부터 다시 반복하라.

〈게임 5〉 게임1과 같이 하되 이번에는 9칸까지 이동한 후 처음부터 다시 반복하라.

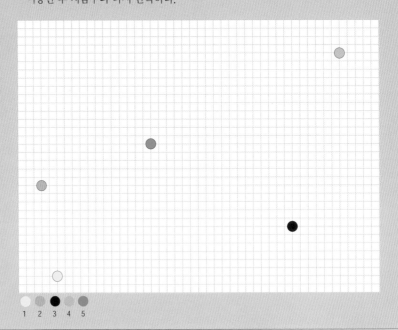

PLAYTHINK 601

난이도: ●●●●●●●○○
준비물: ✏
완성여부: □ 시간: _____

골리곤
정사각형 매트릭스에서 길 찾기

네덜란드의 수학자인 리 살로우가 만든 문제다. 격자 위의 노란색 점에서 동서남북 중 한 방향을 선택하여 1블록을 걷는다. 그 블록 끝에서 왼쪽이나 오른쪽으로 꺾어서 2블록을 걷다가 그 끝에서 다시 왼쪽이나 오른쪽으로 3블록 걷는다. 이런 식으로 블록 끝마다 1블록씩 추가하며 계속 걷는다. 그리고 노란색 출발점으로 돌아왔을 때 지금까지의 블록을 다 연결하면 그 블록이 골리곤의 변이 된다.
가장 간단한 골리곤은 변의 개수가 8개이다. 그 이동경로는 어떻게 될까?

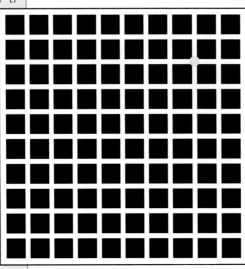

PLAYTHINK 602

난이도: ●●●●●●●○○
준비물: ✏
완성여부: □ 시간: _____

소수 2배

1보다 큰 자연수와 그 2배인 자연수 사이에는 항상 소수가 존재할까?

4 5 6 7 8

PLAYTHINK 603

난이도: ●●●●●○○○○
준비물: ✏
완성여부: □ 시간: _____

소수 확인

아래의 수처럼 1에서 9까지의 숫자를 한 번씩만 사용해서 표현할 수 있는 9자리 수는 9!, 즉 362,880가지이다. 이 중에서 소수는 몇 개나 될까?

123,456,789

눈송이(코흐) 곡선

길이나 넓이가 무한한 모양이 있을 수 있을까? 충분히 상상할 수 있다. 아름다운 눈송이 곡선을 한 번 살펴보자. 이 곡선은 폴리곤의 수열을 만드는 방식으로 만들어진다. 눈송이 곡선은 정삼각형의 각 변을 삼등분하여 가운데 부분에 한 변의 길이가 삼등분한 길이와 같은 정삼각형을 붙인다. 그리고 새로 생긴 두 변을 다시 삼등분하고 같은 길이의 정삼각형을 가운데에 붙이는 과정을 반복한다. 이런 방법을 무한히 계속하면 눈송이 곡선이 만들어진다. 눈송이 곡선이 대표적인 프랙탈(Fractal) 곡선이라는 것만은 알아두자.

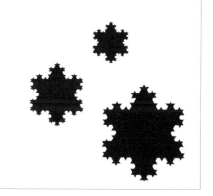

PLAYTHINK 604
난이도: ●●●●●○○○
준비물: ✎
완성여부: □ 시간:＿＿＿

눈송이와 반눈송이 곡선

아래의 그림은 눈송이 모양을 만들어 가는 처음 4단계이다. 이 프랙탈 패턴이 무한히 반복되면 그 면적과 둘레는 얼마나 커질까?

PLAYTHINK 605
난이도: ●●●●●○○○
준비물: ✎
완성여부: □ 시간:＿＿＿

무한과 한계

제일 바깥에 높이가 1인 사진을 놓고 다시 그 안에 그 높이의 1/2인 사진을 놓는다. 이렇게 직전의 사진 높이의 1/2인 사진을 그 안에 겹쳐 쌓기를 무한히 반복한다. 만일 사진을 직전의 사진 안에 겹쳐두지 않고 위의 경계선을 따라 하나씩 쌓아 올린다면 총 높이는 얼마가 될까?

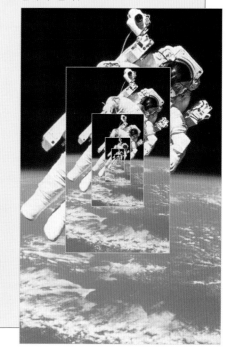

프랙탈 기하학

20세기 이후 수학자들이 기존의 유클리드 기하학에 들어맞지 않는 새로운 구조나 곡선을 발견하게 되었다. 프랙탈, 숲, 해안, 성운, 원자 사이에 공통점이 있을까? 전혀 관계가 없을 것 같지만 사실 특별한 기하학적 구조라는 공통점이 있다.

프랙탈은 처음에 매우 간단하게 시작한다. 두 점사이의 최단거리, 즉 일직선을 잡아 그린다. 꼬임이나 튀어나온 부분을 조금씩 더해서 계속 길어진다. 그 수가 많을수록 길이는 점점 길어진다. 그러다가 그 선이 패턴 없이 불규칙하게 보이면 길이가 무한히 길어지는데, 이것을 프랙탈이라고 한다. 프랙탈 구조를 잘 보여주는 예가 해안선이다.

폴란드 수학자인 베노이트 만델브로트가 1977년에 다른 프랙탈 구조를 발견했다. 그가 발견한 프랙탈은 컴퓨터 코드 선 몇 개로도 간단히 만들 수 있지만, 모양을 설명하려면 무한한 양의 정보가 필요했다. 이후 컴퓨터 그래픽 아티스트들이 컴퓨터로 만든 프랙탈을 이용하여 마치 사진처럼 생생한 풍경화를 그릴 수 있게 되었다. 프랙탈의 발견으로 우리는 기존의 구조와 형태를 넘어선 새로운 개념을 갖게 되었다.

PLAYTHINK 606

난이도: ●●●●●●●●●
준비물: ✏️ ✎
완성여부: ☐ 시간:_____

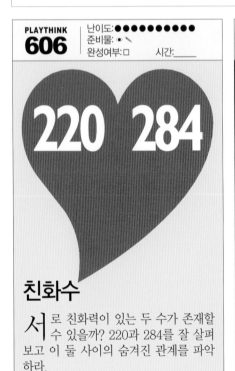

친화수

서로 친화력이 있는 두 수가 존재할 수 있을까? 220과 284를 잘 살펴보고 이 둘 사이의 숨겨진 관계를 파악하라.

PLAYTHINK 607

난이도: ●●●●○○○○○
준비물: ✏️ ✎
완성여부: ☐ 시간:_____

인수분해

자연수는 합성수나 소수로 분류되며, 합성수는 다시 소수로 표현할 수 있다. 실제로 모든 자연수는 제각기 독특한 소수의 곱으로 표현될 수 있다. 420을 소수의 곱으로 표현하라.

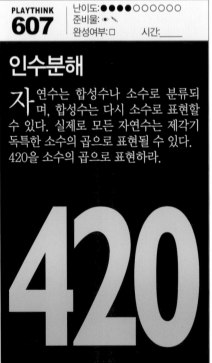

PLAYTHINK 608

난이도: ●●●●○○○○○
준비물: ✏️ ✎
완성여부: ☐ 시간:_____

서클 댄스

앤과 친구들은 둥글게 손을 잡고 춤을 추고 있다. 춤추는 사람을 중심으로 양 옆의 사람끼리는 동성친구이다.

원 안에 있는 남학생이 12명이라면 여학생들은 몇 명일까?

대수

서양 전설에 다음과 같은 이야기가 전해진다. 어느 나라 국왕이 체스게임을 만든 신하에게 상을 내리려고 무엇을 원하는지 물었다. 신하는 겸손해 보이면서도 최대한 큰 상을 받고 싶었다. 고민 끝에 체스판의 1번째 정사각형 칸에 놓을 수 있는 밀 1그램, 2번째 칸에는 그 2배인 2그램, 그리고 3번째 칸은 또 여기의 2배를 해서 64칸인 체스판을 모두 채울 수 있는 밀을 달라고 했다. 왕은 이 말을 듣고 그 자리에서 흔쾌히 승낙했는데, 나중에서야 큰 실수를 저질렀음을 깨닫고 후회했다. 왕이 생각해 보니, 1번째 정사각형은 1그램이지만 64칸을 전부 2배씩 해 주니 상상하지 못할 어마어마한 양이었던 것이다. 그가 요구한 총 밀의 양은 다음과 같이 표현할 수 있다. 이렇게 증가하는 수열을 기하급수라고 부른다.

$$1+2+2^2+2^3+2^4+2^5+2^6\cdots$$
$$2^{62}+2^{63}=2^{64}-1$$

따라서 신하가 요구한 밀의 양은 2,000년 동안 전 세계에서 생산되는 밀을 줘야할 정도로 불가능에 가까운 양이었다. 그러나 이 숫자가 분명 상상하지도 못할 만큼 크기는 해도 유한한 수라는 것은 틀림없다.

이와는 반대로, 무한수는 우리가 숫자를 아무리 길게 적어도 그것과 비교할 수도 없을 정도로 큰 수이다. 예를 들어 2개의 무한집합이 있을 때 이 둘을 비교해서 어느 것이 더 큰지 알아낼 수 없을 것 같지만, 사실은 알 수 있다.

무한연산의 창시자로 알려진 독일인 수학자 게오르그 칸토르는 만일 무한한 두 집합에서 각각 한 원소와 다른 집합의 한 원소를 짝지어서 두 집합에 아무것도 남지 않는다면 그 두 집합은 같다고 볼 수 있다고 증명했다.

예를 들어 무한히 존재하는 모든 짝수와 역시 무한히 존재하는 모든 홀수를 짝짓는다면, 결론적으로 두 집합은 같다는 것이 쉽게 증명된다. 그러나 정수와 짝수의 집합을 비교하면 어떻게 될까? 이것도 금방 정수가 짝수의 개수보다 많기 때문에 결국 짝수는 정수에 포함되는 것이 당연하다고 생각할 것이다. 그런데 둘을 다음과 같이 비교할 수도 있다.

1-2, 2-4, 3-6, 4-8, 5-10, 6-12, 7-14, 8-16…

이렇게 짝지으면 모든 정수에 항상 짝수가 존재한다. 따라서 무한한 짝수의 집합도 무한한 정수의 집합만큼 크다.

그러나 모든 무한집합이 같은 것은 아니다. 한 직선 위의 점의 개수와 정수는 일대일 대응이 불가능하기 때문에, 한 직선 위의 점의 개수가 정수 또는 분수의 개수보다 훨씬 많다. 그러나 이처럼 모든 기하학적인 점의 개수가 모든 정수와 분수의 수보다 많다 해도 수학자들은 이보다 더 큰 집합이 있다고 본다. 즉, 기하학적 곡선 위의 점의 수는 모든 기하학적 직선 위의 점의 수보다 더 많다는 것이다.

칸토어는 히브리어인 알레프(χ)를 써서 무한집합을 구별했다. 오늘날 모든 수열이 완성된 것은 다음과 같다.

χ_1 정수와 분수

χ_2 직선 위의 점

χ_3 다른 기하학 곡선

하노이의 탑

하노이 탑은 프랑스의 수학자 루카스가 1883년에 제작한 이후 유명해졌다. 이와 관련하여 다음의 전설이 전해진다. 인도의 바라나시 사원에서 동판 하나를 바닥에 깔고 그 위에 고정된 막대 기둥 3개를 세웠다. 그리고 금판을 64개 만들어 한 기둥에 큰 것부터 아래에 놓고 작은 것을 차례대로 쌓아 올렸다. 매일 사원의 승려가 그 금판을 다른 기둥으로 일정한 속도로 옮기는 수련을 했다. 이때 반드시 한 번에 하나씩, 또 큰 것이 작은 것 아래에 놓여야 했다. 그리하여 다른 두 기둥 중 하나에 모두 옮겨 탑을 완성하면 세상의 종말이 온다고 전해졌다.

정말 전설대로 세상이 끝나게 될까? 그러나 다음을 알면 전혀 걱정할 필요가 없다. 한 번에 금판 하나씩만 옮길 수 있으므로 탑을 완성하려면 태양의 수명의 60배에 달하는 6,000억 년이 걸린다.

그러면 금판의 개수에 따른 최소 이동 횟수를 계산해 보자. 금판의 수를 n이라 할 때 하노이 탑을 완성하려면 $2^n - 1$번 옮기면 된다. 따라서 원판이 2개면 최소 3번, 3개면 7번을 옮겨야 한다.

PLAYTHINK 609
난이도: ●●●●●●●○○○
준비물: ●✎✏▣✂
완성여부: □ 시간:_____

바빌론

하노이 탑 문제를 변형한 것으로 난이도나 규칙을 바꾸어 다양하게 즐길 수 있는 문제이다.

노란통의 원반을 파란통으로 옮기되, 완성했을 때 숫자의 순서가 지금 놓인 것처럼 차례대로 놓이게 하라. 단, 한 번에 원반 하나만 옮기며, 숫자가 큰 원반은 숫자가 작은 원반 아래에 있어야 한다. 이 조건만 만족하면 퍼즐을 완성할 때까지 통 3개를 마음대로 사용할 수 있다.

퍼즐 1에서 4(아래 왼쪽 그림)는 각각 2, 3, 4, 5번 원반을 파란통으로 최소 횟수로 옮겨라.

퍼즐 5(아래 중간 그림)에서는 1에서 4번까지의 원반을 파란통으로 최소 횟수로 옮겨라. 단, 같은 색깔의 원반은 서로 연달아 놓일 수 없다는 조건이 추가된다.(1번이 4번 위에 놓일 수 없다.)

퍼즐 6(아래 오른쪽 그림)에서도 1에서 4번까지의 원반을 파란통으로 최소 횟수로 옮겨라. 단, 같은 색깔의 원반은 서로 연달아 놓일 수 없다.

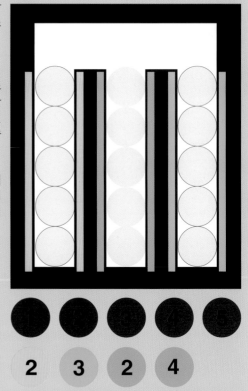

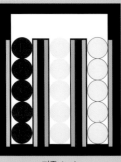

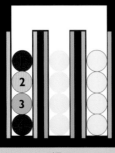

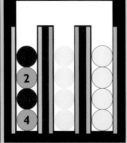

퍼즐 1~4　　　퍼즐 5　　　퍼즐 6

PLAYTHINK 610

난이도: ●●●●●●○○○
준비물: ✎
완성여부: □ 시간:_____

고도 합성수

둘 이상의 소수의 곱으로 분해가능한 수를 합성수라 한다. '고도 합성수'란 그 수 이하의 수 중 약수의 개수가 가장 많은 수를 말한다. 예를 들어 12의 약수는 1, 2, 3, 4, 6, 12로 총 6개이다. 그런데, 12보다 작은 수 중 약수가 6개인 것은 없으므로 고도 합성수가 된다. 그렇다면 12 다음의 고도 합성수는 무엇일까? 그 수의 약수는 8개이다.

1, 2, 3, 4, 6, 12 〉12

PLAYTHINK 611

난이도: ●●●○○○○○○
준비물: ✎
완성여부: □ 시간:_____

덧셈과 곱셈

다음의 연산을 해서 같은 결과가 나오는 숫자를 3개 찾아보라.

? + ? + ? = A

? × ? × ? = A

PLAYTHINK 613

난이도: ●●●●●○○○○
준비물: ✎
완성여부: □ 시간:_____

숨겨진 마법 동전

어떤 사람에게 동전 한줌을 집어서 탁자 위에 던지라고 한 후 당신은 그 결과를 살짝만 보아라. 그리고 뒤로 돌아서서 그 사람에게 동전을 2개씩 쌍으로 뒤집으라고 하라. 이 때 그 사람은 원하는 만큼의 동전쌍을 자유롭게 뒤집을 수 있다. 끝나고 나면 그 사람에게 아무 동전이나 하나를 가리라고 하라. 그 후, 당신은 앞을 향해 돌아서서 그 가린 동전이 앞면인지 뒷면인지를 정확히 맞출 수 있다. 이 마술에 숨겨진 수학적 비법은 무엇일까?

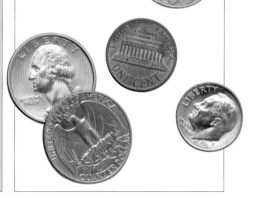

PLAYTHINK 612

난이도: ●●●○○○○○
준비물: ✎
완성여부: □ 시간:_____

이진법 주판

심장의 신호 전달 방식은 전기 스위치를 껐다 켰다 하는 것과 같아서 심장을 단순히 전기 스위치의 집합으로 볼 수도 있다. 컴퓨터와 같은 정보화 시대의 도구들은 이렇게 2를 밑으로 하는 이진법으로 정보를 전달한다. 0과 1만 사용한 이

진법은 단순하면서도 모든 숫자를 다 표현할 수 있는 유용한 방법이다. 아래의 이진법 주판으로 53과 63을 나타내라.

○ 0
● 1

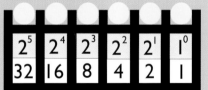

2^5	2^4	2^3	2^2	2^1	1^0
32	16	8	4	2	1

비트와 컴퓨터

컴퓨터의 원리는 스위치의 집합에 지나지 않는다. 전기가 회로에 흘러 들어가면 스위치는 on 상태가 되고, 전기가 흐르지 않으면 off 상태가 된다. 켜진 회로값은 1이고 꺼진 회로값은 0이다.

컴퓨터는 1과 0을 이용한 2진수 체계로 작동한다. 이 때 각 자리의 숫자를 비트라고 부르는데 비트는 이진수 숫자를 의미하는 binary digit의 약어이다.

스위치가 4개 있다면 $2^4 = 16$가지의 서로 다른 경우가 있으며, 이는 on 스위치를 빨간색, off 스위치를 노란색으로 나타낸 2×2칸의 정사각형으로도 표현할 수 있다. 이러한 이진수의 경우를 모두 더하면 조각의 종류는 16가지가 나온다. 이를 이용하여 다음의 게임이나 퍼즐을 해보자.

PLAYTHINK 614

난이도: ●●●●●○○○○○
준비물: ●🖊
완성여부: □　시간:＿＿＿

13	A	B	P	O
4	Y	G	T	H
11	A	K	S	E
6	G	A	B	R

13	L	E	A	N
10	A	I	C	N
6	I	H	E	S
10	U	E	C	A

10	A	T	O	F
11	O	N	A	B
4	E	C	D	U
10	F	I	B	O

13	M	I	U	D
4	A	E	N	D
4	C	U	A	T
11	V	N	J	K

0	0 0 0 0
1	0 0 0 1
2	0 0 1 0
3	0 0 1 1
4	0 1 0 0
5	0 1 0 1
6	0 1 1 0
7	0 1 1 1
8	1 0 0 0
9	1 0 0 1
10	1 0 1 0
11	1 0 1 1
12	1 1 0 0
13	1 1 0 1
14	1 1 1 0
15	1 1 1 1

이진 격자

위에 있는 4×4 정사각형 4개에는 중요한 메시지가 담겨있다. 오른쪽의 샘플과 정보를 참고해서 그 메시지를 밝혀라.

샘플 메시지

6	B			I
13		N		
10		A		R
11		Y		

PLAYTHINK 615

난이도: ●●○○○○○○○○
준비물: ●🖊✂
완성여부: □　시간:＿＿＿

이진 비트

두 가지 색깔 중 하나를 선택해서 한 칸을 칠하는 경우의 수를 생각해 보자. 두 가지 색깔로 두 칸을 칠하는 경우의 수는 아래와 같이 4가지이다.

오른쪽에 3칸 띠의 경우는 몇 가지가 있을까? 가로×세로가 2×2칸으로 된 정사각형의 경우는 몇 가지일까?

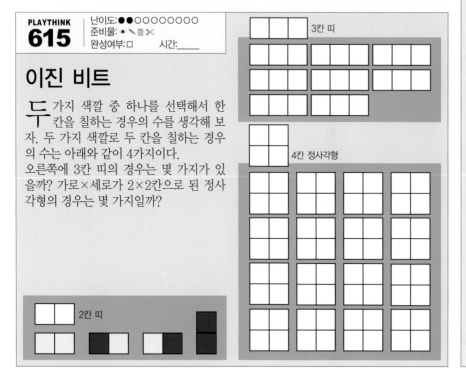

3칸 띠

4칸 정사각형

2칸 띠

PLAYTHINK 616

난이도: ●●○○○○○○○○
준비물: ●🖊📋✂
완성여부: □　시간:＿＿＿

큐비트

가로×세로가 4×4칸인 게임판에 조각 16개를 배열하는 방법은 많지만, 이 게임에서는 변의 색이 일치하도록 정사각형을 배열한다.

혼자서 할 때에는 615번 문제에 있는 조각 16개를 각 변의 색이 일치하도록 게

임판 위에 놓아라. 답은 몇 가지일까? 격자 위에 답을 옮겨 적으면 그 형태의 아름다움을 확실히 느낄 수 있을 것이다.

2명이서 할 때에는 16개의 조각 앞면을 모두 뒤집어서 섞는다. 선수들은 차례대로 조각을 골라서 각 변의 색이 일치하도록 게임판 위에 놓아라. 게임의 규칙에 따라 마지막으로 조각을 놓는 사람이 이긴다.

게임의 이동 횟수가 가장 많을 때는 16번이며 이때는 게임판을 모두 조각으로 채운다. 그렇다면 상대방이 조각을 놓을 수 없도록 할 때 이동 횟수가 최소인 경우는 몇 번일까?

PLAYTHINK 617

난이도: ●●●●●○○○○○
준비물: ✎ ✏
완성여부: □ 시간: _____

헥사비트 1

육각형을 꼭짓점 사이에 선을 그어 나누고 2가지 색으로 영역을 번갈아가며 칠하면 아래와 같은 그림을 얻을 수 있다. 회전은 제외하고 반사만 다른 경우로 본다면 19개의 패턴이 나오는데 그 중에 17개가 나와 있다. 나머지 패턴 두 개를 찾아 빈칸을 완성하라.

PLAYTHINK 618

난이도: ●●●●●●○○○○
준비물: ✎ ✏
완성여부: □ 시간: _____

포지네가 큐비트

큐비트 퍼즐의 해답 50가지와 그 해답의 색깔을 반대로 한 경우 50가지를 더해서 총 100가지의 경우가 아래에 있다. 첫 번째 줄을 1에서 10까지, 두 번째 줄을 11에서 20까지, 이런 식으로 100까지 번호를 매긴다. 1번과 100번처럼 서로 색깔이 반대인 50쌍을 찾아보라.

PLAYTHINK 619

난이도: ●●●●●●○○○○
준비물: ✎ ✏
완성여부: □ 시간: _____

헥사비트 2

육각형을 변의 중심끼리 선을 그어 나누고 2가지 색 중 하나로 영역을 칠하면 왼쪽과 같이 14개의 패턴을 얻을 수 있다. 마지막 패턴을 찾아 빈칸을 완성하라.

PLAYTHINK 620
난이도: ●●●●●○○○○○
준비물: ●
완성여부: □   시간: ____

유리잔 바로 세우기 1

왼쪽의 그림과 같이 유리잔 3개가 탁자 위에 놓여있다. 한 번에 유리잔을 2개씩 뒤집는다면 3번 만에 모든 유리잔을 바로 세울 수 있을까? 또 모든 유리잔을 거꾸로 세울 수도 있을까? 뒤집는 횟수와는 상관없이 문제를 풀 수 있다.

이 문제를 다 풀고 나면 아래의 그림과 같이 3개를 모두 거꾸로 세워놓고 친구에게 바로 세우라고 해보라.

PLAYTHINK 622
난이도: ●●●●●○○○○○
준비물: ●
완성여부: □   시간: ____

도둑 잡기

아래의 그림에서 초록색 점은 경찰이고 빨간색 점은 도둑이다. 이 둘이 번갈아가면서 바로 이웃 원으로 움직인다. 빨간색 점 위에 초록색 점을 놓으면 경찰이 도둑을 잡은 경우가 된다. 경찰이 열 번 미만으로 움직여서 도둑을 잡을 수 있을까?

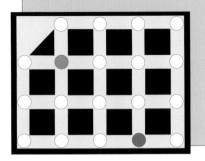

PLAYTHINK 621
난이도: ●●●●●○○○○○
준비물: ●
완성여부: □   시간: ____

유리잔 바로 세우기 2

왼쪽의 그림과 같이 6개의 유리잔이 탁자 위에 놓여있다. 6개 중 2개를 골라 뒤집기를 계속하면 모든 유리잔을 바로 세울 수 있을까? 또 유리잔을 모두 거꾸로 세울 수도 있을까?

PLAYTHINK 623
난이도: ●●●●○○○○○○
준비물: ●
완성여부: □   시간: ____

육각형 짝짓기

아래에 있는 육각형 25개를 똑같은 것끼리 2개씩 짝지으면 하나가 남는다. 짝이 없는 하나는 어느 것일까?

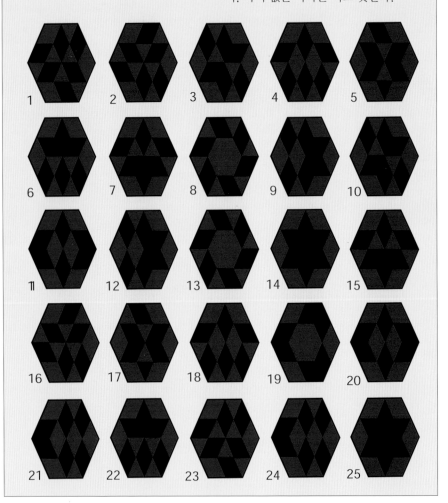

PLAYTHINK 624

난이도: ●●●●○○○○○○
준비물: ●
완성여부: □   시간:_____

포커 칩 패턴

탁자 위에 빨간색과 파란색 포커 칩을 번갈아 가며 놓아서 정사각형 모양을 만들었다. 칩을 2개만 움직인 후, 가로나 세로로 줄을 밀어 각 가로줄을 모두 같은 색으로 만들어 보라.

PLAYTHINK 625

난이도: ●○○○○○○○○○
준비물: ●
완성여부: □   시간:_____

기어 체인

기어 9개가 아래처럼 맞물려서 전체적으로 닫힌곡선을 만들고 있다. 초록색 기어가 반시계 방향으로 움직이려면 빨간색 기어가 어떤 방향으로 움직여야 할까?

PLAYTHINK 626

난이도: ●●●●●●○○○
준비물: ●
완성여부: □   시간:_____

다락방 스위치

1층에 있는 스위치 3개 중 하나가 다락방과 연결되어 스위치를 켜면 다락방의 전구가 켜져서 불이 들어온다. 어느 것인지 확인하기 위해서 스위치를 켰다 끄는 횟수에는 제한이 없는데, 다락방으로 확인하러 가는 것은 한 번만 된다. 어떻게 해야 다락방 스위치를 확인할 수 있을까?

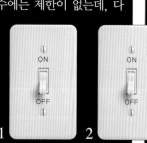

1   2   3

PLAYTHINK 627

난이도: ●●●●●●○○○
준비물: ● ✎
완성여부: □   시간:_____

스위치 찾기

무작위로 on/off 위치에 놓여있는 스위치 3개가 있다. 스위치는 다른 방의 전구와 연결되어 있는데 그 전구는 스위치 3개가 모두 on의 위치에 있어야만 불이 켜진다. 스위치 하나만으로 그 방의 불을 켤 수 있는 경우를 생각해 보라. 만일 스위치를 하나면 켜서 그 방의 불을 켜는 내기를 한다면 돈을 걸겠는가?

PLAYTHINK 628

난이도: ●●●●●○○○○
준비물: ● ✎
완성여부: □   시간:_____

칠각형 색칠하기

칠각형의 중심과 꼭짓점을 연결해서 7부분으로 나누었다. 2가지 색으로 칠각형을 다르게 칠하는 방법은 18가지이고 아래에 그 중 하나가 나와 있다. 나머지 17가지 경우를 칠하라. 단, 회전하거나 뒤집어서 같은 배열이 되는 경우는 제외한다.

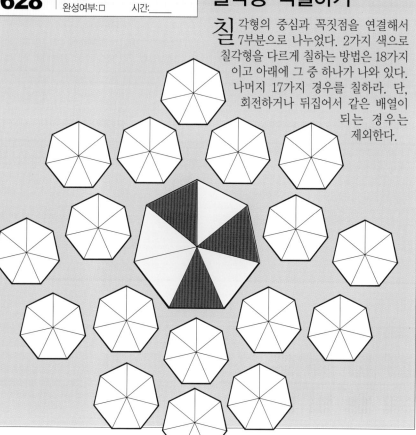

PLAYTHINK 629

난이도: ●●○○○○○○○○
준비물: ● ✎
완성여부: □   시간:_____

유리잔 바로 세우기 3

아래에 있는 11개의 유리잔이 모두 거꾸로 세워져 있다. 한 번에 잔을 3개씩 뒤집는다면 몇 번 만에 이 유리잔을 모두 바로 세울 수 있을까?

PLAYTHINK 630

난이도: ●●●●●○○○○○
준비물: ● ✎
완성여부: □   시간:_____

이진법 또는 메모리 바퀴 1

1에서 0으로 세 자릿수를 만드는데 각 자리 숫자는 스위치의 'on'과 'off'로 조정한다. 세 자리 숫자란 이진법으로 만들어지는 최초의 숫자 8개, 즉 0에서 7까지를 말한다. 따라서 오른쪽에 있는 것처럼 이 숫자 8개를 동시에 만들려면 총 24개의 스위치가 필요하다.

그런데 이진법 또는 메모리 바퀴에서는 스위치가 8개만 있어도 된다. 이를 쉽게 이해하기 위해서 다음의 목걸이를 살펴보

자. 빨간 구슬과 초록 구슬이 각각 4개씩 있는데 이를 꿰어서 목걸이를 만든다. 이 구슬 8개를 3개씩 조합하여 제일 오른쪽 그림과 같이 0에서 7사이의 숫자를 표현했다. 시계방향으로 구슬 3개씩 묶어 가면서 이 숫자가 전부 나오도록 목걸이를 만들어 보라. 단, 숫자의 순서는 무방하다.

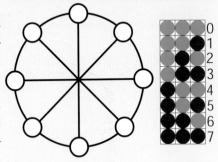

PLAYTHINK 631

난이도: ●●●●●●○○○
준비물: ● ✎
완성여부: □   시간:_____

이진법 또는 메모리 바퀴 2

빨간 구슬과 초록 구슬이 각각 8개씩 있는데 이 구슬을 4개씩 조합하여 0부터 15까지의 숫자를 제일 오른쪽 그림과 같이 나타냈다. 시계방향으로 구슬을 4개씩 묶어 가면 숫자가 모두 나오도록 16개의 구슬로 목걸이를 만들어 보라. 단, 숫자의 순서는 무방하다.

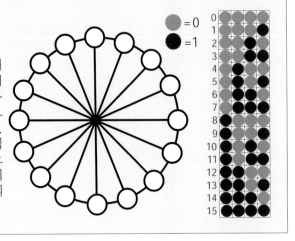

PLAYTHINK 632

난이도: ●●●●●○○○○
준비물: ● ✎
완성여부: □   시간:_____

목걸이 칠하기

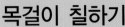

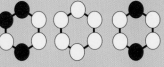
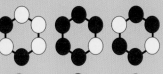
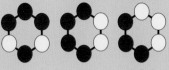
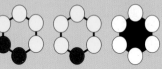

6개의 구슬로 목걸이를 만들려고 한다. 구슬은 빨간색이나 노란색 구슬을 마음대로 조합할 수 있다. 6개의 구슬로 만들 수 있는 서로 다른 목걸이 13개 중 12개의 패턴은 위에 나와 있다. 마지막 패턴을 완성하라.

PLAYTHINK 633

난이도: ●●●○○○○○○○
준비물: ● ✎
완성여부: □   시간:_____

목걸이

크기와 모양이 모두 같은 빨간색 구슬이 5개, 초록색 구슬이 2개있다. 이 7개의 구슬을 이용해서 만들 수 있는 서로 다른 목걸이의 개수는 몇 개일까?

논리학과 확률

10

PLAYTHINK 634

난이도: ●●●●○○○○○
준비물: ✏
완성여부: □ 시간: _____

위계

논 리학에서 추론의 가장 기본적인 방법인 연역법은 하나이상의 전제조건으로부터 특정한 결론을 이끌어내는 것이다. 따라서 모든 전제조건이 참이라면 도출된 결론도 참이어야 한다.

어떤 회사에 게리, 아니타, 로즈가 있는데, 이들이 회장, 이사, 비서직을 맡고 있다. 비서는 여형제나 남형제가 없는 외동이고 월급을 제일 적게 받는다. 로즈는 게리의 남동생과 결혼했는데 이사보다 많이 번다. 직책과 이름을 각각 짝지어라.

PLAYTHINK 635

난이도: ●●○○○○○○○
준비물: ✏
완성여부: □ 시간: _____

앵무새

M 여사는 말할 줄 아는 앵무새를 한 마리 기르기로 했다. 애완동물 가게에 가서 어떤 앵무새를 가리키며 가게 직원에게 "이 앵무새 말할 수 있어요?" 하고 물었다. 그러자 직원이 "이 앵무새는 들은 단어는 모두 따라해요."라고 애매하게 대답했다. 직원의 대답에 M여사는 그 앵무새를 샀다. 그런데 집에서 몇 달 동안이나 말을 가르쳐도 앵무새가 한 마디 말도 안하는 것이었다. 가게 직원은 거짓말을 한 것일까, 아니면 무언가를 빼먹고 말하지 않은 것일까?

PLAYTHINK 636

난이도: ●●●●●○○○○
준비물: ✏
완성여부: □ 시간: _____

논리 순서

아 랫줄에는 윗줄과 같은 도형이 있으나, 그 순서는 다음의 규칙을 따른다.
- 십자나 원은 육각형 옆에 올 수 없다.
- 십자나 원은 삼각형 옆에 올 수 없다.
- 원이나 육각형은 사각형 옆에 올 수 없다.
- 삼각형은 사각형 바로 오른쪽에 온다.

규칙에 맞게 아랫줄의 도형 순서를 배열하라.

PLAYTHINK 637

난이도: ●●●●●○○○○
준비물: ✏ ●●
완성여부: □ 시간: _____

자매일 확률

스 미스 부부에게는 아이가 2명 있는데 그 중 1명은 여자아이이다. 여자아이일 확률과 남자아이일 확률이 같을 때, 나머지 1명도 여자아이일 확률은 얼마일까?

PLAYTHINK 638

난이도:●●●○○○○○○
준비물:●
완성여부:□   시간:＿＿＿

남향 창문

네 벽의 창문이 모두 남향으로 나 있는 집을 어떻게 지을 수 있을까?

PLAYTHINK 639

난이도:●●○○○○○○○
준비물:●
완성여부:□   시간:＿＿＿

GHOTI

아래에 있는 이상한 단어를 주어진 조건에 따라 발음하면 우리가 아는 단어처럼 발음된다. 조건은 'tough' 의 gh발음, 'women' 의 o발음, 'emotion' 의 ti발음과 같이 발음한다. 어떤 단어처럼 들릴까?

GHOTI

PLAYTHINK 640

난이도:●●●●●○○○○
준비물:●
완성여부:□   시간:＿＿＿

컬러 주사위

아래의 그림은 똑같은 주사위를 서로 다른 네 방향에서 본 모습이다. 제일 아래에 있는 주사위의 바닥 색깔은 무엇일까?

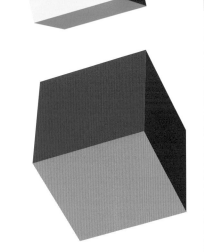
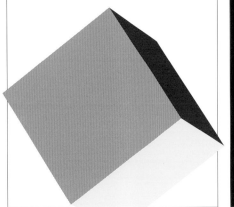

PLAYTHINK 641

난이도:●●●○○○○○○
준비물:●
완성여부:□   시간:＿＿＿

결혼

수 년 전에 어떤 남자가 그의 미망인의 여동생과 결혼을 했다. 어떻게 된 것일까?

PLAYTHINK 642

난이도:●●●●○○○○○
준비물:●
완성여부:□   시간:＿＿＿

계산서

10200 4180

한 남자가 고급 레스토랑에 가서 저녁식사를 주문했다. 주문한 음식이 나오자 그 남자는 음식을 한 번 보더니 위의 쪽지를 웨이터에게 주고 레스토랑을 나가 버렸다. 웨이터가 그 쪽지를 주인에게 보여주니 주인은 그 말을 알아듣고 쪽지를 계산대 위에 놓았다. 쪽지에 적힌 숫자는 무슨 뜻일까? 영어 발음에 착안해 해독해 보라.

전선 위의 새

한 무리의 새가 전선줄 위에 순서 없이 마음대로 앉아서 가장 가까이 앉아있는 새를 감시한다. 전선 위 양 끝에 있는 새 2마리를 제외하면 감시를 받지 않는 새는 몇 퍼센트일까?

C: A는 정직하지 않아요. 거짓말쟁이예요.

B: A는 자신이 정직하다고 말해요.

A: 나는 정직해요

거짓말쟁이

세 아이가 다음과 같이 말할 때 진실과 거짓을 말하는 아이는 각각 몇 명일까?

경마

어 떤 괴팍한 노인이 상속자 2명에게 경마 시합을 벌여서 시합에 진 말의 주인에게 전 재산을 상속받게 하라는 유언을 남겼다. 경마 시합이 시작되자 말의 주인들은 자신의 말이 결승점에 도달하지 못하도록 안간힘을 썼다. 접전이 계속되어 시합이 끝날 가망성이 안 보이자 유언 집행자는 묘안을 짜내서 시합을 약간 변형시켰다. 이에 따라 두 상속인은 시합을 다시 벌여 결승점에 먼저 도달한 사람이 재산을 상속하게 되었다. 이 묘안이 여전히 유언장을 따르는 것이라면 시합을 어떻게 변형한 것일까?

PLAYTHINK
646
난이도:●●●●○○○○○○
준비물: ✏️ ✂️
완성여부:□   시간:_____

행맨

유명한 단어 게임인 행맨을 약간 변형한 2인용 게임이다. 이 게임에서는 두 명이 모두 행맨 그림을 그린다. 각자 교수대를 먼저 그린다. 그리고 알파벳이 6개인 단어를 생각한 후, 상대방의 행맨 그림 아래에 밑줄을 6개 긋는다.

선수들은 상대방의 단어를 맞추기 위해 번갈아가며 한 번에 알파벳을 하나씩 말한다. 단어에 있는 알파벳을 불렀으면 해당하는 자리의 밑줄 위에 그 알파벳을 적는다. 알파벳의 개수와는 상관없이 해당 자리에 모두 적는다. 단어에 없는 알파벳을 불렀으면 행맨 게임에서처럼 하나씩 선을 그어 6번에 나눠 행맨을 그린다. 7번 틀린 선수의 행맨은 교수형에 처해지고 그 선수는 진다.

PLAYTHINK
647
난이도:●●●●●○○○○
준비물: ✏️ ✂️
완성여부:□   시간:_____

컬러 공 꺼내기

항아리에 빨간 공 20개와 파란 공 30개가 담겨있다. 눈을 감고 공 하나를 꺼냈을 때 꺼낸 공이 빨간 공일 확률은 얼마일까?

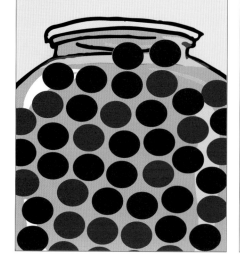

PLAYTHINK
648
난이도:●●●●○○○○○
준비물: ✏️ ✂️
완성여부:□   시간:_____

합계 20

아래의 메시지는 제일 아래쪽에 있는 알파벳 중 일부를 암호화한 것이다. 이 암호를 풀어 숨겨진 메시지를 찾아보라.

A	B	C	J	K	L	S	T	U
D	E	F	M	N	O	V	W	X
G	H	I	P	Q	R	Y	Z	

확률

고전 논리학이나 고등학교 수학에서는 100퍼센트 확신할 수 있는 가상의 세계를 다룬다. 그렇지만 현실에서 100퍼센트 확신할 수 있는 것이 있는가? 현실은 가상 세계와 너무도 달라서 완전히 참이거나 완전히 거짓이라고 말할 수 있는 대답이나 결정은 거의 없다. 우리가 사는 실제 세계는 전부 확률의 법칙을 따른다. 거시적 현상에서 보이는 질서가 사실은 무작위로 일어나는 수백만의 사건을 단순히 평균한 것에 지나지 않을 때도 있다.

대부분의 사건은 확률의 법칙을 따르기 때문에 우리가 그 법칙을 안다면 답에 가까이 가고 더 유리한 결정을 내릴 확률이 훨씬 증가한다. 따라서 상황에 따른 확률의 여러 값을 비교해 볼 수 있다. 이 논리를 연구하고 발전시킨 분야가 확률론이다.

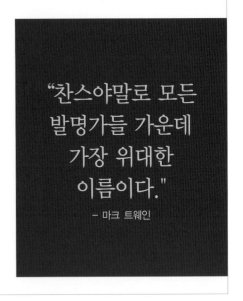

"찬스야말로 모든 발명가들 가운데 가장 위대한 이름이다."

– 마크 트웨인

PLAYTHINK 649

난이도: ●●●●○○○○○
준비물: ✎
완성여부: ☐   시간: _____

모자 찾기

남자 6명이 공연 관람 전에 극장에 모자를 맡겼는데, 직원이 그만 모자를 섞어버렸다.
최소 1명이라도 자신의 모자를 찾으면 엄청난 돈을 주는 내기를 제안한다면, 그 제안을 받아들이겠는가? 다시 말해, 6명 중 한 명이 자신의 모자를 되찾을 확률이 0.5보다 크다고 생각하는가?

PLAYTHINK 650

난이도: ●●●○○○○○○
준비물: ✎
완성여부: ☐   시간: _____

주사위 쌓기

그림의 주사위에서 보이지 않는 면의 숫자를 모두 더해 보라.

확률

확률이란 어떤 사건이 일어날 가능성을 말한다. 확률은 계산이 되고 또 만일 계산이 안 되더라도 추정이 가능하다. 즉, 확률이 1이라는 말은 반드시 일어난다는 의미이고 확률이 0이라는 말은 결코 일어나지 않는다는 의미이며, 0과 1사이에 있는 숫자는 일어날 확률의 정도를 말해준다. 즉, 0.7은 일어날 가능성이 많다는 것이며 0.1은 거의 없다는 말이다.

이처럼 확률은 숫자로 나타내기 때문에 확률끼리 비교할 수 있다. 학자들은 과거의 사건을 이용해서 미래에 그와 유사한 사건이 일어날 확률을 계산한다. 태풍이 빈번하게 발생하는 지역이라면, 그 지역의 구조대는 태풍을 대비하는 법을 교육 받아야 한다.

일반적으로 사건이 일어날 확률은

P=n/N

이라는 공식으로 정의 내리는데, 이 때 N은 모든 사건이 일어날 숫자를, n은 특정 사건이 일어날 숫자를 의미한다.

게임에서는 확률보다 흔히 여사건(사건이 일어나지 않을 확률)의 확률에 대해 언급하는 것이 관례이다. 여사건은 n을 N−n으로 계산해서 나오는데 따라서 일어날 확률이 $^1/_5$라면 여사건일 확률은 $^4/_5$가 된다.

PLAYTHINK
651

난이도:●●●●○○○○○○
준비물: ● ✎
완성여부:□　　시간:_____

확률 기계

꼭 대기가 깔때기처럼 생긴 장치에 공 16개를 올려놓을 때, 제일 아래에 있는 5개의 각 통로에 평균적으로 몇 개의 공이 들어갈까?

이 문제는 프랜시스 골톤이 19세기에 고안해 낸 유명한 확률 기계를 응용한 것이다. 실제로 몇 개의 공이 떨어질지 몰라도 통로에 들어갈 공의 개수는 예측할 수 있다. 일반적으로 임의의 사건 하나는 예측할 수 없지만, 사건의 수가 엄청나게 많아지면 확률의 법칙을 따른다. 이 문제는 확률의 개념을 이해하는 데 도움이 될 것이다.

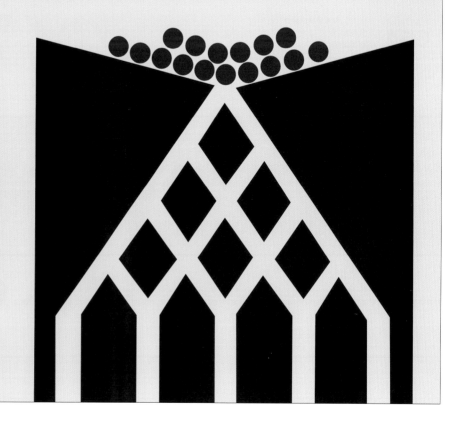

PLAYTHINK 652

난이도: ●●●●○○○○○○
준비물: ✏️
완성여부: ☐ 시간:_____

이길 확률

가상현실 게임에서 브론토사우르스 공룡 1마리, 또는 스테고사우르스 공룡 3마리와 연속으로 싸워야 한다. 어느 경우가 더 유리할까? 단, 브론토사우르스를 이길 확률은 $^1/_7$이고 스테고사우르스 1마리를 이길 확률은 $^1/_2$이다.

PLAYTHINK 653

난이도: ●●○○○○○○○○
준비물: ●
완성여부: ☐ 시간:_____

쉘 하벤

어느 해전에서 적의 포탄을 맞아 배 한쪽에 구멍이 뚫렸다. 한 선원이 그 구멍에 자신의 머리를 넣어서 막고 있으면 적이 똑같은 위치에 포탄을 쏠 확률이 작아질 것이라고 생각했다. 이 선원의 생각이 맞을까?

PLAYTHINK 654

난이도: ●●●●●●○○○
준비물: ●
완성여부: ☐ 시간:_____

먹보 무당벌레

배고픈 무당벌레 1마리가 꽃 주위를 돌면서 13번째 있는 먹이만 계속 먹는다. 그런데 무당벌레는 진딧물만 먹을 수 있고 벌에는 쏘인다. 이 무당벌레는 어디에서부터 시작해야 벌을 피하면서 진딧물 13마리를 모두 먹을 수 있을까?

PLAYTHINK
655
난이도:●●●●●●○○○
준비물:●
완성여부:□   시간:____

수송기에 외계인을 어떤 순서로 태우고
몇 번 운행을 해야 할까?

외계인 이동

나는 외계인들을 우주선으로 실어주
는 수송기 비행사다. 내 수송기는
크기가 작아서 한 번에 2명, 즉 나와 손님
1명밖에 못 탄다. 또한 승객들은 모두 다
도착할 때까지 우주선 입구에서 기다렸다
모두 도착하면 한꺼번에 우주선 안으로
들어가야 한다.

지금 외계인인 리겔인, 데네브인, 그리고
네 발 달린 테레스트리얼인이 우주선에
탑승하려고 한다. 그런데 이 외계인들 사
이에 문제가 있다. 데네브인과 리겔인은
서로 전쟁 중이어서 둘만 남게 되면 싸울
지도 모른다. 또 리겔인은 채식주의자이
고, 데네브인은 육식만 먹기 때문에 혹시
데네브인과 테레스트리얼인이 남게 되면
순식간에 잡아먹을지도 모른다.

PLAYTHINK
656
난이도:●●●●●○○○○
준비물:●
완성여부:□   시간:____

음식 선택

우리 조 조원들이 각자 자신이 좋아하
는 음식에 대해 얘기를 나누고 있
다. 번호별로 이름과 좋아하는 음식을 짝
지어라.

난 케이크를 좋아하지만
내 이름은 제리가 아니야.

제리는 닭고기를
좋아하지만 이반은
아니야.

질은 샐러드는
좋아하지만 난 샐러드가
싫어.

아니타는 생선을
좋아해.

1   2   3   4

PLAYTHINK
657
난이도:●●●●●●○○○
준비물:●
완성여부:□   시간:____

동전 패러독스

동전이 3개 있는데 그 중 하나는 앞
면과 뒷면, 또 하나는 앞면만 2개,
나머지 하나는 뒷면만 2개라고 한다. 동
전 3개를 모두 모자 안에 넣은 후 눈을
감은 채 하나를 골라서 탁자 위에 놓았
다. 눈을 떠서 보이는 면을 확인할 때,
이 동전의 뒷면이 방금 본 면과 같을 확
률은 얼마일까?

PLAYTHINK
658
난이도:●●●●○○○○○
준비물:✎
완성여부:□   시간:____

사각 연어

사각 연어는 아래에 있는 CUBE의 예처럼 가로와 세로줄에 같은 단어가 들어가는 것이다. 나머지 칸을 제일 아래 칸에 있는 알파벳을 이용하여 모두 완성하라.

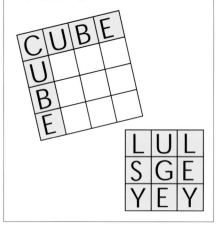

PLAYTHINK
659
난이도:●●●●○○○○○
준비물:✎
완성여부:□   시간:____

카드

어떤 메시지를 아래의 투명 디스크에 반씩 나누었다. 두 디스크를 겹쳐 서 숨겨진 단어의 메시지를 찾아보라.

PLAYTHINK
660
난이도:●●●●●●○○○
준비물:✎
완성여부:□   시간:____

텅빈 큐브 1

그림처럼 바닥에 8×8칸의 모자이크가 그려져 있는 속이 텅 빈 큐브를 들여다본다. 한 번 볼 때마다 모자이크의 일부 밖에 보지 못한다. 논리를 이용하여 모자이크의 전체 패턴을 완성하라.

PLAYTHINK 661
난이도: ●○○○○○○○○
준비물: ✎
완성여부: □ 　　시간: _____

룰렛 게임

카지노 룰렛에서 이기는 유일하게 확실한 방법은 무엇일까?

PLAYTHINK 662
난이도: ●●●●○○○○○
준비물: ✎
완성여부: □ 　　시간: _____

레부스

단어 퍼즐이다. 아래에 있는 레부스 (단어를 의미가 아닌 소리로 전달 하는 방식. 단어를 부분으로 나누어서 음가와 같은 그림으로 설명하기도 한다. 예를 들면 I.O.U.=I owe you, car+pet=carpet이다.) 두 개를 풀어라.

ME JUST YOU TIMING TIM ING

PLAYTHINK 664
난이도: ●●●●●○○○○
준비물: ✎
완성여부: □ 　　시간: _____

구슬 던지기

피터와 폴은 구슬 실력이 똑같다. 피 터가 구슬 2개, 폴이 구슬 1개를 가지고 있을 때 피터가 이길 확률은 얼 마일까? 단, 목표점에 가장 가까이 가는 구슬을 이기는 것으로 한다.

PLAYTHINK 663
난이도: ●●●●●●○○
준비물: ✎ ✎
완성여부: □ 　　시간: _____

텅빈 큐브 2

그림처럼 바닥에 6×6칸의 모자이크 가 그려져 있는 속이 텅 빈 큐브를 들여다본다. 한 번 볼 때마다 모자이크의 일부분밖에 볼 수 없다. 논리를 바탕으로 모자이크의 전체 패턴을 완성하라

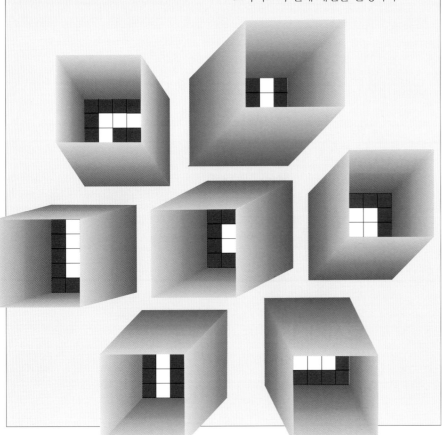

PLAYTHINK 665
난이도: ●●●●○○○○○
준비물: ✎
완성여부: □ 　　시간: _____

오류 찾기

이 문제에서 틀린 곳 3군데를 찾아보 라.

What are the tree mistake in this sentence?

PLAYTHINK 666

난이도: ●○○○○○○○○
준비물: ✏️
완성여부: ☐   시간:_____

애너그램

아래의 N, A, G, R, E의 순서를 달리 조합하여 의미가 있는 단어 2개를 만들어 보라.

PLAYTHINK 667

난이도: ●●●●●○○○○
준비물: ✏️
완성여부: ☐   시간:_____

셈

알파벳으로 만든 행렬에 숨어있는 단어를 찾아보라.

R	V	E	O	V	C
S	I	O	V	R	D
V	E	R	C	V	O
R	O	V	E	S	E
E	R	S	C	R	I
C	E	R	E	O	R

PLAYTHINK 668

난이도: ●●●●●○○○○
준비물: ●✏️
완성여부: ☐   시간:_____

작은 세상

미국의 인구는 2억 8,400만 명이다. 이 중 무작위로 2명을 골라서 서로 아는 사람인지 엮어보았을 때(내 친구의 친구의 친구…) 평균적으로 몇 다리를 건너면 서로 아는 사람이 될까?

PLAYTHINK 669

난이도: ●●●●●○○○○
준비물: ✏️
완성여부: ☐   시간:_____

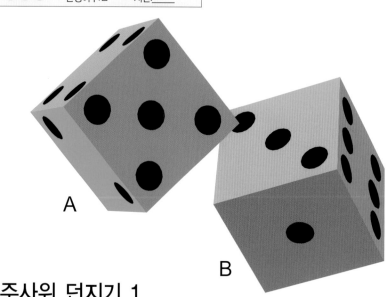

주사위 던지기 1

할아버지 2명이 각각 자신의 주사위를 가지고 게임을 한다. 그런데 주사위가 낡아서 위의 그림처럼 6면 중 3면에 있는 숫자밖에 보이지 않는다. 주사위를 던져서 높은 숫자가 나온 사람이 이긴다고 할 때 누가 더 자주 이기게 될까? 단, 숫자가 안 보이는 면이 위로 오면 그 게임은 무효로 한다.

PLAYTHINK
670
난이도: ●●●●○○○○○○
준비물: ✏
완성여부: □   시간: _____

기본 도형

오른쪽 그림과 같이 삼각형과 직사각형과 타원형이 서로 겹쳐진 도형이 5개 있다. 이 중 나머지 도형들과 다른 것은 어느 것일까?

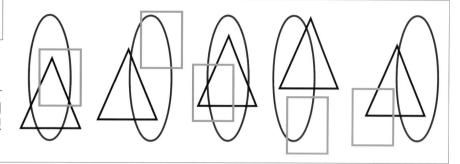

PLAYTHINK
671
난이도: ●●●●●○○○○○
준비물: ◉
완성여부: □   시간: _____

외계인 착륙

똑같이 생긴 외계인 24명이 지구에 도착하여 어떤 메시지를 전달하려고 한다. 외계인들은 빨강, 노랑, 파랑, 초록의 4가지 색으로 머리, 눈, 코, 입의 색깔 조합만 다르다.

각각의 외계인은 알파벳이나 빈칸을 들고 있는데 순서를 모른다. 아래에 있는 외계인과 글자, 오른쪽에 있는 칸을 이용해서 외계인들을 순서에 맞게 배열하고 그 메시지가 무엇인지 찾아보라.

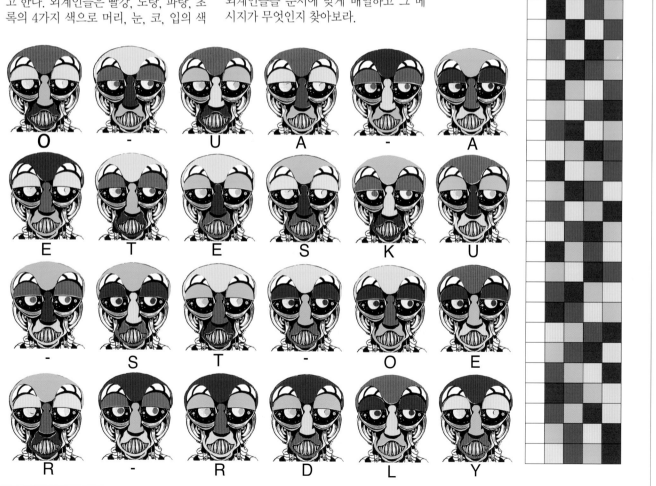

PLAYTHINK
672
난이도: ●●○○○○○○○○
준비물: ●
완성여부: □   시간: _____

정사각형 세기

선생님이 종잇조각을 들고서 학생들에게 정사각형이 몇 개인지 물었다. 아이들은 "6개"라고 대답했다. 정답이었다.
이번에는 선생님이 같은 종이를 다시 들면서 같은 질문을 하자 아이들은 "8개"라고 대답했다. 그런데 이번에도 정답이었다.
그렇다면 종이에 그려진 정사각형은 정확히 몇 개일까?

PLAYTHINK
673
난이도: ●●●●●○○○○○
준비물: ●
완성여부: □   시간: _____

참인 문장

다음의 세 문장 중 참인 것을 찾아보라.
1. 여기에서 문장 1개는 거짓이다.
2. 여기에서 문장 2개는 거짓이다.
3. 여기에서 문장 3개는 거짓이다.

PLAYTHINK
674
난이도: ●●●●●○○○○○
준비물: ●
완성여부: □   시간: _____

터널 지나기

승객 3명이 증기기관차를 타고 가는데 좌석 옆의 창문이 열려있었다. 이때 마침 터널을 지나가면서 그들의 얼굴이 그을음으로 시커멓게 되어버렸다. 승객들은 시커먼 상대방의 얼굴을 보며 서로 웃기 시작했다. 그러다 그 중 한 명이 갑자기 웃음을 멈추었다. 웃음을 멈춘 이유는 무엇일까?

PLAYTHINK
675
난이도: ●●●●●○○○○
준비물: □
완성여부: □   시간: _____

논리 패턴

그림과 같은 행렬의 각 패턴은 숫자를 상징한다. 각 가로줄과 세로줄의 합계는 나와 있다. 그렇다면 각 패턴이 상징하는 숫자는 각각 무엇일까?

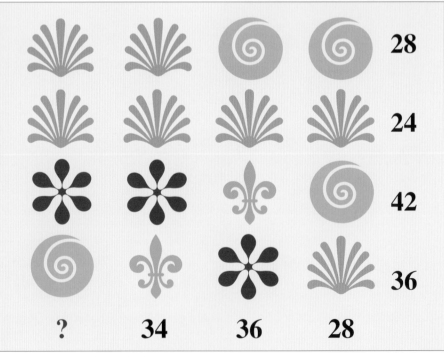

28

24

42

36

?   34   36   28

우연

심리학자인 루이스 본은 잡지 《스켑틱(Skeptics)》에서 다음의 일화를 소개하면서 우연을 예측하는 것이 얼마나 위험한지 경고했다.

어떤 남자가 형제 중 7번째 아이로 태어났는데, 그의 부모님도 형제 중 7번째였다. 남자는 1907년의 7번째 달의 7번째 날인 안식일에 태어났다. 그는 평생 동안 아주 이상한 일을 많이 겪었는데 생각해보니 전부 자신이 행운의 숫자라고 여겼던 7과 관련이 있었다. 27번째 생일을 맞이하여 경마장을 갔더니 '제7천국'이라는 말이 7번째 경주에서 7번째 문에서 출발한다고 적혀 있었다. 게다가 배당금이 7배였다. 그래서 그는 빌릴 수 있는 모든 돈을 빌려서 그 말에 걸었다. 그런데, 경주 결과 그 말은 7번째로 들어왔다.

이처럼 확률을 주관적으로 판단한다면 잘못된 결론에 도달할 수 있다. 확률을 현명하게 사용하려면 확률의 법칙을 이해하는 것이 중요하다.

공 꺼내기

주머니 속에는 빨간 공 아니면 파란 공이 들어있다. 여기에 빨간 공 1개를 더 넣어서 이제 빨간 공이 2개가 되었다. 주머니에서 공을 1개 꺼냈더니 빨간 공이 나왔을 때 남은 공도 빨간 공일 확률은 얼마일까?

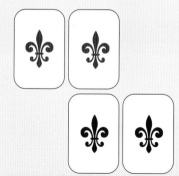

카드 4장 섞기

앞면에만 패턴이 있는 카드 4장 중 빨간색 패턴과 파란색 패턴이 각각 2장씩 있다. 카드를 섞어 앞면이 아래를 향하도록 뒤집고 임의로 2장을 뽑았을 때, 그 2장의 카드 패턴이 같은 색일 확률은 얼마일까? 이때 옆에서 문제를 보고 있던 친구가 다음과 같이 말한다. "확률은 2/3이야. 2장의 카드 패턴은 모두 빨간색, 모두 파란색, 또 파란색 한 장과 빨간색 1장이 나오는 3가지 경우밖에 없잖아. 그런데 이 중에서 카드가 같은 색일 경우는 2가지이므로 2/3가 되는 거야." 친구의 설명이 맞는 것일까?

카우보이의 대결

아모스, 부치, 코디가 권총으로 결투를 한다. 우선 제비뽑기로 총을 쏘는 순서를 정하고 그 순서대로 마지막 1명이 남을 때까지 1발씩 쏘기로 했다.
아모스와 부치는 지금까지 백발백중이었지만 코디는 50퍼센트의 확률로 명중을 시켰다. 살아남을 확률이 가장 높은 사람은 누구일까?

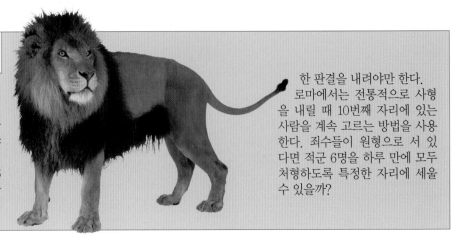

PLAYTHINK 679

난이도: ●●●●●●●○○○
준비물: ●
완성여부: □　　시간:_____

로마의 처형

로마제국의 황제가 죄수 36명을 경기장에서 사자에게 물려죽도록 판결을 내려야 한다. 사자가 하루에 죽일 수 있는 사람의 수는 6명인데, 죄수 36명 중에는 적군 6명이 포함되어 있다. 로마 황제는 이 적군 6명을 당장 없애버리고 싶지만 공명정대한 판결을 내려야만 한다.

로마에서는 전통적으로 사형을 내릴 때 10번째 자리에 있는 사람을 계속 고르는 방법을 사용한다. 죄수들이 원형으로 서 있다면 적군 6명을 하루 만에 모두 처형하도록 특정한 자리에 세울 수 있을까?

동전 던지기

동전을 한 번 던져서 나올 면을 정확히 예측할 수는 없지만 수백 번 던져서 나올 확률은 쉽게 예측할 수 있다.

확률에서 중요한 법칙 두 가지는 '곱의 법칙'과 '합의 법칙'이다. 전자는 두 사건이 동시에 일어날 확률이고, 후자는 둘 중 하나만 일어날 확률을 말한다. '곱'의 법칙이란 독립사건 두 개가 동시에 일어날 확률은 한 사건이 일어날 확률과 나머지 한 사건이 일어날 확률의 곱과 같다는 것이다. 예를 들어 동전 한 개를 1번 던져 앞면이 나올 확률이 1/2일 때, 동전 한 개를 2번 던져서 모두 앞면이 나올 확률은 1/2×1/2이므로 1/4이 된다.

'합'의 법칙이란 상호 다른 두 사건 중 하나가 일어날 확률은 각각이 독립적으로 일어날 확률의 합과 같다는 것이다. 예를 들어 동전 한 개를 던져 앞면이나 뒷면이 나올 확률은 앞면이 나올 확률(1/2)과 뒷면이 나올 확률(1/2)을 더한 값, 1이 된다. 이처럼 확률이 1인 사건을 전사건이라 하는데, 이것은 사건이 반드시 일어난다는 것을 의미한다.

PLAYTHINK 680

난이도: ●●●●●●●●●●
준비물: ●
완성여부: □　　시간:_____

동전 던지기 조작

친구에게 동전을 200번 던져서 나온 결과를 적어오라고 한 후, 그 친구에게서 결과가 적힌 종이를 받았다. 그런데 종이를 받자 이 친구가 실제로 200번을 모두 다 했는지 의문이 들었다. 그 결과가 실제인지 조작인지를 어떻게 알아낼 수 있을까?

PLAYTHINK 681

난이도: ●●●●○○○○○○
준비물: ●●
완성여부: □　　시간:_____

동전 던지기

동전 2개를 한 번 던져서 나올 수 있는 서로 다른 결과는 무엇일까?

PLAYTHINK 682

난이도: ●●●●○○○○○○
준비물: ●
완성여부: □　　시간:_____

한 단어

단어 속 알파벳의 자리를 바꾸어서 그 아래의 칸에 새로운 한 단어를 적어라.

두 단어의 자리를 바꾸어

N	E	W		D	O	O	R

한 단어를 만들어 보라.

PLAYTHINK 683

난이도: ●●●●●○○○○
준비물: ◉ ✎
완성여부: □ 시간:_____

홀짝 주사위

과학자 파스퇴르는 "기회는 준비된 자에게만 찾아온다."라는 말을 남겼다. 이 퍼즐을 풀기 위해 당신이 얼마나 준비 되었는 지 확인해 보자. 주사위 1쌍을 던져서 나온 수의 합이 짝수일 확률은 얼마일까?

PLAYTHINK 684

난이도: ●●●●●●○○○
준비물: ◉ ✎
완성여부: □ 시간:_____

주사위 던지기 2

주사위를 던져서 6이 나와야 시작하는 게임이 많다. 그런데 한 번 던져서 바로 6이 나올 확률은 적기 때문에 요즈음에는 연속으로 몇 번을 던져서 그 중 한 번이라도 6이 나오면 시작하도록 한다. 주사위를 처음 잡은 사람이 6을 나오게 해서 게임을 시작하고자 한다. 최소 몇 번을 던지는 것으로 규칙을 정해야 게임을 시작할 수 있을까?

PLAYTHINK 685

난이도: ●●●●○○○○○
준비물: ◉ ✎
완성여부: □ 시간:_____

생일 패러독스

같은 날 태어난 사람이 최소 2명이면 파티를 연다. 초대받은 사람의 생일을 모른다고 할 때, 몇 명을 초대해야 임의의 2명이 같은 날 생일일 확률이 0.5 이상이 될까?

PLAYTHINK 686

난이도: ●●●●○○○○○
준비물: ◉
완성여부: □ 시간:_____

컬러 단어

단어가 지각에 미치는 영향의 정도는 얼마나 될까? 오른쪽에 있는 4줄을 단어가 아니라 그 단어의 색깔을 말하면서 읽어보라. 한 번에 5개 이상 틀리지 않고 말할 수 있는가?

빨강	노랑	파랑	초록
노랑	파랑	초록	빨강
초록	빨강	노랑	파랑
파랑	초록	빨강	노랑

PLAYTHINK
687
난이도:●●●●●●○○○
준비물: ● ✎
완성여부:□   시간:____

주사위 던지기 3

주사위 2개를 24번 던져서 최소 한 번은 모두 6 이 나오면 이기 는 게임이 있다. 이길 확률이 질 확률보다 높을까?

PLAYTHINK
688
난이도:●●●●●●●○○
준비물: ● ✎
완성여부:□   시간:____

게임 쇼

문 3개 중 1개를 선택하여 문 뒤에 있는 선물(자동차)을 갖는 게임에 참가했다. 나머지 문 2개에는 원숭이가 있다.

만일 참가자가 문을 선택하고 열어보지 않은 채 앞에 서 있는 데, 사회자가 나머지 문 2개 중 하나를 열었더니 그 문 뒤에서 원숭이가 나왔다고 하자. 이 때 사회자가 다시 선택을 바꿀 기 회를 준다면 참가자는 원래 선 택한 문을 그대로 열어보는 것 이 유리할까 아니면 바꾸는 것 이 유리할까?

PLAYTHINK
689
난이도:●●●●●○○○○
준비물: ●
완성여부:□   시간:____

애로우그램

오른쪽을 잘 살펴보고 애로우그램의 방식을 파악하여 유명한 영국 정치 인의 이름을 찾아보라

PLAYTHINK
690
난이도:●●○○○○○○○
준비물: ● ✎
완성여부:□   시간:____

동전 3개

동전 3개를 던져서 앞뒤가 나올 수 있 는 경우의 수는 몇 가지일까? 직접 그림으로 그려 나타내 보라.

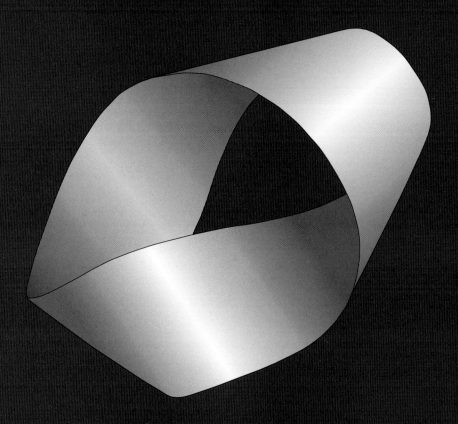

위상학

위상학이란

우리가 잘 아는 유클리드 기하학에서는 원과 삼각형, 또는 사다리꼴은 완전히 다른 도형이다. 그렇지만 위상학에서는 도형을 이런 식으로 분류하지 않는다. 위상학에서의 초점은 각도나 곡선이 아니라 면이기 때문에 형태가 변형되어도 다른 것으로 보지 않는다.

따라서 위상학의 분류법은 전통적인 기하학과도 완전히 다르다. 삼각형에 있는 각도의 크기나 변의 길이를 쉽게 변형할 수 있기 때문에 삼각형의 각도와 변은 위상학에서 중요하지 않다. 왜냐하면 삼각형의 한 변을 꺾어서 계속 변형시키면 직사각형이 나오기 때문에 삼각형의 모양도 불변한다고 할 수 없다. 따라서 위상학에서는 삼각형이나 사각형, 평행사변형, 심지어 원도 모두 같은 도형으로 본다.

위상학에서는 면을 연구하고 면과 면 사이의 연속성을 관찰한다. 삼각형에는 안과 밖이 있으며 안에서 밖(또는 밖에서 안)으로 가기 위해서는 반드시 한 변을 통과해야 한다.

연속 변형이란 모양을 구부리거나 비틀거나 잡아당기거나 압축시키는 것을 말한다. 그리고 이렇게 연속 변형을 시켜 서로 같은 모양이 되는 도형을 위상동형이라 한다. 따라서 구와 정육면체, 8과 B는 위상학적으로 같은 동형이다.

위상학에서는 안과 밖, 시계방향과 반시계방향, 고리, 매듭, 연결과 비연결 등이 기본적인 개념이다.

위상학은 공간, 면, 입체, 영역, 네트워크를 다루기 때문에 기존의 수학 관점에서 보면 불가능하고 이치에 안 맞는 것이 많다. 그러나 이러한 이유 때문에 수학 게임에 많이 사용될 수 있는 분야이기도 하다.

PLAYTHINK
691
난이도:●●●○○○○○○○
준비물: ✎
완성여부:□　시간:＿＿＿

점 연결하기 1

점 19개를 모두 이어서 연속된 닫힌 경로를 찾기는 쉽다. 그러면 각의 개수가 최대인 경로는 어떨까? 오른쪽 그림처럼 각의 개수가 17개인 다른 경로를 찾아보라.

PLAYTHINK 692

난이도: ●●●●○○○○○○
준비물: ◉
완성여부: □　　시간: ＿＿＿

위상동형 1

아래에 있는 a, b, c의 위상을 변형시켜서 나올 수 있는 도형을 각각 찾아서 짝지어라.

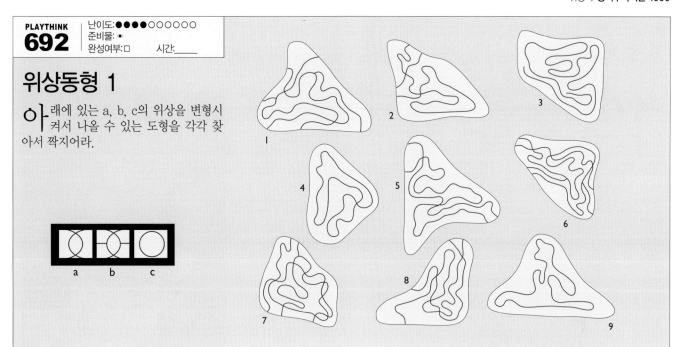

PLAYTHINK 693

난이도: ●●●○○○○○○○
준비물: ◉
완성여부: □　　시간: ＿＿＿

막대 고르기 2

다음의 그림에서 막대를 제일 위에서부터 한 번에 하나씩 없애도록 하라. 모든 막대들을 다 없애려면 어떤 순서로 해야 하는지 번호 순서로 말해 보라. 또, 막대 길이의 종류는 몇 가지인가?

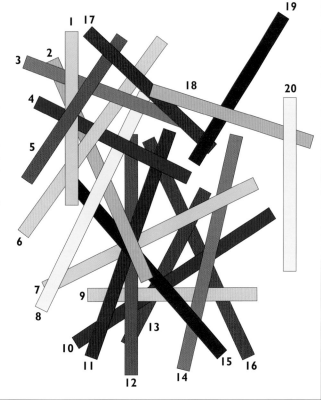

PLAYTHINK 694

난이도: ●●●○○○○○○○
준비물: ◉ ✎ ▤ ✄
완성여부: □　　시간: ＿＿＿

하이퍼카드

- *불가능한 덧문*

직사각형 마분지를 일직선으로 3번 자르고 1번 접어서 아래에 있는 3차원적 구조물을 만들려면 어떻게 잘라야 할까?

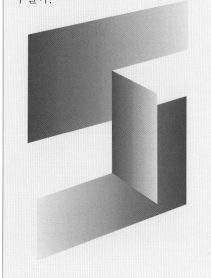

4색 정리

19세기 중반, 프란시스 거드리라는 영국인이 경계선이 인접한 주의 색을 서로 다르게 표시하는 방식으로 영국의 지도를 칠하다가 이 지도를 완성하는 데 필요한 최소한의 색깔수가 궁금해졌다.

수학자들은 이 궁금증을 보다 일반화시키기 위해서 '어떤 지도에서 국경이 인접한 나라를 다른 색으로 칠하려면 최소 몇 가지의 색이 필요한가?'라는 질문으로 바꾸었다. 거드리가 4색 문제를 발견한 후 1879년에 알프레드 브레이 켐페라는 영국 수학자가 4색 문제를 증명했다고 발표했지만 1890년, 그의 증명에서 중요한 결점이 발견되면서 그가 증명한 것은 실제로 4색 문제가 아니라 5색 문제임이 밝혀졌다.

이 4색 문제는 가장 간단하면서도 풀리지 않는 수학의 난제로 꼽혔다. 게다가 복잡한 평면을 다루는 유사 문제를 도입했더니, 이 문제들은 결국 풀리는 이해할 수 없는 현상이 나타났다. 예를 들어, 도넛면 위의 지도는 7색이 필요하며, 한 면으로 된 이상한 모양의 '클레인 병(Klein bottle)'은 6색 이상이 필요하다는 것이 밝혀진 것이다.

그 후 미국 일리노이 대학교의 하켄과 아펠이라는 두 과학자가 슈퍼 컴퓨터를 이용하여 마침내 이 문제를 풀어냈다. 그들은 4색 문제를 여러 하위 문제로 나눈 후, 컴퓨터를 이용하여 해답을 구한 것이다. 1976년에 완전히 증명된 후부터 '4색 문제'는 '4색 이론'으로 불리게 되었다.

컬러 쿨데삭

- 210개국 지도 색칠하기

4가지 색으로 국경이 인접한 나라의 색이 모두 다른 지도를 만드는 게임이다. 쿨데삭(cul-de-sacs)이란 막다른 골목을 뜻하는 프랑스어로 여기서는 컬러 쿨데삭이 안 되도록 칠해야 한다.
1번 선수가 나라를 하나 선택하여 4가지 색 중 하나로 칠한다. 2번 선수는 1번 선수가 고른 국가와 국경이 인접한 나라를 칠하되, 인접한 국가와 다른 색으로 칠한다. 이 규칙에 맞게 마지막으로 칠한 사람이 승리한다.

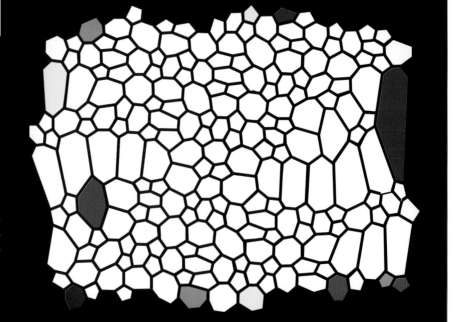

PLAYTHINK
696

난이도: ●●●●●○○○○○
준비물: ●
완성여부: □   시간:＿＿＿

위상동형 2

고무 밴드와 구슬로 아래의 도형을 만들었다. 위상이 같은 것을 찾아 보라.

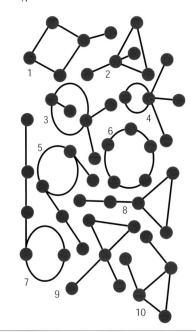

PLAYTHINK
697

난이도: ●●●○○○○○○○
준비물: ● ✎ 🗐 ✄
완성여부: □   시간:＿＿＿

4색 벌집

- 위상학 게임

컬러 쿨데삭을 피하는 능력을 테스트하는 2인용 게임이다. 큰 직사각형이 하나 있는데, 중앙에는 비어있는 벌집판이 있고, 그 나머지 부분은 8영역으로 나누어 색칠이 되어있다. 벌이 있는 조그만 육각형 조각 16개는 복사해서 오린다. 그리고 앞면이 아래로 가도록 뒤집는다. 1번 선수가 조각 1개를 골라서 중간에 있는 벌집 판 위에 놓되, 인접한 곳(벌집판이나 그 주위의 색칠된 8영역)과 색이 같지 않도록 한다. 선수가 번갈아가며 규칙대로 놓아서 마지막으로 육각형 조각을 놓은 사람이 이기는 게임이다.

> "어린 아이는
> 위상과 관련한
> 기하학적 특징을
> 가장 먼저 알게 된다.
> 만일 정사각형이나
> 삼각형을 보여주고
> 똑같이 그리라고 하면
> 아이는 닫힌 원을
> 그린다."
>
> – 장 피아제

PLAYTHINK
698

난이도: ●●○○○○○○○○
준비물: ✎
완성여부: □   시간:＿＿＿

색칠하기 패턴

인접한 영역의 색이 모두 다르도록 오른쪽 도형을 칠하려면 최소 몇 가지의 색이 필요할까?

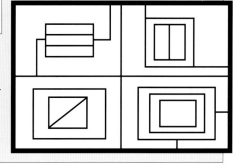

2색 정리

일반적인 지도를 칠하려면 최소 4색이 필요하지만, 특별히 제작된 지도는 2색만으로도 충분하다.

우선 빈 종이에 선을 하나씩 그리면서 지도를 만들어 보자. 각 선을 더할 때마다 새로운 선을 포함하는 영역은 두 색깔로 번갈아

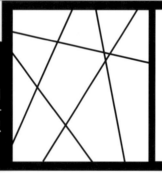

가며 칠한다. 또 새로운 선이 없는 영역, 즉 원래 색칠된 대로 남아있는 영역은 기존의 경계선을 기준으로 여전히 다르며, 또한 색을 번갈아 썼기 때문에 새 경계선과도 달라진다.

전체 면을 가로지르는 선이나 닫힌 곡선 여러 개로 지도를 그려도 마찬가지이

다. 2색으로 칠해진 각 지도는 교점이나 모서리 주변의 영역에 색이 번갈아 나타나야 하므로 한 교점에서 만나는 변의 수가 짝수 개이다. 그리고 모든 교점에 짝수 개의 변이 만날 경우에 한해서는 지도를 2색으로 칠할 수 있다는 것이 증명되었다.

PLAYTHINK 699
난이도: ●●●●○○○○○○
준비물: ● ✎
완성여부: □ 시간:_____

지도 색칠하기 1

인접한 영역의 색이 모두 다르도록 최소한의 색깔로 오른쪽 지도를 칠하라. 단, 교점에서는 같은 색이 접할 수 있다.

PLAYTHINK 700
난이도: ●●●○○○○○○○
준비물: ●
완성여부: □ 시간:_____

다각형 목걸이

오른쪽 목걸이는 정삼각형에서 정십이각형까지 정다각형 8개를 연결하여 만든 것이다. 각 다각형 도형이 연결된 순서를 말해 보라.

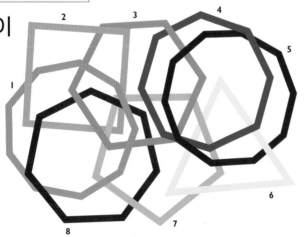

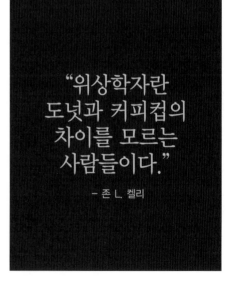

"위상학자란 도넛과 커피컵의 차이를 모르는 사람들이다."

– 존 L. 켈리

PLAYTHINK 701

난이도: ●●●●●○○○○
준비물: ✏ ✎
완성여부: □ 시간:____

카드 겹치기

다른 색으로 칠해진 카드 8장을 겹쳐서 오른쪽의 2가지 패턴을 만들었다. 패턴별로 제일 위에 놓인 카드를 1번이라 할 때 카드가 놓인 순서를 차례대로 말해 보라.

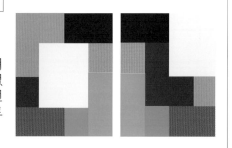

PLAYTHINK 702

난이도: ●●●●○○○○○
준비물: ✏ ✎
완성여부: □ 시간:____

한 줄에 4개 놓기

4명까지 같이 할 수 있는 게임이다. 우선, 각 선수가 자신의 색깔을 선택한다. 그리고 작은 원판 10개를 각자의 색으로 색칠하여 컬러 원판으로 만든다. 그 후에는 선수들이 게임판의 원(노란색) 위에 차례대로 자신의 컬러 원판을 1개씩 놓아서 원판을 모두 놓는다. 원판이 놓인 원은 인접한 원과 선으로 연결되어 있는데, 그 선을 따라 원판의 자리를 옮긴다. 자신의 컬러 원판 4개로 일직선 줄을 만들면 그 선수가 이기고 게임은 끝난다.

PLAYTHINK 703

난이도: ●●●●●●●●●
준비물: ✏ ✎
완성여부: □ 시간:____

화성 침공

독일의 수학자 게랄드 링겔이 1950년에 만든 지도 문제이다. 지구상의 주요 11개 나라가 화성을 침공하기 위해서 화성의 영토를 몰래 감시하고 있다. 각 나라마다 영토를 하나씩 맡으면서, 혼동방지를 위해 지구 지도에 있는 각국의 색깔로 화성 지도를 칠한다. 아래에 지구 지도와 화성 지도가 하나씩 있다. 번호는 각 나라와 나라의 화성 영토를 의미한다. 번호끼리 같은 색으로 칠하되, 이웃하는 나라와는 다른 색으로 칠하라. 지도를 완성하기 위해 필요한 색은 최소 몇 가지일까?

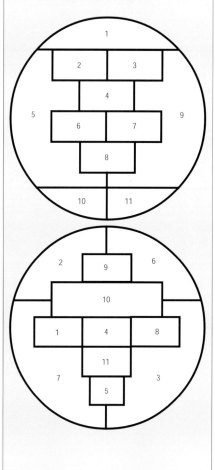

PLAYTHINK 704

난이도:●●●●●●●●○○
준비물:●✎
완성여부:□ 시간:_____

퀸의 대치

1. 각 퀸이 다른 퀸 1개만 공격하도록 퀸 10개를 일반 체스판에 놓아라.
2. 각 퀸이 다른 퀸 2개만 공격하도록 퀸 14개를 일반 체스판에 놓아라.
3. 각 퀸이 다른 퀸 3개만 공격하도록 퀸 16개를 일반 체스판에 놓아라.

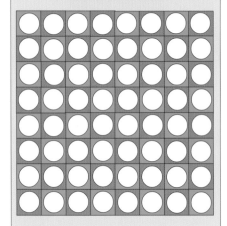

PLAYTHINK 705

난이도:●●●●●○○○○
준비물:●✎📄✂
완성여부:□ 시간:_____

지그재그 겹치기

아래에 있는 컬러 띠 8개를 가로×세로가 5×5인 격자판 위에 놓는다. 완성했을 때 검은색 칸이 오른쪽 그림처럼 대각선을 따라 놓이게 하려면 어떤 순서로 컬러 띠를 놓아야 할까?

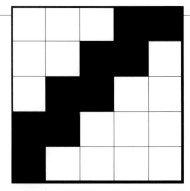

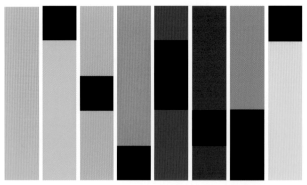

PLAYTHINK 706

난이도:●●●●●●○○○○
준비물:●✎
완성여부:□ 시간:_____

도형 겹치기

똑같은 크기의 직사각형 3개를 1개씩 겹쳐서 그림처럼 만드니 전체가 7개의 영역으로 나뉘었다. 25개의 영역으로 나누려면 어떻게 겹쳐야 할까?

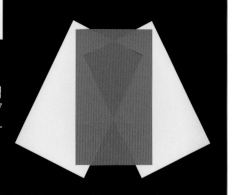

PLAYTHINK 707

난이도:●●●●●●○○○
준비물:●✎
완성여부:□ 시간:_____

뱀눈 옮기기

원판 9개가 오른쪽처럼 배열되어 있는데 제일 왼쪽에 있는 원판에는 뱀의 눈이 그려져 있다. 최소한의 이동으로 이 눈을 오른쪽 끝으로 옮겨라. 단, 뱀의 몸통 옆에 있는 빈칸 3곳 중 1곳으로 원판을 옮기는 것을 한 번 이동한 것으로 본다.

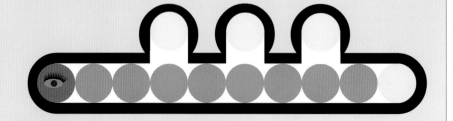

뫼비우스 띠

뫼비우스 띠만큼 신기하면서도 단순한 기하학적 모양은 없다. 19세기 독일의 수학자였던 뫼비우스가 면과 변이 모두 하나인 평면이 존재한다는 것을 발견했다.

상상하기도 어려운 이 도형은 사실 매우 간단히 만들 수 있다. 종이띠 한 장을 한 번 꼬아서 양 끝을 풀로 붙이기만 하면 된다. 이 띠를 따라서 선을 그리기 시작하면 다시 출발점으로 돌아오는데 신기하게도 '반대' 쪽 면으로 돌아온다. 그리고 다시 선을 한 바퀴 더 그리면 출발점과 같은 면으로 돌아온다.

산업공학자들은 이를 이용해서 컨베이어 벨트를 뫼비우스 띠처럼 만들어서 닳는 속도를 반으로 줄이기도 했다.

뫼비우스 띠 1

뫼비우스 띠의 너비를 2등분하는 빨간색 선을 따라 자른다. 시작점으로 돌아올 때까지 자르면 띠는 어떤 모양이 될까?

뫼비우스 띠 2

뫼비우스 띠의 너비를 3등분하는 빨간색 선을 따라 자른다. 시작점으로 돌아올 때까지 자르면 띠는 어떤 모양이 될까?

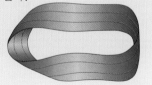

지도 색칠하기 2

지금까지 배운 지도 색칠하기 능력을 아래의 도형 8개에 적용해 보자. 이웃하는 영역을 서로 다른 색으로 칠하려면 각 도형마다 필요한 최소한의 색깔의 수는 몇 가지일까?

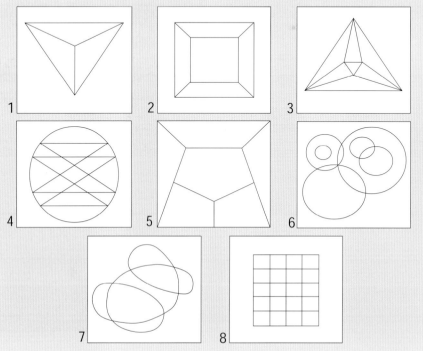

PLAYTHINK 711

난이도:●●●○○○○○○○
준비물: ● ✕
완성여부:☐   시간:_____

하이퍼카드 링

다음은 구부러지는 판자로 만든 도형이다. 안쪽에 벤치가 2개 있고, 바깥쪽에는 1개가 있다.
종이 띠 하나로 이 도형을 만들 수 있을까? 어떻게 하면 벤치의 안과 밖을 바꿀 수(바깥쪽에 2개, 안쪽에 1개) 있을까?

PLAYTHINK 712

난이도:●●●●●○○○○○
준비물: ✎
완성여부:☐   시간:_____

무당벌레 게임

1줄에 3마리 놓기

가로×세로가 7×7칸인 화단에 무당벌레 21마리를 놓는다. 가로줄과 세로줄마다 무당벌레가 3마리씩 놓여야 한다. 무당벌레가 있는 칸과 변이 접하는 칸(상/하/좌/우)에는 무당벌레가 최대 2마리까지 놓일 수 있다.

2인용 게임으로 하려면 번갈아가며 무당벌레를 놓는다. 규칙에 맞게 마지막으로 무당벌레를 놓은 사람이 이긴다.

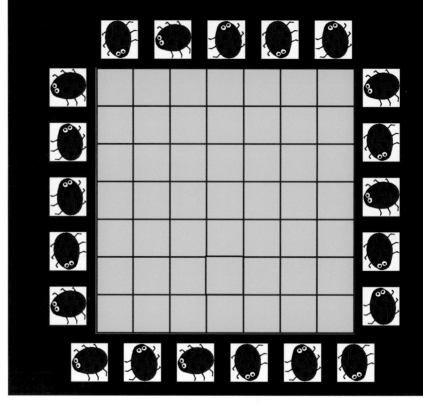

PLAYTHINK 713

난이도:●●●●●●○○○○
준비물: ●
완성여부:☐   시간:_____

위상동형 3

오른쪽의 도형 중 위상이 같은 것이 4개씩 3쌍이 있고, 2개씩 1쌍이 있다. 쌍을 모두 찾아보라.

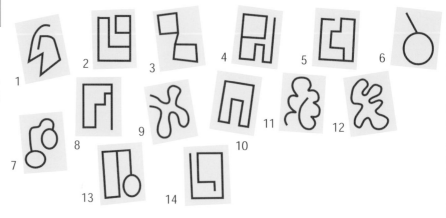

PLAYTHINK
714
난이도: ●●●●●●●●●
준비물: ✦ ✎
완성여부: □   시간:_____

M-파이어 색칠하기

M-파이어(M-pire)란 같은 파이어에 속하는 영역의 수가 M개라는 의미로 파이어가 같으면 색도 같아야 한다. 한 지도에 M-파이어는 여러 개 있을 수 있다. 즉, 한 그룹의 M-파이어를 1번 색으로 칠한다면 다른 그룹의 M-파이어는 2번 색으로 칠한다.

일반적인 지도 색칠하기 문제는 1-파이어 문제이다. 2-파이어는 같은 파이어에 속하는 영역이 두 개라는 말이며 그 두 영역의 색은 같아야 한다. 다른 2-파이어 그룹이 있으면 다른 색으로 칠한다. 물론, 어느 경우도 이웃하는 영역을 같은 색으로 칠해서는 안 된다.

아래의 2-파이어 지도를 칠하는 데 필요한 색깔은 최소 몇 가지일까?

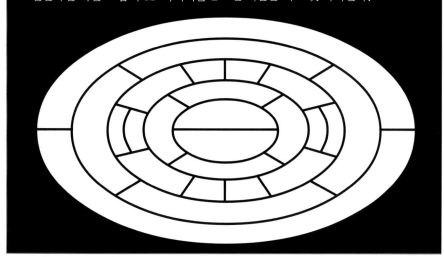

PLAYTHINK
715
난이도: ●●●●●○○○○
준비물: ✦
완성여부: □   시간:_____

알파벳의 위상학

어떤 도형을 연속적으로 변형시켜 다른 도형으로 만들 수 있으면 두 도형은 위상적으로 같다고 한다. 따라서 삼각형과 사각형, 원은 모두 위상동형이다. E와 위상이 같은 알파벳 다섯 개를 모두 찾아보라.

ABCDE
FGHIJ
KLMNO
PQRST
UVWXYZ

PLAYTHINK
716
난이도: ●●●●●○○○○
준비물: ✦
완성여부: □   시간:_____

다면체 색칠하기

오른쪽에 정사면체(면이 4개), 정육면체(면 6개), 정팔면체(면 8개), 정십이면체(면 12개), 정이십면체(면 20개)가 1개씩 있다. 정다면체를 약간 울퉁불퉁한 공처럼 생긴 지도라고 생각하고 이 문제를 풀어보자.

평면 그래프를 그리기 쉽도록 입체도형 5개에 각각 고무종이를 덮어씌운다. 그 위에 평면 그래프를 그려서 정다면체의 모든 면을 칠하라. 각각의 정다면체를 칠하는 데 인접한 면과 색이 다르도록 칠하려면 최소 몇 가지 색깔이 필요할까? 보이지 않는 면도 고려해야 한다는 것을 명심하라.

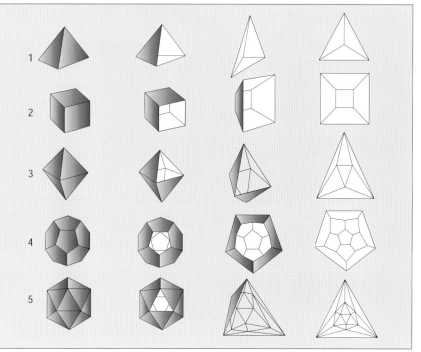

PLAYTHINK 717

난이도: ●●●●○○○○○○
준비물: ● ✎
완성여부: □ 시간:_____

한 줄에 2개 미만 놓기 1 *퀸의 대치*

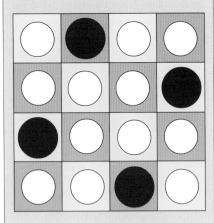

위의 그림은 가로×세로가 4×4칸인 판에 빨간색 동전 4개를 놓되, 어떤 가로, 세로, 대각선에도 동전이 2개가 되지 않도록 한 것이다. 똑같은 규칙으로 아래 5×5칸 게임판에 동전 5개를 놓아라.

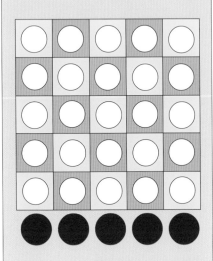

PLAYTHINK 718

난이도: ●●●●○○○○○○
준비물: ● ✎
완성여부: □ 시간:_____

한 줄에 2개 미만 놓기 2

가로×세로가 6×6칸인 게임판에 빨간색 동전 6개를 놓아라. 단, 어떤 가로, 세로, 대각선에도 동전이 2개가 되어서는 안 된다.

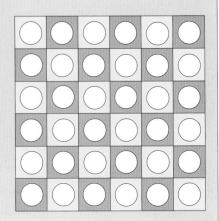

PLAYTHINK 719

난이도: ●●●●●○○○○○
준비물: ● ✎
완성여부: □ 시간:_____

한 줄에 2개 미만 놓기 3

가로×세로가 7×7칸인 게임판에 빨간색 동전 7개를 놓아라. 단, 어떤 가로, 세로, 대각선에도 동전이 2개가 되어서는 안 된다.

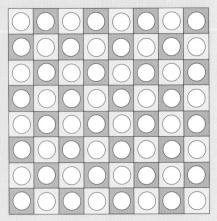

PLAYTHINK 720

난이도: ●●●●●●○○○○
준비물: ● ✎
완성여부: □ 시간:_____

한 줄에 2개 미만 놓기 4 - *퀸 8개 퍼즐*

가로×세로가 8×8칸인 게임판에 빨간색 동전 8개를 놓아라. 단, 어떤 가로, 세로, 대각선에도 동전이 2개가 되어서는 안 된다.
이 문제는 체스판에 퀸 8개를 서로 공격받지 않도록 놓는 것과 같다. 서로 다른 12가지 방법을 찾아보라.

PLAYTHINK 721

난이도:●●●●●●○○○
준비물: ✎
완성여부:□   시간:____

한 줄에 2개 미만 놓기 5

- 삼각형 격자

오른쪽의 빈 원에 빨간색 동전 7개를 놓아라. 단, 동전이 놓인 선(모든 방향)에 다른 동전이 있어서는 안 된다.

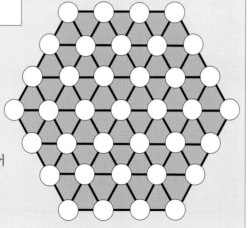

PLAYTHINK 722

난이도:●●●●●●○○○
준비물: ✎
완성여부:□   시간:____

퀸의 색깔 대치 1

2가지(또는 그 이상) 색으로 된 퀸을 체스판에 둔다. 다른 색깔 퀸의 공격을 받지 않아야 하기 때문에 색이 다른 퀸은 같은 가로, 세로, 대각선에 놓일 수 없다. 아래에 빨간색 퀸과 파란색 퀸이 각각 5개씩 있다. 가로×세로가 6×6칸인 체스판에 이 컬러 퀸을 규칙에 맞게 배치하라.

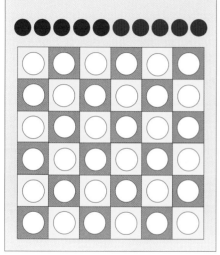

PLAYTHINK 723

난이도:●●●●●●○○○
준비물: ✎
완성여부:□   시간:____

퀸의 색깔 대치 2

빨간색 퀸과 파란색 퀸이 각각 12개씩 있다. 색이 다른 퀸의 공격을 받지 않도록 9×9칸 체스판에 컬러 퀸을 배치하라.

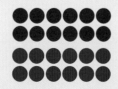

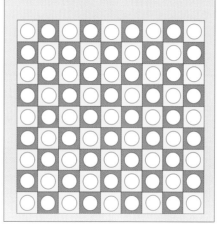

PLAYTHINK 724

난이도:●●●●●○○○○
준비물: ●
완성여부:□   시간:____

큐브 자르기

칼을 1번만 사용해서 정육면체를 자를 때 나올 수 없는 단면은 어느 것일까?

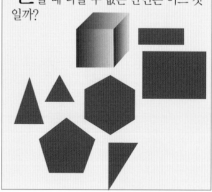

PLAYTHINK 725

난이도:●●●●○○○○○
준비물: ✎
완성여부:□   시간:____

최소 목걸이

구슬 23개로 만든 목걸이를 분리시켜, 분리된 부분을 하나 이상 엮어서 구슬의 개수가 1개에서 23개까지인 목걸이를 모두 만들려고 한다. 분리된 부분의 개수를 최소로 하려면 어떻게 해야 할까?

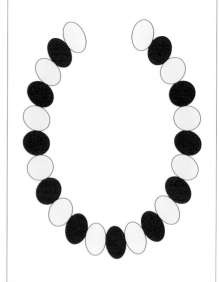

매듭

구나 매듭이 무엇인지는 잘 알 것이다. 그러나 수학자들은 이 매듭을 위상학적으로 연구해오고 있다. 매듭은 사실 양 끝이 무한한 고리로 연결되어 있다. 3차원 공간에 나타낼 수 있는 가장 간단한 곡선은 3차원 선형 구조이다.

매듭론에서 중요한 질문은 "탄성력은 있지만 뚫을 수는 없는 '닫힌 끈' 두 개를 연속 변형시켜 똑같은 모양 두 개로 만들 수 있는가?" 하는 것이다. 사실 매듭 문제를 푸는 것은 수학적인 난제여서 대부분의 문제가 여전히 해결되지 않고 있다.

매듭의 위상학은 수학에서 모두 흥미로운 분야이다. 그리고 분자 생물학과 같은 여러 과학 분야에서도 매우 중요하게 취급되고 있다. DNA 분자의 구조 복잡한 단백질 구조 연구에서 '아주 긴 3차원적 매듭을 어떻게 풀 것인가?' 라는 의문을 통해 답을 얻고 있다.

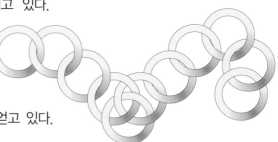

그림자 매듭

바닥에 긴 줄이 놓여 있다. 어두워서 3군데에서 교차하는 것 외에는 아무것도 정확히 보이지 않는다. 줄이 놓인 방식을 전혀 예측할 수 없을 때 양 끝을 잡아당겨서 매듭이 생길 확률은 얼마일까?

물 호스

정원에 물을 주는 데 사용하는 호스가 그림처럼 엉망으로 꼬여 있다. 양 끝을 팽팽하게 잡아당기면 매듭이 몇 개나 생길까?

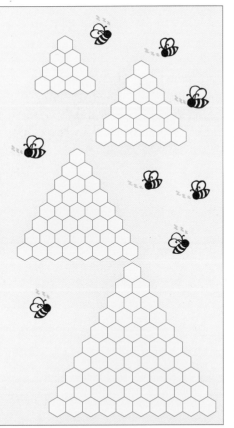

PLAYTHINK 728

난이도:●●●●○○○○○
준비물:✏
완성여부:□ 시간:____

벌집

수 학자인 허버트 테일러는 육각형과 삼각형 벌집에서 여왕벌이 대치상황을 돌파하는 법칙을 찾아냈다.

육각형 격자로 만든 벌집에서 꿀벌은 자신의 칸이 있는 줄에 다른 벌이 있으면 서로 공격한다. 오른쪽에 있는 벌집 4개에서 각각 안전하게 있을 수 있는 벌은 최대 몇 마리일까?

그렇다면 각 벌집을 보호하기 위해 필요한 벌은 최소 몇 마리일까?(벌 1마리를 더놓으면 공격받는 벌이 반드시 생기는 경우를 말한다.)

PLAYTHINK 729

난이도:●●●●●○○○○
준비물:✏
완성여부:□ 시간:____

3D 매듭

아래는 단위 큐브로 만들 수 있는 가장 작은 3차원 매듭이다. 큐브의 크기는 모두 같고 풀린 곳 없이 전체적으로 연결되어 있다.

이 도형을 만드는 데 필요한 큐브의 수는 몇 개일까?

PLAYTHINK 730

난이도:●●●●●○○○○
준비물:✏
완성여부:□ 시간:____

금벨트를 최소한의 횟수로 잘라 11일 동안 숙박료를 내려고 한다. 몇 번을 잘라야 할까?

금벨트 자르기

한때 이름을 날렸던 영화배우가 최근에 3번째 이혼을 하여 재산이라고는 밍크코트 하나밖에 남지 않았다. 때마침 고급 호텔에 묵고 있었는데 당장 쓸 수 있는 돈이 한 푼도 없었다.

그래서 매일 금벨트 고리 1개씩을 잘라서 숙박료로 내기로 했다. 그리고 11일만 지나면 이혼 수당을 받으니 그때 다시 벨트를 살 수 있게 해달라고 호텔 측에 부탁했다.

PLAYTHINK 731

난이도:●●●●○○○○○
준비물: ✎
완성여부:□　시간:＿＿＿

뒤집기 게임

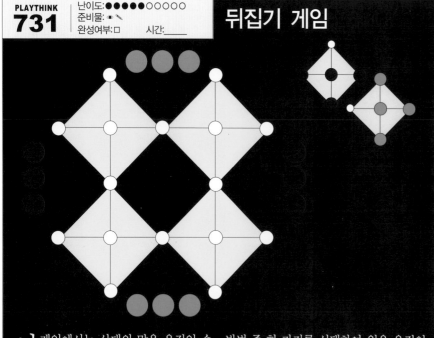

이 게임에서는 상대의 말을 움직일 수 있다.

각 선수는 원을 6개씩 받는데 한 면은 빨강색이나 파랑색, 반대쪽 면은 검정색이 칠해져 있다. 원을 뒤집어서 검정색이 나오면 상대 선수도 그 원을 움직일 수 있다.

각 선수가 판 위에 원을 1개씩 두면서 시작한다. 그리고 번갈아가며 다음의 3가지 방법 중 한 가지를 선택하여 원을 움직인다.

1. 그 원을 옆에 있는 빈칸으로 옮긴다.
2. 다른 원을 건너뛰어 빈칸으로 옮긴다.
3. 원을 제자리에서 뒤집는다.

빨강색이나 파랑색만으로 된 원 4개를 위의 그림처럼 삼각형으로 먼저 만드는 선수가 이긴다.

PLAYTHINK 732

난이도:●●○○○○○○○
준비물: ●
완성여부:□　시간:＿＿＿

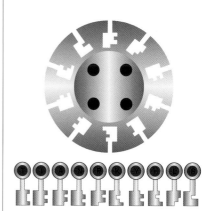

자물쇠 조합

금 고를 열려면 열쇠 10개를 모두 제자리에 끼워야 하는데, 자물쇠 10개에 열쇠 10개를 끼우는 방법은 360만 가지나 있다. 다행히 금고의 내부 도면이 있어서 각 열쇠의 모양을 알 수 있다. 열쇠마다 모두 다른 글자가 새겨져 있는데, 열쇠를 모두 제자리에 맞추면 어떤 단어가 나올까?

PLAYTHINK 733

난이도:●●●●●○○○○
준비물: ●
완성여부:□　시간:＿＿＿

열쇠 찾기

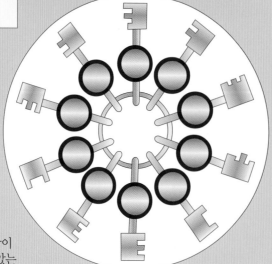

열 쇠고리에 동그란 회색 손잡이가 있는 열쇠 10개가 달려 있다. 열쇠마다 여는 자물쇠는 모두 다르지만 순서를 외워서 보기만 하면 무슨 열쇠인지 바로 알 수 있다. 그런데 어두워서 열쇠가 안 보일 때에는 손으로 만져서 열쇠를 식별할 수 있도록 해야 한다.

이 문제를 해결하기 위해 열쇠의 손잡이 모양을 모두 다르게 하려고 생각해보았는데 10개를 모두 다르게 만들 필요까지는 없을 것 같았다.

만졌을 때에 열쇠를 구별할 수 있도록 최소한의 수로 표시를 하려면 어떻게 해야 할까?

힌트: 대칭적인 모양을 만들면 어둠속에서는 어떤 열쇠를 쥐고 있는지 모르게 된다.

PLAYTHINK 734

난이도:●●●●●●●○○
준비물: ● ✎
완성여부:□　시간:＿＿＿

슈퍼 퀸

왕비와 기사를 합쳐서 슈퍼 퀸이라는 새로운 말을 만들었다. 수학자인 조지 폴리야가 60년 전에 이미 n개의 슈퍼 퀸을 아무도 공격받지 못하도록 n×n 체스판에 놓으려면 10개 미만으로는 불가능하다는 것을 증명했다.

그렇다면 슈퍼 퀸이 10개일 때는 어떻게 될까? 10×10 체스판에 10개의 슈퍼 퀸을 놓아서 아무도 공격을 못 받도록 할 수 있을까?

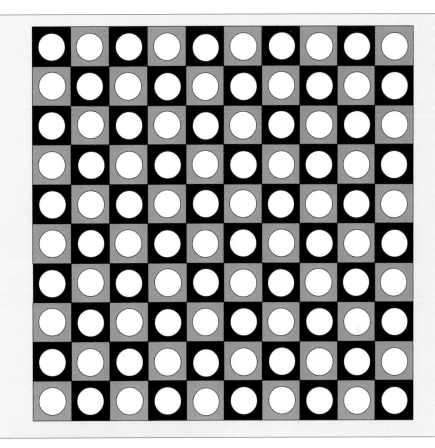

PLAYTHINK 735

난이도:●●●●●○○○○○
준비물: ●
완성여부:□　시간:＿＿＿

이동 자물쇠

디스크와 컬러 블록이 홈이 파인 판 안에 놓여있다.(흰색 홈 외에 블록이나 디스크가 있는 부분도 홈이다.) 다른 블록이 중간에 없으면 홈으로 블록을 밀 수 있다. 디스크는 360도 회전할 수 있고 그 끝에 빨간색 정사각형 블록이 붙어 있다.

홈의 제일 아래에 있는 금색 피스톤을 꼭 대기로 이동시키려면 어떻게 해야 할까? 총 몇 번을 이동해야 하는지 순서대로 말해 보라.

PLAYTHINK 736

난이도:●●●●●○○○○
준비물: ● ✎ 📄 ✂
완성여부:□　시간:＿＿＿

폴리곤 사이클

원래 6개의 노란 빈 원이 노란색 선으로 연결되어 있었다. 이 위에 정다각형이 그려진 빨간 원 판 5개를 놓았다. 한 번에 하나씩 노란색 선을 따라 인접한 빈 원(노란색)으로 옮길 때 별 모양과 육각형의 자리를 맞바꾸려면 최소한 몇 번 이동해야 할까?

PLAYTHINK 737

난이도:●●●●○○○○○
준비물:✏📄✂
완성여부:□ 시간:_____

이동 동물원

동물 10마리를 오른쪽에 있는 우리 10개에 임의로 집어넣었다. 우리마다 문이 3개씩 있는데, 1개는 중간의 공간으로 연결되고, 나머지 2개는 접하고 있는 다른 우리와 연결된다.

우리 1개에는 한 번에 동물 1마리만 들어갈 수 있다. 또, 우리로 둘러싸인 중간의 공간에도 한 번에 동물 1마리만 있을 수 있다. 각 동물이 자신의 우리에 들어가려면 최소한 몇 번을 움직여야 할까?

PLAYTHINK 738

난이도:●●●●○○○○○
준비물:●
완성여부:□ 시간:_____

고리 풀기

남자가 손목에 있는 고리를 풀려고 한다. 고리를 주머니에 넣을 수도 없고 주머니에 있는 손을 빼거나 옷을 벗을 수도 없다.
어떻게 풀어야 할까?

PLAYTHINK 739

난이도:●●●●●●●●●●
준비물:●✏
완성여부:□ 시간:_____

브람스 교수의 색칠 문제

뉴욕대의 정치학 교수였던 브람스 교수가 지도 색칠하기 문제를 응용한 게임이다. 2명(A, B)이 번갈아가며 아래에 있는 5가지 색깔 중 한 가지를 골라서 한 영역씩 색칠한다. 단, 인접한 영역은 같은 색으로 칠할 수 없다.

앞서 지도 색칠하기 문제와 다른 점은 2명이 각기 다른 역할을 하는 데에 있다. A는 색깔의 수를 최소한으로 사용하여 전체 지도를 모두 칠한다. B는 색깔의 수를 최대한으로 사용해서 더 이상 남은 영역을 칠할 수 없도록 만든다. 각자의 역할을 먼저 달성하는 사람이 이긴다.
이 게임을 할 때 B가 항상 이길 수 있는 방법은 무엇일까?

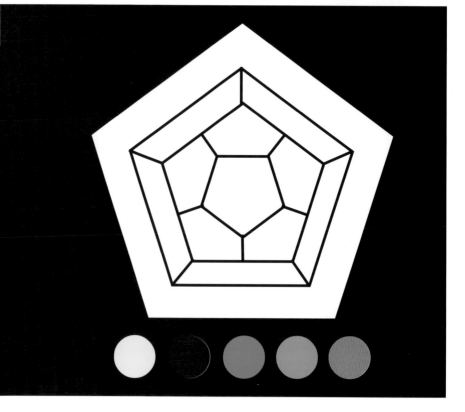

PLAYTHINK 740

난이도: ●●●●●○○○○
준비물: ✏️
완성여부: □ 시간:_____

동전 3개 미만 놓기 1

최소 문제
가로×세로가 5×5칸인 게임판에 빨간색 동전 6개를 놓아라. 단, 7번째 동전을 어느 칸에 놓아도 가로나 세로 또는 대각선에 동전이 3개인 줄이 생겨야 한다.

최대 문제
가로×세로가 5×5칸인 게임판에 빨간색 동전 10개를 놓아라. 단, 11번째 동전을 어느 칸에 놓아도 가로, 세로, 대각선에 모두 동전이 3개가 되어야 한다.

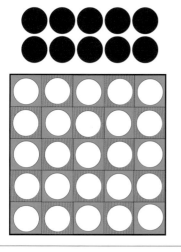

PLAYTHINK 741

난이도: ●●●●●○○○○
준비물: ✏️
완성여부: □ 시간:_____

동전 3개 미만 놓기 2

최소 문제
가로×세로가 6×6칸인 게임판에 빨간색 동전 6개를 놓아라. 단, 7번째 동전을 어느 칸에 놓아도 가로나 세로 또는 대각선에 동전이 3개인 줄이 생겨야 한다.

최대 문제
가로×세로가 6×6칸인 게임판에 빨간색 동전 12개를 놓아라. 단, 13번째 동전을 어느 칸에 놓아도 가로, 세로, 대각선에 모두 동전이 3개가 되어야 한다.

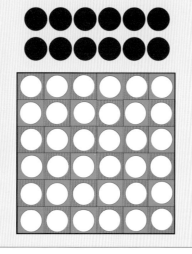

PLAYTHINK 742

난이도: ●●●●●●○○○
준비물: ✏️
완성여부: □ 시간:_____

동전 3개 미만 놓기 3

최소 문제
가로×세로가 7×7칸인 게임판에 빨간색 동전 8개를 놓아라. 단, 9번째 동전을 어느 칸에 놓아도 가로나 세로 또는 대각선에 동전이 3개인 줄이 생겨야 한다.

최대 문제
가로×세로가 7×7칸인 게임판에 빨간색 동전 14개를 놓아라. 단, 15번째 동전을 어느 칸에 놓아도 가로, 세로, 대각선에 모두 동전이 3개가 되어야 한다.

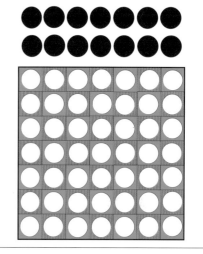

PLAYTHINK 743

난이도: ●●●●●●○○○
준비물: ✏️
완성여부: □ 시간:_____

동전 3개 미만 놓기 4

가로×세로가 8×8칸인 게임판에 빨간색 동전 16개를 놓아라. 단, 17번째 동전을 어느 칸에 놓아도 가로나 세로 또는 대각선에 동전이 3개인 줄이 생겨야 한다.

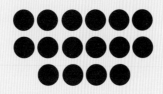

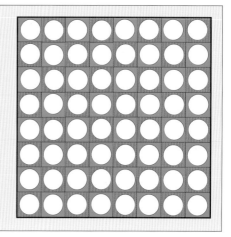

지도 접기

20 세기 폴란드의 수학자인 스태니스와프 울램이 지도를 접는 서로 다른 방법에 대한 문제를 최초로 만들었다. 많은 수학자들이 이 문제를 풀기 위해 노력했으나, 아직 풀이법을 찾지 못했다.

이 문제가 어려운 이유는 경우의 수가 너무 많기 때문이다. "지도를 접는 가장 쉬운 방법은 다른 방법으로 접는 것이다."라는 격언도 있다.

PLAYTHINK 744
난이도: ●●●●○○○○○○
준비물: ● ✕
완성여부: □   시간:_____

3칸 정사각형 띠 접기

아래에 정사각형 3칸을 연결하여 만든 띠가 있다. 이 띠를 접는 서로 다른 방법은 몇 가지일까? 단, 각 칸 사이의 공통변만 접을 수 있으며, 모두 접으면 제일 위 칸만 보이고 나머지는 그 아래에 접혀 놓여야 한다. 정사각형은 양면의 색이 동일하므로 완성했을 때 어느 면이든 위에 놓일 수 있다.

PLAYTHINK 745
난이도: ●●●●●○○○○○
준비물: ● ✕
완성여부: □   시간:_____

4칸 정사각형 띠 접기

오른쪽에 정사각형 4칸을 연결하여 만든 띠가 있다. 이 띠를 접는 서로 다른 방법은 몇 가지일까? 단, 각 칸 사이의 공통변만 접을 수 있으며, 모두 접으면 제일 위 1칸만 보이고 나머지는 그 아래에 접혀 놓여야 한다. 정사각형은 양면의 색이 동일하므로 완성했을 때 어느 면이든 위에 놓일 수 있다.

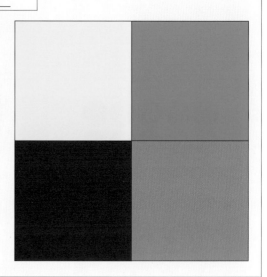

PLAYTHINK 746
난이도: ●●●●○○○○○○
준비물: ●
완성여부: □   시간:_____

신문 접기

신문지 1장을 들어 반으로 접는 것은 쉽다. 이렇게 반으로 접기를 10번 더 할 수 있을까?

PLAYTHINK 747
난이도: ●●●●●○○○○○
준비물: ● ✕
완성여부: □   시간:_____

5칸 정사각형 띠 접기

아래에 정사각형 5칸을 연결하여 만든 띠가 있다. 이 띠를 접는 서로 다른 방법은 몇 가지일까? 단, 각 칸 사이의 공통변만 접을 수 있으며, 모두 접으면 제일 위 1칸만 보이고 나머지는 그 아래에 접혀 놓여야 한다. 정사각형은 양면의 색이 동일하므로 완성했을 때 어느 면이든 위에 놓일 수 있다.

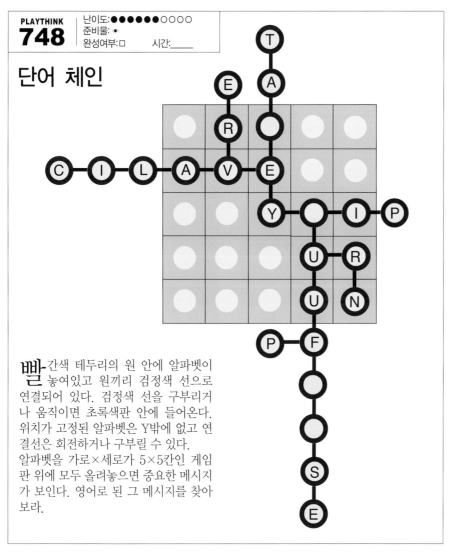

PLAYTHINK
748
난이도:●●●●●○○○○
준비물: ●
완성여부:□   시간:____

단어 체인

빨간색 테두리의 원 안에 알파벳이 놓여있고 원끼리 검정색 선으로 연결되어 있다. 검정색 선을 구부리거나 움직이면 초록색판 안에 들어온다. 위치가 고정된 알파벳은 Y밖에 없고 연결선은 회전하거나 구부릴 수 있다. 알파벳을 가로×세로가 5×5칸인 게임판 위에 모두 올려놓으면 중요한 메시지가 보인다. 영어로 된 그 메시지를 찾아보라.

PLAYTHINK
749
난이도:●●●●○○○○○
준비물: ●✎
완성여부:□   시간:____

거리가 다른 매트릭스 4

거리가 다른 매트릭스 문제에는 두 원 사이의 거리가 모두 다르도록 정사각형 격자판에 원을 놓는 것이 많다. 직선일 경우는 자리가 0, 1, 3인 곳에 동전을 두면 쉽게 풀린다. 하지만 2차원이 되면 문제가 훨씬 복잡해진다. 이 문제에서는 빨간색 동전을 격자판의 각 원의 중심에 점처럼 놓는다고 가정하자. 그러면 두 동전 사이의 거리는 두 원의 중심 사이의 직선거리가 된다. 두 동전 사이의 거리가 모두 다르도록 빨간색 동전 4개를 가로×세로가 4×4칸인 매트릭스에 놓아라.

PLAYTHINK
750
난이도:●●●●●●○○○○
준비물: ●✎
완성여부:□   시간:____

거리가 다른 매트릭스 5

두 동전 사이의 거리가 모두 다르도록 빨간색 동전 5개를 가로×세로가 5×5칸인 매트릭스에 놓아라.

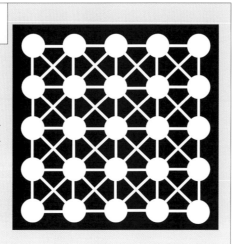

PLAYTHINK 751

난이도: ●●●●●○○○○
준비물: ●✎
완성여부: □   시간: _____

거리가 다른 매트릭스 6

두 동전 사이의 거리가 모두 다르도록 빨간색 동전 6개를 가로×세로가 6×6칸인 매트릭스에 놓아라.

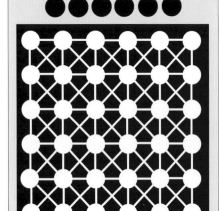

PLAYTHINK 752

난이도: ●●●●●●○○○
준비물: ●✎
완성여부: □   시간: _____

거리가 다른 매트릭스 7

두 동전 사이의 거리가 모두 다르도록 빨간색 동전 7개를 가로×세로가 7×7칸인 매트릭스에 놓아라.

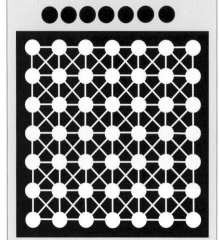

PLAYTHINK 753

난이도: ●●●●○○○○○
준비물: ●✎
완성여부: □   시간: _____

크로스 로드 1

팔각형의 별 모양 위에 노란색 원이 8개 있고, 주위에는 빨간색 동전이 7개 있다. 한 번에 동전 하나를 비어 있는 노란색 원에 둔다. 그리고 곧바로 그 자리와 직선으로 연결된 두 노란색 원으로 그 동전을 옮긴다. 이렇게 자리를 이동한 동전은 다시 옮길 수 없다. 팔각형 위에 동전 7개를 모두 놓아라. 문제가 어려워 보일 수도 있지만 사실 간단한 규칙만 알면 쉽게 풀 수 있다.

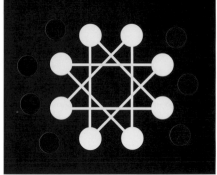

PLAYTHINK 754

난이도: ●●●●●○○○○
준비물: ●✎
완성여부: □   시간: _____

2색 큐브

2가지 색으로 큐브를 칠할 수 있는 서로 다른 방법의 수는 몇 가지일까?

PLAYTHINK 755

난이도: ●●●●●●○○○
준비물: ●
완성여부: □   시간: _____

최단 경로

무당벌레가 진딧물이 있는 곳으로 최대한 빨리 가려고 한다. 최단 경로는 무엇일까?

PLAYTHINK
756
난이도:●●●○○○○○○○
준비물: ●
완성여부:□   시간:_____

연결된 고리

손 님이 대장장이에게 아래처럼 고리 3개가 연결된 묶음 5개를 건네주었다. 그리고 긴 체인 1개가 되도록 고리를 연결시켜 달라고 했다. 3번만 용접해서 긴 체인을 만들려면 어떻게 해야 할까?

PLAYTHINK
757
난이도:●●●●●○○○○○
준비물: ● ✎
완성여부:□   시간:_____

다리 건너기

오 른쪽 강둑에는 빨간색 원 안에 차 4대가 있고, 왼쪽 강둑에는 파란색 원 안에 차 4대가 있다.
빨간색 원의 차를 모두 왼쪽으로 옮기고, 파란색 원의 차는 모두 오른쪽으로 옮겨 라. 단, 한 번에 차 1대가 거리와 관계없이 연속적으로 움직일 수 있다.(연속적이면 한 번으로 본다.) 이동 횟수를 최소로 하여 풀어라.

PLAYTHINK
758
난이도:●●●●●○○○○○
준비물: ● ✎
완성여부:□   시간:_____

디스크 건너기

빨 간 디스크와 파란 디스크 세트가 있다. 아래의 5가지 규칙으로 그 위치를 바꾸어라.

1. 한 번에 디스크 하나만 움직여야 한다.
2. 디스크는 인접한 공간으로 움직여야 한다.
3. 어떤 디스크를 건너뛰면 그 디스크 바로 다음 칸에 놓아야 한다.(색깔이 다른 디스크만 건너뛰며 건너뛰어 놓일 칸은 비어있어야 한다.)
4. 같은 색깔의 디스크는 건너뛸 수 없다.
5. 앞으로만 나가야 하며 뒤로 되돌아올 수 없다.
디스크는 숫자로 표시된 공간에 위치해야 하며 그 외의 공간에 올 수 없다.(예를 들면 양 끝에서 더 나아가는 것) 또한 움직

이는 다른 디스크를 밀어내거나 방해해서도 안 된다.
아래의 퍼즐을 각각 15번과 24번만 움직여서 풀어라.

힌트: 디스크 아래의 숫자를 보라. 거기서 아이디어를 얻을 수 있으면 이 퍼즐뿐 아니라 훨씬 더 복잡한 문제도 풀 수 있다.

〈문제 1〉

〈문제 2〉

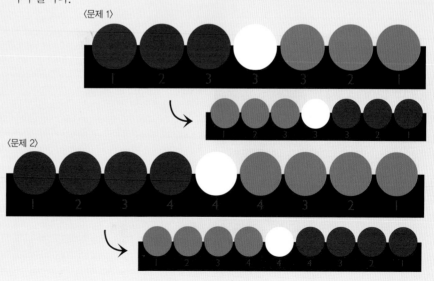

PLAYTHINK
759
난이도:●●○○○○○○○○
준비물: ● ✎
완성여부:□   시간:____

디스토트릭스 1

오른쪽의 왜곡된 이미지가 무엇인지 한 눈에 알아볼 수 있을까? 금방 파악이 안 되면 그 밑의 격자에 이미지를 다시 그려보아라. 빨간색 원에 원통 거울을 놓으면 왜곡되지 않은 원래의 상이 보인다. 거울 속의 상과 그린 답이 맞는지 확인하라.

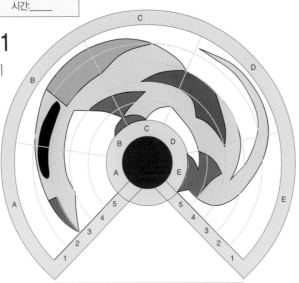

PLAYTHINK
761
난이도:●●○○○○○○○○
준비물: ●
완성여부:□   시간:____

큐브 접기 1

아래의 정사각형 칸을 접어서 정육면체를 만든다. 칸끼리 공통된 변을 따라서 접어야 한다. 정육면체를 만들었을 때 서로 마주보는 면의 색을 말해 보라.

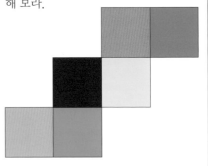

PLAYTHINK
762
난이도:●●●●●○○○○
준비물: ● ●
완성여부:□   시간:____

1/7

아래에 미완성의 큐브 단면도가 있다. 이 단면도를 접어서 나올 수 없는 큐브는 어느 것일까?

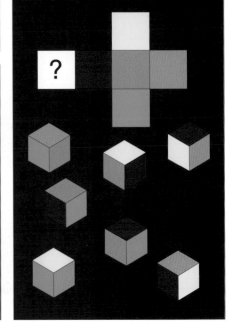

PLAYTHINK
760
난이도:●●●○○○○○○○
준비물: ● ✂
완성여부:□   시간:____

창문 자르기 1

오른쪽처럼 정사각형 종이를 접고 모서리를 자른다. 이 종이를 다시 펼치면 어떤 모양이 나올까?

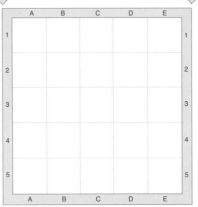

왜곡과 불가능

왜곡의 예는 수학에서 자주 볼 수 있다. 위상학에서는 비틀거나 휘어서 형태를 변형시킨다. 즉 어떤 물체를 왜곡을 시키는데 이것은 수학적으로 설명할 수 있다. 어떤 모양을 격자구조 위에 그려 넣었다면, 격자에 변화를 줘서 새로운 모양을 만들 수 있다. 하지만 왜곡을 너무 많이 시키면 결국 불가능한 모양에 이르게 될 것이다.

모양을 바꾸는 가장 쉬운 방법은 사각형 격자를 본래의 상 위에 포개어서 크기가 다른 격자에 그 모양을 다시 복원시키는 것이다. 하지만 그 상을 왜곡된 격자에 복원시키면 더 재미있는 결과가 나온다.

원시 시대 동굴 그림에서부터 현대미술에 이르기까지 정교하게 그려진 왜곡의 사례는 많다. 16세기 독일 화가였던 알베르트 뒤러는 좌표 변환 체계를 이용하여 인체 특징을 바꾸는 다양한 기하학적 방법을 설명했다. 캐리커처는 이 방법으로 통해서 누구인지 알아볼 수 있는 선에서 인물의 특징을 과장해서 그리는 것이다.

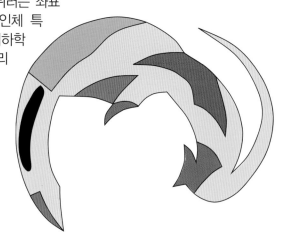

PLAYTHINK
763

난이도:●●●●●○○○○○
준비물: ● ✎
완성여부:□　　시간:＿＿＿＿

큐브의 경우의 수

1. 큐브 1개를 탁자 위에 올려놓는 서로 다른 방법이 24가지일 때, 큐브 2개를 서로의 면이 닿도록 놓는 방법은 몇 가지일까?

2. 큐브 3개를 면을 붙여 나란히 놓는다. 큐브를 돌려도 같은 면이 붙어있는 방법은 몇 가지일까?

3. 큐브 8개를 아랫면에 4개, 윗면에 4개씩 쌓아 커다란 큐브를 만들었다. 낱개 큐브를 돌려도 여전히 큰 큐브 안에서 같은 자리에 위치한다고 하자. 그러면 각 큐브를 돌릴 수 있는 방법은 몇 가지일까?

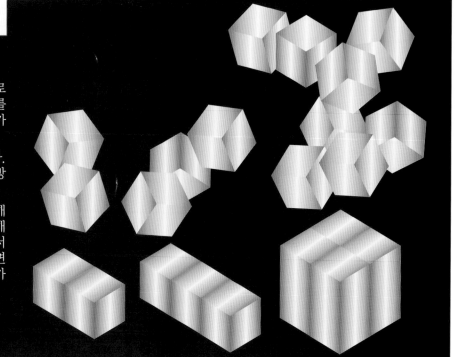

비대칭 왜곡

놀이동산에 있는 거울의 집에서 이상하게 일그러진 왜곡된 이미지를 본 적이 있는가? 이렇게 왜곡된 이미지를 만드는 방법을 왜상화법이라고 한다.

일반적으로 관찰자의 시선은 그림에 수직이다. 이런 시선에서 보면 왜상화법은 단순한 왜곡 상을 만들뿐이다. 그러나 원기둥이나 원뿔형 거울 속에서 그림을 기울여서 보면 원래의 이미지로 '원상 복구'할 수 있다.

최초의 왜상 이미지는 레오나르도 다빈치의 공책에 그려졌지만, 인기를 끈 시기는 300년 전이다. 영국의 조지 1세 때 찰스 에드워드 스튜어트는 왕위 계승권을 요구하다가 추방자 신세가 되었다. 그의 지지자들은 스튜어트의 초상화를 가지고 있는

것이 발각되면 감옥행을 면할 수 없었기 때문에 그의 왜상을 가지고 다녔다고 한다.

과학자들은 왜상 화법에 관한 연구를 하고자, 실험자에게 특별한 안경을 쓰게 하고 테스트를 했다. 이 안경을 쓰면 사물을 보는 각도가 바뀌거나 뒤집혀 보이거나 또는 좌우가 바뀌는 식으로 주변의 사물이 왜곡되어 보였다. 테스트 결과, 놀랍게도 실험자들은 이 왜곡된 '시각'에 잘 적응을 할 뿐 아니라 안경을 벗었을 때 잠시 동안은 사물이 왜곡된 것처럼 본다는 사실이 밝혀졌다. 이 결과를 보면 우리의 시각 체계는 유클리드

기하학보다는 위상적인 변화에 훨씬 더 관심이 높다는 것을 알 수 있다.

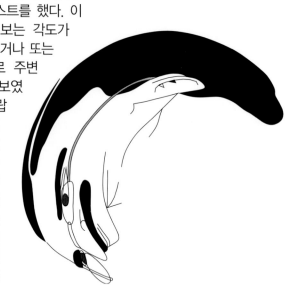

PLAYTHINK
764

난이도:●●○○○○○○○○
준비물: ✎ ✐
완성여부:□   시간:_____

디스토트릭스 2

오른쪽에 있는 왜곡된 이미지를 한눈에 알아볼 수 있겠는가? 금방 파악이 안 되면 그 밑의 격자에 이미지를 다시 그려 보라.

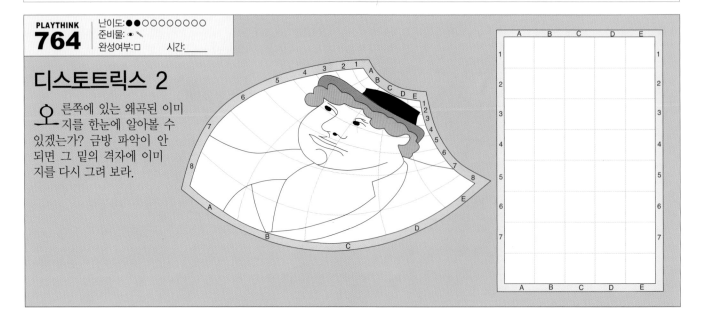

PLAYTHINK 765

난이도: ●●○○○○○○○○
준비물: ✎
완성여부: □ 시간: _____

왜곡

지각능력을 테스트 해보자. 이 이미지 뒤에 무엇이 숨겨져 있을까?

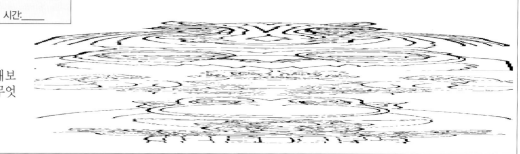

PLAYTHINK 766

난이도: ●●○○○○○○○○
준비물: ✎ ✐
완성여부: □ 시간: _____

디스토트릭스 3

오른쪽에 있는 왜곡된 이미지를 한눈에 알아볼 수 있겠는가? 금방 파악이 안 되면 그 밑의 격자에 이미지를 다시 그려 보라.

빨간색 원에 원통 거울을 놓으면 왜곡되지 않은 원상이 보인다. 거울 속의 상과 그린 답이 맞는지 확인하라. 원통 거울은 작은 튜브에 호일을 감아서 만들 수 있다.

PLAYTHINK 767

난이도: ●●●●○○○○○○
준비물: ✎ ✐
완성여부: □ 시간: _____

사면-팔면 피라미드

아래에 정사면체와 정팔면체를 합쳐서 만든 피라미드가 있다. 피라미드의 한 변은 정사면체의 3배 길이다. 이 피라미드를 구성하는 정사면체와 정팔면체의 개수는 각각 몇 개씩일까?

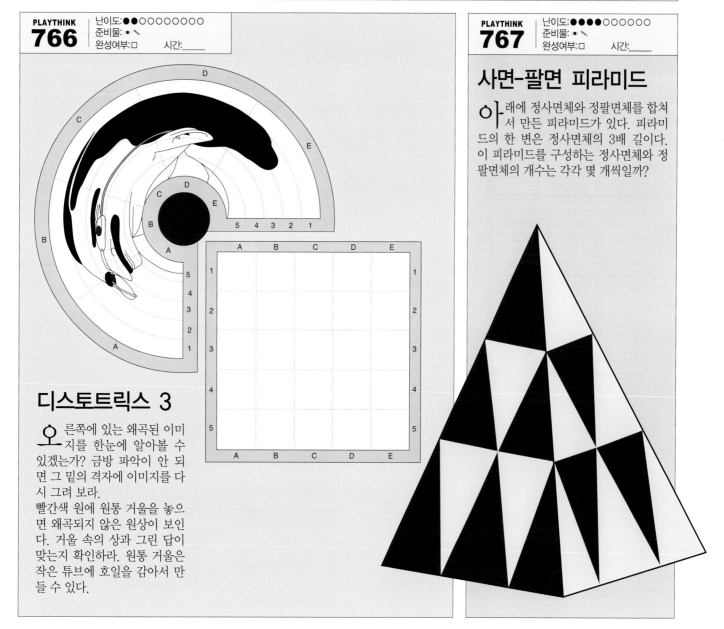

PLAYTHINK 768

난이도:●●●●●○○○○
준비물: ●＼▧✕
완성여부:□ 시간:＿＿＿

8블록 슬라이딩 퍼즐

아래의 정사각형의 퍼즐은 1번에서 8번까지 번호가 적힌 블록 8개로 구성되어 있다. 빈칸에 블록을 밀어 넣어 옮기는 방식으로 이 퍼즐을 그 아래 퍼즐 패턴이 되도록 할 수 있을까? 그렇다면 블록을 최소 몇 번 이동시켜야 할까?

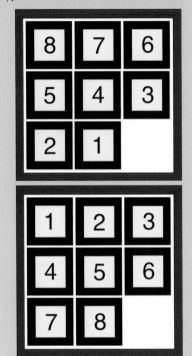

PLAYTHINK 769

난이도:●●●○○○○○○
준비물: ●✕
완성여부:□ 시간:＿＿＿

창문 자르기 2

오른쪽처럼 정사각형 종이를 접고 모서리를 자른다. 이 종이를 다시 펼치면 어떤 모양이 나올까?

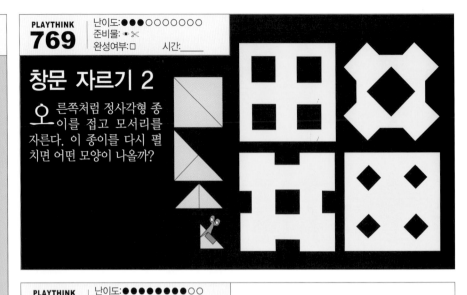

PLAYTHINK 770

난이도:●●●●●●●○○
준비물: ●
완성여부:□ 시간:＿＿＿

큐브 링

단위 큐브 22개로 오른쪽의 큐브 링을 만들었다. 그런데 만들고 보니 뫼비우스의 띠처럼 앞뒤가 연결되어 면과 변이 하나밖에 없는 입체도형이 되었다.
이런 큐브 링 중 블록의 수가 최소인 것은 몇 개일까?

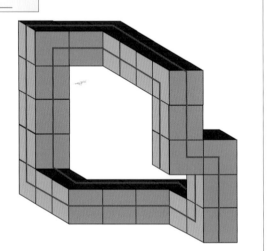

PLAYTHINK 771

난이도:●●●○○○○○○
준비물: ●
완성여부:□ 시간:＿＿＿

불가능한 직사각형

오른쪽의 도형 10개 중 반사는 무시하고 회전만 고려하면 5개가 같다. 다시 나머지 5개 중 역시 회전만 고려하면 3개가 같다. 그리고 나머지 2개만이 다른 것이다. 그 2개는 어느 것일까?

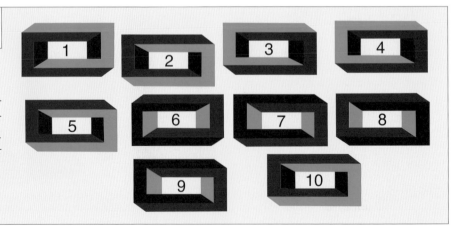

PLAYTHINK 772

난이도: ●●●●●●○○○
준비물: ●
완성여부: □　　시간:____

작은 큐브 안의 큰 큐브

그림의 작은 큐브 안에 구멍을 내서 더 큰 큐브가 작은 큐브를 통과할 수 있도록 하라.

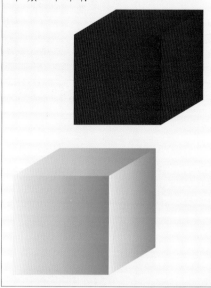

PLAYTHINK 773

난이도: ●●●●●○○○○
준비물: ●
완성여부: □　　시간:____

큐브의 개수

사물을 있는 그대로 보라는 말은 3차원 구조에서 보면 맞지 않는 것 같다. 투시란 3차원 구조를 통해서 도형의 기하학적 규칙을 예상하며 보이지 않는 부분까지 볼 수 있게 되는 것을 말한다. 아래의 도형은 여러 개의 큐브를 쌓아 만든 것이다. 공간 지각 능력을 활용하여 각 도형마다 있는 큐브의 개수를 세어라.

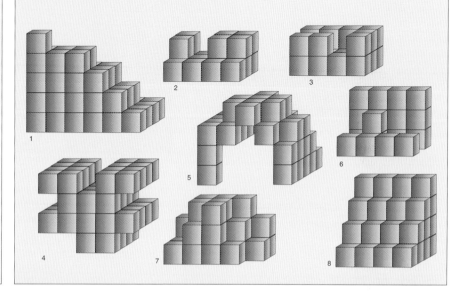

PLAYTHINK 774

난이도: ●●●●●○○○○
준비물: ● ◣ ▨ ✕
완성여부: □　　시간:____

크로스 로드 2

노란색 원 12개와 빨간색 동전 11개가 있다. 한 번에 동전 1개씩을 비어있는 노란색 원에 둔다. 그리고 곧바로 그 자리와 직선으로 연결된 노란색 원 2개로 그 동전을 옮긴다. 이때 각 동전은 반드시 빈 원 위에 둔 후 그 원과 직선으로 연결된 다른 빈 원 위로 옮겨야 한다.

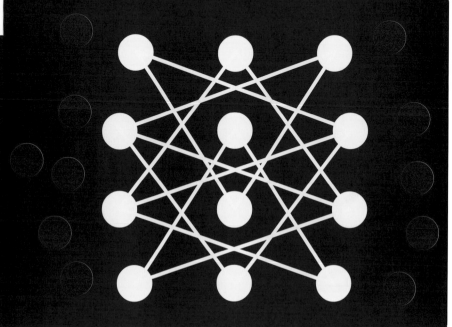

PLAYTHINK 775

난이도: ●●●●●●●○○○
준비물: ✏
완성여부: □   시간:_____

2컬러 모서리 큐브

2가지 색으로 큐브의 각 모서리를 칠하는 서로 다른 경우의 수는 몇 가지일까? 단, 회전은 무시하고 반사만 다른 경우로 본다.

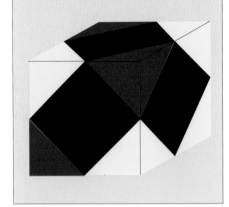

PLAYTHINK 776

난이도: ●●●○○○○○○○
준비물: ✏
완성여부: □   시간:_____

고리 풀기

아래의 고리 5개 중 어느 것을 잘라야 모든 고리가 서로 분리될까?

PLAYTHINK 777

난이도: ●●○○○○○○○○
준비물: ✏
완성여부: □   시간:_____

큐브 네트

큐브는 6면으로 구성된다. 그러면 정사각형 6개로 구성된 평면도를 접으면 모두 큐브가 될까? 아래 7개의 평면도 중 완전한 큐브를 만들 수 있는 것은 어느 것일까?

PLAYTHINK 778

난이도: ●●○○○○○○○○
준비물: ✏
완성여부: □   시간:_____

큐브 접기 2

아래의 정사각형 칸을 접어서 큐브를 만든다. 칸끼리 공통된 변을 따라서 접어야 한다. 큐브를 만들었을 때 서로 마주보는 면의 색을 말해 보라.

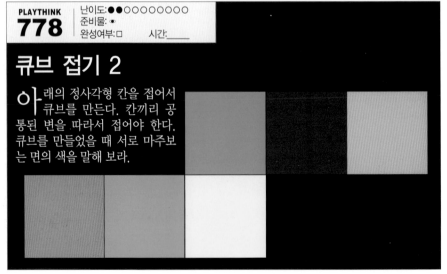

PLAYTHINK 779

난이도:●●●●○○○○○○
준비물: ✏ ✎
완성여부:□   시간:____

선수 1 ◼◻
선수 2 ◼◻

4색 정사각형 게임

전체 게임판을 4가지 색으로 칠하되, 인접한 영역은 다른 색으로 칠하는 2인용 게임이다.

선수는 각각 빨강, 초록, 파랑, 노랑 중 자신의 색 2가지를 고른다. 그리고 번갈아가며 한 번에 정사각형을 하나씩 색칠한다. 이때 칠하는 정사각형의 최소 한 변은 이미 색칠된 정사각형과 접해야 한다. 하지만 같은 색으로 된 정사각형과는 변은 물론 모서리에서도 접할 수 없다. 규칙에 맞게 칠할 수 없으면 게임은 끝내고 점수는 다음과 같이 낸다.

자신의 색으로 칠한 2×2 정사각형은 1점, 3×3은 2점 등으로 계산하여 합계를 낸다. 1×1은 점수에 넣지 않으며 점수가 많은 사람이 이긴다.

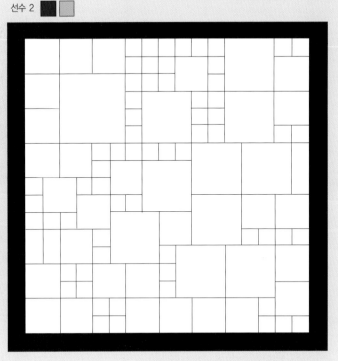

PLAYTHINK 780

난이도:●●●●●○○○○○
준비물: ✏ ✎
완성여부:□   시간:____

점 연결하기 2

왼쪽의 도형은 점 27개를 모두 이어 각이 26개인 연속된 닫힌 경로를 그린 것이다. 각의 개수가 같은 또 다른 경로를 찾아보라.

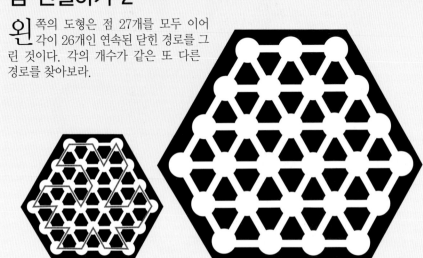

PLAYTHINK 781

난이도:●●●●●○○○○
준비물: ✏ ✎
완성여부:□   시간:____

사면체 부피

정육면체를 잘라서 아래처럼 사면체를 만들었다. 잘라낸 사면체의 부피와 원래 정육면체의 부피비는 어떻게 될까?

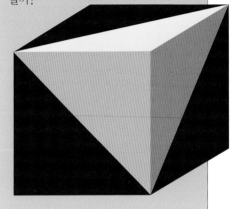

PLAYTHINK 782

난이도: ●●●●○○○○○○
준비물: ✏️
완성여부: □   시간: ____

먹보 생쥐

방마다 한 가지 채소가 있고 굶주린 생쥐가 채소를 먹으려고 한다. 방을 한 번씩만 거쳐서 채소를 모두 먹으려면 어떤 경로로 움직여야 할까?

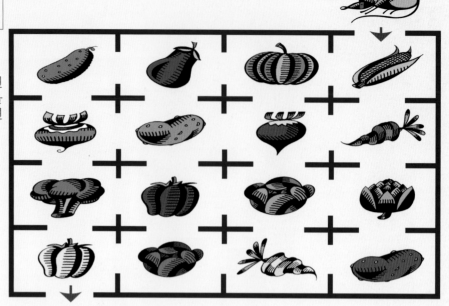

PLAYTHINK 783

난이도: ●●●●●○○○○
준비물: ✏️ ✂️
완성여부: □   시간: ____

샘 로이드의 15퍼즐

아래의 정사각형 퍼즐은 1번에서 15번까지 번호가 적힌 블록 15개로 구성되어 있다. 빈칸에 블록을 밀어 넣어 옮기는 방식으로 이 퍼즐을 그 아래 퍼즐 패턴이 되도록 할 수 있을까? 14번과 15번의 위치를 바꾸려면 조각을 몇번 밀어야 할까?

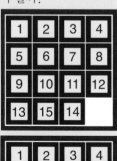

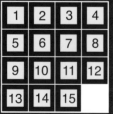

PLAYTHINK 784

난이도: ●●●●●○○○○
준비물: ✏️ ✂️
완성여부: □   시간: ____

데이지 게임

2명이서 하는 게임이다. 상대가 없으면 혼자서 해 보면서 항상 자신이 이길 수 있는 방법을 찾아보자.
데이지 꽃의 꽃잎 안쪽에 꿀벌 13마리가 앉아있다. 각 선수가 차례마다 꿀벌 1마리나 나란히 있는 2마리를 꽃잎 바깥으로 밀어서 잡아낸다. 마지막으로 꿀벌을 잡은 사람이 이긴다. 상대방이 먼저 시작한 경우에 항상 자신이 이길 수 있는 방법이 있을까?

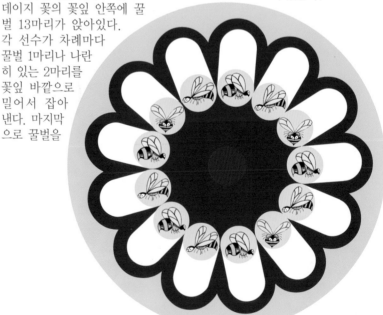

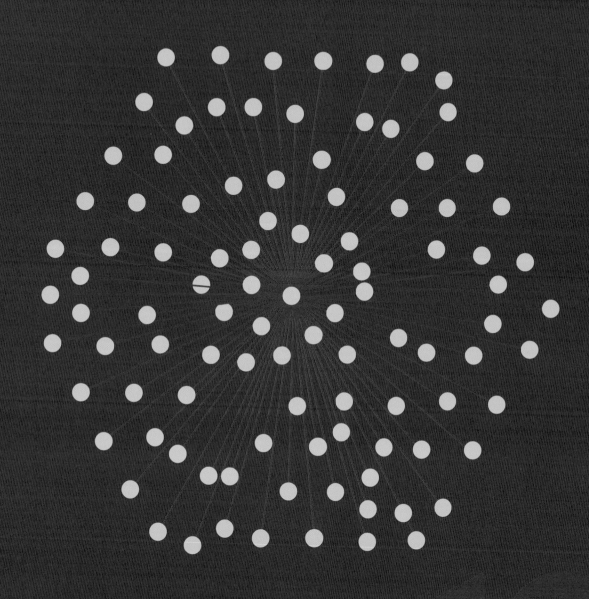

과학

PLAYTHINK 785

난이도:●●●●●●●○○
준비물:●
완성여부:□ 시간:____

중력 기차

예전에 중력만으로 움직이는 기차를 설계할 수 있다는 주장이 나왔다. 하지만 이 중력 기차는 오직 직진만을 할 수 있어서 좌우로 방향을 바꿀 수 없고 표면의 굴곡을 지날 수도 없다. 그래서 도시 간에 터널을 뚫어서 기차가 지나가도록 한다. 터널의 중간지점이 양 끝보다는 지구의 중심에 가깝기 때문에 내리막길과 오르막길을 만든다. 그러면 내리막길을 달려서 나온 추진력으로 나머지 반의 오르막길을 오른다. 마찰이나 공기저항과 같은 다른 요소를 무시한다면 이 기차가 제대로 작동할 수 있을까? 기차가 제대로 움직인다면, 최장 시간과 최단 시간은 얼마가 될까?

PLAYTHINK 786

난이도:●●●●●○○○○
준비물:●
완성여부:□ 시간:____

지구 내부

다음과 같은 수직 통로로 지표면에서 멀리 떨어진 곳까지 내려가면 그 지점에서의 몸무게는 얼마나 나갈까?
1. 지표면에서보다 많다
2. 지표면에서보다 적다.
3. 지표면에 있을 때와 똑같다.

PLAYTHINK 787

난이도:●●●●●○○○○
준비물:●
완성여부:□ 시간:____

중력과 몸무게

지구는 완벽한 구형이 아니어서 극쪽은 조금 평평하고 적도 쪽은 조금 부푼 타원체이다. 그렇다면 북극, 남극, 적도 중 몸무게가 가장 많이 나가는 곳은 어느 곳일까?

PLAYTHINK 788

난이도:●●●●●○○○○
준비물:●
완성여부:□ 시간:____

행성 저울

용수철 저울을 이용하면 우주 어느 곳에서든 몸무게를 잴 수 있을까?

PLAYTHINK 789

난이도:●●○○○○○○○
준비물:●
완성여부:□ 시간:____

달 표면 위의 우주비행사

우주 비행사가 지구와 달 중 어디에 있을 때 몸무게가 더 많이 나갈까?

PLAYTHINK 790

난이도: ●●●●●●○○○
준비물: ●
완성여부: □   시간: _____

중력의 상대성

창문이 없는 작고 밀폐된 방 안에서 질량이 다른 두 개의 물체를 떨어뜨리니 똑같은 가속도로 떨어져서 동시에 바닥에 닿았다.

지금 이 정보만으로 이 방이 지구에 있는지 아니면 초당 9.8m/s²의 등가속 운동을 하는 로켓 안에 있는지 확실히 알 수 있을까?

PLAYTHINK 791

난이도: ●●●○○○○○○
준비물: ●
완성여부: □   시간: _____

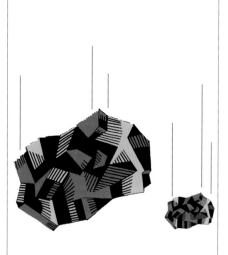

무거운 돌과 가벼운 돌

큰 바위는 조그만 돌보다 100배는 더 무거운데 이 둘을 동시에 떨어뜨리면 가속도는 같다. (단, 이 때 공기저항은 무시하기로 한다.) 큰 바위가 먼저 떨어지지 않는 이유는 무엇일까? 무게, 에너지, 표면적, 관성 등으로 설명할 수 있을까?

PLAYTHINK 792

난이도: ●●●●●●○○○
준비물: ●
완성여부: □   시간: _____

낙체 실험

1971년에 아폴로 15호의 우주비행사인 데이비드 스코트는 달 표면에서 깃털과 망치를 동시에 떨어뜨리는 유명한 실험을 했다. 그런데 이 둘은 모두 똑같은 가속도로 바닥에 동시에 닿았다. 그 이유는 바로 진공상태인 달 표면에서 떨어뜨렸기 때문이다. 공기저항이 없기 때문에 깃털의 속도가 느려지지 않았다.

아리스토텔레스의 무거운 물체가 가벼운 물체보다 더 빨리 떨어질 것이라는 주장은 중세기까지도 지배적이었다. 그러다가 갈릴레오가 피사의 사탑에서 이 주장이 잘못되었음을 최초로 증명했다. 그 후 과학자들이 공기저항을 받지 않는 여러 가지 실험을 했는데 그 중 스코트의 실험이 최고였다.

동전 1개와 종잇조각 1장을 동시에 떨어뜨리면 공기저항 때문에 분명히 동전이 먼저 땅에 떨어진다. 자신의 방에서도 공기저항이 없으면 이 둘이 동시에 떨어진다는 것을 증명할 수 있을까?

PLAYTHINK 793

난이도: ●●●●○○○○○
준비물: ●
완성여부: □   시간: _____

반중력

우주 비행사들은 지구 궤도를 돌 때 중력을 못 느낀다. 그런데 비행기 안에서도 이와 같은 무중력 상태를 체험할 수 있다. 오른쪽에 있는 3가지의 곡예비행 중 언제 무중력을 체험할 수 있을까?

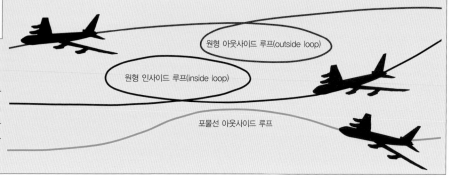

원형 아웃사이드 루프(outside loop)

원형 인사이드 루프(inside loop)

포물선 아웃사이드 루프

PLAYTHINK 794

난이도:●●●●○○○○○
준비물:●
완성여부:□   시간:_____

책 마찰력

아래의 그림처럼 책이 쌓여 있을 때 위에서 2번째 책을 당기면 그 위의 책과 아래의 책 중 어떤 책이 제자리에 남아 있을까?

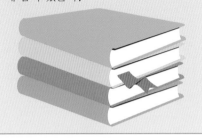

PLAYTHINK 795

난이도:●●●●●○○○○
준비물:●
완성여부:□   시간:_____

사과 흔들기

둥글고 큰 통에 크기가 다른 사과를 가득 담은 후 통을 흔들면 크기가 큰 사과들은 통 위로 올라갈까, 아니면 아래로 내려갈까?

PLAYTHINK 796

난이도:●●●●●●○○○
준비물:●
완성여부:□   시간:_____

줄 끊기

그림과 같이 두 꺼운 책 1권을 얇은 끈으로 묶은 후 양쪽 끝을 손으로 잡는다. 그리고 내가 아래에 있는 끈을 잡아당기면 어느 쪽 끈이 끊어질지를 친구에게 맞춰보라고 한다. 친구가 위쪽 끈이라고 대답하면 아래쪽이 끊어지게, 아래쪽 끈이라고 대답하면, 위쪽이 끊어지도록 하고 싶다면 어떻게 하면 될까?

PLAYTHINK 797

난이도:●●○○○○○○○
준비물:●
완성여부:□   시간:_____

크고 작은 공

가로×세로×높이가 모두 1미터인 상자 2개에 각각 커다란 쇠공과 작은 쇠공이 가득 차 있다. 어느 상자가 더 무거울까?
만약 크기가 같은 빈 상자를 더 작은 쇠공으로 가득 채우면 결과는 어떻게 될까?

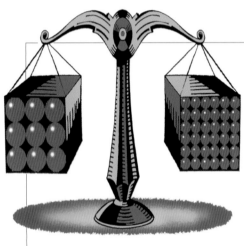

무게중심

어떤 물체의 무게중심과 그 물체의 중심이 항상 일치하는 것은 아니다. 스탠딩 램프는 넘어지지 않도록 아래 받침대를 무겁게 만들고, 다트는 던질 때의 정확도를 높이기 위해 앞부분을 무겁게 만든다.
모양이 불규칙한 물체의 무게중심도 간단히 찾을 수 있다. 그 물체의 세 지점에 각각 줄을 매달아 걸고 아래로 연장선을 긋는다. 무게중심은 항상 가장 낮은 지점을 찾으려는 경향이 있기 때문에 각각의 지점에서 줄의 연장선이 만나는 곳이 무게중심이 된다.
곡예사가 공중에서 막대를 들고 줄타기를 하는 것을 본 적 있는가? 아슬아슬하지만 결국 무사히 줄을 건널 수 있는 것은 긴 막대를 이용하여 무게중심을 잡기 때문이다. 이처럼 무게중심이 물체의 바깥쪽에 있을 때에는 겉보기에는 불안정해 보이지만 실제로는 평형 상태를 이루고 있다.

금괴 밀수

비행기를 탑승할 승객들은 공항 보안
대의 검사를 통과해야 하며 가끔은

경찰이 승객의 가방을 열어 짐 검사를 한
다. 여행용 가방을 들고 가던 어떤 승객을
수상히 여긴 경찰이 불러 세웠다. 검사를
하니 가방의 비밀 칸막이 안에서 금괴가
여러 개 발견되었다. 경찰이 승객을 의심
한 이유는 무엇일까?

무거운 공

당구장 주인이 각 통마다 빨강, 파
랑, 초록, 노랑, 주황색 공이 가득
든 통 5개를 받았다. 공의 무게는 모두
100그램인데, 하나의 통에 든 공만 110
그램이었다.
주인은 오차범위가 10그램인 용수철저
울을 이용해서 어떤 색깔의 공이 무게
가 더 나가는 것인지 알아내려고 한다.
몇 번을 재어봐야 할까?

끈 당기기

실패를 똑같이 잡아당겨서 멀어지
게 하거나 가까이 오게 할 수 있
다. 어떻게 하면 될까?

상자 넘어뜨리기

직사각형 상자 하나가 아래 그림과 같
이 1, 2, 3번의 상태에 있다.

1. 이 상태에서 상자를 조금 더 멀리 밀면
넘어진다.
2. 상자가 넘어지기 전까지 박스를 이만
큼 밀 수 있다.
3. 직사각형의 대부분이 탁자의 모서리
밖에 나와 있어도 상자는 완벽한 평형
상태가 되었다.
상자의 이런 이상한 상태들을 어떻게 설
명할 수 있을까?

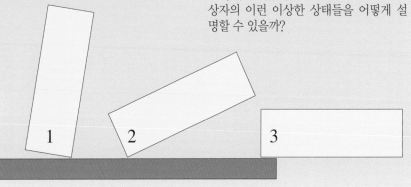

PLAYTHINK 802

난이도:●●●●●●●○○○
준비물:●
완성여부:□ 시간:＿＿＿

횡재

용수철저울에는 중력의 힘이 직접적으로 작용하므로 이를 이용하면 무게, 즉 중력의 힘을 잴 수 있다. 나선형 용수철이나 고무 밴드도 작용하는 힘에 정비례하여 늘어난다. 그래서 무게를 2배 증가시키면 스프링도 2배 늘어나고, 무게를 3배 증가시키면 스프링도 3배 늘어난다.

하지만 용수철저울은 힘을 측정하기 때문에 늘어난 길이가 물체 무게와 다를 때도 있다. 아래의 그림에서 참치의 실제 무게를 구하라.

PLAYTHINK 803

난이도:●●●●○○○○○○
준비물:●
완성여부:□ 시간:＿＿＿

균형 안정도

아래에 있는 간단한 장치를 이용하면 도형별로 균형을 잡는 정도를 측정할 수 있다. 시험대 위에 도형을 올려놓으면 시험대가 천천히 각도를 바꾸어 도형이 균형을 잃고 넘어질 때까지 움직인다.

아래의 3가지 도형 중 시험대에서 안 떨어지고 가장 오랫동안 있는 것은 무엇일까? 즉, 균형 안정도가 가장 높은 것을 찾아보라.

PLAYTHINK 804

난이도:●●●●○○○○○
준비물:●
완성여부:□ 시간:＿＿＿

자 균형 맞추기 패러독스

그림처럼 친구와 함께 검지로 자의 균형을 맞추어 보라. 둘 다 손가락을 자의 가운데를 향해 움직이면 어떻게 될까? 또 이번에는 둘 다 자의 가운데에 검지를 두고 균형을 맞추어 보라. 각자 손가락을 자의 양 끝을 향해 움직이면 어떻게 될까?

PLAYTHINK 805

난이도:●●●●●●○○○○
준비물:●
완성여부:□ 시간:＿＿＿

용수철저울

용수철저울의 위쪽 고리가 천장에 줄로 연결되어 있다. 용수철이 팽팽해지도록 아래쪽 고리를 바닥에 연결한 후 눈금을 읽으니 100킬로그램이었다.

이 상태에서 아래쪽 고리에 추를 매달아서 길이를 재보자. 추의 무게가 각각 50, 100, 150킬로그램이라면 용수철저울로 표시되는 무게는 얼마일까?

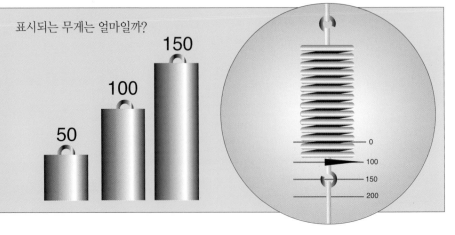

PLAYTHINK 806
난이도:●●●○○○○○○○
준비물:●
완성여부:□　　시간:_____

머그컵 나누기

커피가 가득 차 있는 머그컵에서 정확히 반을 따라내려면 어떻게 해야 할까?

PLAYTHINK 807
난이도:●●●●●●○○○○
준비물:●
완성여부:□　　시간:_____

병 안의 파리

병에 파리를 몇 마리 넣고 뚜껑을 닫아 저울 위에 올려놓았다. 파리가 날고 있을 때와 바닥에 앉아있을 때 중 언제 무게가 더 많이 나갈까?

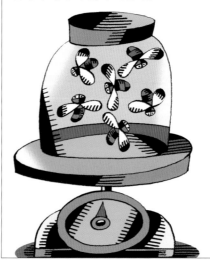

PLAYTHINK 808
난이도:●●●○○○○○○○
준비물:●
완성여부:□　　시간:_____

병의 부피

원기둥 형태의 일반 와인병에 포도주의 양을 재지 않고 부어넣은 후 입구를 막았는데, 포도주의 높이가 병목 위로 올라오지는 않았다. 병을 손상시키지도 않고 또 막은 입구를 따지도 않은 채 병의 부피를 구하려고 한다. 자만 사용하여 병 전체의 부피를 구하라.

PLAYTHINK 809
난이도:●●●●●●○○○○
준비물:●
완성여부:□　　시간:_____

반지 찾기

무게가 똑같은 소포 9개를 모두 포장하고 나서 자신의 다이아몬드 반지가 소포 어딘가에 들어가 같이 포장된 사실을 알았다.
포장을 하나도 풀지 않고 저울에 무게를 2번만 재서 반지가 든 상자를 알아낼 수 있을까?

PLAYTHINK 810
난이도:●●●●●●○○○○
준비물:●
완성여부:□　　시간:_____

지구 측정하기

아주 커다란 컴퍼스로 지구에 원을 2개 그린다고 가정해 보자. 우선, 컴퍼스 바늘을 북극에 고정시키고 연필로 적도를 따라 원을 하나 그린다. 그리고 북극에 접하면서 적도에 평행한 면이 있다고 생각하자. 컴퍼스 바늘을 그대로 북극점에 두고서 방금 그린 원과 반지름이 같은 원을 그 면 위에 그린다.
2번째로 그린 원의 면적은 북반구 표면적의 몇 배일까?

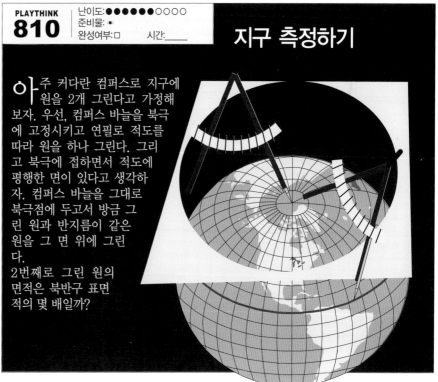

PLAYTHINK 811

난이도: ●●●●○○○○○
준비물: ◉
완성여부: □   시간: _____

균형 1

아래 그림에 똑같은 쇠공 6개가 저울 위에서 완벽한 평형상태를 이루고 있다. 저울 위에는 공을 올려놓을 수 있는 구멍이 11개 있는데, 이 구멍은 모두 같은 크기이고 간격도 동일하며 가운데를 중심으로 좌우대칭을 이룬다. 공은 11개의 구멍 어디에나 놓을 수 있다. 오른쪽의 1번에서 9번까지는 6개의 공 중 일부만 놓여 있고 평형상태가 아니다. 나머지 공을 올려서 평형상태를 만들되, 이 때 공의 배열이 최대한 좌우대칭이 되지 않도록 하라. 단, 공은 중심의 구멍이나 그 왼쪽에 있는 구멍에 놓는다.

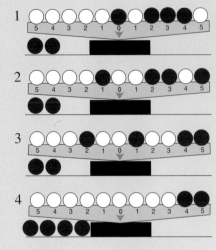

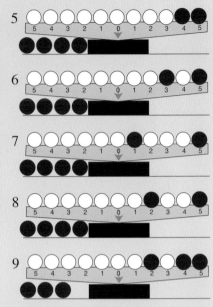

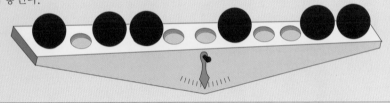

PLAYTHINK 812

난이도: ●●●●●○○○○
준비물: ◉
완성여부: □   시간: _____

균형 2

똑같은 쇠공 6개가 아래의 저울 위에서 평형상태를 이루고 있다. 공의 무게는 색깔별로 다른데 초록색은 1, 빨강색은 2, 파랑색은 4이다. 저울 위에는 공을 올려놓을 수 있는 구멍이 11개 있는데, 이 구멍은 모두 같은 크기이고 서로 떨어진 간격도 동일하며 정중앙을 중심으로 좌우대칭을 이룬다. 공은 11개의 구멍 어디에나 올 수 있다. 오른쪽의 1번에서 9번까지는 6개의 공 중 일부만 놓여있고 평형상태가 아니다. 나머지 공을 놓아서 평형상태를 만들되, 이 때 공의 배열이 최대한 좌우대칭이 되지 않도록 하라. 단, 공은 왼쪽에 있는 구멍에 놓는다.

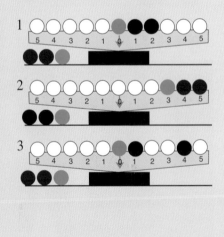

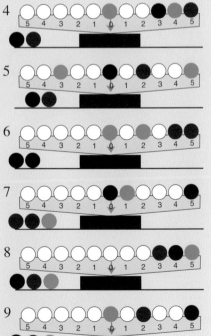

단순 기계

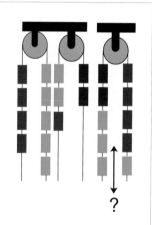

아르키메데스는 "지렛대와 지렛대를 놓을 자리만 있으면 지구도 들어 올릴 수 있다."라고 했다. 아마 기계를 사용하면 엄청난 힘을 발휘할 수 있다는 것에 감명을 받아 이렇게 말했을 것이다.

선사시대 인류는 쐐기와 지레 같은 간단한 도구를 발명했고, 고대 이집트인들은 줄과 경사로를 이용하여 거대한 돌을 실어 날랐다. 기원전 8세기경 아시리아의 그림에 도르래가 흔히 등장하는 것을 보면 도르래도 최초의 철기도구와 함께 발명되었다고 짐작할 수 있다. 그 후 고대 그리스 시대에 이르러서야 단순 기계들을 보다 발전시켜 지레, 바퀴, 축, 도르래, 쐐기의 5종류로 분류했다.

PLAYTHINK 813
난이도: ●●●●●○○○○○
준비물: ●
완성여부: □   시간:_____

균형 잡기

무게중심이 아래쪽에 있는 물체가 무게중심이 위쪽에 있는 물체보다 더 안정적이다. 그러면 공중 곡예사와 저글러는 어떻게 길고 가는 막대기를 손가락 끝에 쉽게 세울 수 있는 것일까? 연필이나 길이가 짧은 다른 물체를 가지고 균형 잡는 것이 더 쉽지 않을까?

PLAYTHINK 814
난이도: ●●●●●○○○○○
준비물: ●
완성여부: □   시간:_____

무거운 도르래

왼쪽의 쌍도르래에 3종류의 추가 매달려 평형을 이루고 있다. 이 중 일부를 오른쪽에 있는 도르래에 옮겨 달았다. 오른쪽 도르래의 양쪽에 매달린 추는 평형을 이룰까, 아니면 한 쪽이 더 무거울까?

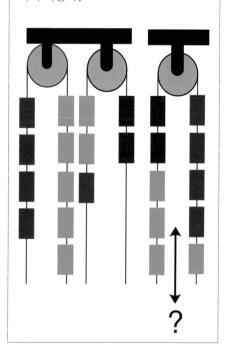

PLAYTHINK 815
난이도: ●●●○○○○○○○
준비물:
완성여부: □   시간:_____

물뿌리개

아래의 물뿌리개 2개 중 어느 것에 더 많은 물을 담을 수 있을까?

PLAYTHINK 816

난이도: ●●●●●●○○○
준비물: ●
완성여부: □ 시간:_____

콜럼버스의 달걀

콜럼버스의 달걀처럼 뾰족한 부분으로 세우는 독특한 장난감 달걀을 하나 샀다. 그런데 아무리 해봐도 달걀이 균형을 이루지 않았다. 달걀 속에 움직이는 부품이 들었는지 달걀을 흔들어도 봤지만 아무 소리도 들리지 않았다. 결국, 안내서를 따라하는 방법밖에 없었다.

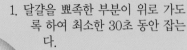

1. 달걀을 뾰족한 부분이 위로 가도록 하여 최소한 30초 동안 잡는다.
2. 이제 달걀을 거꾸로 돌려 10초를 센 후, 달걀의 뾰족한 부분으로 세운다.

그러면 약 15초 정도 달걀이 완전히 섰다. 이 이상한 장난감 달걀의 내부 구조는 어떻게 생겼을까?

PLAYTHINK 818

난이도: ●●●●●○○○○
준비물: ●
완성여부: □ 시간:_____

모래시계 패러독스

그림처럼 물이 가득 찬 실린더에 모래시계가 떠 있다. 실린더의 상하를 뒤집으니 모래시계가 위로 뜨지 않고 바닥에 가라앉았다. 그리고 모래가 거의 다 통과한 후에 위쪽으로 떠올랐다. 모래시계가 떠오르는 데 왜 이렇게 시간이 필요한 것일까?

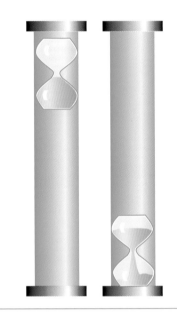

PLAYTHINK 817

난이도: ●●●●●○○○○
준비물: ●
완성여부: □ 시간:_____

5분 달걀

달걀을 정확히 5분 동안 끓여야 하는데 4분짜리와 3분짜리 모래시계밖에 없다. 이 두 모래시계로 어떻게 5분을 잴 수 있을까?

PLAYTHINK 819

난이도: ●●●●●○○○○
준비물: ●
완성여부: □ 시간:_____

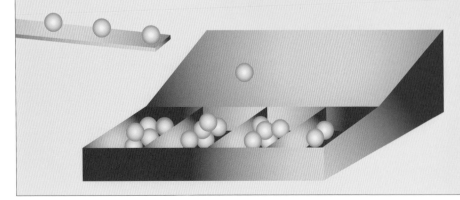

공 분류장치

크기가 같은 공을 무게에 따라 4종류로 분류하는 작업을 계속해야 한다. 일일이 공의 무게를 재는 대신 아래의 분류장치를 이용하면 매우 간단하게 분류할 수 있다. 우선, 공들이 활강로를 굴러서 결이 고르지 않은 경사면으로 떨어진다. 그러면 그 공이 경사면을 지나 무게별로 맞는 칸으로 들어간다. 그림을 보고 제일 무거운 공이 들어가는 칸을 맞혀 보라.

PLAYTHINK
820

난이도:●●○○○○○○○○
준비물:●
완성여부:□   시간:＿＿

시계 장치

분 침을 시계 방향으로 움직이려면 빨 간색 톱니바퀴는 어느 방향으로 돌 려야 할까?

PLAYTHINK
821

난이도:●●●●○○○○○○
준비물:●
완성여부:□   시간:＿＿

나사 고정하기

그 림의 볼트 2개는 모두 오른나사 형태의 나삿 니로 계속 붙어 있다. 한쪽 손으로는 볼트를 죄는 것처 럼 둘 중 하나를 시계방향으 로 돌리고, 또 다른 쪽 손으 로는 볼트를 푸는 것처럼 나 머지 볼트를 반시계 방향으로 돌린다. 볼트 2개는 계속 붙어있을까 아니면 떨 어질까?

PLAYTHINK
822

난이도:●●○○○○○○○○
준비물:●
완성여부:□   시간:＿＿

벨트 장치

초 록색 바 퀴가 시 계방향으로 돌 면 노란색 바 퀴는 어느 방 향으로 돌까?

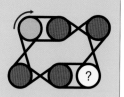

PLAYTHINK
823

난이도:●●○○○○○○○○
준비물:●
완성여부:□   시간:＿＿

연속 기어 1

빨 간색 톱니바퀴가 반시계방향으로 돌면 파란색 톱니바퀴는 어느 방 향으로 돌까?

PLAYTHINK
824

난이도:●●○○○○○○○○
준비물:●
완성여부:□   시간:＿＿

연속 기어 2

빨 간색 톱니바퀴가 반시계방향으로 돌면 톱니막대 2개는 각각 위아래 중 어느 방향으로 움직일까?

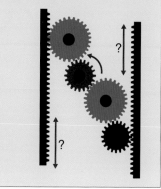

PLAYTHINK
825

난이도:●●○○○○○○○○
준비물:●
완성여부:□   시간:＿＿

통풍구

톱 니막대를 어느 방 향으로 움직여야 통풍구가 열릴까?

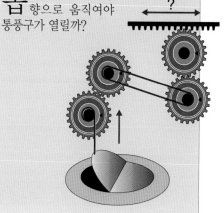

PLAYTHINK 826
난이도: ●●●●○○○○○
준비물: ● ✎
완성여부: □　　시간:_____

기어 애너그램

연동 기어 5개의 각 접점마다 알파벳이 있다. 각 기어 아래의 숫자는 그 기어에 달린 톱니수를 말한다. 기어를 몇 번 회전시키면 4군데의 접점에서 총 8개의 알파벳으로 된 단어(왼쪽에서 오른쪽으로 읽는다.)가 나온다. 그 단어는 무엇이며 몇 번을 돌려서 나오는지 맞혀 보라.

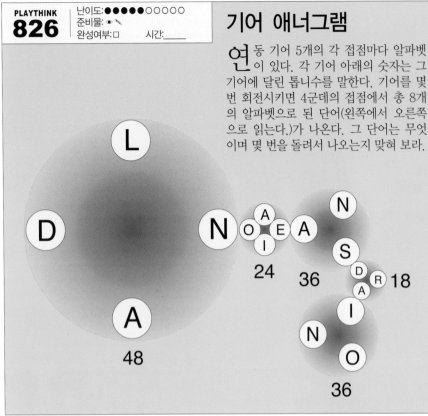

PLAYTHINK 827
난이도: ●●●●●○○○○
준비물: ●
완성여부: □　　시간:_____

위성 원리

대기권 상공 320킬로미터 높이의 빌딩 위에서 원반을 힘껏 던졌다고 가정하자. 어떤 일이 일어날까?

PLAYTHINK 829
난이도: ●●●●●○○○○
준비물: ● ✎
완성여부: □　　시간:_____

파리의 비행

A, B 두 사람이 각각 매일 아침 10킬로미터 길이의 오솔길 양쪽에서 길의 가운데 쪽으로 조깅을 한다. A의 머리 위에 파리가 1마리 앉아 있다가 A가 출발할 때 파리도 B를 향해 날기 시작했다. 파리는 B에 도달하는 순간 즉시 A가 있는 쪽을 향해 방향을 바꿔서 날아갔다. 파리의 비행은 두 사람이 만날 때까지 계속되었다.
만일 두 사람이 똑같이 시속 5킬로미터의 속도로 조깅을 하고, 파리는 시속 10킬로미터로 날았다면, 두 사람이 만날 때까지 파리가 비행한 총 거리는 얼마나 될까?

PLAYTHINK 828
난이도: ●●●●●●○○○
준비물: ●
완성여부: □　　시간:_____

원숭이와 수의사

수의사가 마취총으로 원숭이를 겨냥해서 방아쇠를 당겼다. 그런데 바로 그 순간 원숭이가 매달려있던 가지를 놓고 떨어지기 시작했다. 공기저항을 무시한다면 총알이 원숭이를 맞히게 될까?

PLAYTHINK 830　난이도:●●●●●○○○○
준비물: ● ✎
완성여부:□　시간:＿＿＿

당구 1

당구대 위에 공을 하나만 남기고 나머
지 공은 다 포켓에 넣
었다. 승리를 눈앞에 두고
있는 이 시점에서 마지막 공
은 최소 2면을 쳐서 가장 복
잡한 방법으로 넣으려고 한
다.

공의 목표지점을 정하는 것
은 매우 어려운 일이므로 당
구대 위에 격자패턴이 있다
고 생각해보자. 공이 당구대
를 치고 들어갈 때의 각과
나올 때의 각이 같다는 것을
염두하고, 격자 칸을 이용해
서 경로나 각도를 파악하라.
옆의 두 그림은 당구대의 2
면을 이용한 것으로 쉽게 찾
을 수 있는 경로이다. 나머

지 두 그림에 3면을 이용해서 빨간 공이
왼쪽 위 포켓이나 오른쪽 아래 포켓으로
들어가는 경로를 그려보라.

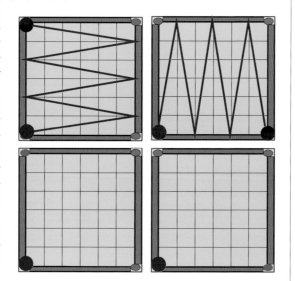

PLAYTHINK 832　난이도:●●●●●●●○○
준비물: ● ✎
완성여부:□　시간:＿＿＿

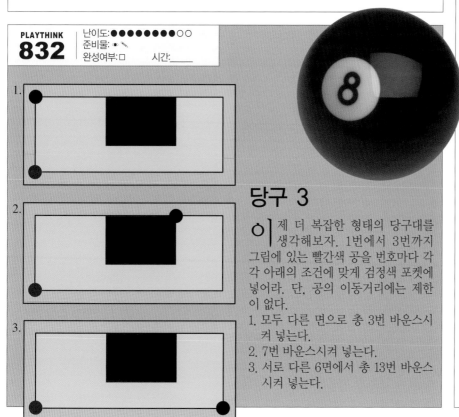

당구 3

이제 더 복잡한 형태의 당구대를
생각해보자. 1번에서 3번까지
그림에 있는 빨간색 공을 번호마다 각
각 아래의 조건에 맞게 검정색 포켓에
넣어라. 단, 공의 이동거리에는 제한
이 없다.

1. 모두 다른 면으로 총 3번 바운스시
   켜 넣는다.
2. 7번 바운스시켜 넣는다.
3. 서로 다른 6면에서 총 13번 바운스
   시켜 넣는다.

PLAYTHINK 831　난이도:●●●●●●○○○
준비물: ● ✎
완성여부:□　시간:＿＿＿

당구 2

L자 모양 당구대에서 공을 넣는 것은
쉽지가 않지만, 아래 두 그림처럼
왼쪽 아래 코너의 공을 왼쪽 위 포켓이
나 오른쪽 아래 포켓에 넣는 것은 쉽다.
최소한 당구대의 4면을 맞고 포켓에 들
어가는 경로를 그려보라. 왼쪽 위 포켓
에 넣으려면 공이 5번 바운스해야 하며
오른쪽 아래 포켓에 넣으려면 7번 바운
스해야 한다.

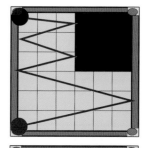

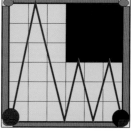

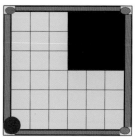

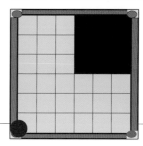

PLAYTHINK 833

난이도: ●●●●●●○○○
준비물: ● ✎
완성여부: □ 시간:_____

반사된 공

당구공이 당구대를 치고 들어갈 때의 각도와 나올 때의 각도가 같기 때문에 공의 경로를 정확히 예측할 수 있다. 그림에 모양과 크기가 다른 당구대가 4개 있다. 왼쪽 아래의 빨간 공을 45도 각도로 맞혔을 때의 공의 경로를 예측해보라. 또, 어느 당구대에 있는 공이 가장 빨리 들어갈지도 예측해보라

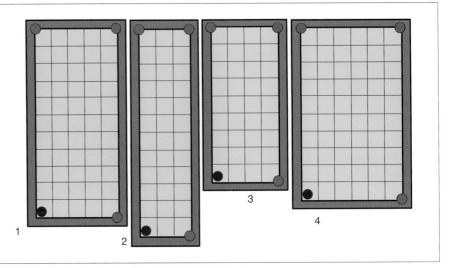

PLAYTHINK 834

난이도: ●●●●●○○○○
준비물: ●
완성여부: □ 시간:_____

구르는 바퀴

나무 바퀴 2개에 각각 10킬로그램의 추가 달려있다. 한 추는 가운데에 디스크 모양으로 붙어있고(왼쪽 그림), 나머지 한 추는 둥근 테 모양으로 바퀴 바깥쪽에 붙어있다(오른쪽 그림). 경사면에서 이 나무 바퀴 2개를 동시에 놓았을 때 먼저 도착하는 바퀴는 어느 것일까?

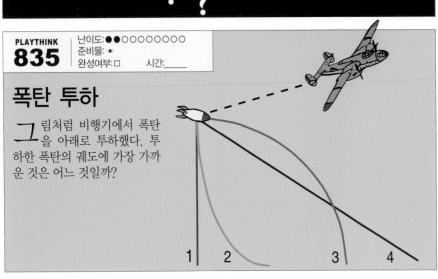

PLAYTHINK 835

난이도: ●●○○○○○○○○
준비물: ●
완성여부: □ 시간:_____

폭탄 투하

그림처럼 비행기에서 폭탄을 아래로 투하했다. 투하한 폭탄의 궤도에 가장 가까운 것은 어느 것일까?

PLAYTHINK 836

난이도: ●●●●○○○○○
준비물: ●
완성여부: □ 시간:_____

개 산책시키기

스미스 씨는 매일 개와 함께 산책을 하면서 원반을 던져 개에게 가져오도록 하는 훈련을 시킨다. 개를 최대한 빨리 뛰게 하려면 원반을 어떤 방향으로 던져야 할까?

PLAYTHINK 837

난이도:●●●●●●○○○
준비물:●
완성여부:□ 시간:＿＿＿

접이식 사다리

그림과 같이 한쪽 끝을 막대기로 받친 접이식 사다리가 마루에 놓여있다. 막대기로 받친 한쪽 끝 근처에는 볼링공을 올려놓고, 그 앞에는 양동이를 단단히 고정시켜 묶었다. 그리고 축 가까이에는 무거운 추를 놓았다. 막대기를 잡아당기면 사다

리가 접히고 공이 양동이 안으로 떨어질 것이라고 예상했다. 과연 그럴까? 세 물체가 모두 똑같은 속도로 떨어지지는 않을까?

PLAYTHINK 838

난이도:●●●●○○○○○
준비물:●●
완성여부:□ 시간:＿＿＿

우물 속 개구리

개구리 한 마리가 20미터 우물 속으로 떨어져서 밖으로 빠져 나오려고 매우 애쓰고 있다. 낮에 우물의 벽을 타고 겨우 위로 3미터 올라왔다. 하지만 밤이 되어 쉬는 동안 다시 2미터 아래로 미끄러져 버렸다. 이러한 패턴을 반복한다면 완전히 우물 밖으로 나오는 데 며칠이나 걸릴까?

PLAYTHINK 839

난이도:●●●●●●○○○
준비물:●
완성여부:□ 시간:＿＿＿

방사형 낙하

아래 그림은 갈릴레오가 발명한 어떤 실험 장치이다. 이 안에서는 똑같은 공이 원의 현(흰색 선)을 따라서 동시에 비스듬한 각도로 떨어진다. 이 장치는 수평에서 수직까지 어떤 각도로도 조절할 수 있다.
각 공이 현을 따라 떨어질 때 원의 둘레에 가장 먼저 닿는 공은 어떤 공일까?

PLAYTHINK 840

난이도:●●●●●○○○○
준비물:●
완성여부:□ 시간:＿＿＿

낙하

어떤 여자가 2층의 창문에서 병을 하나 떨어뜨리니 바닥에 부딪히며 깨졌다. 충돌 시의 속도를 2배로 높이려면 어느 높이에서 떨어뜨려야 할까?

PLAYTHINK 841

난이도:●●●●●○○○○
준비물:●
완성여부:□ 시간:＿＿＿

다리 건너기

몸무게가 80킬로그램인 광대가 무게가 10킬로그램인 고리를 3개 들고 다리를 건너야 하는데, 다리가 지탱할 수 있는 최대 무게는 100킬로그램이라고 한다. 조련사가 이 광대에게 3개의 고리를 들고 저글링(물건을 번갈아 던지며 주고받는 묘기)을 하면서 다리를 건너면 된다고 조언했다.
조련사의 조언을 따르면 광대는 다리를 건널 수 있을까?

마술 진자

어떤 청년이 같은 궤도를 그리면서 운동하는 진자를 보고 있다. 청년은 오른쪽 렌즈가 없는 선글라스를 쓰고 있다. 이 청년에게 진자 운동은 어떻게 보일까?

공 떨어뜨리기

조그만 공 하나가 큰 공에 잠시 동안 아주 느슨하게 붙어있다. 그리고 공 두 개를 높이가 1미터에서 2미터 사이인 지점에서 함께 떨어뜨렸다. 작은 공은 어떻게 되었을까?

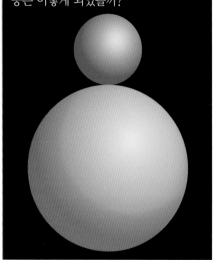

푸코의 진자

지구의 자전을 관찰할 수 있을까? 진자는 일단 운동을 시작하면 진자에 작용하는 힘에 변동이 없는 한 같은 궤도를 그리며 계속적으로 왕복운동을 한다. 이것이 바로 진자의 관성이다. 프랑스의 물리학자 푸코는 1851년 파리 박람회에서 이 실험을 했다. 그는 판테온 돔 천장에 67미터 길이의 피아노 줄에 28킬로그램 무게의 쇠공을 매달고 바닥에는 모래를 쌓았다. 공의 제일 아래 부분에는 뾰족한 것을 달아서 모래 위에 흔적으로

진자의 운동을 기록할 수 있도록 했다. 한 시간이 지나자 모래 위의 선이 11도 18분만큼 이동한 것이 관찰되었다.

만일 진자가 같은 궤도면에 있다면 모래 위의 선은 어떻게 달라질까?

장 베르나르 푸코

진자 마술

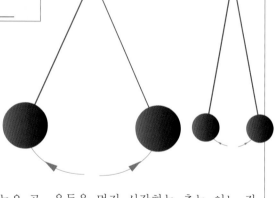

과학자들은 오랫동안 진자에 관심을 가졌다. 잘 만들어진 진자는 시간을 정확히 맞추고 중력을 측정하며 상대 운동도 감지한다. 매달린 추의 무게는 다르지만 길이가 같은 두 진자를 동시에 운동시켜보자. 무거운 추가 가벼운 추보다 훨씬 높은 곳에서 진자 운동을 시작한다면, 왕복 운동을 먼저 시작하는 추는 어느 것일까?

연결된 진자

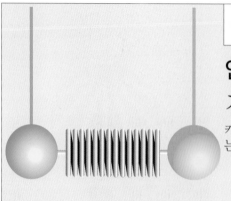

진자 2개를 그림과 같이 용수철로 연결했다. 두 진자 중 하나를 운동시키면 어떻게 될까? 연결된 진자의 에너지는 같을까?

PLAYTHINK 847

난이도: ●●●●●●○○○
준비물: ●
완성여부: □ 시간:_____

진동 딱따구리

그림과 유사한 종류의 장난감은 주변에서 흔히 찾아볼 수 있다. 막대 끝에 붙어있는 딱따구리가 있는데 만약 그 딱따구리를 뒤로 약간 젖힌 후 손을 놓으면 딱따구리가 나무를 쪼면서 바닥으로 천천히 떨어진다. 왜 그럴까?

PLAYTHINK 848

난이도: ●●●●●●○○○
준비물: ●
완성여부: □ 시간:_____

공 돌리기

끈에 공을 묶어서 동일한 속도로 원을 그리며 돌린다. 공의 속도와 가속도가 항상 일정할까? 갑자기 끈이 끊어지면 공은 어떻게 될까?

PLAYTHINK 849

난이도: ●●●●●○○○○
준비물: ●
완성여부: □ 시간:_____

충격량

뉴턴의 진자라고 불리는 장난감을 가지고 논 경험은 누구나 있을 것이다. 한 쪽 끝에 있는 공 하나를 들었다가 놓으면 어떻게 될까?

PLAYTHINK 850

난이도: ●●●●●○○○○
준비물: ●
완성여부: □ 시간:_____

구슬 들기

와인잔만 이용해서 구슬을 탁자에서 뗄 수 있을까?

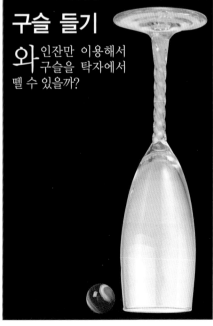

PLAYTHINK 851

난이도: ●●●●●●○○○
준비물: ●
완성여부: □ 시간:_____

회전체

금속 디스크, 원뿔 입체도형, 닫힌 고리가 각각 그림처럼 줄에 매달려 있다. 만약 줄이 갑자기 빠르게 회전하면 이 물체들은 어떻게 될까?

자이로스코프

자전거 바퀴, 원반, 요요, 팽이 등과 같은 회전체는 마치 물체가 어떤 점을 중심을 도는 것과 같은 자이로스코프의 특징을 보여준다.

자이로스코프는 질량, 물체에서 회전축까지의 거리의 제곱, 회전 속도에 의해 결정되는 회전운동량을 갖는다. 회전축에서 최대한 멀리 떨어진 곳에 대부분의 질량이 분포하도록 자이로스코프를 가장자리가 두꺼운 원판모양으로 만들면 회전운동량을 증가시킬 수 있다.

자이로스코프의 가장 큰 특징은 운동량과 회전축의 방향을 보존하는 것이다. 외력이 더해지지 않는다면 자이로스코프는 축의 방향을 계속 유지하며 회전하기 때문에, 방향의 변화를 측정하거나 일정한 움직임을 유지하는데 이용된다.

PLAYTHINK 852 난이도:●●●●●○○○○ 준비물:● 완성여부:□ 시간:_____

인간 자이로 1

360도 회전이 가능한 의자에 앉아있는 아이가 회전하는 자전거 타이어를 그림과 같이 손으로 잡고 있으면 어떻게 될까?

PLAYTHINK 853 난이도:●●●●●○○○○ 준비물:● 완성여부:□ 시간:_____

인간 자이로 2

360도 회전이 가능한 의자에 앉아있는 소년이 회전하는 자전거 타이어를 그림과 같이 손으로 잡고 있으면 어떻게 될까?

PLAYTHINK 854 난이도:●●●●●○○○○ 준비물:● 완성여부:□ 시간:_____

인간 자이로 3

360도 회전이 가능한 의자에 앉아있는 아이가 회전하는 자전거 타이어를 수직으로 세워서 그림과 같이 양손으로 잡고 있다. 의자를 왼쪽으로 돌리려면 어떻게 해야 할까? 오른손으로 핸들을 앞으로 밀고 왼손은 뒤로 빼면 될까?

PLAYTHINK 855

난이도: ●●●●●●○○○
준비물: ●
완성여부: □   시간:_____

구심력

그림에 있는 회전하는 수직 실린더와 같은 회전 놀이 기구는 매우 인기가 많다. 통이 돌기 시작하면 탑승자들이 벽에 등을 붙이고 서 있어야 한다. 통의 회전속도가 최대가 되면 바닥이 보이지 않는데, 놀랍게도 탑승자들은 여전히 벽에 등을 대고 서 있다. 어떻게 이런 일이 가능한 것일까?

PLAYTHINK 856

난이도: ●●●●●●○○○
준비물: ●
완성여부: □   시간:_____

골프공

골프공 표면에는 왜 오목한 홈이 패여 있을까?

PLAYTHINK 857

난이도: ●●●●●●○○○
준비물: ●
완성여부: □   시간:_____

아이스 스케이팅

스케이트 선수가 빙판 위에서 두 팔을 벌린 채 회전하고 있다. 두 팔을 가슴으로 끌어당기면 어떻게 될까?

PLAYTHINK 858

난이도: ●●●○○○○○○
준비물: ●
완성여부: □   시간:_____

공 회전대

광대 2명이 빠른 속도로 돌아가는 회전대 위에서 서로에게 공을 던지고 있다. 공의 궤도와 착지점을 예측하라.

가지치기 구조

열, 빛, 또는 성장에 필요한 요소를 더 많이 받아들이려면, 전체적으로 가지 구조를 형성하는 것이 효과적이다. 이런 구조는 나무나 강바닥에서도 흔히 볼 수 있지만 우리 몸에서도 잘 나타난다.

처음에는 한 점에서 시작하여 갈라져 나가다가 전체가 다 갈라지게 되면 멈추게 된다.

나무, 강, 혈관과 폐에서도 같은 원리로 퍼져있는 것을 볼 수 있다.

즉, 가지치기 구조는 경제 원리를 바탕으로 나타난 형태이기 때문에 효율성이 높다.

PLAYTHINK 859 난이도:●●●●○○○○○○ 준비물:◉ 완성여부:□ 시간:_____

구멍 늘이기

가운데에 구멍이 있는 철와셔에 열을 가해서 1퍼센트 늘어나게 하면, 가운데 구멍의 크기는 어떻게 변할까?

PLAYTHINK 860 난이도:●●●●●○○○○ 준비물:◉ 완성여부:□ 시간:_____

나무와 가지

나무는 왜 방사형 구조(왼쪽 그림)가 아니라 가지치기 구조(오른쪽 그림)를 만들까?

PLAYTHINK 861 난이도:●●●●●●●○○ 준비물: 완성여부:□ 시간:_____

균형판

체험과학전시회에서 쉽게 접할 수 있는 균형판은 여러 명의 사람들이 올라가 정중앙에 있는 기준 축을 중심으로 평형상태를 만드는 것이다.

몸무게가 같은 사람들(빨간색 점)이 균형판에 올라가 서로 다른 배열을 이루며 서 있다. 1번에서 4번까지 배열 중 평형상태인 것을 모두 찾아보라.

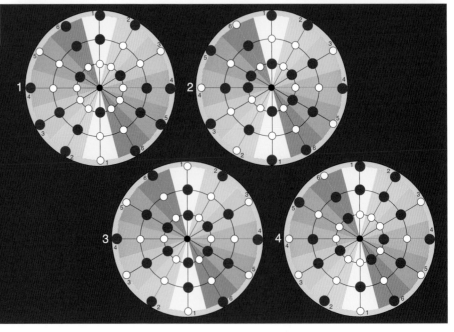

균열과 마른 진흙

균열은 동시에 생기는 것이 아니라 연속적으로 생긴다. 일단 금이 생기기 시작하면 원래 있던 금과 3선 교점을 만드는 방식으로 합쳐진다.

금이 두 개 있을 때 어느 것이 먼저 생긴 것인지 알 수 있을까? 두 금이 한 교점에서 만날 때 먼저 생긴 것은 그 교점에서 계속 이어져 있지만 나중에 생긴 것은 그 교점에서 끝난다. 이렇게 금을 따라가다 보면 처음으로 생긴 것을 알 수 있다.

공통점이 없을 것 같은 거품과 바위도 같은 원리에 따라 갈라진다.

즉, 탄력성 있는 물체는 120도 각도로 금이 생긴다.

그러나 그릇에 바르는 유약제와 같이 비탄력적인 물질은 90도로 갈라진다. 계속해서 장력이 감소하고 탄성이 복원되면 두 번째 균열이 생기게 된다. 그리고 이때에는 바위나 진흙처럼 120도 각도로 금이 간다.

갈라져 있는 마른 진흙의 균열 모양은 그 패턴이 매우 불규칙한 것 같아 보이지만, 이와 같은 원리로 금이 생기고 갈라진 것이다. 진흙층은 두께가 다양하기 때문에 금이 곡선으로 생긴다.

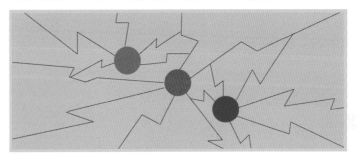

PLAYTHINK
862
난이도:●●●●●●○○○
준비물:●
완성여부:□　　시간:＿＿＿

비누 거품

크기가 다른 비누 거품 2개를 만들기 위해 바람을 불어 넣었다. 바람을 다 분 후 둘 사이의 통로를 열었다. 이제 두 비누 거품은 어떻게 될까? 둘의 크기가 같아질까?

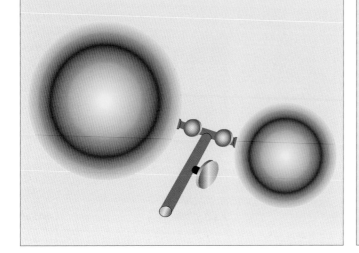

PLAYTHINK
863
난이도:●○○○○○○○○○
준비물:●
완성여부:□　　시간:＿＿＿

최초의 총알

형사가 되어 다음의 사건현장을 살펴본다고 가정하자. 아래 3명의 남자가 총을 1발씩 쏘아서 모자에 있는 동그라미 색깔과 같은 색의 구멍을 냈다면 가장 먼저 총을 쏜 사람은 누구일까?

PLAYTHINK 864

난이도: ●●●○○○○○○○
준비물: ✏️
완성여부: □   시간:_____

틈새 길 찾기

한 칸이 1×1인 단위 블록 28개로 아래의 컬러띠 7개를 만들었다.(컬러띠 위의 숫자는 그 띠의 개수이다.) 컬러띠를 7×20칸인 직사각형에 모두 넣되, 각 세로줄에 띠가 4개만 있도록 했다.

7×20인 직사각형을 왼쪽에서 오른쪽으로 진한 검정색 줄만 따라 간다. 최단거리의 경로의 길이는 얼마일까?

PLAYTHINK 865

난이도: ●●●●●○○○○
준비물: ✏️
완성여부: □   시간:_____

공기 저항

그림처럼 가늘고 긴 나무 자를 약 10센티미터가 탁자 끝에서 나오도록 놓아라. 그리고 신문지 몇 장으로 탁자 위의 자 부분만 덮는다. 신문지를 위에서 평평하게 눌러 종이 사이에 공기를 빼내라. 그런 후, 탁자 끝에 나온 자 부분을 치면 나무 자는 어떻게 될까?

PLAYTHINK 866

난이도: ●●●○○○○○○
준비물: ✏️
완성여부: □   시간:_____

기압

싱크대를 뚫는 압축기 2개를 서로 힘껏 밀어붙여 본 적이 있다면 분리하기도 어렵다는 것을 알 것이다. 압축기로 하는 이 간단한 실험은 1654년에 했던 마그데부르크 실험과 같다. 마그데부르크 실험에서는 청동으로 만든 속이 빈 반구 2개를 꼭 맞게 붙이고 안의 공기를 빼내 진공상태로 만들었다. 그런 후, 양 쪽에서 각각 8마리의 말로 반구를 잡아당겼지만 둘은 떨어지지 않았다. 이 실험을 통하여 대기압의 크기가 엄청나다는 것이 최초로 밝혀졌다.

위 실험에서 압축기와 반구를 분리하는 것이 왜 그렇게 어려웠을까?

PLAYTHINK 867

난이도: ●●●●○○○○○
준비물: ✏️
완성여부: □   시간:_____

부풀지 않는 풍선

그림처럼 풍선을 병 안에 넣고 풍선의 입구를 잡아당겨서 병의 입구를 감싼다. 그리고 풍선을 불어보자. 아무리 불어도 풍선은 완전히 부풀어지지 않으며, 병 속을 못 채울 것이다. 왜 그럴까?

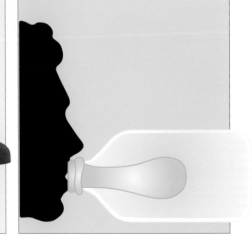

| PLAYTHINK 868 | 난이도:●●●●○○○○○
준비물: ●
완성여부:□　　　시간:＿＿＿ |

위험한 기차

고속기차가 역을 통과할 때 승강장 끝에 서 있는 것은 아주 위험하다. 왜 그럴까?

| PLAYTHINK 869 | 난이도:●●●●○○○○○
준비물: ●
완성여부:□　　　시간:＿＿＿ |

베르누이의 원리

아주 가벼운 비치볼 2개가 서로 가까이 매달려 있다. 이 둘 사이로 바람을 불면 어떻게 될까?

| PLAYTHINK 870 | 난이도:●●●●●○○○○
준비물: ●
완성여부:□　　　시간:＿＿＿ |

야구공

공중으로 야구공을 던졌다. 공이 위로 올라갈 때와 다시 땅으로 내려올 때 중 언제 시간이 더 많이 걸릴까?

유체역학

비행기는 공기의 흐름을 받기 쉽도록 설계해야 한다. 항공기나 로켓, 또는 배의 선체를 유선형으로 설계할 때 유체역학의 원리가 사용된다.

그렇다면 유체란 무엇이며 어떤 특성을 가질까? 유체란 유동적인 상태의 물질을 말한다. 일정한 크기나 모양도 없기 때문에 담은 통의 모양에 따라 나타낸다. 유체에는 액체와 기체가 있는데, 이 둘은 부피의 유무로 구분된다. 액체는 표면적이 있어서 특정한 부피를 갖지만, 기체는 부피가 없기 때문에 모든 크기의 통을 다 채울 수 있다.

유체는 복잡하게 움직이기 때문에 항공기와 차를 제작할 때에는 풍동실험과 컴퓨터 시뮬레이션 작업을 반드시 해야 한다. 지난 수 십 년 동안의 자동차 디자인의 변화를 살펴보면 유체역학이 얼마나 눈부시게 발전했는지 알 수 있다.

PLAYTHINK 871
난이도: ●●●●●○○○○
준비물: ●
완성여부: □ 시간:_____

비행기 날개

비 행기 날개의 윗면은 왜 곡선일까?

PLAYTHINK 872
난이도: ●●●●●●○○○
준비물: ●
완성여부: □ 시간:_____

떠오르는 공

물 이 가득 찬 원통에 탁구공을 하나 넣었다. 물이 잔잔할 때와 소용돌이 칠 때에 탁구공이 수면으로 떠오르는 시간에 차이가 있을까?

PLAYTHINK 873
난이도: ●●●●○○○○○
준비물: ●
완성여부: □ 시간:_____

U-튜브

투 명한 U자 모양의 튜브에 물을 부은 후, 튜브의 한쪽 끝에 엄지손가락을 댄다. 그리고 튜브를 기울여서 물이 엄지손가락에 닿도록 한다. 엄지를 눌러서 구

멍이 꽉 막는다.
그 후, 그림과 같이 튜브를 다시 똑바로 세워도 물은 계속 엄지손가락에 닿는다. U자 튜브 양쪽의 수위가 왜 다를까?

PLAYTHINK 874
난이도: ●●●●●●○○○
준비물: ●
완성여부: □ 시간:_____

욕조의 수위

욕 조에 물을 가득 채우고 장난감 오리를 띄웠다. 오리에 무게를 얼마나 더해야 가라앉는지 알아보려고 무거운 금속 반지를 올려놓았더니 그대로 떠 있었다. 그런데 갑자기 반지가 미끄러져서 욕조 바닥으로 떨어졌다.
반지가 떨어질 때 욕조의 수위에는 어떤 변화가 있었을까?

PLAYTHINK 875
난이도: ●●●●●○○○○
준비물: ●
완성여부: □ 시간:_____

깔때기에 바람 불기

조 그만 깔때기 안에 탁구공 하나를 놓고 머리를 뒤로 젖힌 후 깔때기 끝을 입에 물고 바람을 세게 분다. 그러면 탁구공이 천장을 향해 날아가지 않고 깔때기 위에 떠 있으며, 세게 불수록 더 높이 떠 있을 것이다. 그 이유는 무엇일까?

PLAYTHINK 876
난이도: ●●●●●○○○○
준비물: ●
완성여부: □ 시간:_____

촛불 끄기

두 촛불 사이로 바람을 불면 어떻게 될까?

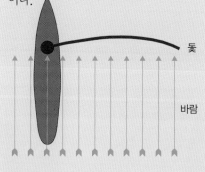

PLAYTHINK
877
난이도:●●●●○○○○○
준비물:●
완성여부:□   시간:____

항해 1

바람이 시속 40킬로미터로 불고 있는데 바람을 등지고 항해를 하고 있다. 선체에 대한 돛의 각도가 90도를 이룰 때 보트의 최대 속도는 얼마일까? 그림의 빨간색 점은 돛과 선체의 접점이다.

돛

바람

PLAYTHINK
878
난이도:●●●●○○○○○
준비물:●
완성여부:□   시간:____

항해 2

바람이 시속 40킬로미터로 불고 있는데 바람을 등지고 항해를 하고 있다. 선체에 대한 돛의 각도가 90도 미만일 때 보트의 속도는 어떨까? 그림의 빨간색 점은 돛과 선체의 접점이다.

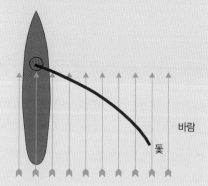

바람

돛

PLAYTHINK
879
난이도:●●●●○○○○○
준비물:●
완성여부:□   시간:____

항해 3

보트로 항해를 하는데 바람이 보트의 진행방향 왼쪽에서 시속 40킬로미터로 불고 있다. 선체에 대한 돛의 각도가 90도 미만일 때에는 보트의 속력이 순풍일 때보다 빠를까 느릴까? 그림의 빨간색 점은 돛과 선체의 접점이다.

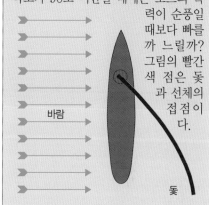

바람

돛

PLAYTHINK
880
난이도:●●●●○○○○○
준비물:●
완성여부:□   시간:____

항해 4

다음 중 가장 빨리 달리는 보트는 어느 것일까? 그림의 빨간색 점은 돛과 선체의 접점이다.

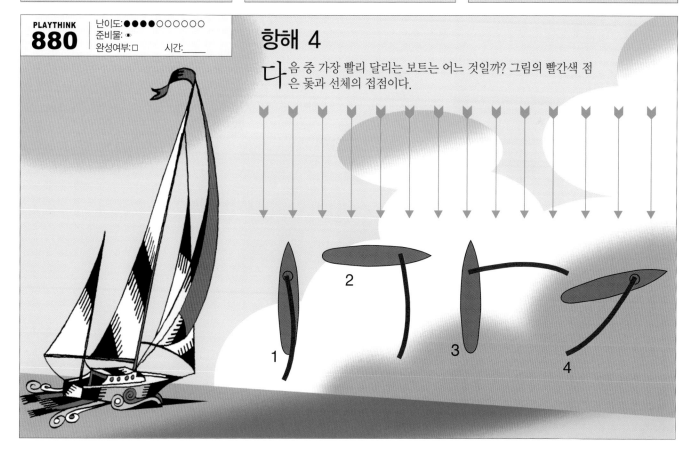

PLAYTHINK
881
난이도:●●●●●●○○○
준비물:●
완성여부:□　시간:＿＿＿

우유와 차

유리잔 2개에 차와 우유가 각각 반 잔씩 채워져 있다. 우유가 든 잔에서 우유를 1스푼 퍼서 찻잔에 넣고 섞는다. 그런 후 방금 섞은 찻잔의 액체를 1스푼 퍼서 우유가 든 잔에 넣고 섞는다. 찻잔에 든 우유의 양과 우유잔에 든 차의 양 중에서 어느 것이 더 많을까?

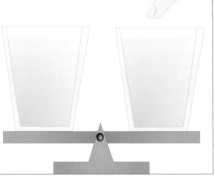

PLAYTHINK
882
난이도:●●●●●●○○○○
준비물:●
완성여부:□　시간:＿＿＿

유리잔 안의 손가락

양팔저울 위에 각각 유리잔을 놓고 물을 가득 담아 평형을 이루었다. 이 유리잔 중 하나에 손가락을 담근다면 어떻게 될까? 어느 쪽이 무거울까? 또, 무거운 금속을 담그면 어떻게 될까?

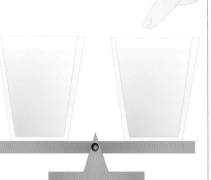

PLAYTHINK
883
난이도:●●●●●○○○○
준비물:●
완성여부:□　시간:＿＿＿

부두의 배

배가 선박 수리소에 있는데 적은 양의 물이 선체 주위를 둘러싸고 있다. 이 배가 바닥에 닿을까? 배를 띄울 수 있는 물의 양은 얼마일까?

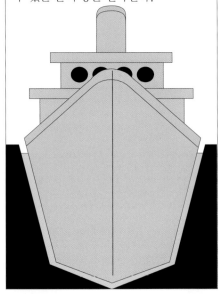

PLAYTHINK
884
난이도:●●●●●○○○○
준비물:●
완성여부:□　시간:＿＿＿

다이빙하는 병

큰 플라스틱 병에 물을 가득 채운다. 병이 거꾸로 뜰 정도로 적은 양의 물을 뚜껑이 없는 작은 병에 넣는다. 이 작은 병을 큰 플라스틱 병 안에 거꾸로 넣고 큰 병의 뚜껑을 꼭 닫는다. 만일 큰 플라스틱 병을 양손으로 쥐고 힘껏 누른다면 어떻게 될까?

PLAYTHINK
885
난이도:●●●●○○○○
준비물:●
완성여부:□　시간:＿＿＿

유리잔 안의 코르크

코르크 마개가 물이 담긴 잔 안의 가장자리를 따라 움직이는 것을 본 적이 있을 것이다. 만일 코르크나 유리잔을 만지지 않고 코르크를 유리잔의 한가운데에 뜨게 하려면 어떻게 해야 할까?

표면장력

비누 거품이나 물방울은 왜 둥근 모양일까? 액체 내부의 분자에는 모든 방향에서 당기는 인력이 작용하지만, 액체 표면의 분자에는 아래로 당기는 인력만 작용한다. 따라서 이러한 인력 때문에 표면적을 최소화하려는 경향이 생긴다. 표면적이 가장 적게 수축하면 탄성막과 같은 작용을 하는데, 이것을 표면장력이라고 일컫는다.

비누는 물의 표면장력을 감소시키기 때문에 물분자를 끌어당겨서 거품과 막을 형성한다. 거품과 막이 만들어지면 비누거품과 물방울이 표면적이 최소가 되는 구의 형태를 만들어서 결합한다.

표면장력은 액체마다 다르다. 표면장력은 물이 기름보다 크고, 수은은 물보다 약 7배가 크다. 그래서 탁자 위에 수은을 쏟으면 동그란 구슬 모양이 된다.

PLAYTHINK 886
난이도: ●●●●●○○○○
준비물: ●
완성여부: □　시간:_____

빗방울

작은 빗방울과 큰 빗방울 중 어느 것이 먼저 떨어질까?

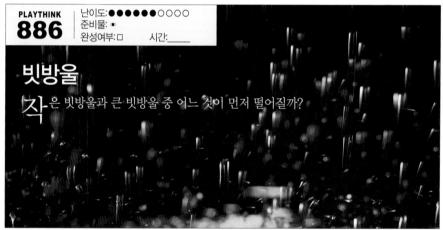

PLAYTHINK 887
난이도: ●●●●●○○○○
준비물: ●
완성여부: □　시간:_____

얼음 덩어리

물이 가득 찬 욕조 안에 있는 얼음이 녹으면 수면의 높이는 어떻게 될까?

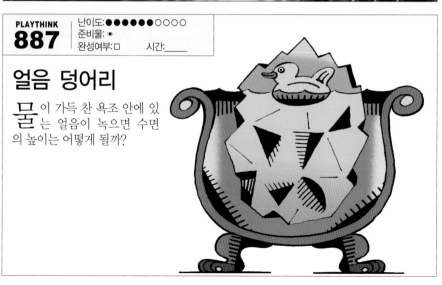

PLAYTHINK 888
난이도: ●●●●●○○○○
준비물: ●
완성여부: □　시간:_____

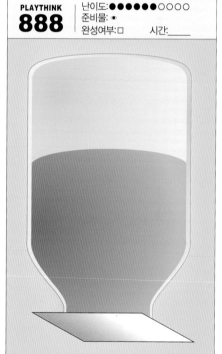

병 뒤집기

항아리나 병을 물로 가득 채운 후 종이 1장으로 입구를 막는다. 그러면 병을 거꾸로 뒤집어도 종이는 여전히 입구에 붙어있고 물은 쏟아지지 않는다. 그 이유는 무엇일까?

PLAYTHINK 889

난이도:●●●●●○○○○○
준비물:●
완성여부:□　시간:_____

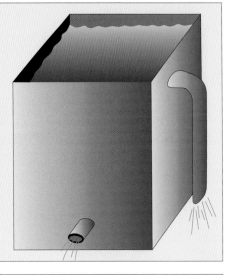

물탱크 1

물 탱크에서 물을 빼기 위해 같은 크기의 구멍을 2개 뚫었다. 물탱크 내부에서 보면 하나는 바닥 쪽에 또 하나는 꼭대기 쪽에 나있지만, 바깥에서 보면 물이 밖으로 쏟아지는 위치의 높이는 같다. 마찰과 같은 다른 요소를 무시한다면 물이 더 빨리 나오는 구멍은 어느 것일까?

PLAYTHINK 890

난이도:●●●●●○○○○○
준비물:●
완성여부:□　시간:_____

물탱크 2

그림의 두 물탱크는 물이 빠지는 구멍의 크기와 개수만 제외하면 완전히 똑같다. 왼쪽 물탱크에는 지름이 6센티미터인 구멍이 1개 있고 오른쪽 물탱크에는 지름이 2센티미터인 구멍이 3개 있다. 모든 구멍을 동시에 열면 어느 탱크의 물이 먼저 빠져나갈까?

PLAYTHINK 891

난이도:●●●●●●○○○
준비물:●
완성여부:□　시간:_____

역류

그림에서 강물이 왼쪽에서 오른쪽으로 흐르고 있다. 중간에 있는 바위의 뒤에서 물의 흐름은 어떻게 될까?

PLAYTHINK 892

난이도:●●●●○○○○○
준비물:●
완성여부:□　시간:_____

유리잔 속의 동전

유 리잔에 물을 가득 채운 후 동전하나를 밀어 넣어도 물이 넘치지 않는다. 계속해서 같은 동전을 하나씩 넣으면 물이 넘치기 전까지 동전을 몇 개나 넣을 수 있을까?

PLAYTHINK 893

난이도:●●●●●○○○○○
준비물:●
완성여부:□　시간:_____

물탱크 3

그림과 같이 원기둥 모양의 물탱크에 구멍이 3개 있고, 수도꼭지로 물이 일정한 수위를 유지하도록 조절한다.
구멍 3개를 모두 열면 어느 구멍의 물이 가장 멀리 나갈까?

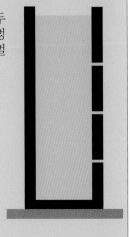

PLAYTHINK 894

난이도: ●●●●○○○○○○
준비물: ●
완성여부: □   시간: _____

코안다 효과

수 도꼭지에 물을 틀어서 흐르는 물줄기에 숟가락을 살짝 갖다 대면 어떻게 될까?

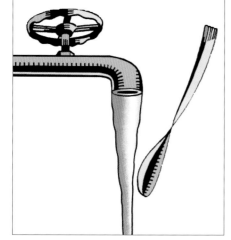

PLAYTHINK 895

난이도: ●●●●●○○○○○
준비물: ●
완성여부: □   시간: _____

물줄기

수 도꼭지에 물을 틀면 물줄기는 왜 수도꼭지에서 멀어질수록 점점 좁아질까?

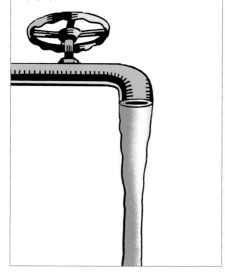

PLAYTHINK 896

난이도: ●●●●●●○○○○
준비물: ●
완성여부: □   시간: _____

악기 주름관

길 이 조절이 가능한 동그란 주름관을 접었다 폈다하면 왜 소리가 날까?

PLAYTHINK 897

난이도: ●●●●●●○○○○
준비물: ●
완성여부: □   시간: _____

카우보이의 말

카 우보이가 자신의 말에게 물을 먹인 후 다시 마차로 돌아가야 한다. 최단거리로 움직이려면 어떻게 가야할까?

PLAYTHINK 898

난이도: ●●●●●○○○○
준비물: ●
완성여부: □   시간: _____

사라진 동전

양 동이의 가장자리 너머에서는 보이지 않도록 양동이 바닥에 동전을 하나 두라. 양동이의 위치와 바라보고 있는 위치를 고정한 채 양동이를 물로 천천히 채워라. 물이 다 차면 동전은 어떻게 될까?

PLAYTHINK 899

난이도:●●●●●○○○○
준비물:✎
완성여부:□　　시간:＿＿＿

물속의 돋보기

만일 돋보기가 물속에 있다면 칼도 더 커 보일까?

PLAYTHINK 900

난이도:●●●●●○○○○
준비물:✎
완성여부:□　　시간:＿＿＿

비행기 그림자

수백 미터 위의 하늘을 날고 있는 비행기의 그림자가 지상에 드리운다. 실제 비행기의 크기와 비교하면 그림자의 크기는 어떻게 될까?

PLAYTHINK 901

난이도:●●●○○○○○○
준비물:✎
완성여부:□　　시간:＿＿＿

돋보기 각도

어떤 물체를 이 돋보기를 통해 보면 모든 면적이 3배 증가하여 보인다. 그렇다면 15도 각은 어떻게 보일까?

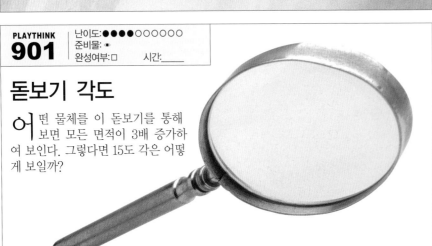

PLAYTHINK 902

난이도:●●●●●○○○○
준비물:✎
완성여부:□　　시간:＿＿＿

전신 거울

머리에서 발끝까지 전신을 보려면 거울의 길이는 최소 얼마가 되어야 할까?

PLAYTHINK
903
난이도: ●●●●●○○○○○
준비물: ✏ ✎
완성여부: □   시간:_____

거울 반사

점 A에서 나온 빛이 평평한 거울의 표면에서 반사되어서 점 B에 도달했다. 그 빛이 거울에 닿은 지점은 어디일까?

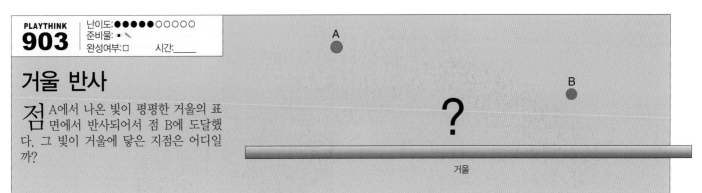

PLAYTHINK
904
난이도: ●●●●●●○○○○
준비물: ✏ ✎
완성여부: □   시간:_____

거울 미로

모든 벽이 거울로 되어 있는 미로에 화살표로 입구가 표시되어 있다. 이 화살표 6개는 각각 6종류의 동물 우리로 들어가는 입구이다.

각 입구에서 동물 우리까지 가는 길을 찾아보라. 단, 반드시 화살표 지점에서 시작해야 한다.

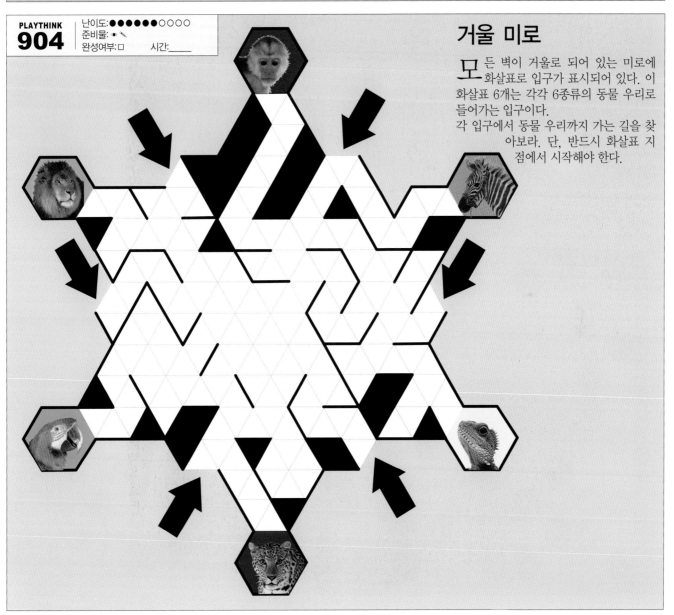

PLAYTHINK
905

난이도:●●●●●●○○○○
준비물:◉
완성여부:□   시간:_____

낙하

오른쪽의 그릇 5개에는 각각 종류와 온도가 다른 물질이 들어 있다. 여기에 무게가 같은 추를 동시에 하나씩 떨어뜨렸다. 추가 밑바닥에 닿는 시간이 가장 오래 걸리는 것은 어느 것일까?

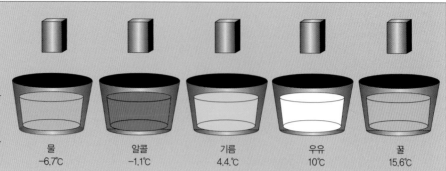

물	알콜	기름	우유	꿀
-6.7℃	-1.1℃	4.4℃	10℃	15.6℃

PLAYTHINK
906

난이도:●●●●●●○○○
준비물:✎
완성여부:□   시간:_____

슈퍼 잠망경

양면 거울 중 10개를 90도 돌려 제일 아래 왼쪽 끝에 있는 전구를 볼 수 있도록 하라.

PLAYTHINK
907

난이도:●●●●●●○○○
준비물:✎
완성여부:□   시간:_____

아르키메데스의 거울

거울은 우리의 일상생활에서 매일 접하고 과학이나 마술에서도 자주 등장한다. 그래도 항상 우리의 호기심을 자극하는 신기한 물건이다. 망원경, 광 스캐너, 몸이 반만 보이는 마술에서도 거울을 사용한다.

그리스 과학자인 아르키메데스가 이 거울을 아주 특이하게 이용했다는 당시의 논문이 남아있다. 로마 함대가 시라쿠사를 포위했던 기원전 214년, 그는 이들을 물리치기 위해 태양광을 배에 집중시켜 배에 불이 나게 만들 계획을 세웠다. 아르키메데스의 계획은 실현가능한 것이었을까?

아르키메데스

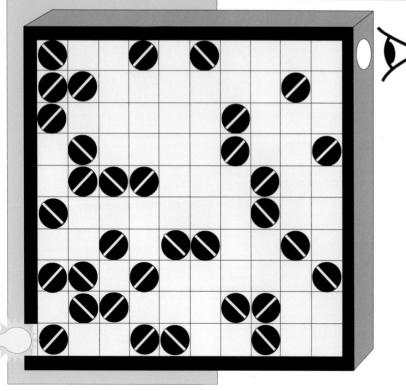

PLAYTHINK
908

난이도:●●●●○○○○○○
준비물:✎
완성여부:□   시간:_____

패션 거울

어떤 여자가 큰 거울에서 2미터 떨어진 지점에 서서 머리 뒤에 0.5미터 크기의 손거울을 쥐고 있다. 손거울에 비친 머리의 빨강색 꽃은 큰 거울의 어디쯤에 상이 맺힐까?

지각

13

불완전 큐브

어떤 방에서 한 남자가 한 쪽 끝에서 다른 쪽 끝으로 걸어가면서 점점 작아지는 것을 보고 있다고 가정해보자. 보고 있으면서도 의심이 들 것이다.

그러나 깊이를 지각하지 못하도록 특별한 장치를 한 방안이라면 충분히 가능하다. 사실 남자는 작아진 것이 아니라 점점 멀어져 간 것뿐이다.

중세시대 이전까지만 해도 깊이지각 능력에 대해 관심을 가진 사람이 없었다.

그러나 요즈음은 연구가 활발히 진행되어 3차원의 물체(예를 들어 프로그래머의 얼굴 특징)를 어떤 각도에서든 인식할 수 있는 컴퓨터 프로그램도 개발되었다. 또, 빛의 3차원적 정보를 저장하여 입체감을 표현하는 홀로그램이 과학 실험에서부터 예술 작품, 보안 시스템에 이르기까지 사용되고 있다. 물체를 여러 각도에서 바라보면서 다음의 문제들을 풀어 보자.

PLAYTHINK
909
난이도 : ●●●●●●○○○
준비물 : ● ✎
완성여부 : □　　시간 : _____

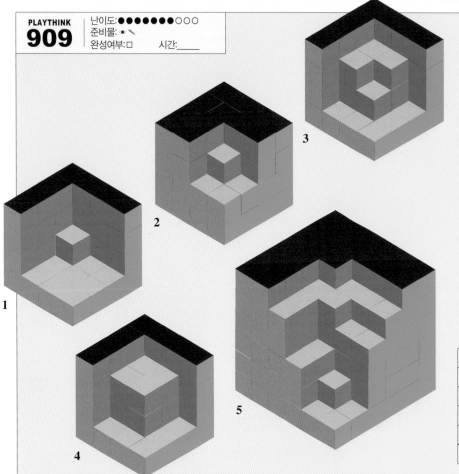

불완전 큐브

1번에서 5번까지의 모든 큐브에 블록이 몇 개씩 빠져있다. 각각 몇 개씩 빠졌는지 세어보라. 겉에 보이는 3면은 컬러이며 보이지 않는 내부는 회색이라는 것을 참고하여 아래의 점수판을 채워라. 이 문제를 더 간단히 풀 수 있는 다른 방법은 없을까?

점수판

불완전 큐브	1	2	3	4	5
3면 모두 컬러					
2면만 컬러					
1면만 컬러					
모두 회색					
총합					

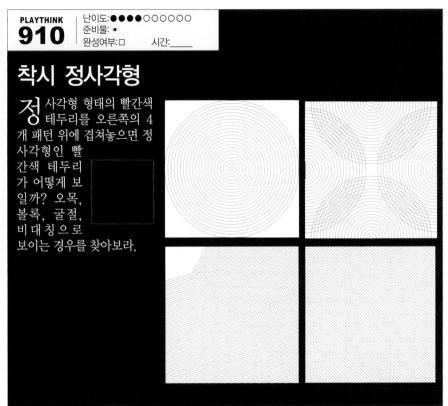

PLAYTHINK 910

난이도: ●●●●○○○○○○
준비물: ●
완성여부: □ 시간:_____

착시 정사각형

정사각형 형태의 빨간색 테두리를 오른쪽의 4개 패턴 위에 겹쳐놓으면 정사각형인 빨간색 테두리가 어떻게 보일까? 오목, 볼록, 굴절, 비대칭으로 보이는 경우를 찾아보라.

PLAYTHINK 911

난이도: ●●●●○○○○○○
준비물: ●
완성여부: □ 시간:_____

착시 바퀴

정십이각형 바퀴 안에 길이가 똑같은 선이 12개 그려져 있다. 이 선 12개는 선 위에 있는 도형에 따라 점모양, 화살모양, 반원모양의 3그룹으로 나뉜다. 그룹마다 정확히 2등분된 선을 하나씩 찾아보라.

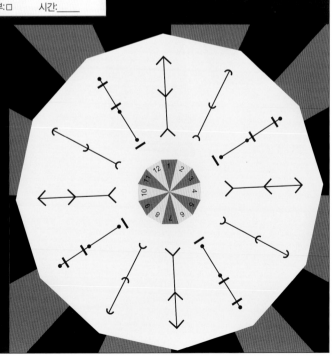

PLAYTHINK 912

난이도: ●●●●○○○○○
준비물: ●
완성여부: □ 시간:_____

사라지는 나비

아래의 나비를 여전히 보이면서도 사라지게 할 수 있을까?

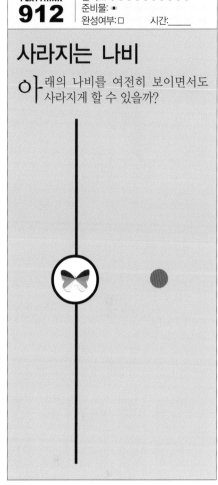

PLAYTHINK 913

난이도: ●●●○○○○○○
준비물: ●
완성여부: □ 시간:_____

새장 안의 초록 새

아래 그림의 빨간 새와 새장을 쳐다보기만하여 새장 안에 초록 새가 보이게 해보라.

PLAYTHINK
914

난이도: ●●●●○○○○○○
준비물: ●
완성여부: □   시간:＿＿＿

백기사

백 마를 탄 흑기사를 흑마를 탄 백
기사로 바꾸어 보라.

PLAYTHINK
915

난이도: ●○○○○○○○○○
준비물: ●
완성여부: □   시간:＿＿＿

보이지 않는 점

아 래에 있는 검정 사각형 격자의 교
점마다 회색 점이 보인다. 그런데
교점을 들여다보면 이 중에 회색 점이
없는 곳이 한 군데 보일 것이다. 어느 곳
일까?

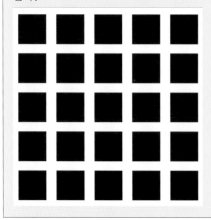

PLAYTHINK
916

난이도: ●●●○○○○○○○
준비물: ●
완성여부: □   시간:＿＿＿

드라큘라의 관

2 개의 관에 알맞은 뚜껑을 각각 짝지어
라.

PLAYTHINK
917

난이도: ●●●○○○○○○○
준비물: ●
완성여부: □   시간:＿＿＿

교차선

아 래의 그림에 빨간색 선 2개가 한 점에
서 교차한다. 교차선이 2개 이상으로
보이려면 어떻게 바라봐야 할까?

PLAYTHINK
918
난이도:●○○○○○○○○
준비물:●
완성여부:□　시간:____

부서진 다리

이 페이지를 접거나 자르지 않고 아래
의 잘린 다리를 붙일 수 있을까?

PLAYTHINK
920
난이도:●○○○○○○○○
준비물:●
완성여부:□　시간:____

점으로 그린 그림

그 림에서 보이는 물체는 무엇일까?

PLAYTHINK
919
난이도:●●●○○○○○○
준비물:●
완성여부:□　시간:____

그림자 사진

아 래의 그림에서 똑같은 사진 3장을
찾아보라.

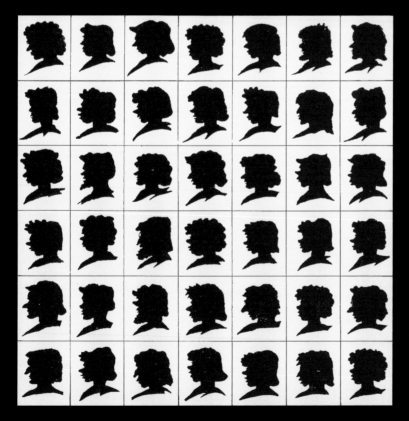

큐브의 개수

이 착시현상은 사람의 두뇌가 물건의 방향을 얼마나 잘 바꾸는지 보여준다. 오른쪽의 그림을 보면 완전한 큐브 7개나 불완전한 큐브 몇 개가 보일 것이다. 잘 안보이면 책의 상하를 거꾸로 뒤집어 보라.

고정관념을 깨고 사물을 다른 각도에서 바라보는 것이 창의적인 사고의 핵심이다.

PLAYTHINK 921
난이도:●●●●●○○○○○
준비물: ●
완성여부:□   시간:____

유도폭탄

레이저 유도폭탄은 구름이 두꺼울 때에도 여전히 표적물을 맞힐 수 있다. 눈으로 보기만 하여 숫자가 매겨진 아래의 경로 중 탱크와 직선으로 연결된 것을 찾아보라.

1 2 3 4 5 6 7 8 9

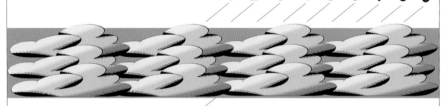

PLAYTHINK 922
난이도:●○○○○○○○○○
준비물: ●
완성여부:□   시간:____

잃어버린 조각

케이크의 잘라진 조각 하나는 어디에 있을까?

PLAYTHINK 923
난이도:●●●○○○○○○○
준비물: ●
완성여부:□   시간:____

숫자

이 숫자들의 패턴이 나타내는 것은 어떤 유명한 그림의 일부분일까?

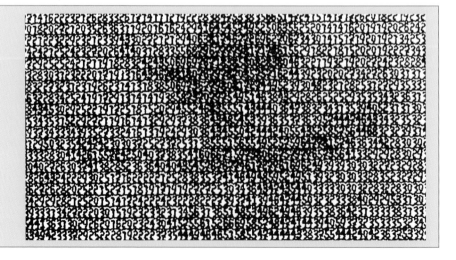

관점

화가들은 가장 흔한 모양이 오히려 가장 그리기 어렵다고 한다. 화가들은 물체를 있는 그대로의 모양이 아니라 사물의 원형을 파악하기 위해 관점을 바꾸려고 노력한다. 그래서 많은 화가들이 거울을 이용하거나 물구나무를 서서 그리거나 색다른 시각으로 사물을 보려고 한다.

이렇게 화가들이 고정관념을 깨기 위해 노력하는 모습을 통해서 우리의 의식이 보는 모든 것을 기억하고 분류하면서 3차원의 이미지를 저장한다는 것을 알 수 있다. 그리고 저장된 이미지는 새로운 관점으로 무언가를 볼 때 사용된다. 그런데 이러한 능력은 무의식적으로 사용되기 때문에 전혀 인식하지 못 한다.

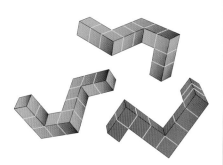

PLAYTHINK 924

난이도: ●●●●●●○○○
준비물: ●
완성여부: □   시간: _____

입체 큐브

가끔 사물을 색다른 각도에서 보면 예기치 않은 사실을 발견할 수 있다. 여기에 있는 큐브조각 10개를 분류하면, 똑같은 짝이 2개인 것이 3쌍, 3개인 것이 1쌍, 쌍이 없는 나머지 1개가 나온다. 분류하는 데 시간이 꽤 걸리지만 책을 이리저리 돌려보면 더 빨리 유사점을 찾을 수 있다.
큐브조각 10개를 모두 분류하라.

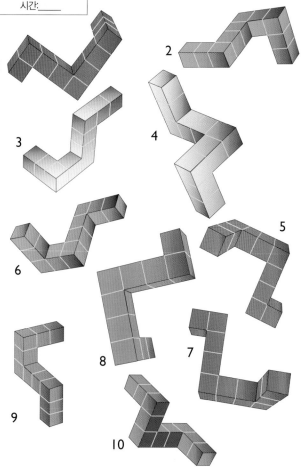

PLAYTHINK 925

난이도: ●●●●○○○○○
준비물: ●
완성여부: □   시간: _____

거꾸로 뒤집힌 글

아래 빨간 줄에 거울을 비추면 1번째 단락의 글은 좌우가 뒤바뀌고, 2번째 단락은 상하가 뒤바뀌어 보인다. 그 이유를 설명하라.

> PLACE A MIRROR VERTICALLY ON THE LEFT RED LINE. WORDS IN THE TOP FRAME WILL BE REVERSED RIGHT-LEFT (BUT NOT UPSIDE-DOWN). WORDS AT THE BOTTOM FRAME ARE NOT ONLY REVERSED, BUT ALSO TURNED UPSIDE-DOWN. CAN YOU EXPLAIN WHY ?
>
> BOOKIE EXCEEDED HIKED ICEBOX CHOKED COED BOBBED DECK BEECED COD HID BOXED DODO BOB CHOKED COCO EXCEEDED BOOKIE HIKED ICEBOX DID CHOICE BOOKED OBOE HEEDED OX HID COKE EXHOED BOOHOO DOCKED

시각의 한계

지각이란 인간의 사고행동과 밀접하게 관련된 패턴 찾기 과정이다. 눈과 마찬가지로 두뇌도 사물을 '보는' 기관이다. 착시현상은 인간의 두뇌가 사물 그대로의 모습이 아니라 선행경험을 바탕으로 자신이 믿는 대로 보기 때문에 나타난다. 이러한 착시현상에 속는 것을 보면 우리가 본 것을 그대로 믿어도 되는지 의문이 생길 수밖에 없다. 우리의 뇌는 사물을 실제보다 더 크게 보고, 깊이를 더하며, 색깔을 입히고, 움직임을 더하도록 만들어져 있다.

따라서 우리의 오감을 완전히 믿을 수는 없다. 이러한 한계 때문에 우리가 아무리 연습을 해도 특별한 문제를 풀기가 어렵다. 차라리 이런 문제를 풀기 위해 정보를 인식하고 기억할 수 있는 장치를 발명하는 것이 더 나을 수도 있다. 사진기와 녹음기가 실제 사람보다 훨씬 더 신뢰할만하다는 것은 이미 밝혀졌다.

착시 작가나 옵아트(Op Art, 시각적 착각현상을 이용한 추상미술) 작가들은 오랫동안 감각의 한계성을 이용하여 작품을 만들었다. 인간이 선, 도형, 색채, 패턴을 대하는 동안 착시현상은 언제나 생길 수 있다.

PLAYTHINK 926
난이도:●●○○○○○○○○
준비물:●
완성여부:□ 시간:_____

파리의 위치

지금 파리는 상자의 어느 곳에 앉아 있는 것일까?

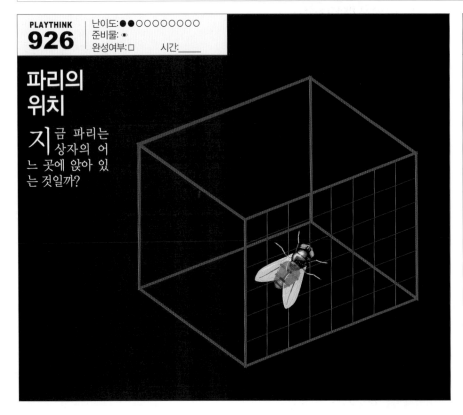

PLAYTHINK 927
난이도:●○○○○○○○○○
준비물:●
완성여부:□ 시간:_____

부부 초상화

아래는 신혼부부의 초상화이다. 몇 년 후 이 부부의 결혼 생활을 보여주는 이미지를 찾아보라.

보너스

14

PLAYTHINK
928
난이도: ●●●●●●○○○○
준비물: ●
완성여부: □   시간: _____

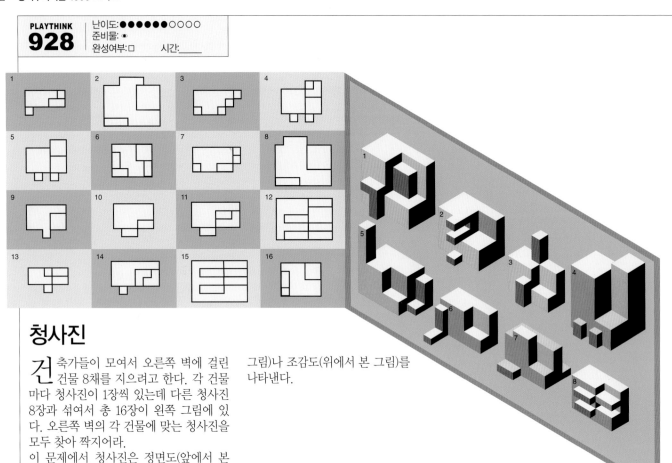

청사진

건축가들이 모여서 오른쪽 벽에 걸린 건물 8채를 지으려고 한다. 각 건물마다 청사진이 1장씩 있는데 다른 청사진 8장과 섞여서 총 16장이 왼쪽 그림에 있다. 오른쪽 벽의 각 건물에 맞는 청사진을 모두 찾아 짝지어라.

이 문제에서 청사진은 정면도(앞에서 본 그림)나 조감도(위에서 본 그림)를 나타낸다.

PLAYTHINK
929
난이도: ●●●●●●○○○
준비물: ●✎
완성여부: □   시간: _____

콘센트

오른쪽의 그림은 똑같은 정사각형 블록으로 나누어진 전시장의 전기 콘센트(빨간색 점) 배치를 나타낸 설계도이다. 이 설계도는 모든 블록의 교차점과 전기 콘센트 사이의 거리가 최대 3블록이 되도록 해달라는 고객의 요구에 따라 그린 것이다. 현재 25개인 콘센트의 수를 줄여 더 경제적인 설계도를 그려보라.

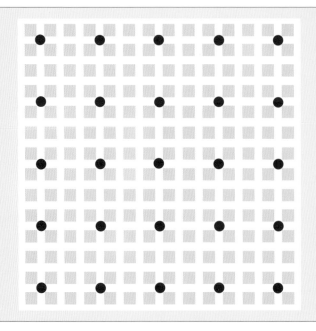

PLAYTHINK
930

난이도: ●●●●●●○○○
준비물: ● ✎
완성여부: □　　시간: _____

플랫랜드 기찻길

플 랫랜드의 두 도시(A, B)를 잇는 평
행한 철로가 9개 있다. 이 두 도시
사이에는 교차점이 없기 때문에 항상 예
정시간에 맞춰서 이동할 수 있다. 9개의
철로 중 몇 개의 방향을 틀어 다른 도시
(C)와 연결하려고 한다. 이때 C도시와 다
른 두 도시(A, B)는 각각 최소 2개의 철로
로 연결 되어야 한다.
또, 도시를 잇는 철로는 각 방향마다 평행
하도록 한다. 즉, A-B, A-C, B-C의 철
로가 모두 방향은 다르되, 같은 두 도시
내에서는 평행해야 한다. 교점이 최소가
되도록 철로를 재배열하라.

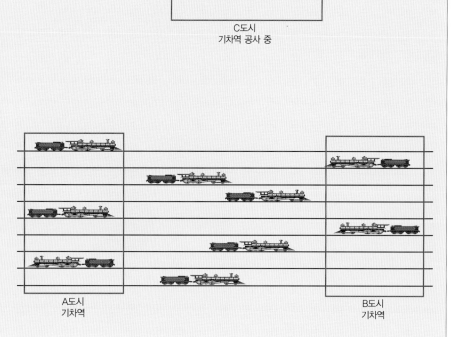

C도시
기차역 공사 중

A도시
기차역

B도시
기차역

PLAYTHINK
931

난이도: ●●●●○○○○○
준비물: ● ✎ ✂
완성여부: □　　시간: _____

흔들리는 삼각형 2

서 로 교차하는 두 원에 삼각형이 연
결되어 있다. 삼각형의 꼭짓점 두
개가 각각 원의 둘레를 따라 움직이면,
남은 꼭짓점은 어떤 경로를 그릴까?

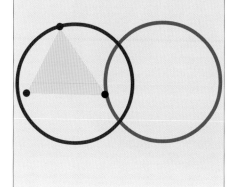

PLAYTHINK
932

난이도: ●●●●○○○○○
준비물: ● ✎ ✂
완성여부: □　　시간: _____

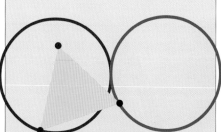

흔들리는 삼각형 3

서 로 접하는 두 원에 삼각형이 연결
되어 있다. 삼각형의 꼭짓점 2개
가 각각 원의 둘레를 따라 움직이면, 남
은 꼭짓점은 어떤 경로를 그릴까?

PLAYTHINK
933

난이도: ●●●●●○○○○
준비물: ● ✎
완성여부: □　　시간: _____

지네의 여행

지 네 1마리가 입체도형의 제일 꼭대
기 모서리에 있다. 지네가 어떤 모
서리도 1번 이상 지나지 않으면서 모든
꼭짓점을 꼭 1번씩만 지나는 경로를 찾
아보라. 단, 모든 모서리를 지나지는 않
는다.

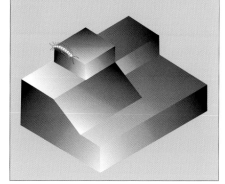

PLAYTHINK 934

난이도: ●●●●●●●○○
준비물: ● ✎
완성여부: □   시간:_____

원 나누기

컴퍼스와 자만 사용해서 아래의 원을 넓이가 같은 영역 8개로 나누어라.

PLAYTHINK 935

난이도: ●●●●●●●○○
준비물: ● 🗐 ✄
완성여부: □   시간:_____

5개 디스크 게임

아래의 원을 300퍼센트 확대해서 그리고 노란 원을 5개 오려라. 노란 원을 한 번에 하나씩 빨간 원 위에 놓아서 빨간 원을 완전히 덮을 수 있을까? 단, 노란 원은 겹쳐 놓을 수 있으며 한 번 놓은 후에는 움직일 수 없다.

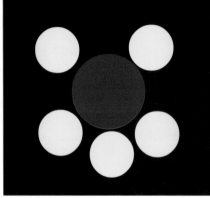

PLAYTHINK 936

난이도: ●●●●●●●○○
준비물: ● 🗐 ✄
완성여부: □   시간:_____

9개 원 퍼즐

초록색 원 9개를 겹치지 않도록 왼쪽의 큰 원 안에 모두 넣을 수 있을까?

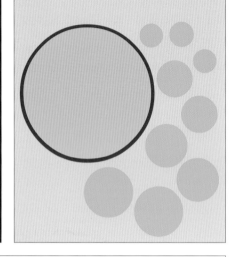

PLAYTHINK 937

난이도: ●●●●●●○○○
준비물: ● ✎
완성여부: □   시간:_____

이십면체 여행

손에 이십면체를 들고 있다고 상상해보자. 이십면체의 꼭짓점 12개를 1번씩만 지나면서 다시 출발점으로 돌아오도록 모서리를 따라가는 경로를 찾아보라.

3차원 입체도형을 상상하는 것은 쉽지가 않지만 이 문제는 3차원을 2차원 평면 위에 그린 것이므로 훨씬 풀기 쉽다. 오른쪽의 노란색 선을 따라 회색 점을 모두 1번씩만 지나 다시 출발점으로 돌아오도록 하라.

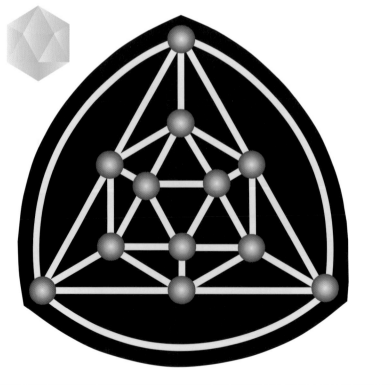

PLAYTHINK
938
난이도:●●●●●●●○○
준비물: ✎
완성여부:☐   시간:____

원 안에서의 여행

정해진 규칙에 따라야만 오각형 정원을 둘러볼 수 있다. 첫째, 길을 따라서만 걷는다. 둘째, 원 15개를 1번씩만 방문하여 방문 순서대로 오른쪽의 번호표를 남긴다. 셋째, 각 원에 들어갈 때의 길과 나올 때의 길이 일직선상에 놓이면 안 된다.

이 정원의 산책 경로를 찾아보라.

PLAYTHINK
939
난이도:●●●●●●○○○
준비물: ✎
완성여부:☐   시간:____

다각형 겹치기

아래에는 도형을 겹쳐서 만든 그룹 3개가 있다. 겹친 부분은 제외하고, 빨간색 넓이의 합과 파란색 넓이의 합 중 어느 부분이 더 클까? 각 모양의 상대적 크기는 도표 안에 명시되어 있다.

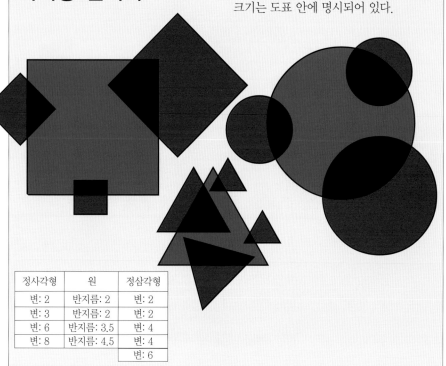

정사각형	원	정삼각형
변: 2	반지름: 2	변: 2
변: 3	반지름: 2	변: 2
변: 6	반지름: 3.5	변: 4
변: 8	반지름: 4.5	변: 4
		변: 6

PLAYTHINK
940
난이도:●●●●○○○○○
준비물: ✎
완성여부:☐   시간:____

케이블 선 연결하기

전화선에는 4종류의 전선이 종류별로 5개씩 있어서 총 20개의 전선이 있다. 전등이 나간 컴컴한 곳에서 작업할 때, 최소한 몇 개의 선을 집어보아야 색깔별로 하나씩 있다는 것을 확신할 수 있을까?

PLAYTHINK 941

난이도:●●●●●●○○○
준비물:● 📄✂
완성여부:□   시간:_____

삼각형 겹치기

삼각형 3개를 그림과 같이 겹쳐서 18개 영역으로 나누었다. 똑같은 삼각형을 이용하여 더 많은 영역으로 나누어라.

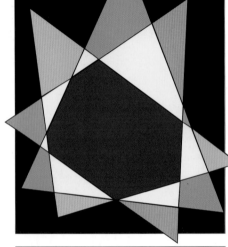

PLAYTHINK 942

난이도:●●●○○○○○○
준비물:●✏
완성여부:□   시간:_____

우승 말

말7마리가 경주를 한다. 1, 2, 3등 말에게 시상을 하는 서로 다른 경우는 몇 가지일까?

PLAYTHINK 943

난이도:●●●●●●●●●
준비물:● 📄✂
완성여부:□   시간:_____

다각형 다리

검정색 삼각형 4개는 제자리에 두고 나머지 다각형을 이어 다리를 만들어 보라. 단, 다각형은 평행이동만 가능하고 회전할 수 없으며 다른 다각형과 만날 때에는 한 변을 완전히 공유해야 한다. 검정색 삼각형은 움직일 수 없다.

PLAYTHINK 944

난이도:●●●●●●●●○○
준비물:●✏
완성여부:□   시간:_____

금고 열기

그림에 있는 금고의 비밀번호는 서로 다른 알파벳 3개를 조합한 것이다. 은행 강도가 단순히 무작위로 알파벳을 조합한다면, 비밀번호를 맞혀서 금고를 열 확률은 얼마일까?

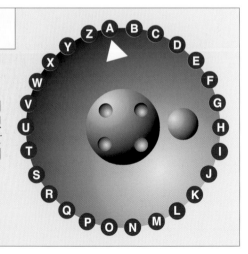

PLAYTHINK 945
난이도: ●●●●○○○○○○
준비물: ●
완성여부: □ 시간:_____

접은 삼각형

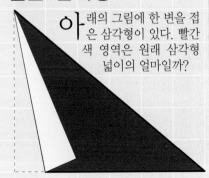

아래의 그림에 한 변을 접은 삼각형이 있다. 빨간색 영역은 원래 삼각형 넓이의 얼마일까?

PLAYTHINK 946
난이도: ●●●●●○○○○○
준비물: ●
완성여부: □ 시간:_____

수업

남학생만 15명 있는 학급에 눈이 푸른 학생이 14명, 머리가 검은 학생이 12명, 뚱뚱한 학생이 11명, 키가 큰 학생이 10명이다. 그렇다면 키가 크고 뚱뚱하면서 검은 머리와 푸른 눈을 가진 남학생은 최소 몇 명일까?

PLAYTHINK 947
난이도: ●●●●●●○○○
준비물: ●●●●
완성여부: □ 시간:_____

차 번호판

차 번호판의 형식이 알파벳 1개, 숫자 3개, 알파벳 3개의 순서를 따른다면 서로 다른 차 번호판은 몇 가지일까?

A 234 HIL

PLAYTHINK 948
난이도: ●●●●●○○○○
준비물: ✎
완성여부: □ 시간:_____

개 산책

베아트리체는 개 6마리를 기르면서 1번에 2마리씩 짝을 지어 산책을 시킨다. 산책시킬 때 서로 다른 쌍의 수는 몇 가지일까?

PLAYTHINK 949
난이도: ●●●●●●●○○
준비물: ✎
완성여부: □ 시간:_____

매직 그리드 매트릭스 1

아래의 숫자 매트리스를 각 부분의 합이 모두 같도록 8개의 영역으로 나누어라.

9	5	7	6	2
1	3	5	8	4
8	7	■	3	2
5	2	8	6	4
4	5	6	1	9

PLAYTHINK 950
난이도: ●●●●●●●●○
준비물: ✎
완성여부: □ 시간:_____

매직 그리드 매트릭스 2

아래의 숫자 매트릭스를 똑같은 조각 16개로 나누어라. 단, 숫자가 같은 조각은 없어야 하며 각 조각에 있는 숫자의 합은 34가 되어야 한다.

2	3	13	16	3	2	14	15
5	8	10	11	4	9	10	11
11	10	9	4	13	16	1	2
16	13	4	1	4	7	10	11
4	5	10	13	5	8	10	11
3	6	11	2	14	8	10
12	10	9	3	11	5	3	15
15	13	4	2	16	12	5	1

PLAYTHINK 951

난이도: ●●●●●○○○
준비물: ✐✎
완성여부: □　　시간:＿＿＿

선 색칠하기 1

그림의 선을 어떤 교점에서도 같은 색의 선이 만나지 않도록 칠하려고 한다. 최소 몇 가지 색깔이 필요할까?

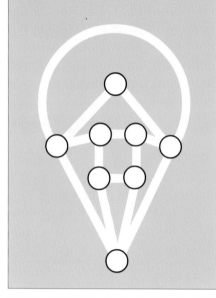

PLAYTHINK 952

난이도: ●●●●●●○○
준비물: ✐✎📄✂
완성여부: □　　시간:＿＿＿

큐브 찾기 2

아래의 조각 25개를 회전하지 않고 재배열하면 여러 개의 큐브가 있는 도형이 된다. 그 도형에 있는 큐브의 수는 몇 개일까?

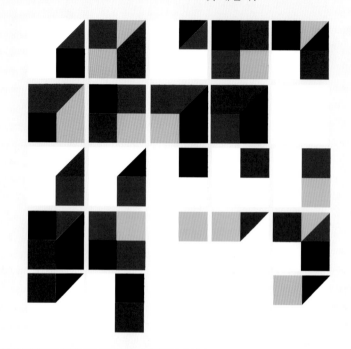

PLAYTHINK 953

난이도: ●●●●●●●○
준비물: ✐✎📄✂
완성여부: □　　시간:＿＿＿

'THE' 퍼즐

아래의 16조각을 300퍼센트 확대 복사한 후, 오려서 단어 'THE'를 만들어 보라.

PLAYTHINK 954

난이도: ●●●●●○○○○
준비물: ✐✎
완성여부: □　　시간:＿＿＿

원 색칠하기

오른쪽에 있는 원의 집합은 어떤 규칙에 따라 색칠한 것이다. 그 규칙대로 아래의 빈 원을 모두 칠하라.

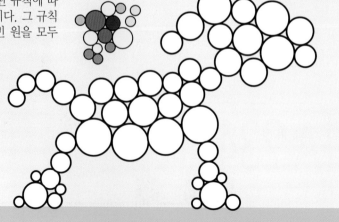

PLAYTHINK
955
난이도:●●●●●●●○○
준비물: ✏️ 🔧
완성여부:□ 시간:_____

십이면체 변 색칠하기

오른쪽의 도형을 어떤 교점에서도 같은 색의 선이 만나지 않도록 칠하려고 한다. 최소 몇 가지의 색깔이 필요할까?

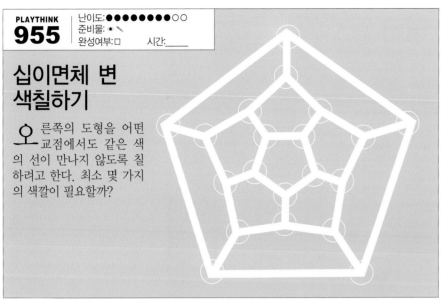

PLAYTHINK
957
난이도:●●●●●●●○○
준비물: ●
완성여부:□ 시간:_____

세 자릿수

어떤 장난감 로봇에 세 자릿수까지 나타낼 수 있는 화면이 달려있다. 1, 2, 3의 세 숫자만 이용하여 이 화면에 표시할 수 있는 숫자는 총 몇 개일까?

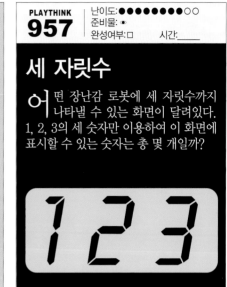

PLAYTHINK
956
난이도:●●●●●●●○○
준비물: ✏️ 🔧
완성여부:□ 시간:_____

마루 깔기

오른쪽 그림은 어떤 방의 평면도이다. 각 칸은 1×1 크기이며 검정색 칸은 기둥과 설비시설의 위치이다. 1×1 판자를 4개씩 이어 붙인 1×4 길이의 판자를 이 방에 깔려고 한다. 판자를 자르지 않고 바닥전체에 깔아라.

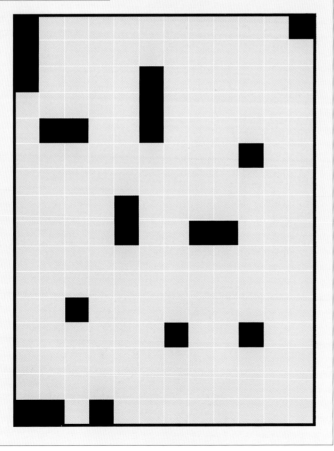

PLAYTHINK
958
난이도:●●●○○○○○○
준비물: ●
완성여부:□ 시간:_____

같은 넓이 2

위의 4분원은 크기는 다르지만 모두 원래 원의 1/4 크기이다. 이 중에 서로 접하고 있는 것이 3쌍 있고 나머지는 하나씩 따로 떨어져있다. 각 쌍과 넓이가 똑같은 4분원을 하나씩 짝지어라. 그리고 짝지은 두 도형의 넓이가 같다는 것을 증명할 수 있는 기하학적 성질을 찾아보라.

PLAYTHINK 959

난이도:●●●●●●●●○
준비물: ✎ ✎
완성여부:□　　시간:＿＿＿

과일 담기

과일 4종류가 하나씩 있고 크기와 모양이 같은 접시가 4개 있다. 이 접시에 과일을 담을 수 있는 서로 다른 방법을 모두 찾아보라. 단, 과일의 방향은 무시하며 색으로만 구별한다. 아래에 있는 빈 접시와 색깔이 다른 색연필 4자루를 이용하라.

과일 1-노랑
과일 2-빨강
과일 3-파랑
과일 4-초록

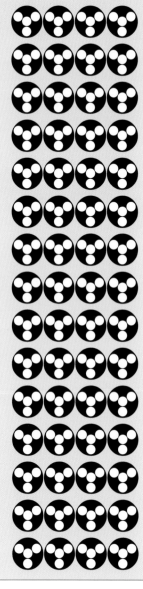

PLAYTHINK 960

난이도:●●●●●●○○○
준비물: ✎ 📄 ✂
완성여부:□　　시간:＿＿＿

삼각형 별

폴리아몬드(polyamond)는 폴리오미노에 대응하는 삼각형 구조로, 크기가 같은 정삼각형을 변끼리 붙여 만든다. 아래에 있는 폴리아몬드 5개로 검정색 6점별모양을 채워라.

PLAYTHINK 961

난이도:●●●●●●●○○
준비물: ● ✎
완성여부:□　　시간:＿＿＿

피보나치 토끼

이탈리아의 수학자 레오나르도 피보나치는 27살이 되던 1202년에 《산반서(Liber Abaci)》라는 위대한 책을 출간했다. 이 책에 실린 다음 문제를 살펴보자.

암수 1쌍의 토끼가 매달 암수 1쌍의 새끼를 낳는다. 새로 태어난 새끼 1쌍은 태어난 지 2달째부터 암수 1쌍의 새끼를 낳기 시작한다. 이렇게 하여 1년 동안 태어나는 새끼는 모두 몇 쌍일까?

PLAYTHINK 962

난이도:●●●●●●●●○
준비물: ✎ 📄 ✂
완성여부:□　　시간:＿＿＿

헥시아몬드

헥시아몬드(hexiamond)는 정삼각형 6개를 변끼리 붙여 만든다. 오른쪽에는 서로 다른 헥시아몬드는 12개가 있고 아래에는 검정색으로 표시된 영역 4개가 있다. 각 영역마다 이미 헥시아몬드가 3개씩 놓여 있다. 나머지 9개를 적절히 놓아서 영역을 모두 채워라.

PLAYTHINK 963

난이도:●●●●●●●●●
준비물: ✏ 📄 ✂
완성여부:□ 시간:____

펜타헥스 벌집

정 육각형 5개를 변끼리 붙여서 만든 펜타헥스는 아래와 같이 22가지가 있다.

혼자서 이 문제를 풀 때에는 펜타헥스 22개를 아래의 정육각형 110개로 만든 벌집 판에 모두 놓아라.

2명이서 할 때에는 선수들이 번갈아가면서 판에 펜타헥스를 놓아라. 펜타헥스를 마지막으로 판에 놓는 사람이 이기는 게임이다.

PLAYTHINK 964

난이도:●●●●●●○○○
준비물: ✏ ✏
완성여부:□ 시간:____

섬-프리 게임

미 국의 그래프 이론학자인 프랭크 하라리가 고안한 게임이다. 1부터 시작하여 2명의 선수가 번갈아가며 상대방이 놓은 줄과 같은 줄에 그 다음 자연수를 하나씩 넣는다. 단, 그 줄의 어떤 두 수를 더해서 지금 넣으려는 숫자가 될 경우에는 다른 줄에 그 숫자를 넣는다. 예를 들어, 아래의 샘플 게임에는 8이 들어가야 하지만 세로 첫째 줄에 1과 7, 둘째 줄에 3과 5가 있으므로 더 이상 게임을 할 수 없다. 마지막으로 숫자를 놓는 사람이 이긴다. 상대가 먼저 게임을 시작하여 항상 당신이 이길 수 있을까? 게임이 가장 길어질 경우에는 몇 번까지 할 수 있을까?

샘플	
첫째 줄	둘째 줄
1	**3**
2	**5**
4	**6**
7	

PLAYTHINK 965

난이도:●●●●●●○○○
준비물: ✏ ✏
완성여부:□ 시간:____

벌집 속의 수

각 칸과 접하는 칸 안의 숫자를 모두 더하면 그 칸의 배수가 되도록 1부터 9까지의 자연수를 넣어라. 예를 들어 한 칸에 5를 넣으면 그 인접하는 칸 안의 숫자를 더하면 5의 배수가 되어야 한다.

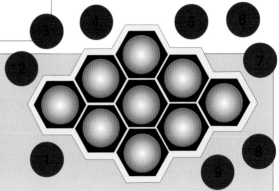

PLAYTHINK 966

난이도: ●●●●●●●○○
준비물: ✏️🖊️
완성여부: ☐ 시간: _____

군대 정렬

군부대 11개가 초록 정사각형으로 표시되어 있다. 부대마다 소속된 군인의 숫자는 모두 같다. 11개의 총 부대인원에 대장 1명이 투입되면 이 군인들이 전투 부대 하나로 재배열된다. 각 부대에 소속된 군인은 최소 몇 명이어야 할까? 대장을 포함하여 전투 부대에 있는 총 군인의 수는 몇 명일까?

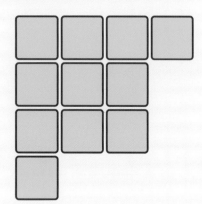

PLAYTHINK 967

난이도: ●●●●●●●○○
준비물: ✏️🖊️
완성여부: ☐ 시간: _____

우박수

숫자 하나를 생각하라. 그 숫자가 홀수이면 3을 곱한 후 1을 더하고, 짝수면 2로 나누어라. 모든 자연수에 이 규칙을 계속 적용시키면 어떻게 될까?
1로 시작하면
1, 4, 2, 1, 4, 2, 1, 4, 2…… 순서로 나간다.
2로 시작하면 2, 1, 4, 2, 1, 4, 2, 1, 4…… 순서로 나간다.
3으로 시작하면 3, 10, 5, 16, 8, 4, 2, 1, 4, 2, 1…… 순서로 나간다.
수열마다 1-4-2-1-4-2의 숫자가 반복되고 있다. 7로 시작하여 이 사실을 확인해 보라.

PLAYTHINK 969

난이도: ●●●●●●●●○
준비물: ✏️🖊️
완성여부: ☐ 시간: _____

치즈 먹기

크기와 모양이 같은 널빤지 9개가 그림과 같이 놓여있다. 널빤지 길이는 1미터이고, 제일 아래 널빤지는 못질을 하여 박혀있지만 나머지 널빤지 8개는 옮길 수 있다. 제일 위의 널빤지가 가장 많이 걸칠 수 있도록 그 아래 널빤지 8개를 밀어 옮겨라. 생쥐는 1.4미터 떨어진 곳의 치즈에 닿을 수 있을까?

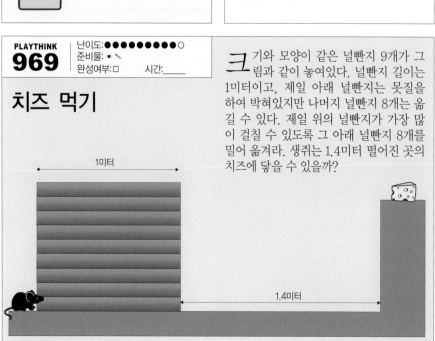

1미터

1.4미터

PLAYTHINK 968

난이도: ●●●●●●●○○
준비물: ✏️🖊️
완성여부: ☐ 시간: _____

정사각형 안의 정사각형

파란색 정사각형을 크기와 모양이 같은 정사각형 칸 9개로 나누고 한가운데의 칸을 금색으로 칠한다. 남은 파란색 정사각형 8개를 각각 정사각형 칸 9개로 나누고, 한가운데의 칸을 금색으로 칠한다. 이 과정을 계속 반복한다고 해보자. 금색 정사각형의 합과 처음의 파란색 정사각형 사이의 넓이는 어떤 관계가 있을까?

PLAYTHINK
970
난이도:●●●●●●●○○
준비물:●
완성여부:□   시간:____

진실과 결혼

어떤 왕에게 아멜리아와 레일라라는 공주가 있었다. 아멜리아는 항상 진실만 말하고, 레일라는 항상 거짓말만 한다. 공주 1명은 결혼을 했지만 왕은 나머지 공주도 결혼시킬 때까지 결혼한 공주에 관한 세부 사항을 비밀에 부치기로 했다.

왕은 공주의 신랑감을 찾기 위해 창 시합대회를 열면서 우승자가 결혼하고 싶은 공주의 이름을 말하여 그 공주가 미혼이면 그 다음날 결혼식을 올리는 조건을 걸었다. 결국 시합의 우승자가 나타났는데 그가 공주에게 질문을 하나 할 수 있게 해 달라고 왕에게 간청했다. 그래서 왕은 한 문장 이내로 된 질문 하나를 공주 1명에게만 하라고 했다. 우승자는 어떤 질문을 해야 할까?

PLAYTHINK
971
난이도:●●●●●●●○○
준비물:●
완성여부:□   시간:____

무한 호텔

당신이 방의 개수가 무한이 많은 무한 호텔의 매니저라고 가정해보자. 무한 호텔에서는 고객의 수와 관계없이 항상 방을 준비할 수 있다. 1번 방 손님을 2번으로, 2번 방 손님은 3번으로 차례대로 옮겨서 호텔에 들어오는 새로운 고객에게 항상 1번 방을 준다. 만일 무한한 수의 손님이 갑자기 온다면 어떻게 방을 배정해야 할까?

PLAYTHINK
972
난이도:●●●●●●●○○
준비물:●
완성여부:□   시간:____

진실의 도시

모든 시민이 진실만을 말한다는 진실의 도시를 찾아 가는 도중에 진실의 도시와 거짓의 도시가 나뉘는 양 갈림길에 도착했다. 그런데 표지판이 아래의 그림과 같이 애매하게 표시되어 있었다. 마침, 그 표지판 옆에 있는 안내원에게 물어보았지만 그 대답을 믿을 수 있을지가 고민이었다.

안내원에게 질문을 하나만 할 수 있다면 목적지로 가기 위해 어떤 질문을 해야 할까?

거짓의 도시

진실의 도시

PLAYTHINK
973
난이도:●●●●●●●●●
준비물:●
완성여부:□   시간:____

소수 마방진

소수 마방진은 소수와 1만으로 되어 있다. 헨리 듀드니가 1, 7, 13, 31, 37, 43, 61, 67, 73을 이용해서 최초로 이 문제를 제작했다. 이 숫자를 이용하여 3×3 마방진을 만들어 보라.

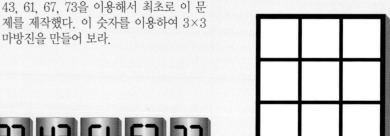

PLAYTHINK 974

난이도: ●●●●●●●●○
준비물: ●
완성여부: □ 시간:_____

체스 말 놓기

킹, 퀸, 비숍, 나이트, 룩이라는 체스 말 5개를 체스판에 놓으려고 한다. 각 말은 빨간색 원 자리에 놓인다. 체스 말 중 2개가 빨간색 숫자 2가 있는 자리를 공격할 수 있도록 배치하라.

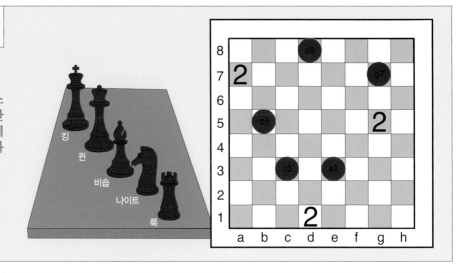

PLAYTHINK 975

난이도: ●●●●●●●○○
준비물: ●
완성여부: □ 시간:_____

진실과 거짓사이

라스 웨가스라는 도시에는 세 부류의 시민이 산다. 항상 진실만 말하는 사람, 항상 거짓말만 하는 사람, 그리고 거짓과 진실을 번갈아가며 말하는 사람이 있다. 이 도시를 지나다가 어떤 사람을 만났는데 영어로 질문을 꼭 2개만 할 수 있다고 한다. 이 사람은 어떤 부류인지 알아보기 위해 영어로 어떤 질문을 해야 할까?

PLAYTHINK 976

난이도: ●●●●●●○○○
준비물: ●
완성여부: □ 시간:_____

주사위 3개

이 주사위는 각각 3면씩, 총 9면이 보인다. 주사위마다 3면에 찍힌 점의 총 개수가 모두 다르지만, 주사위 3개의 점을 모두 합치니 40개였다. 보이는 9면은 무엇일까?

PLAYTHINK 977

난이도: ●●●○○○○○○
준비물: ●
완성여부: □ 시간:_____

글자 세기

다음의 문장을 읽어보라.

"FINISHED FILES ARE THE RESULT OF YEARS OF SCIENTIFIC STUDY COMBINED WITH THE EXPERIENCE OF YEARS."

이번에는 모든 F를 세면서 읽어라. F의 개수는 몇 개일까?

PLAYTHINK 978

난이도: ●●●●●●●●○
준비물: ✎
완성여부: □　　시간:_____

동전 던지기 게임

2명이 번갈아가며 동전을 던져서 먼저 '앞면'이 나오는 사람이 이기는 게임을 하는데, 앞면과 뒷면이 나올 확률이 같은 동전이라 해도 둘 중 한 사람에게 유리할까?

PLAYTHINK 979

난이도: ●●●●●●●○○
준비물: ✎
완성여부: □　　시간:_____

공 넣기

공을 집어서 아무 상자에나 들어가도록 던질 때, 각 상자에 공이 하나씩 들어갈 확률은 얼마일까?

PLAYTHINK 980

난이도: ●●●●●○○○
준비물: ✎
완성여부: □　　시간:_____

스피너 게임

가장 높은 숫자가 나오게 판을 돌리는 게임이다. 2명에서 판 3개 중 하나를 고른다. 1번 판에는 숫자 3만 있고, 2번 판은 2, 4, 6이 선으로 나누어져 있는데, 각 숫자가 나올 확률은 56퍼센트, 22퍼센트, 22퍼센트이다. 3번 판도 1과 5가 선으로 나누어져 있는데 각 숫자가 나올 확률은 51퍼센트와 49퍼센트이다. 어느 판을 골라야 이길 확률이 가장 높을까?

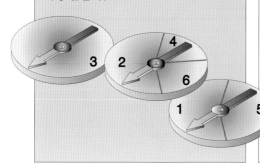

PLAYTHINK 981

난이도: ●●●●●●●○
준비물: ✎
완성여부: □　　시간:_____

비 전이 주사위

수학에서 A가 B보다 크고, B가 C보다 크면 A가 C보다 크다고 결론짓는 것을 전이라고 한다. 그런데 어떤 게임에서는 이 논리가 통하지 않는다. 가장 흔히 접할 수 있는 비 전이성 게임은 '가위바위보'이다.

2명이서 그림에 있는 주사위를 던져서 큰 숫자가 나오는 선수가 이기는 게임을 해보라. 이때 상대가 항상 먼저 시작하도록 하면 상대가 어떤 주사위를 선택해도 당신은 항상 유리한 주사위를 고를 수 있다. 어떻게 해야 할까?

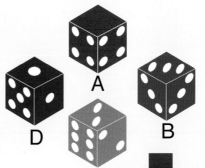

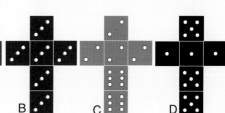

PLAYTHINK 982

난이도:●●●●●○○○○
준비물:● ✕
완성여부:□   시간:____

홈이 있는 고리

아래의 고리는 고리 자체에 있는 홈을 통과한다. 빨간색 선을 따라 고리를 자르면 어떤 모양이 나올까?

PLAYTHINK 983

난이도:●●●●●○○○○
준비물:● ✕
완성여부:□   시간:____

교차된 뫼비우스 띠

뫼비우스 띠 하나와 원형 띠 하나가 그림과 같이 교차한다. 빨간색 선을 따라 자르면 어떤 모양이 나올까?

PLAYTHINK 984

난이도:●●●●○○○○○
준비물:●
완성여부:□   시간:____

연결 또는 매듭?

아래의 도형을 자르지 않고 분리할 수 있을까?

PLAYTHINK 985

난이도:●●●●●●○○○○
준비물:● ●
완성여부:□   시간:____

연결

아래에 있는 컬러 선 20개 중 16개를 이어서 위의 흰색 선을 만들었다. 컬러 선의 방향은 바꿀 수 있지만 겹칠 수는 없다. 흰색 선을 따라 16개의 컬러 선을 배치하라.

PLAYTHINK
986
난이도:●●●●●○○○○
준비물: ✏🔧📄✂
완성여부:□　시간:____

행성 전쟁

♀리 은하계에서는 여러 행성들이 중력의 흐름으로 연결되어 있다. 우주선으로 이 흐름에 따라 행성 간 이동을 하되, 중력 우물에 빠지면 다시 나올 수 없기 때문에 이를 피해야 한다.
2명이서 우주선을 6대씩 가지고 번갈아 가며 무작위로 한 행성에 하나씩 놓아라. 모든 우주선을 행성 위에 놓은 후, 차례대로 자신의 우주선을 중력 흐름을 따라 이동하라. 단, 행성에는 우주선 1대만 머무를 수 있고 우주선은 화살표 방향으로만 움직인다. 만약 우주선이 있는 행성 주위

의 화살표가 모두 지금 있는 행성을 향하면 그 우주선은 더 이상 움직일 수 없다. 규칙에 따라 마지막으로 우주선을 이동한 선수가 이긴다.

PLAYTHINK 987

난이도:●●●●●●●○○
준비물: ✏️ ✂️
완성여부:☐   시간:_____

큐브 안의 삼각형

아래에 번호가 있는 꼭짓점 중 무작위로 3개를 골랐을 때 그 꼭짓점을 잇는 삼각형이 직각 삼각형일 확률은 얼마일까?

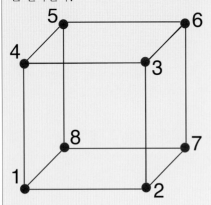

PLAYTHINK 988

난이도:●●●●●●●●
준비물: ✏️ ✂️
완성여부:☐   시간:_____

최단 경로

아래에 3가지의 지도가 있다. 각 지도마다 마을(빨간색 점)을 모두 잇는 최단 경로의 길을 만들어 보라.

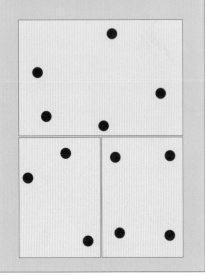

PLAYTHINK 989

난이도:●●●●●○○○○
준비물: ✏️
완성여부:☐   시간:_____

반 중력 원뿔

오른쪽의 그림은 갈릴레오가 만든 수많은 발명품들 중에서 가장 신기한 장치이다. 원뿔 2개를 붙여서 오른쪽 그림과 같이 이중원뿔을 만든다. 그리고 경사진 길 위의 제일 낮은 지점에 놓으면 이중원뿔이 제일 높은 곳으로 굴러가기 시작한다. 이 이중원뿔은 중력을 거슬러 움직이는 것일까?

PLAYTHINK 990

난이도:●●●●●●○○○
준비물: ✏️
완성여부:☐   시간:_____

추의 최소 개수

오른쪽의 저울로 1그램에서 40그램까지의 무게를 모두 잴 수 있으려면 최소한 몇 개의 추가 필요할까?

PLAYTHINK 991

난이도:●●●●●●○○○○
준비물: ✏️
완성여부:☐   시간:_____

병목

왼쪽의 물통에 있는 빨간색 밸브를 열면 물이 순식간에 오른쪽 관으로 흘러 들어간다. 그러면 수직관 3개의 수위는 각각 어떻게 될까?

PLAYTHINK
992
난이도:●●●●●○○○○
준비물:✏
완성여부:□   시간:____

피타고라스 육각형

오른쪽 검은색 직각 삼각형의 각 변에 한 변이 3, 4, 5인 정육각형을 하나씩 붙였다. 이 그림을 보면, 직각삼각형의 각 변에 정사각형뿐 아니라 육각형을 붙여도 피타고라스 정리가 성립하는 것 같다.

미국의 수학자인 제임스 슈메를이 만든 다음의 문제를 풀어보자. 한 변이 5인 정육각형을 여러 조각으로 나누어 그 조각들을 합치면 한 변이 3과 4인 작은 정육각형을 하나씩 만들 수 있다. 이것이 성립하는 최소의 조각 개수는 몇 개일까?

PLAYTHINK
993
난이도:●●●●●○○○
준비물:📄✂
완성여부:□   시간:____

실루엣 2

노란색 도형을 검정색 격자에 배치하여 나타나는 모양의 실루엣은 무엇일까?

PLAYTHINK
994
난이도:●●●●●●●○○
준비물:✏
완성여부:□   시간:____

유령 가두기

아래의 직선 5개를 이동시켜서 유령 15마리를 각자 자신의 방에 가두어라.

PLAYTHINK
995
난이도:●●●●●●●●○
준비물:✏
완성여부:□   시간:____

새 둥지

한 둥지에 새가 7마리 사는데 매일 3마리가 먹이를 찾아 둥지를 나간다. 3마리는 다시 2마리씩 짝지어서 먹이 찾기 임무를 수행하며, 7일이 지나면 7마리의 새 모두가 한 번씩 짝을 지어 나간다. 예를 들어 첫날에 1, 2, 3번 새가 나갔으면 1-2, 1-3, 2-3으로 짝지어 나갔다는 말이다.

일주일 동안 각 쌍은 어떻게 짝지어질까?

PLAYTHINK 996

난이도: ●●●●●●○○○
준비물: ●
완성여부: □ 시간: _____

연결된 관

다양한 모양의 관 4개가 아래와 같이 서로 연결되어 있어서 그 안의 액체가 다른 관으로 자유롭게 이동할 수 있다. 이 관은 제일 왼쪽의 물 저장고에 연결되어 있다. 이 저장고가 열려서 물이 관 속으로 흘러 들어오면 관의 수위는 각각 어떻게 될까?

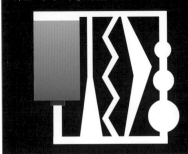

PLAYTHINK 997

난이도: ●●●●●○○○○
준비물: ●
완성여부: □ 시간: _____

정사각형 그리기

한 변이 1인 1번 정사각형부터 시작하여 각 대각선을 한 변으로 하는 정사각형을 계속 그린다고 하자. 즉, 1번 정사각형의 대각선을 한 변으로 하는 2번 정사각형을 그리고, 2번 정사각형의 대각선을 한 변으로 하는 3번 정사각형을 그린다. 이 방식으로 정사각형을 무한히 그린다고 해보자. 직접 재지 않고 11번 정사각형의 한 변의 길이가 얼마인지 알 수 있을까?

1 3 5

PLAYTHINK 998

난이도: ●●●●●●●○○
준비물: ●, ✎
완성여부: □ 시간: _____

주사위 던지기

주사위를 6번 던져서 1에서 6까지의 숫자가 모두 한 번씩 나올 확률은 얼마일까?

7

PLAYTHINK 999

난이도: ●●●●●●○○
준비물: ●, ✎, 📄, ✂
완성여부: □ 시간: _____

기차 옮기기

기관차 1대와 객차 2대가 연결된 컬러 기차 2대(빨강/초록)가 마름모 스위치에서 만난다. 이 기차 2대가 모두 스위치를 통과해야 하는데, 중간의 대각선 길에서는 어떤 기차도 멈출 수 없다. 한 번에 최대 객차 2대, 또는 객차 1대와 기관차 1대가 스위치 한 쪽(현재 빈 2칸이 붙어있는 곳)에서 잠깐 정차할 수 있다. 빨강 기차와 초록 기차의 위치가 바뀌려면 몇 번 이동해야 할까? 단, 기관차는 기차 어디에나 위치할 수 있으며 앞뒤 방향으로 모두 이동할 수 있다. 기관차-객차, 또는 객차-객차는 분리될 수 있지만 한 번 이동한 것으로 간주한다. 객차는 기관차가 반드시 있어야 움직일 수 있고 기차가 움직일 때에는 분리될 수 없다.

PLAYTHINK 1000

난이도: ●●●●●●○○○
준비물: ●
완성여부: □ 시간: _____

마지막 퀴즈

당신의 사고력, 집중력, 창의력, 논리력, 통찰력, 관찰력 등을 모두 동원하여 마지막 문제를 풀어 보라.
러시아 수학자 2명이 비행기 안에서 대화를 한다. 이반이 "내 기억이 맞다면 당신은 아들이 3명 있죠. 아드님의 나이가 어떻게 되죠?"라고 물었다. 이에 이고르가 "아들들의 나이의 곱은 36이고 합은 오늘의 날짜와 정확히 같소."라고 대답했다. 잠시 후 이반이 "죄송하지만 그 사실만 가지고 나이를 알 수 없지 않소?"라고 하자, 이고르가 "아 참, 내 막내아들만 머리카락이 빨간색이라는 것을 빼먹었군."라고 말했다. 그러자 이반이 "이제야 3명의 나이를 정확하게 알겠소."라고 말했다. 이반은 아들들의 나이를 어떻게 알아냈을까?

해   답

1장 해답

1 로마 숫자 12(XII)를 가로로 선을 그어 이등분하면 7(VII)이 된다.

2 산가쿠 판에 새겨져 있는 답은 다음과 같다. 퍼즐에 있는 선과는 별도로 수직으로 선을 그렸다고 생각하라. 만일 그 두 선이 실제로 다르다면 그 선은 파란색 원의 중심에서 시작하여 지름의 서로 다른 지점까지 연결된 것이다. 남아 있는 대부분의 산가쿠 퍼즐처럼, 이 정리역시 증명이 따로 남아 있지 않아 우리가 이해하기에 더 어렵다(풀리는 문제라면 말이다!). 증명은 없지만 영감의 중요성을 설명하기 위해서 이 문제를 실었다. 다른 문제는 모두 정답이 있으니 여기서 멈추지 말고 열심히 풀어보자.

3 7×7×7×7×7 =16,807홉의 밀이 생산 가능하다. 이 퍼즐은 기원전 1850년경 서기였던 아메스가 쓴 고대 이집트의 수학책인 《린드 파피루스(Rhind papyrus)》에서 나온 것이다. 세계에서 가장 오래된 퍼즐로 추정되는 이 문제를 바탕으로 그 이후로 수천 년 동안 수많은 문제가 만들어졌다.

4 프레임 크기는 3개 모두 정확히 같다. 프레임은 3차원이기 때문에 A가 B 안에 있고, B는 C 안에 있으면서 또 C는 A 안에 있는 방법으로 엮일 수 있다.

5 5번이 정답이다. 하지만 문 모양을 인식하는 데 배경이 영향을 미치기 때문에 대부분의 사람들이 원본보다 더 사각형에 가까운 문을 고르기 쉽다.

6 알이 먼저다. 질문에서의 알은 닭이 낳은 달걀인지 아니면 고생물학자들이 조류보다 훨씬 전에 존재했다고 말한 파충류나 공룡의 알인지 명시되지 않았다. 1억 년 전의 화석 알은 이미 발견되었으므로 알이 닭보다 먼저라고 할 수 있다.

7 행과 열의 각각의 합은 11이다.

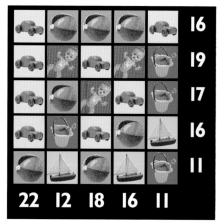

8 정답은 4가지로 아래와 같다.

9 아래에서 2번째 줄에, 오른쪽에서 13번째 광대가 얼굴을 찡그리고 있다. 사람의 지각체계는 무언가 다른 것을 무의식적으로 파악하게 되어 있다. 예를 들면 모든 계기 표지판이 같은 곳을 가리키는데 한 표지판에만 변동이 있다면 이를 쉽게 탐지할 수 있다. 따라서 계기판을 제작할 때에도 지각체계의 특성을 이용한다.

10 노랑(9), 주황(8), 빨강(1), 분홍(2), 자주(5), 진녹색(6), 연녹색(3), 파랑(4), 연보라(7)의 순서이다. 이 문제는 만화영화를 그리는 방식과 매우 유사하게 만들었다. 즉, 많은 장면을 투명종이에 그려 이음새의 흔적이 안 보이도록 올바른 순서대로 하나씩 쌓아올렸다.

11

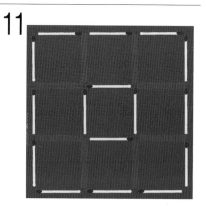

12 많은 답이 가능한데 다음은 그 중 하나이다.

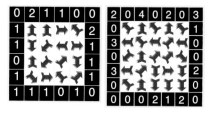

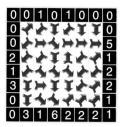

13 두 경우 모두 확률은 정확히 똑같다. 하지만 심리학 실험을 보면, 약 40%의 사람들이 10명 중 1명 고르기를 선택했다. 심지어는 100명 중 50명과 10명 중 1명을 고르는 경우에서도 역시 1명 고르기를 선택했다.

14

$$1 + 2 + 3 + 4 + 5 = 15$$

$$1 \times 2 \times 3 \times 4 \times 5 = 120$$

15 2,520은 5로도 나누어지고, 10으로도 나누어진다. 하지만 다섯 숫자가 모두 한 자리 숫자이므로 10은 제외되고 세 번째 수는 5가 된다. 이미 아는 세 수(8+1+5)를 더하면 14이고, 30−14=16이므로 남은 두 수의 합은 16이다. 세 수를 모두 곱하면(8×1×5)=40이고, 2,520/40은 63이므로 남은 두 수의 곱은 63이다. 합이 16이고, 곱이 63인 두 수는 9와 7이다. 따라서 정답은 5, 7, 9이다.

16 이 문제는 흔히 말하는 멘탈 블록을 넘는 문제 중 하나이다. 사실은 매우 간단히 풀 수 있다.

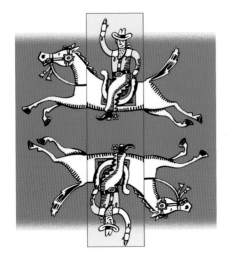

17 아래 그림과 같이 도미노 2개를 임시로 사용하는 것이 핵심이다. 두 조각을 임시로 사용하다가 전체적으로 충분히 안정될 만큼 구조가 만들어지면 그 두 조각을 빼서 제일 위에 올리면 된다.

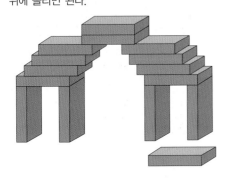

18 만일 서랍 속에서 양말의 짝을 찾는 문제라면 4번만 시도해보면 된다. 하지만 양말과는 달리 장갑은 오른쪽과 왼쪽이 구별된다. 즉, 2짝의 장갑이 같은 색이라고 해서 무조건 1켤레는 아니며 반드시 오른손과 왼손인 양손의 짝이 되어야 한다. 따라서 짝이 되기 위해서는 한쪽 손의 장갑의 개수인 11개보다 하나 더 골라야 한다. 하지만, 어둠속에서도 오른쪽과 왼쪽을 구별할 수 있다고 가정하면 11개만 고르면 된다.

19 가로×세로가 6×6인 회색 정사각형이 1개, 그 안에 3×3이 6개, 2×2가 3개, 1×1이 8개이다. 따라서 정사각형의 개수는 18개이며 종류는 4가지이다.

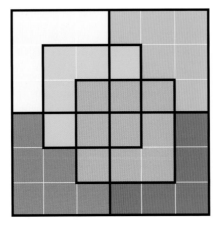

20 이 고전적인 T-퍼즐은 유명한 퍼즐 작가인 미국의 샘 로이드가 제작했다. T-퍼즐보다 더 우아하면서 동시에 간결한 문제는 지금까지 없었다. 조각의 수가 적어서 아주 간단해 보이지만, 보기와는 달리 곧 개념적 장벽에 부딪히게 된다. 일단 장벽에 부딪히면 조각들을 잘라서 맞추고 있는 도중에도 해답을 찾지 못하게 될 가능성이 많다.

결국 해답은 번뜩이는 영감을 통해 얻게 된다. "아하" 경험이라고 부르는 이런 통찰의 순간은 창조적인 사고력 활동으로 얻은 성취감을 주로 동반한다.

21 그림처럼 10번 이동하면 된다. 이동은 모두 시계방향이다.

처음 배열 　　이동 1: 　　이동 2:
　　　　　　가로 채널 밀기 　세로 채널 밀기

이동 3: 　　이동 4: 　　이동 5:
가로 채널 밀기 　세로 채널 밀기 　가로 채널 밀기

이동 6: 　　이동 7: 　　이동 8:
세로 채널 밀기 　가로 채널 밀기 　세로 채널 밀기

이동 9: 　　　　이동 10:
가로 채널 밀기 　　세로 채널 밀기

22 4개의 레이저로 가능한 조합의 수는 16가지이다. 그 중 다음과 같은 4가지의 조합이 남자 주변을 감싸는 에너지 필드를 형성할 것이다.

좌, 좌, 좌, 좌
좌, 우, 좌, 우
우, 좌, 우, 좌
우, 우, 우, 우
따라서 성공확률은 1/4이다.

23 이 문제를 푸는 가장 쉬운 방법은 맞는 것을 표시한 도표를 그리는 것이다. 도표와 같이 만일 이반이 발명한 장난감이 100개 이상이라면 게리와 아니타의 말이 둘 다 사실이 되므로 장난감은 100개 미만이어야 한다. 그런데 장난감 개수가 1에서 100 사이라 해도 조지와 아니타의 말 둘 다 사실이 되므로 1에서 100 사이가 되어서도 안 된다. 이반이 발명한 장난감이 0개라면 아니타만 사실을 말한 것이 되므로 결국 이반이 발명한 장난감은 없다는 것이 정답이다. 이반은 왜상 사진(왜곡된 형태로 만든 사진)으로 나와 있는데, 이 책을 수평으로 들고 눈높이를 책의 아래 면에 맞춘 후 책을 기울여보라.

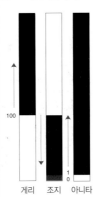

24 만약 보물이 오렌지색 섬에 묻혀 있다면 모든 문장이 거짓이 된다. 또 만약 보물이 보라색 섬에 있다면 모든 문장이 사실이 된다. 하지만 보물이 노란색 섬에 있다면 보라색 섬에 관한 문장만 거짓이 되므로 보물은 노란색 섬에 묻혀 있다.

25 만약 말이 원형이 아니라 일직선으로 선다면 7!=5,040가지 방법이 있다. 하지만 원형으로 선다면 각 말이 원의 제일 처음 말이 될 경우가 7가지 생기므로 답은 7!/7=6!=720가지이다.

26 문제를 잘 보면 책벌레는 1권의 앞표지와 2, 3, 4권의 앞표지 및 뒤표지, 그리고 5권의 뒤표지만 갉아 먹는다. 따라서 총 19㎝이다.

27 이 문제를 풀기 위해서는 5가지 색깔을 3가지 색으로 조합하는 경우를 먼저 찾아야 한다. 공식에 대입하면 5!/(3!×(5−3)!)=(5×4×3×2×1)/(3×2×1×(2×1))=120/12=10이 된다. 따라서 3가지 색을 조합할 수 있는 경우는 10가지라는 것을 알 수 있다. 그러나 여기에는 눈, 코, 입을 색칠하는 순서가 포함되지 않았다. 색칠 순서는 3!=3×2×1로 각 색의 조합마다 6가지씩 있다. 따라서 5가지 색에서 3가지를 골라서 가면에 색칠하는 방법은 10×6=60가지가 된다.

28

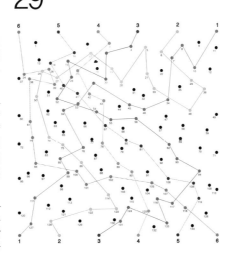

29

30 각 동전의 확률은 서로 독립적이기 때문에 친구의 설명은 틀렸다. 동전 1개를 던지면 앞면과 뒷면이라는 2가지 경우밖에 없으므로, 동전이 2개면 4가지, 3개면 8가지 경우의 수가 있다.

동전 1	2	3
앞	앞	앞
앞	앞	뒤
앞	뒤	앞
앞	뒤	뒤
뒤	앞	앞
앞	앞	뒤
뒤	뒤	앞
뒤	뒤	뒤

31 THIINK

32 변형된 이미지로 숨겨져 있다. 책을 들어 비스듬한 각도로 보면 HELLO라고 쓰여 있다.

33
2 + 2 = 4
2 + 3 = 5
5 − 2 = 3
6 − 3 = 3

34 외계인들이 수학적 개념과 아래의 논리를 모두 이해했다는 것이다.

1 + 2 = 3 → 참
2 + 2 = 4 → 참
3 + 2 = 4 → 거짓

삼각형은 "더하기", 마름모는 "같다", 오각형은 "참", 육각형은 "거짓"을 뜻한다.

35

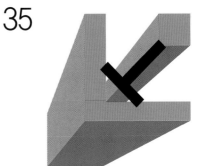

36 아주 쉽게 할 수 있다. 인질 중 한 명 (A)이 두 손으로 자신의 줄 가운데를 잡고서 다른 인질 한 명(B)의 손목 쪽 고리 한쪽에 넣는다. 그 다음 A가 줄을 빼고 고리를 만들어서 그 고리를 B의 손가락 쪽으로 올린다. A가 B의 손 위로 고리를 통과시키고 다시 그 고리가 줄을 통과하도록 그 고리를 밀어 넣으면 두 사람은 자유가 된다.

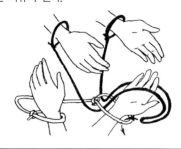

37 $6 + {}^{6}/_{6} = 7$

38 피타고라스 정리(Pythagorean theorem, 직각 삼각형의 대변의 길이의 제곱은 나머지 두 변의 제곱의 합과 같다)로 풀 수 있다. 직육면체의 대각선의 길이를 재기 위해서 밑면의 대각선을 먼저 계산하면 50cm가 나온다. 그 후, 계산한 밑면의 대각선과 높이를 이용해서 직육면체의 대각선의 길이를 재면 70.7cm이 나오므로 70cm의 칼이 충분히 들어간다.

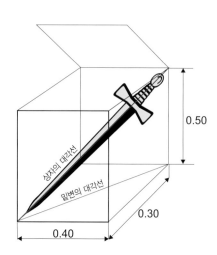

39 너무 뻔해서 사람들이 종종 이를 보지 못하고 놓친다.

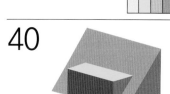

40

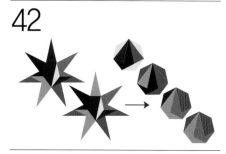

41 사람이다. 사람은 어려서는 네 발로 기고, 커서는 두 발로 걷고, 늙어서는 지팡이를 짚기 때문이다.

42

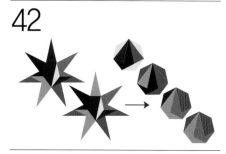

43 두 마디의 대화로 유추하면 다음의 4가지 조합이 가능하다.
1) 참 / 참
2) 참 / 거짓
3) 거짓 / 참
4) 거짓 / 거짓
하나는 틀려야 하므로 1번은 답이 될 수 없다. 하나가 틀리면 다른 하나도 같이 틀리기 때문에 2번과 3번도 답이 될 수 없다. 따라서 논리적으로 가능한 것은 4번이므로 노란 점박이가 남자이고 빨간 점박이가 여자다.

44

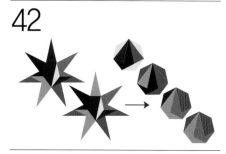

45 불가능하다. 검정색 선 바깥에서 선을 긋기 시작하여 홀수 번 교차하면 결국 검정색 선 안에 놓이게 된다. 새로운 선을 긋기 위해서는 검정색 선을 반드시 교차해야 하고 그러려면 짝수가 되어야 한다. 따라서 교차점이 홀수 개일 때는 검정색 선을 교차하도록 그릴 수가 없다.

46 녹색 양탄자는 갈색 양탄자를 정확히 25%만큼 덮는다. 오른쪽 그림으로 증명된다.

47

48 양말의 짝을 맞춰 A1, A2, B1, B2, C1, C2, D1, D2, E1, E2라고 표시해 놓았다고 해보자. 최상의 경우는 잃어버린 2짝이 서로 맞는 클레인 경우이다. 따라서 잃어버린 양말이 A1-A2, B1-B2, C1-C2, D1-D2, E1-E2의 5가지 경우 중 하나가 될 때 최상이다.
최악의 경우는 잃어버린 2짝이 서로 맞는 짝이 아닐 때이다. 즉, A1-B1, A1-B2, A2-B1, A2-B2, A1-C1, A1-C2, A2-C1, A2-C2, A1-D1, A1-D2, A2-D1, A2-D2, A1-E1, A1-E2, A2-E1, A2-E2, B1-C1, B1-C2, B2-C1, B2-C2, B1-D1, B1-D2, B2-D1, B2-D2, B1-E1, B1-E2, B2-E1, B2-E2, C1-D1, C1-D2, C2-D1, C2-D2, C1-E1, C1-E2, C2-E1, C2-E2, D1-E1, D1-E2, D2-E1, D2-E2의 40가지 경우 중 하나일 때이다. 따라서 최악의 경우(40가지)일 때의 확률이 최상의 경우(5가지)보다 8배 높다.

49 엽서를 아래와 같이 빨간색 선으로 표시한 후, 검은색 가로선을 따라 반을 접는다. 그리고 빨간색 선을 따라 자르면 엽서 위에 가늘고 긴 고리가 생긴다.

50 일곱 자리 전화번호의 경우의 수는 $7! = 7 \times 6 \times 5 \times 4 \times 3 \times 2 \times 1 = 5,040$가지이다. 이 중 하나가 여자의 전화번호이므로 확률은 1/5040=약 0.02%이다. 확률에 대해 더 이해하려면 140쪽의 "조합과 순열"을 참고하라.

51

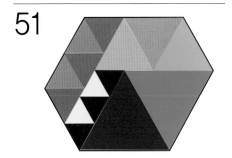

52

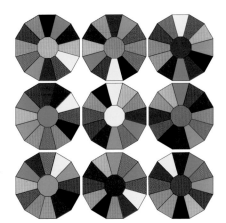

53
회의에 6명이 참석했으며, 한 사람당 5번씩 악수를 했다. 하지만 한번 악수할 때에 두 사람이 같이 하므로 중복된 경우를 제외하면 그 횟수가 30이 아니라 15가 된다.

54
다음과 같이 5가지가 있다.

55

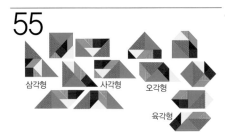

삼각형　　　사각형　　　오각형

육각형

56

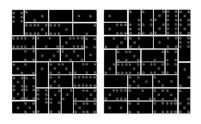

57
아내나 딸 등 여자가 문을 두드렸을 가능성을 배제하기 위해 남자라는 단어를 사람으로 바꾸어야 한다.

58
최대 횟수는 8+7+6+5+4+3+2+1, 즉 36번이다.

59
각 가로줄에 있는 노란 조각을 모두 합치면 정사각형 모양이 된다.

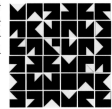

60

61

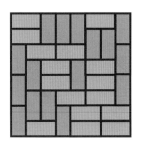

62
2번이다.

63
3개의 바구니에 있는 바나나 9개, 오렌지 9개, 사과 9개가 총 4,050원이므로, 각 과일 하나씩의 묶음은 450원이다. (개당 사과가 100원, 바나나가 200원, 오렌지가 150원이라는 사실은 파악할 필요가 없다.)

64
가족 모임에는 7명이 참석했다. 부부 1쌍과 부부의 자녀 3명(여자아이 둘과 남자아이 하나)과 남편의 부모이다.

65
블루의 얘기로부터 블루의 옷은 분홍색이나 녹색이라는 것을 알 수 있다. 블루의 말에 대답한 모델이 입은 옷이 녹색이므로 블루가 입은 옷은 분홍색이다. 따라서 그린은 파란색 옷을 그리고 핑크는 녹색 옷을 입었다.

66
다음의 네 숫자를 쓸 수 있다.

a. $2^{2^2} = 2^4 = 16$, 가장 작은 수
b. 222
c. $22^2 = 484$
d. $2^{22} = 4,194,304$, 가장 큰 수

제곱을 적절히 사용하면 아주 작은 수에서부터 큰 숫자까지 표현할 수 있다. 제곱은 밑을 지수만큼 곱하라는 뜻이므로,

$2^{22} = 2×2×2×2×2×2×2×2×2×2×$
$2×2×2×2×2×2×2×2×2×2×2×2,$

즉 4,194,304까지 표현할 수 있다.

67
150원이라고 적힌 저금통을 흔들어서 동전 1개가 나오면 모든 저금통에 맞는 이름표를 붙일 수 있다. 그 저금통에 적힌 150원이 잘못 붙어있는 것을 알기 때문에 150원이 들어있지는 않다. 따라서 50원짜리 2개나 100원짜리 2개가 들어있다는 말이 되는데, 둘 중 어느 것인지는 흔들어서 나온 동전으로 바로 알 수 있다. 만일 안에 든 동전이 100원짜리 2개라면, 남은 동전은 50원짜리 3개와 100원짜리 1개가 된다. 그리고 각각 200원, 100원이 적혀있는 저금통이 남아 있다. 그런데 100원이라는 이름표도 잘못 적힌 것이므로 그 저금통에는 50원짜리가 2개 들어갈 수 없다는 말이 된다. 따라서 100원이라고 적힌 저금통에는 50원짜리 1개와 100원짜리 1개가 들어있어야 한다. 그리고 200원이라고 적힌 저금통에는 50원짜리 2개가 들어있어야 한다.

68

D-11과 B-13은 둘 중 아무거나 먼저 와도 되고,

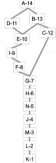

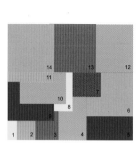

마찬가지로 C-12도 도표상의 8번과 12번 사이 아무데나 올 수 있다.

69

5번이 다르다.

70

3번이 불가능하다. 띠 모양의 종이에서 꼭짓점만 맞닿아 있는 우표 2장을 아래위로 나란히 오도록 접는 것은 불가능하다.

71

3번

72

각 알파벳을 그 직전의 알파벳으로 바꾸면 B는 A, C는 B가 된다. 이 규칙에 따라 메시지는 one thousand playthinks이다.

73

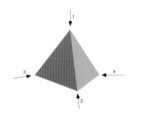

74

아래처럼 겹쳐놓고 중앙 부분을 보면 6개의 꼭짓점을 가진 별모양이 나타난다.

75

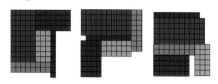

76

77

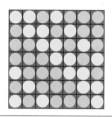

78

당나귀이다. 가로×세로가 5×4인 격자 위에 동물 6마리를 배치한다. 패턴이 반복될 때마다 패턴의 제일 처음 동물을 제외시킨다. 각 동물을 숫자로 표현하면 12345623456 345645656과 같다.

79

첫째 줄의 3번째 카드가 짝 없이 하나만 남는다.

80

기사들이 늘어나도 여전히 일대일 공격의 법칙을 따를 수 있다. 그림과 같이 체스 판 위에 놓일 수 있는 기사는 최대 32명이며 일대일로 공격한다.

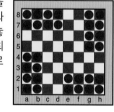

81

1/6이다. 3개의 모자를 3명에게 나누는 경우는 ABC, ACB, BAC, BCA, CAB, CBA로 6가지이며, 이 중 1가지가 된다.

82

각 짝수 줄에 있는 알파벳 중 바로 윗줄의 것과 다른 것을 찾아서 모두 조합하면 된다.
"This is only one Good-knowledge-and one evil-ignorance."(세상의 유일한 선은 지식이며 유일한 악은 무지이다.) – 소크라테스

83

동전이 모서리에 놓일 확률은 약 50%이다. 그림처럼 칸을 만들어서 실제로 수십 번 해보면 증명할 수 있다. 일반적으로 동전이 모서리에 놓일 확률은 동전의 면적을 정사각형 1칸의 면적으로 나누면 된다.

84

1에서 100까지 12개의 인수를 가지는 것은 다음의 5개 숫자이다.

60: 1, 2, 3, 4, 5, 6, 10, 12, 15, 20, 30, 60
72: 1, 2, 3, 4, 6, 8, 8, 12, 18, 24, 36, 72
84: 1, 2, 3, 4, 6, 7, 12, 14, 21, 28, 42, 84
90: 1, 2, 3, 5, 6, 9, 10, 15, 18, 30, 45, 90
96: 1, 2, 3, 4, 6, 8, 12, 16, 24, 32, 48, 96

85

86

아래처럼 4조각으로 나누면 된다. 잘 보면 금괴 조각의 길이가 2를 밑으로 하는 지수와 같다는 것을 알 수 있다.

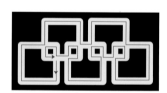

87

88

가이드가 외친 동굴의 순서는 빨강-파랑-파랑-파랑-파랑-빨강이며, 여행객들은 모두 중앙에 있는 동굴에서 만난다. 이 순서를 따르면 중앙의 동굴에서 출발한 여행객도 결국 다시 그 곳으로 돌아온다. 오각형 미로의 각 점에서 출발하는 양갈래 길은 수학에서의 양방향 그래프와 같다. 이 문제는 R. L. 아들러, L. W. 굿윈, B. 바이스, J. L. 오브라이언, J. 프리드먼과 같은 수학자들이 특히 관심을 가지고 연구했던 그래프 이론(graph theory)에서의 "길 색칠하기 문제"에 바탕을 두고 있다. 하지만 하나씩 직접 해보는 방법 외의 일반적인 접근법이나 공식은 아직 발견되지 않았다.

2장 해답

89

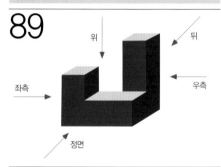

90

16개를 맞추면 다음과 같다.

A/15	E/10	J/14	M/13
B/11	F/12	J/7	N/1
C/8	G/16	K/9	O/4
D/6	J/3	L/2	P/5

이런 문제는 공간 지각과 논리를 합친 것으로 3차원 입체를 시각화할 수 있어야 풀 수 있다. 실제로, 위에서 내려다 본 것과 정면 모습은 각각 건축가들이 조감도와 정면도라 부르는 것과 같다. 조감도는 건물을 땅 위에 수평으로 배열한 모습이고, 이 조감도를 정면에서 바라보고 그린 것이 정면도이다. 같은 방법으로 그린 다른 종류의 정면도는 건물의 다른 면에서 건물을 투시하지 않고 똑바로 바라보고 그린 것이다.

91

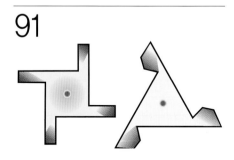

92

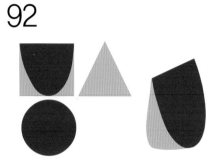

93

첫 번째 예처럼 나머지 도형도 모두 격자선을 따라 그릴 수 있다.

94

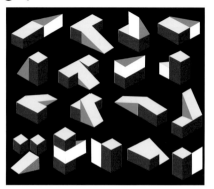

95

96

97

빨간 점에서 바라보면 입체조각은 색칠된 영역 7개로 나누어진 완전한 정사각형이다. 이 입체 조각은 원근법과 원근감을 주는 디자인 규칙을 이용하여 만들었으며, 3차원 물체를 관찰할 때의 시점의 중요성을 보여준다.

98

각 숫자는 그 숫자 바로 위에 있는 두 숫자의 합이다. 이 수학 트리를 파스칼의 삼각형이라 부른다.

99

택시기하학에는 다양한 사각형 모양이 존재한다. 아래는 한 변에 블록이 6개인 사각형 중 일부만 실은 것이다.

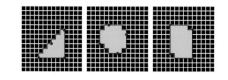

100

격자형 도시에서 네 점을 잇는 최단 거 리 는 20블록 거리이며, 서로 다른 방법이 1만 가지 있다.

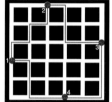

101 일반적으로, 격자형 도시와 같은 곳에서 두 점 사이를 잇는 최단 거리는 한 가지 이상이다. 그 예로 한 지점에서 그 블록의 반대편 지점까지 돌아가는 방법에는 시계 방향과 반 시계방향 2가지가 있으며 둘 다 거리는 똑같다. 격자 내에서 각 교차점까지의 최단거리는 다음과 같은 방법으로 찾을 수 있다. 한 모서리에서 출발한다고 하고 그 출발점을 1로 표시한다.(이것은 제자리에 있는 것이 출발점까지 최단 거리임을 의미한다.) 모서리까지의 최단거리가 직선이기 때문에 가장 가까운 모서리에 모두 1을 표시한다. 하지만 이미 설명했듯이, 출발점 반대편에 있는 모서리까지의 최단거리는 두 가지가 있으므로 반대편 모서리는 2로 표시한다. 이런 식으로 격자의 블록의 모서리의 거리를 모두 표시한 후, 아래처럼 격자를 45도 돌리면 98번 문제에서 보는 파스칼의 삼각형의 일부가 보일 것이다. 이렇게 격자형 도시의 평면도를 파스칼의 삼각형 위에 겹쳐놓으면 B지점은 210으로 표시된다. 따라서 A지점과 B 지점사이에는 210개의 동일한 경로가 있다.

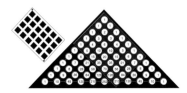

102 택시기하학에서는 원이 곧 사각형이다. 반지름이 1km인 원은 아래에 빨간 선으로 표시되어 있다. 또 다른 원 하나는 반지름이 $2/3$km로 녹색 선으로 표시되어 있는데, 녹색 원의 중심은 빨간 원의 중심에서 동쪽으로 2블록 이동한 지점이다. 이 두 원이 서로 다른 9개의 교점에서 만나고 있다.

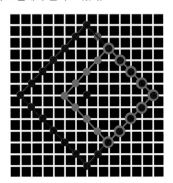

유클리드 기하학에서는 서로 다른 두 원이 만나는 교점의 수는 최대 2개가 되지만, 택시 기하학에서의 교점의 수는 무한하다. 사각형이 클수록 교점의 수는 증가한다.

103 찡그린 표정이 9개이고 웃는 표정 4개인 경우는 다음과 같다.

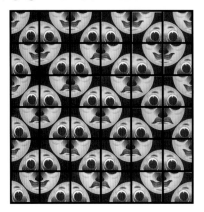

105 여성들을 굴곡 있게 그려야 하는 법을 통과시킨다. 그러면 여성들이 항상 보이게 되므로 그 문제를 해결할 수 있다.

106 플랫랜드 사람들은 공이 플랫랜드의 평면에 떨어져야만 공이 가까이 온다는 것을 인식할 수 있다. 멀리 있는 사람들에게는 처음에는 갑자기 나타난 점으로 보이다가 그 점이 원으로 점점 커진다. 공이 실제 크기까지 커지면, 그 원은 다시 줄어들기 시작해서 점이 되고 결국 사라지게 될 것이다.

만일 공이 실제로 떨어지는 바로 그 지점에 있는 사람들은 이 사건을 재앙으로 인식하고 플랫랜드를 떠나 신비한 "3"차원의 세계로 들어갈 것이다. 만일 우리가 사는 세계에서 플랫랜드의 물건을 가져오려고 한다면 어떻게 해야 할까? 사실 아무런 어려움 없이 마음대로 가져올 수 있다. 플랫랜드에서는 아무리 안전한 금고라고 해도 무거운 벽으로 만들어진 2차원의 단순한 사각형이기 때문에 3차원의 세계에서는 누군가가 벽을 부수거나 자물쇠를 따지 않고서도 그 금고 안의 물건을 꺼낼 수 있다.

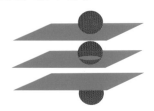

107 간단하게 책을 덮으면 둘이 놀 수 있다. 아마도 몇몇 물리학자들은 우리가 있는 3차원의 공간이 책의 종이처럼 마음대로 구부러질 수 있는 것인지 관찰할 것이다. 공간을 접는다는 것은 인간이 행성 사이를 여행할 수 있다는 뜻이기 때문이다.

108 한 면이 바닥에 닿은 큐브는 서로 다른 4개의 방향을 볼 수 있다. 또 큐브에는 6개의 면이 있기 때문에 방향 4개를 곱하면 총 24가지가 된다.

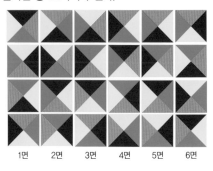

1면	2면	3면	4면	5면	6면

109 십이면체를 탁자 위에 놓는 서로 다른 방법은 60가지이다.

110

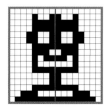 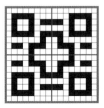

111 정사각형은 8번, 별모양은 10번 변환시킬 수 있다. 이 문제는 대칭과 관련되어 있다 대칭이란 물체를 회전하거나 축에 대해 이동시키는 것으로, 형태는 유지하면서 물체를 변환시키는 수학적 방법이다. 특정한 물체로 분류한 변환의 집합을 대칭군이라고 부른다.

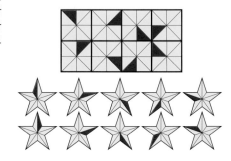

112 다음과 같이 하면 1번 선수가 항상 이길 수 있다. 제일 처음 동전을 탁자 중심에 정확히 두고, 그 이후부터는 상대방이 놓는 동전과 대칭이 되도록 한다.
1번 선수의 동전은 항상 겹치지 않고 놓을 공간이 있기 때문에 결국 2번 선수가 진다.

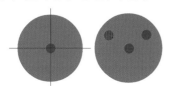

113

114 마지막 두 조각이 규칙을 따르지 않는다.

115

이등변 삼각형	▲	◺	2
부등변 삼각형	◢	◿	1
정삼각형	▲	◬	6
정사각형	■	▢	8
정십자가	✚	✚	8
마름표	◆	◇	4
평행사변형	▰	▱	2

116 빨간색 글자는 수직 대칭만 있고, 파란색 글자는 수평 대칭만 있다.

117 원은 대칭축의 수가 무한하며 평행사변형에는 대칭축이 없다.

118

119 대문자의 대칭은 다음의 경우로 나눌 수 있다.
1. 수직 대칭축만 있는 알파벳: A, M, T, U, V, W, Y
2. 수평 대칭축만 있는 알파벳: B, C, D, E, K
3. 수직 대칭축과 수평 대칭축이 모두 있는 알파벳: H, I, O, X
4. 회전 대칭축만 있는 알파벳: N, S, Z
5. 비대칭 알파벳: F, G, J, L, P, Q, R

120

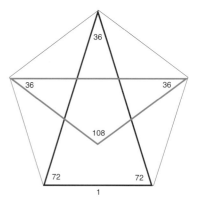

121 빨간색 글자는 비대칭이고 파란색 글자는 수평/수직 대칭이 모두 있는 알파벳이다.

122 빨간색 글자는 비대칭이고 파란색 글자는 회전 대칭인 알파벳이다. 좌우 대칭은 아니면서 회전 대칭인 알파벳이나 도형도 있다.

123 첫줄의 1번, 둘째 줄의 2번, 셋째 줄의 3번 표정은 만들 수 없다.

124 고대 그리스 사람들은 펜타그램이 아래처럼 변의 비가 Φ인 황금 삼각형 두 개로 구성된다는 것을 증명했다.

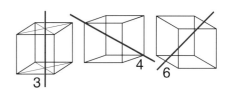

125 큐브는 4회 회전 대칭축이 3개, 3회 대칭축이 4개, 2회 대칭축이 6개이다. 일반적으로 몇 회 대칭축이라는 말은 그 물체를 그 숫자의 역수만큼을 완전회전으로 돌리면 (예를 들어, 3회전축에 대한 1/3 회전) 원래의 도형과 같은 도형이 나온다는 뜻이다.

126
삼각형이나 반원이 도형과 구멍의 방향과 다르면 잘 안 떨어질 때도 있다.

처음 판 위의 도형	16	16	16	16
도형의 모양	■	◢	●	◗
처음부터 떨어진 도형 개수	6	4	8	12
시계방향으로 1/4바퀴 돌고 떨어진 도형 개수	5	6	7	0
시계방향으로 1/2바퀴 돌고 떨어진 도형 개수	3	1	1	3
시계방향으로 3/4바퀴 돌고 떨어진 도형 개수	1	5	0	1
시계방향으로 1바퀴 돌고 떨어진 도형 개수	1	0	0	0
여전히 남은 도형 개수	1	0	0	0

3장 해답

128
많은 답이 가능한데 다음은 그 중 하나이다. 답에서 번호는 점을 찍어 나가는 순서대로 표시한 것이다.

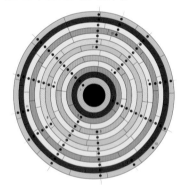

129

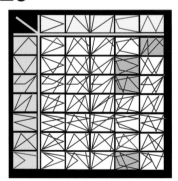

130

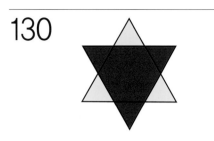

131

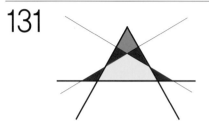

132
팽이가 돌면 착시현상이 일어나 직선은 각각 크기가 다른 동심원으로 보인다. 착시현상은 주변에서 흔히 볼 수 있지만 인간의 지각 체계를 연구하는 과학자들조차도 직선이 원으로 보이는 정확한 이유를 아직까지 찾지 못했다.

착시현상에서 가장 중요한 요소는 실제로 우리가 보지 못하는 것인데, 이 문제에서는 동심원의 중심이 된다. 중심점에서 컬러선의 중점까지의 거리는 팽이가 돌면서 우리에게 보이는 원의 반지름과 비슷하다.

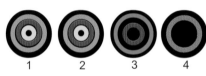

133
오른쪽처럼 그리면 삼각형 7개가 생긴다. 일반적으로 겹치지 않는 삼각형의 최대 개수는 n개의 직선을 그어 만든다. 직접 직선을 3, 4, 5, 6개 그려서 삼각형을 찾아보라. 그러면 각 경우마다 삼각형이 최대 1, 2, 5, 7개라는 것을 금방 알게 될 것이다. n이 7일 경우에는 그려서 찾기 힘들며, 삼각형의 최대 개수를 찾는 일반적인 공식은 아직 없다.

134
단일 폐곡선이란 곡선 중간에 잘리는 부분이 없는 것이다. 이 규칙에 따르는 폐곡선은 항상 원이 될 수 있고, 반대로 원을 펼치면 항상 폐곡선이 될 수 있다. 하지만 폐곡선이든 원이든 항상 안과 밖이 존재한다. 선을 자세히 살펴봐서 한 점이 안과 밖 어디에 위치하는가를 알려면 시간이 매우 많이 걸린다. 이를 간단히 풀기 위해서는 점과 폐곡선 바깥 공간을 잇는 선을 그어서 그 직선이 곡선을 가로지르는 경우를 세야 한다. 만일 그 수가 홀수이면 그 점은 폐곡선 안에 있는 것이고 반대로 짝수이면 폐곡선 바깥에 있는 것이다. 이 규칙을 요르단 곡선 정리(Jordan curve theorem)라 한다.

135
임의로 2개의 직선을 그어보면 항상 일직선에 놓이며, 이를 파푸스의 정리라고 한다.

136
볼록 다각형은 제일 아랫줄 오른쪽에 있는 육각형뿐이다. 팔각형처럼 보이는 도형은 선이 교차하므로 다른 도형과 다르다.

137

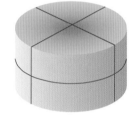

138
오른쪽처럼 그리면 삼각형 11개가 생긴다.

139
오른쪽처럼 그리면 삼각형 15개가 생긴다.

140

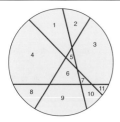

위의 그림에 케이크가 11조각으로 나뉘어져 있다. 이 문제는 일반적으로 이미 그어진 선을 모두 가로지르도록 새로운 선을 그어나가는 방식으로 푼다. 그러면 n번째 선에서는 n조각이 새로 만들어진다.

선	조각	총 조각 수
0	1	1
1	1 + 1	2
2	2 + 2	4
3	4 + 3	7
4	7 + 4	11
5	11 + 5	16

따라서 선이 n개일 때 나눌 수 있는 조각은 최대 $(n(n+1))/2+1$개이다.

141

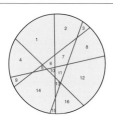

앞의 문제를 이해했다면 쉽게 풀 수 있다. 4개의 선으로 11조각을 만든 후 5번째 선을 이전의 4개 선을 모두 가로지르도록 그으면 5조각이 새로 생긴다. 따라서 16조각이 생긴다.

142

답은 32가 아니라 31이다. 패턴을 통한 예측이 답과 항상 일치하지는 않는다. 원 둘레에 점이 0개에서 9개까지 있다면 차례대로 1, 2, 4, 8, 16, 31, 57, 99, 163, 256조각이 생긴다.

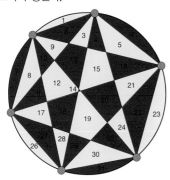

143

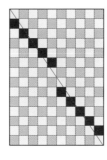

일반적으로 레이저 광선이 통과하는 칸의 수는 가로칸의 수+세로칸의 수−앞의 두 수의 최대 공약수이다. 따라서 14+10−2=22이다.

144

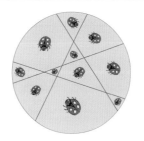

145

교점의 수가 최소인 경우는 모든 선을 평행하게 그리기만 하면 된다. 이에 비해 교점의 수가 최대인 경우는 찾기가 훨씬 어렵다. 직선 2개로 생기는 교점은 1개뿐이므로, 선 3개의 교점은 3개, 선 4개의 교점은 6개이다. 빨대를 이용해도 되고 종이와 연필을 가지고 그리거나 컴퓨터로 그려보아도 간단히 답이 나온다. 선이 서로 평행하지 않도록 하면 되기 때문에 결국은 모든 선이 다른 선과 만나게 그리면 된다. 따라서 답은 10개이다.

146

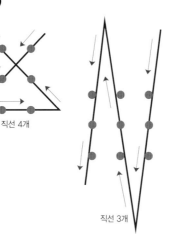

직선 4개

직선 3개

147

만일 9점 문제를 풀었다면, 이 문제도 쉽게 풀 수 있을 것이다. 직선의 최소 개수는 5개이다.

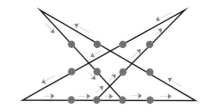

148

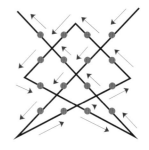

149

150

대부분의 사람들이 3그루가 답이라고 생각하겠지만 사실 4그루이다. 나무를 언덕이나 계곡과 같은 입체모형 위에 둔다고 생각하고 꼭대기에 1그루를 심어서 정사면체를 만들면 된다. 사면체는 4개의 정삼각형으로 이루어진 입체도형이므로 점 4개 사이의 거리가 같다.

151

강아지가 3m인 줄로 나무에 묶여있으므로 반지름이 3m인 곳은 어디든 갈 수 있다. 밥그릇은 나무에서 1.5m 떨어져 있고, 강아지와 밥그릇이 나무를 중심으로 반대편에 놓여있으면 가능하다.

152

점 B, C, D를 이어서 삼각형을 그린다. 이 때 점 B와 C를 움직여도 선분 BC는 항상 A점을 지나고 각 BDC, DBC, BCD가 모두 같다. 따라서 선분 BAC를 가장 길게 하려면, 선분 BD와 CD를 가장 길게 그리면 된다. 그런데 선분 BD와 CD는 각 원에서 지름이 될 때 가장 길기 때문에 이 때 선분 BAC도 가장 길게 된다. 따라서 BD와 CD가 각 원의 지름이고, 선분 BAC가 선분 AD에 수직이면 된다.

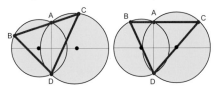

153

아래 샘플 게임에서는 녹색이 8점이고 빨간색이 5점이므로 녹색이 이긴다.

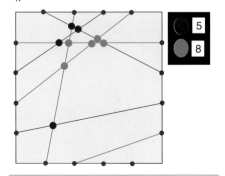

154

아래 두 경우가 가능하므로 답은 녹색이나 파란색이다.

155

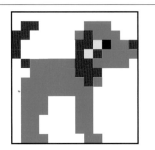

156

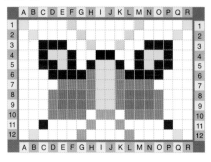

157

이 문제 역시 선, 교점, 가능한 배열의 조건과 관련한 것이다. 선이 n개이면 교점의 수는 최대 $n(n-1)/2$개이고, 최소 $(n-1)$개이다. 교점의 수가 최소가 되려면 선 하나를 제외한 나머지 선이 모두 평행을 이루면 된다.

158

아래처럼 2거리 세트는 8가지가 있고 각 점 사이에 길이의 종류는 2가지씩(빨간색과 파란색) 있다.

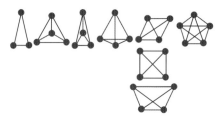

159

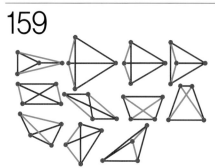

160

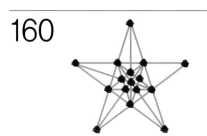

161

헝가리 출신의 수학자인 일로나 팔라스티가 1989년에 발견한 8점 멀티디스턴스 세트이다. 현재까지 알려진 세트 중 최대인 것은 8점-7거리 세트이다. 문제 왼쪽에 있는 컬러선을 순서대로 넣으면 쉽게 풀 수 있다. 1거리는 검정색, 2거리는 빨간색, 3거리는 연한 파란색, 4거리는 녹색, 5거리는 분홍색, 6거리는 노란색, 7거리는 보라색이다.

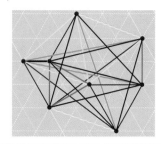

162

첫 번째 성냥을 옮기기 전에 미리 답을 머릿속으로 생각해내는 것이 이 문제를 푸는 핵심이다. 어떤 문제는 크기가 다른 정사각형을 만들어야 하고, 어떤 것은 겹치도록, 어떤 것은 변을 공유하도록 만들어야 한다. 따라서 만일 머릿속으로 해답을 그릴 수 없으면 그냥 하나씩 답이 나올 때까지 시도해보고 그 뒤에 숨은 원리를 파악해내는 수밖에 없다. 일단 이 게임을 완전히 이해하게 되면 이와 비슷한 더 복잡한 종류의 문제를 직접 만들 수도 있다.

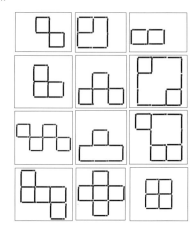

163

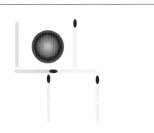

164

165

아래의 해답에서는 평면 위에 성냥개비 12개로 8점을 만들었다. 입체도형을 만들려면 성냥개비 6개로 삼각뿔 모양을 만들면 된다.

166

성냥개비 4개로 만들 수 있는 모양의 개수는 5가지이며, 5개로 만들 수 있는 모양의 개수는 12가지이다.

167

168

도표에서 보듯이 넓이와 둘레는 서로 관계가 거의 없다. 도형의 다른 요소가 바뀜에 따라 면적과 각도도 변한다. 이 문제를 통해 기능에 대한 개념을 생각해 보라.

	고 정	변 화
넓 이	×	○
둘 레	○	○
변	○	×
각 도	×	○

169

아래는 유명한 와트 연동장치로 8자 곡선을 그리고 있다. 여기서 거의 직선 운동하는 부분을 베르누이 연주형이라 부른다.

170

거의 직선 경로를 그린다.

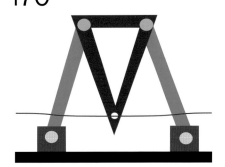

171

172

연필을 움직이면 아래의 빨간색 영역을 그릴 수 있다.

173

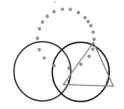

4장 해답

174

우선, 그림의 제일 위에 있는 빨간색 꽃을 지나야 친구를 만날 수 있으므로 빨간색은 '위'를 나타내야 한다. 따라서 보라색은 '위'를 제외한 나머지 셋 중 하나여야 한다. 만일 보라색이 '아래'라면 무당벌레가 첫 걸음을 내딛자마자 그림 밖으로 나가게 되므로 답이 될 수 없다. 또, 보라색이 만일 '왼쪽'이라면 무당벌레는 노란색 꽃으로 가고, 노란색은 '오른쪽'을 의미하게 된다. 그러면 보라색과 노란색 꽃밭을 끝없이 반복하게 되므로 이 경우도 답이 될 수 없다. 따라서 보라색은 '오른쪽', 파란색은 '왼쪽', 노란색은 '아래'를 나타낸다.

175

한쪽 다리에 의족을 한 해적이 이륜 수레를 밀고가고, 그 옆에 개 1마리가 따라간다.

176

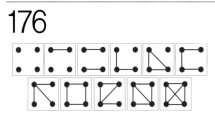

177 기둥사이를 뛰는 경로는 20가지가 있지만, 17번째 구간에서는 항상 막혔다. 만일 기둥이 7개나 9개였다면 최대경로까지 다 될 수 있었을 것이다. 이후 위상학을 통해 8개의 기둥으로는 모든 경로를 뛰는 것이 불가능하다는 것을 알았다.

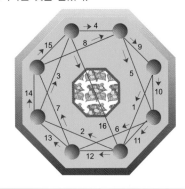

178 가려져서 안 보이는 모서리와 꼭짓점을 생각하지 못하면 이 문제는 풀기가 어렵다. 3차원의 입체도형을 2차원 그래프로 나타내면 보이지 않는 변과 모서리, 또 그 사이의 관계도 볼 수 있기 때문에 문제가 쉽게 풀린다. 따라서 답은 그림과 같다.

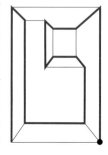

179 오일러는 쾨니히스베르크의 다리문제를 통해 한 교점에서의 경로의 수를 세어서, 홀수점의 개수가 2개를 초과하면 한붓그리기가 불가능하다는 사실을 발견해냈다. 따라서 이 문제에서는 4번과 5번이 불가능하다. 만일 홀수점이 2개일 경우에는 두 점이 출발점과 도착점이 될 때에만 한붓그리기가 가능하다. 따라서 7번의 경우에는 제일 아래의 두 점 중 하나에서 시작하고 다른 하나에서 끝나야 한붓그리기가 가능하다.

180 10가지 경로가 가능하다.

181

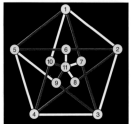

1-5-6-2-8-4-10-11-9-3-7-1의 순서이다.

182 아래의 파란색 점 중 하나에서 시작하고 다른 하나에서 끝날 경우에만 한붓그리기가 가능하다.

183

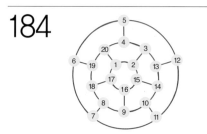

184

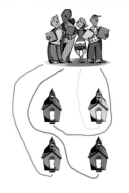

185

186 이 문제를 푸는 데에는 교점이 최소 1개가 만들어지기 때문에 선이 서로 만나지 않도록 그리는 것이 불가능하다. 집 밑에 터널을 뚫으면 가능할 수도 있다.

187

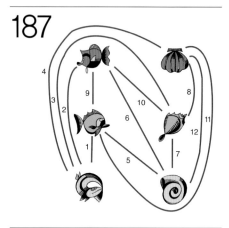

188

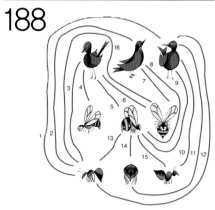

189

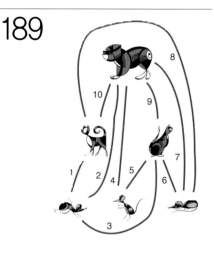

190
아래와 같이 22cm를 이동할 수 있다.

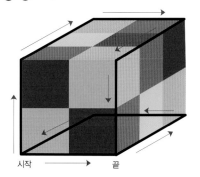

시작 → 끝

191

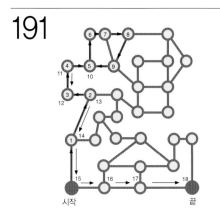

시작 끝

192
A에서 B까지 13분, C에서 D까지도 13분, E에서 F까지는 9분, G에서 H까지는 15분이 소요된다.

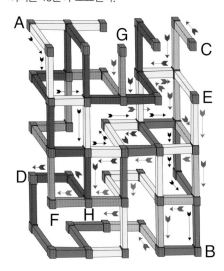

193
각 통로가 없을 때 여행 경로는 다음과 같다. 10번과 13번이 닫히면 여행을 마칠 수 없다.

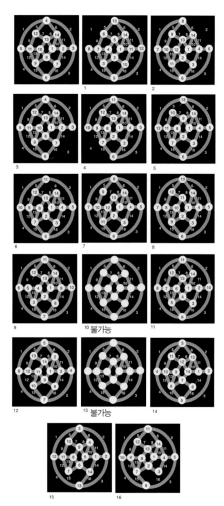

10 불가능
13 불가능

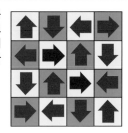

194
샘 로이드가 이 문제를 1907년 〈우리 퍼즐 매거진(Our Puzzle Magazine)〉에 싣자, 독자 중 만 명이 "THERE IS NO POSSIBLE WAY"(해답은 없어요)라는 답을 보내왔다.

195
모든 가로줄과 세로줄에 네 종류의 화살표가 있어야 한다.

196

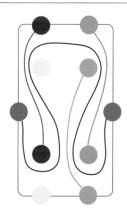

197

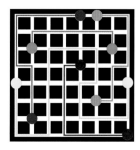

198

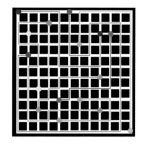

199
3번 회로판을 넣어야 한다.

200 정육면체에 화살표 6개를 그리는 방법은 4^6, 즉 4,096가지가 있다. 이 중 정육면체를 돌려서 같아지는 경우를 제외하면 192가지가 된다.

201 현재 교차점이 2개(9번, 10번)인 5번 선을 옆으로 옮기면 교차점이 1개가 된다. 점 7개를 모두 잇는 최소 교차점의 수는 9개이다.

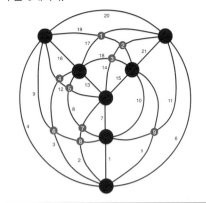

202

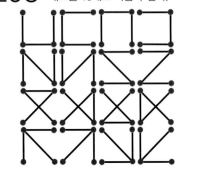

203 점 4개를 연결하여 만드는 트리 그래프는 16개로 다음과 같다.

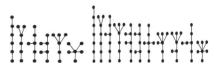

204 점 6개와 7개의 경우 트리 그래프는 각각 다음과 같다.

206 트리 게임 카드 세트는 다음과 같다.

    1-20-35-61
    2-5-32-56
    3-29-47-75
    4-17-24-25
    6-8-21-59
    7-11-30-31
    9-36-41-45
    10-22-38-49
    12-19-26-63
    13-27-50-55
    14-39-43-48
    16-42-46-62
    18-23-53-64
    28-34-40-58
    33-44-51-60
    15-37-52-54

207 여러 가지 답이 가능한데 다음은 그 중 하나이다. 하지만, 어떠한 답에서도 가지의 수는 18개가 될 것이다. 구슬을 엮어 트리를 만드는 문제에서 각 구슬은 꼭 한 줄에만 매달려야 한다. 따라서 줄의 수는 구슬의 수-1이 된다. 트리 그래프를 어떻게 그리든 항상 이 개수가 최대이면서 동시에 최소이다.

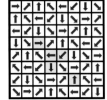

208 각 세로줄과 가로줄에 8가지 화살표가 모두 들어간다.

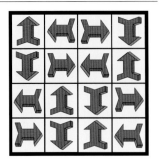

209

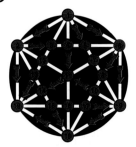

210 여러 가지 답이 가능한데 다음은 그 중 하나이다.

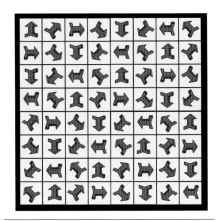

211 5, 1, 2, 4, 3.

212 6, 1, 5, 3, 2, 4 또는 6, 1, 4, 5, 3, 2

213 많은 답이 가능한데 다음은 그 중 하나이다.

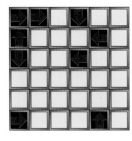

214 완전 방향 그래프 문제이므로 화살표를 어떻게 놓아도 6개의 도시를 모두 잇는 경로가 항상 존재한다.

215

해밀턴 – 퍼즐 1

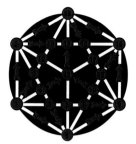

해밀턴 – 퍼즐 2

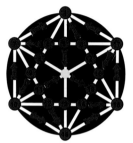

해밀턴 – 퍼즐 3

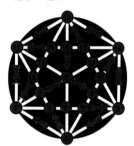

해밀턴 – 퍼즐 4

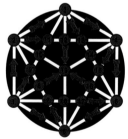

해밀턴 – 퍼즐 5

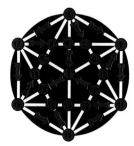

해밀턴 – 퍼즐 6

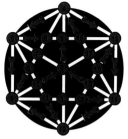

해밀턴 – 퍼즐 7

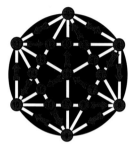

해밀턴 – 퍼즐 8

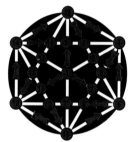

해밀턴 – 퍼즐 9

218

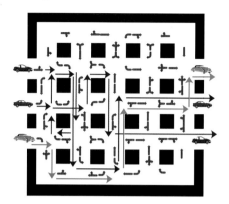

5장 해답

219 8개의 조각을 오려 고리형태로 연결하면 된다.

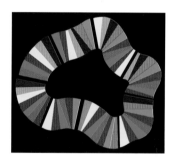

220 1:2의 거미줄 모양이 나타나는데 이 패턴을 심장형 곡선 또는 하트 곡선이라고 부른다.

216 오른쪽의 그림과 같이 4명이나 5명이 있을 때는 사랑/증오의 삼각관계를 피할 수 있다. 점 3개가 있으면 항상 2개의 서로 다른 관계가 나타나기 때문이다. 하지만, 6명이 있다면 사랑/증오의 삼각관계를 피할 수가 없다. 흰색 선을 어떤 색으로 칠하든 파란색 삼각형이나 빨간색 삼각형이 나타난다. 이 문제와 같이 램지이론을 응용한 문제가 많다.

221

1:3의 거미줄 모양이 나타나는데 이 패턴을 신장형 곡선, 또는 네프로이드 곡선이라고 부른다.

222

심장형 곡선

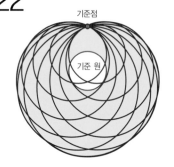

223

신장형 곡선

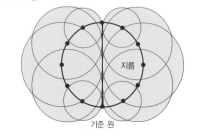

224

중심
둘레
반지름
지름
접선
호
현
활꼴
반원
부채꼴
4분원

225

어떤 물체가 일정한 경로를 따라 움직이는 다른 물체를 뒤따라 갈 때 생기는 경로를 추적선, 또는 트랙트릭스(tractrix)라고 한다.

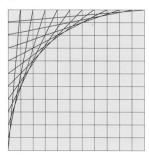

226

정사각형, 삼각형, 원의 넓이는 각각 $(11/14)a^2$, $a^2/2$, $(a/2)^2\pi$이다. 액체가 있는 부분을 보면 원의 넓이는 정사각형 3/4와 남은 1/4 중 1/7의 넓이의 합과 같다. $(a/2)^2\pi$= $3(a/2)^2+1/7(a/2)^2$이므로 π=3+1/7이다.

227

228

1. 둥근 뚜껑은 맨홀 안으로 빠질 수 없지만 정사각형이나 다른 다각형 뚜껑은 빠질 수 있다.
2. 둥근 뚜껑은 무거워도 굴려서 쉽게 제자리에 맞출 수 있지만 다른 모양이면 옮기기가 힘들다.
3. 둥근 뚜껑은 방향이 없어서 쉽게 제자리에 맞출 수 있지만, 다른 모양이면 모서리와 꼭짓점의 위치에 방향을 맞추어야 한다.

229

굴림대가 앞으로 1바퀴 돌 때마다 물체와 굴림대 사이의 접점은 1미터씩 뒤로 이동한다. 하지만 굴림대는 지면에도 접하고 있으므로 1바퀴 돌 때마다 1미터씩 앞으로 간다. 따라서 물체는 지면에 대해 1바퀴 당 2미터씩 앞으로 이동하는 셈이다.

230

모든 원의 둘레는 그 원의 지름의 약 3+1/7배이고, 바로 이 무리수가 우리가 알고 있는 π이다.

π: 3.14159265358…

우리는 주로 학교 수업을 통해 π를 배우지만 이 문제를 통해 고대 그리스사람들이 수천 년 전에 했던 방식대로 직접 구할 수 있다.

231

작은 반원 2개에서 커다란 검정색 반원의 영역을 빼면 빨간 초승달의 영역이 나온다. 이 넓이는 중간에 있는 직각 삼각형의 넓이와 같다.
원 자체는 정사각형으로 만들 수 없지만 원의 호로 둘러싸인 다른 도형은 정사각형으로 만들 수 있다.

232

빨간색 넓이가 검정색 넓이에 1.3을 곱한 값보다 조금 더 크다. 착시현상 때문에 검정색 영역이 더 넓어 보인다.

233

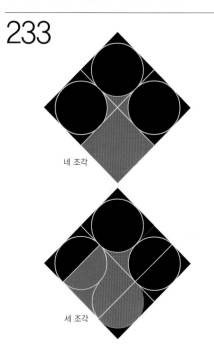

네 조각

세 조각

234 낫 모양의 넓이는 L을 지름으로 하는 원의 넓이와 같다. 유명한 그리스 수학자인 아르키메데스가 최초로 답을 찾았기 때문에 이 문제에 그의 이름이 붙여졌다.

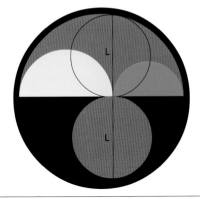

235 15개의 점마다 직선 14개를 그었으므로 선의 개수는 총 15×14=210개이다. 하지만 선이 2번씩 중복되므로 실제 선분의 개수는 그 절반인 105개가 된다. 문제 179번의 오일러 문제 풀이 방법에 따라서 이 문양은 한붓그리기가 가능하다. 미스틱 로즈는 정다각형의 모든 변과 대각선을 하나로 이은 형태와 같다.

236 원의 넓이는 πr^2이다.

237 1번의 경우가 가장 크다.

이 문제는 1803년에 이탈리아의 수학자인 말파티가 만든 각기둥 안에 실린더를 3개를 넣을 때 부피가 가장 큰 경우를 찾는 문제를 응용한 것이다.

238

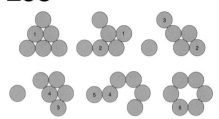

239

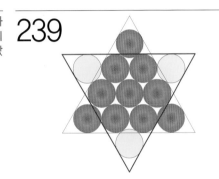

240 한 평면에 두 원을 배열하는 방법은 오른쪽처럼 5가지이고 총 10개의 공통 접선이 있다. 두 원의 크기가 같을 경우에는 4번과 5번의 경우는 공통 접선이 없으므로 총 개수가 달라진다.

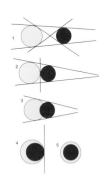

241 노란색 원 3개는 커져서 삼각형의 세 변이 되고, 빨간색 원은 그 삼각형 안에 내접하게 될 것이다.

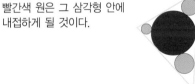

242 한 평면에 있는 원 3개에 모두 접하는 4번째 원을 그리는 방법은 아래와 같이 8가지 밖에 없다. 일반적으로 서로 다른 두 원에 접하는 원을 그릴 때에는 우선 원 3개를 조건에 맞도록 그린 후, 이 세 원 사이에 4번째 원을 작게 그리면 된다. 또, 세 원 전체가 모두 4번째 원에 내접하도록 크게 그려도 된다. 한 평면에 최소 두 원과 두 원에 접하는 원을 그리는 최대 경우의 수는 4가지이다.

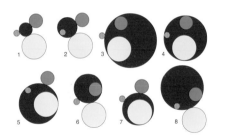

243 원의 색깔은 그 원에 접하고 있는 원의 수에 따라 다르다.

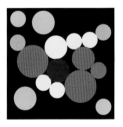

244 원 5개는 평면을 20개의 영역으로 나눈다. 이 문제는 연결된 그래프이기 때문에 아래에 있는 다면체에 대한 오일러의 공식을 사용할 수 있다. 입체도형인 다면체의 형태를 변형시키고 평면 위에 평평하게 놓았다고 생각하면 된다. 두 원이 두 점에서

만나기 때문에 각 원의 교차점의 수는 2(n-1)개가 된다. 교차점, 또는 꼭짓점의 수는 모든 원의 개수를 세어 그 수를 2로 나눈(각 점이 2번 계산되었으므로) n(n-1)개이다. 또 각 원은 평면을 2(n-1)개의 영역으로 나누고 2n(n-1)개의 호를 가진다. 오일러의 공식으로부터 n개의 원에 의해 생기는 영역의 개수는 다음과 같다.
영역의 수=꼭짓점 수-변(호)의 수+2이므로,
=2n(n-1)-n(n-1)+2
=n²-(n-2)

245 점 5개로 12개의 다각형을 그릴 수 있다. 그 중 2개는 정다각형이고, 나머지 10개는 다시 2종류로 구분된다. 즉, 서로 다른 방향이 5가지이고, 각 방향마다 2종류의 다각형이 있다.

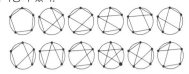

246 그림과 같이 조건에 맞는 색이 반드시 4가지 있으려면 11개의 원이 필요하다. 색의 배열과는 관계없이 4번째 색이 파란색 원의 위치에 있어야 한다.

247

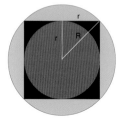

248

외접원(녹색)의 넓이는 내접원(주황색) 넓이의 2배이다. 아래의 그림에서 $R^2 = r^2 + r^2$, 즉 $R = \sqrt{2}r$이다. 이 때 정사각형의 중심에서 대각선까지의 거리 R은 녹색 원의 반지름과 같고, 정사각형의 중심에서 다른 한 변의 중점까지의 거리 r은 주황색 원의 반지름과 같다. 원의 넓이는 반지름의 제곱에 비례하기 때문에 외접원의 넓이는 내접원의 2배가 된다.

249

완전한 원이 보인다.

250

많은 답이 가능한데, 다음은 그 중 하나이다.

251

크기와는 상관없이 위에 있던 공은 계속 위에 있다.

252

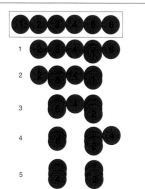

253

그림처럼 6개가 필요하다.

254

빨간 원의 지름 = $1/2$
노란 원의 지름 = $1/4$
녹색 원의 지름 = $1/4(2 - \sqrt{2})$, 약 $1/6$

255

많은 답이 가능한데 그 중 하나는 다음과 같다.

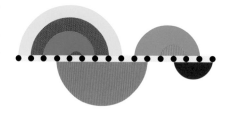

256

로제트 둘레(보라색 선)는 큰 원의 둘레(빨간색 선)와 정확히 같다. 이것은 로제트를 만든 원의 배열이나 원의 개수와는 상관없이 로제트의 기준점만 같으면 항상 성립한다.

257

모든 삼각형에 이와 같은 특징이 있다. 9점 원의 크기는 외접원(삼각형의 세 꼭짓점을 모두 지나는 원)의 반이고, 그 중심은 외심과 수심의 중간에 위치한다. 이 문제는 1804년에 영국인인 베번이 냈지만, 그 법칙은 1821년에 브리앙숑과 퐁슬레가 최초로 발표했다.

258

공이 워낙 크기 때문에 터널의 벽과 바닥사이에 안전하게 피할 수 있는 공간이 생긴다. 그 장소에 몸을 숨길 수 있으면, 공은 터널 밖으로 무사히 빠져나갈 것이다.

259

다각형을 삼각형 조각으로 나누는 방법과는 상관없이 원의 지름의 합은 항상 같다. 직접 원의 지름을 모두 더해보면 알 수 있다.

260

공통현은 항상 한 점을 지난다.

261

접선의 세 교점은 항상 일직선 위에 놓인다. 문제의 원 3개를 크기가 다른 구 3개로 생각하고, 이 구 3개를 평면에 놓았다고 해보자. 원 사이의 선은 모두 투시선이므로, 결국 수평선에서 만나게 된다.

262

첫 번째 – 1, 2, 3, 4, 5
두 번째 – 2, 3, 4, 5, 6
세 번째 – 2, 3, 4, 5, 7

263

원이 1번 회전하면 그 이동거리는 원둘레와 같고, 직사각형의 전체 둘레는 12×원둘레가 된다. 바깥 원이 직사각형의 변을 따라 돌면 12번 회전하고 모서리는 모두 $1/4$번 회전하기 때문에 총 13번 회전한다. 안쪽 원은 12×원둘레−8×반지름이며, 원둘레를 2π로 나누면 반지름이 되기 때문에 12−$(4/\pi)$, 약 10.7번 회전한다.

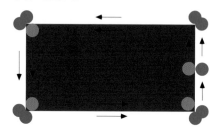

264

1990년에 마이클 맬러드와 찰스 페이턴이 문제의 해답을 증명했다. 수학자들은 원을 정사각형 안에 넣을 때, 원의 크기가 작아지면 사각형에 대한 원의 밀도가 0.9069에 가까워진다는 것을 발견했다. 밀도는 이때 최대가 되며 원의 중심을 정삼각형의 격자 형태로 배열할 때 나온다.

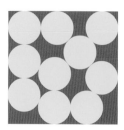

265

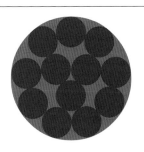

266
노란색 동전은 각 동전의 둘레를 1/3씩 접하여 돌며, 총 둘레의 2배만큼 회전한다. 따라서 1/3×6×2, 즉 4번 회전한 것과 같으며 왼쪽을 향하게 될 것이다.

267
작은 원의 이동 거리는 그 둘레의 3배이다. 거리가 직선이면 3회 회전한 것이 되지만, 큰 원의 둘레를 따라 돌기 때문에 "1번 더" 회전하게 된다. 만일 작은 원이 큰 원둘레를 구르지 않고 단순히 한 접점이 계속 둘레를 따라 미끄러지듯 움직인다 해도 마찬가지이다. 즉, 작은 원이 전혀 구르지는 않은 경우도 완전히 1바퀴를 회전하게 된다. 따라서 작은 원은 총 4번 회전한다.
우리 머릿속에 있는 회전이라는 개념자체가 이 문제에서는 함정으로 작용한다. 다시 한 번 정리하자면 회전은 360도를 한 바퀴 도는 것이다.

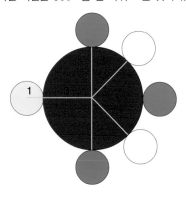

268
문제를 보자마자 동전이 구르는 거리가 둘레의 반이 되므로 결국 상하가 뒤집힌 방향이 될 거라고 생각할 것이다. 그러나 직접 해 보면 동전이 그 2배를 돌며, 따라서 시작할 때의 방향처럼 왼쪽으로 향한다.

269
정방배열의 밀도는 π/4로 약 78%이고, 육방배열의 밀도는 π/(2×√3)로 약 90.7%이다. 따라서 육방배열이 가장 효율적이다.

270
구 하나가 크기가 같은 구와 동시에 "접촉"할 수 있는 최대 개수는 12개이다. 6개는 적도를 따라 배열하고, 양 극 주위에 3개씩 놓으면 된다. 따라서 지름이 3배가 큰 어떤 구에 집어넣을 수 있는 작은 구의 수는 13개가 된다.
똑같은 크기의 구 하나에 동시에 접할 수 있는 구의 수를 구면 접촉수라고 하며, 오류 정정 코드(데이터 처리 중에 생긴 오류를 스스로 고치는 부코드)와 같이 중요한 분야에서 많이 사용된다.

271
경로는 직선이 되며, 그 직선은 큰 원의 지름과 같다.

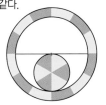

272
비행기는 북극점에서 50km 떨어진 지점에 착륙했다. 동쪽으로 이동하는 동안 비행기는 북극점에서 일정한 거리에 계속 있게 된다.

273
세로줄의 제일 위 또는 끝에 있는 동전을 가로줄의 제일 오른쪽 동전 위에 겹쳐 놓으면 된다.

274
세 점의 경로는 오소사이클로이드(orthocycloid)라 불리는 곡선의 집합이다. 녹색 점은 사이클로이드, 안쪽의 빨간색 점은 단축 사이클로이드, 바깥쪽의 보라색 점은 장축 사이클로이드 곡선을 그린다.

275
구 안에 사면체가 생기도록 칼로 4번 자른다. 따라서 꼭짓점에서 4조각, 변에서 6조각, 면에서 4조각, 그리고 사면체 그 자체가 한 조각이 되어 총 15개의 조각으로 나뉜다.

276
파란색 점의 경로는 거의 완전한 정사각형이 된다. 이 성질을 이용하여 정사각형 구멍을 뚫는 도구가 발명되었다.

277
50번 이동으로 만든 완성본 중 하나이다.

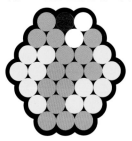

278
원통을 잘라서 아래처럼 평평하게 편다고 해보자. 피타고라스의 정리에 따라
$c^2 = a^2 + b^2 = 9 + 16 = 25m$이므로 c=5m이다.
따라서 줄의 길이는 4×5, 즉 20m가 된다.

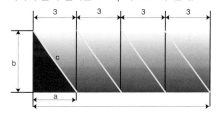

279
얼핏 보면 2m라는 길이가 지구의 둘레와는 비교가 안 될 정도로 작아서 벨트를 움직이기가 거의 불가능하다고 생각할 것이다. 하지만 다음을 살펴보자. 지구의 둘레는 2π×지구 반지름이고, 벨트의 길이는 2π×(지구 반지름+지표면에서 잡아당긴 높이)이다. 만약 이 두 길이사이의 차가 2m라면,
$$2\pi(r+x) - 2\pi = 2m$$
$$2\pi + 2\pi x - 2\pi = 2\pi = 2m$$
따라서 x=1/πm, 약 0.33m이다.
완전한 구라면 크기와 관계없이 답이 항상 같기 때문에 지구가 아니라 테니스공으로 문제를 내도 같은 답이 나온다.

280
넓이는 둘 다 $4\pi r^2$이다.

281 원기둥의 부피는 구의 부피와 원뿔의 부피를 더한 것과 같다. 아르키메데스는 구의 부피를 결정할 때 가장 기본이 되는 이 법칙을 자신이 이루어낸 가장 위대한 업적 중 하나라고 생각했다. 원뿔, 구, 원기둥의 부피비는 1:2:3이다.

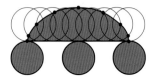

282 사이클로이드의 면적은 원의 면적의 3배이며, 사이클로이드 아치의 길이는 원의 지름의 4배이다. 수학자들은 원의 지름과 마찬가지로 이 답도 무리수라고 확신하고 있었다. 그래서 원보다 훨씬 복잡한 사이클로이드가 예상을 뒤엎고 원과 이렇게 간단한 관계이자 매우 놀랐다. 사이클로이드에 관한 논문은 갈릴레오의 제자였던 토리첼리가 1664년에 최초로 썼다.

283 그림처럼 6개를 골라낼 수 있다.

284 예상과는 달리, 최단거리인 직선길이 가장 빠른 경로는 아니다. 오히려 거리가 가장 긴 사이클로이드 길을 따라 내려온 공이 최저지점에 가장 먼저 도착하여 그 속도를 이용해 나머지 거리를 굴러가기 때문에 가장 빨리 도착한다. 따라서 이 사이클로이드를 최단강하곡선이라고 부른다.

285 마지막을 제외한 모든 곡선이 원형을 그린다.

286

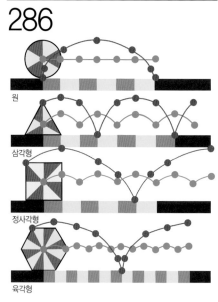

원

삼각형

정사각형

육각형

룰로 삼각형

287 문제는 칼을 칼집에서 꺼낼 수 있어야 한다는 것이다. 나선형 칼은 꺼낼 때 시간이 걸리기 때문에 전사가 불리할 수는 있지만, 그래도 꺼내는 것이 가능하다. 하지만 파도모양의 칼을 칼집에서 꺼내는 것은 불가능하다.

288 1. 밑면과 평행하게 자르면 원이 된다.
2. 옆선과 평행하게 자르면 포물선이 된다.
3. 원뿔의 세로축과 이루는 각보다 큰 각도로 자르면 타원이 된다.
4. 원뿔의 세로축과 이루는 각보다 작은 각도로 자르면 쌍곡선이 된다. (원뿔 꼭짓점에 접하는 역원뿔을 하나 더 그려서 자르면 명확하다.)

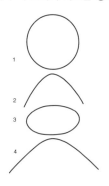

289 타원은 원뿔이나 원기둥을 비스듬하게 잘라서 나오는 단면의 형태이다. 남자가 자신의 물 컵을 손에 쥐고 비스듬히 기울여서 컵 안에 있는 물 표면을 보면 타원형을 볼 수 있다.

290 네프로이드, 신장형 곡선을 그린다.

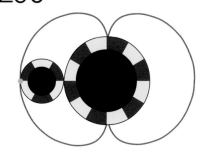

291 원 위에 점을 하나 찍은 후 원의 둘레가 그 점에 접하도록 직선으로 접는다. 그 점에 접하도록 계속 접어가면 접은 테두리(선)가 타원 모양이 되는 것이 보인다. 접은 선은 타원의 접선이고 타원주위를 둘러싼다. 원 모양의 종이를 하나 더 만들어서 점을 원의 중심에 가까이 옮기면 타원의 모양이 어떻게 변할지 생각해 보라. 아래의 그림에서 점 A와 점 C는 타원의 초점이다.

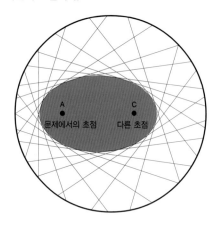

A 문제에서의 초점   C 다른 초점

292 장애물을 건드리지만 않으면 한 초점에 있는 당구공은 어느 부분을 치든지 항상 다른 초점(구멍)을 지난다. 반대로, 두 초점 사이에 놓여있는 당구공을 치면 그 공은 절대로 초점에 가까이 가지 않는다. 속삭임의 회랑이라고 불리는 건물이 이러한 타원의 반사 성질을 이용한 것으로, 여기서는 한 초점에서 아주 미묘한 소리가 나도 다른 초점에서 명확히 들린다.

6장 해답

293 분홍색 도형을 제외하면 모두 각과 변이 같은 정다각형이다.

294

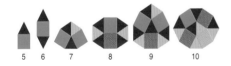

5　6　7　8　9　10

295

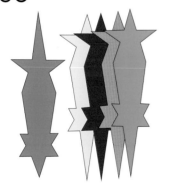

296 5가 빠져있다. 각 다각형의 볼록각에 있는 숫자의 합은 오목각에 있는 숫자의 합의 5배이다.

297 오각형 보강재는 이 기계로 만들 수 없다.

298 어떤 다각형에서든 점의 수－변의 수＋영역의 수＝1이 되며 이를 오일러 공식이라 한다. 단순함과 복잡함이 어우러져 있는 아름다운 수학 공식이다.

299 4×4 정사각형과 3×6 직사각형밖에 없다.

300 내접하는 원의 크기가 결국 0이 될 거라고 생각하겠지만 그렇지 않다. 답을 알려면 상당히 높은 수준의 수학이 필요하다. 내접하는 원의 반지름은 결국 가장 바깥 원의 1/8.7(약 0.115)에 가까이 간다.

301 두 영역의 넓이는 같다. 큰 삼각형과 작은 삼각형의 총합이 같고, 양쪽에서 겹치는 부분(흰색)도 같기 때문이다.

302 직사각형에 대각선을 그으면 넓이가 같은 두 영역으로 나뉘는 것을 이용한다. 고무줄이 직사각형의 대각선이 되도록 영역을 나눈다. 그러면 왼쪽에 1×2, 위쪽에 3×1, 아래쪽에 4×1의 직사각형이 하나씩 나온다. 이 넓이는 각 직사각형 넓이를 반으로 나누면 구할 수 있다. 그리고 영역 중간에 고무줄이 지나지 않는 칸 3개는 직사각형 공식으로 바로 구한다. 펙보드 한 칸의 넓이는 1×1, 즉 1단위이다. 따라서 대각선으로 나뉘는 영역은 각각 1, 1.5, 2단위제곱이며 3×1인 직사각형은 3단위제곱이다. 이를 모두 더하면 7.5단위제곱이 된다.

303 안쪽의 육각형을 돌려서 모서리가 바깥쪽 육각형에 접하도록 하라. 그리고 안쪽의 육각형을 6개의 정삼각형으로 나누고, 다시 각 삼각형이 3개의 이등변 삼각형이 되도록 나누어라. 노란색의 삼각형과 이등변 삼각형(빨간색)의 넓이가 같기 때문에 노란색 영역의 전체 넓이는 4가 된다.

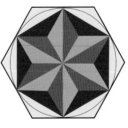

304 똑같은 정삼각형은 15개이다. 이 정삼각형이 겹쳐서 나타나는 삼각형까지 세면 총 28개이다.

305

306 원 안에 여러 개의 다른 정다각형을 내접하면, 각 도형 안에 원래의 원과 특정한 비율을 가진 새로운 작은 원이 생긴다. 예를 들면 삼각형은 원래 크기의 50%인 원, 정사각형은 71%, 오각형은 82%, 육각형은 87.5%의 작은 원이 생긴다. 천문학자인 케플러는 정다각형을 원 안에 내접시키고 3차원 다면체를 구 안에 내접시키는 것에 매우 관심이 많았다. 그는 이 결과가 어떤 식으로든 태양계 행성들의 배열을 이해하는 데 도움이 될 것으로 믿었지만, 그 관계에 대해서는 아직 밝혀진 바가 없다.

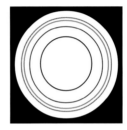

307 그렇다. 1899년에 영국 수학자인 프랭크 몰리가 이 이상한 사실을 발견했다. 그 삼각형을 몰리의 삼각형이라 부른다.

308 내부에 점이 있는 삼각형을 생각해 보면, 볼록 사각형이 만들어지려면 최소한 점 5개는 있어야 한다. 1935년에 증명된 이 사실을 에르도스－세케레시 정리라고 한다. 고무줄로 5개의 점을 둘러싸면 다음의 3가지 중 하나로 볼록 사각형을 만들 수 있다.

1. 고무줄로 5번째 점이 안에 있는 볼록 사각형을 만든다.
2. 고무줄로 5각형을 만들고, 이 중 2개의 꼭짓점을 연결하여 볼록 사각형을 만든다.
3. 고무줄로 내부에 점 2개가 있는 삼각형을 만든다. 이 내부의 점 2개를 잇는 선을 긋고, 각각을 다시 삼각형의 두 꼭짓점에 이어 볼록 사각형을 만든다.

309

213마리의 염소가 울타리 안에서 풀을 뜯는다.

1898년에 체코의 수학자인 게오르그 피크가 꼭짓점이 정사각형 격자면의 점 위에 있는 다각형의 넓이를 구하는 간단한 방법을 알아냈다. 단순히 다각형 내부의 격자점의 개수(A)를 세고 꼭짓점을 포함한 경계선 위의 점(B)을 센다. 그러면 다각형의 넓이는 내부의 점의 수(A)에 경계선 위의 점의 반(B/2)을 더한 후 1을 뺀 것과 같은데, 이것을 피크의 정리라고 한다.

이 문제에서 내부의 점은 115개, 경계선의 점은 198개 이므로 115+(198/2)−1=213개이다.

310

1. 36개 2. 52개 3. 삼각형 36개, 정사각형 13개 4. 22개 5. 76개 6. 삼각형 9개, 정사각형 6개 7. 정육각형 15개 8. 정사각형 29개 9. 정사각형 31개

311

삼각형 대 육각형의 넓이의 비는 2:3 이다.

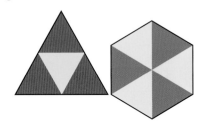

312

313

도형에 있는 삼각형의 개수는 27개 이다.

일반적으로 삼각격자에 있는 총 삼각형의 개수는 층이 하나씩 늘어날수록 1, 5, 13, 27, 48, 78, 118…… 개가 된다.

층수가 짝수 개 일 때는 $\frac{n(n+2)(2n+1)}{8}$ 이고 층수가 홀수 개 일 때는 $\frac{n(n+2)(2n+1)-1}{8}$ 이다.

314

공간을 최대한 크게 만들려면 패널은 135도의 각도가 되어야 한다. 그 공간은 정팔각형의 1/4크기이다.

315

316

중점과 복원한 정사각형은 다음과 같다.

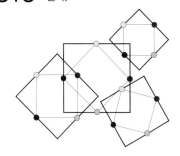

317

318

319

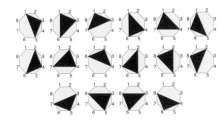

320

원, 오각형, 정사각형, 삼각형의 순서이다. 원은 단위둘레 당 가장 넓은 넓이를 가진 다각형이어서 울타리나 담을 만들 때 가장 경제적인 구조가 된다.

321

삼각형, 정사각형, 오각형, 원의 순서이다. 320번 문제의 논리를 원리를 거꾸로 적용하면 된다.

322

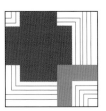
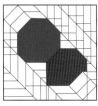

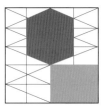
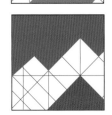

자연계에서 숨겨진 도형을 나타내는 가장 일반적인 방법은 물체의 윤곽을 흐릿하게 해서 단순히 그 배경에 스며들도록 하는 것이다. 또 다른 방법은 이 문제처럼 눈을 어지럽히는 정교한 패턴을 배경으로 하는 것인데, 그 배경 때문에 물체가 뚜렷하게 보이지 않는다. 수많은 선들이 규칙적으로 비스듬한 각도로 배열되어 눈을 한 곳에 집중하기 힘들다. 또한, 패턴 안에도 수많은 도형이 있고, 그 도형과 정답과 매우 유사해서 착각을 일으키기가 훨씬 쉽다.

323

직선 1개만 있으면 된다. 평행사변형의 한쪽 끝을 삼각형 모양으로 잘라서 다른 한쪽 끝에 붙이면 직사각형이 된다.

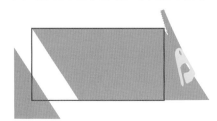

324

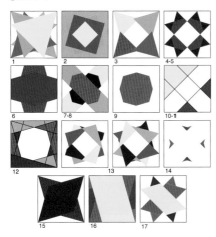

325

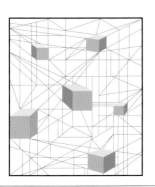

326

327 일반적으로 n개의 변을 가진 볼록 다각형을 삼각형으로 자르기 위해서는 n−3개의 대각선이 필요하고, 그 결과 n−2개의 삼각형이 생긴다. 그러므로 칠각형에서는 대각선 4개로 삼각형 5개가 생기고, 구각형에서는 대각선 6개로 7개의 삼각형이 생긴다. 또 십일각형에서는 대각선 8개로 9개의 삼각형이 생긴다.

328 가로 × 세로가 5×5칸인 정사각형이 7×7인 정사각형 안에 그림과 같이 내접한다.

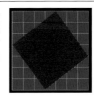

329 삼각형이 되기 위해서는 두 변의 길이의 합이 다른 한 변의 길이보다 커야 한다. 녹색과 파란색 세트는 이 규칙에 어긋나므로 삼각형을 만들 수 없다.

330 벽을 14개의 면을 가진 다각형으로 만들거나 7점 별모양이 되도록 만들면 된다.

회전 감시 카메라

331 작고한 안드레이 코드로브가 발견한 해법으로 선 15개를 추가로 다음처럼 연결하면 된다.

332 삼등분하는 선은 모두 삼각형을 1/3, 즉 7/21로 나누는데, 각 삼각형은 다시 세 부분으로 나눈다. 자세히 보면 그 세 부분은 1/21, 5/21, 1/21이라는 것을 알 수 있다. 그러면 중간에 있는 삼각형은 3/21이 된다.

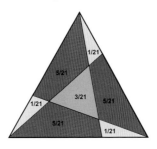

333

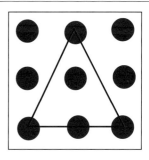

334 마을 세 곳이 위치와는 상관없이 삼각형의 세 꼭짓점을 이루기 때문에, 문제에서 주어진 질문 두 개는 서로 관련이 있다. 삼각형과 마을에서 최단거리의 경로는 세 길이 한 점에서 만나는 것이다. 그 지점은 세 꼭짓점에서 이르는 거리의 총합이 최소가 되는 곳이다. 첫 번째 그림과 같이 세 각이 모두 120도보다 작은 삼각형이라면, 경로는 일직선이 되고 각도가 정확히 120도인 지점에서 만나게 된다. 세 각 중 하나가 120도 이상인 경우라면 최단 경로는 꼭짓점을 관통하는 것이다.

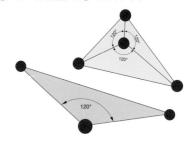

335 나폴레옹의 정리는 모든 삼각형에서 성립한다. 흥미롭게도 세 삼각형의 넓이의 차는 원래 삼각형의 넓이와 같다.

336 각 꼭짓점에서 중선을 이등분하는 선은 대변을 2:1의 비율로 나눈다.

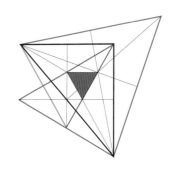

337

그림의 빨간 점을 보면 4대면 충분하다. 배열하는 방법은 많다.

338

그림의 파란색 점 세 군데에 설치하면 된다. 필요한 감시카메라의 수를 묻는 문제는 1973년에 빅터 클레가 처음으로 만들었다. 며칠이 지나서 러거츠 대학의 수학교수

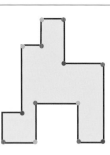

인 바섹 흐바탈이 n개의 꼭짓점이 있는 곳에는 전체 화랑을 다 볼 수 있는 n/3개의 지점이 있다는 것을 증명했다. 그 이후 보든 대학의 수학교수인 스티브 피스크가 3각 분할법을 이용해 카메라의 정확한 위치를 증명하기 전까지 이 문제는 흐바탈의 화랑 문제로 알려졌었다. 우선 3등분하는 지점의 세 꼭짓점을 서로 다른 세 가지 색깔로 표시한다. 그리고 모든 삼각형에 이 세 가지 색깔로 점을 표시한다. 그리고 그 색깔의 숫자가 제일 작은 색을 찾아서 그 지점에 카메라를 설치하면 된다.

339

넓이(T) = 넓이(JLNM) − 넓이(JKM) − 넓이(KLN) = (a+b)(2a+2b)/2−ab−ab = $a^2 + b^2$ = EB^2 = 넓이(S)

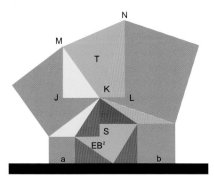

340

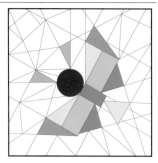

341

342

다르다. 1과 3번 케이크는 같지만, 2번은 빨간색 조각이 더 많다. 현(케이크를 자르는 선)의 수가 짝수이고 4개 이상이면 그 조각의 넓이는 항상 같다. 현의 수가 홀수이거나 4개 미만이면 조각은 같지 않다. 단, 1번처럼 현이 조각의 중심을 지나는 경우에는 같아진다. 이 퍼즐은 1968년에 업턴이 발견하고 1994년에 래리 카터와 스탠 왜건이 증명한 "피자 문제"에서 영감을 받아 만든 것이다.

343

노랑, 주황, 빨강, 분홍, 보라, 연녹색, 진녹색, 연한 파랑, 짙은 파랑, 라임색의 순서이다. 삼각형부터 십이각형까지 다각형의 변이 증가하는 순서와 같다.

345

그렇다. 이 성질은 반 오블의 정리(Van Aubel's Theorem)로 알려져 있으며, 비볼록 사각형, 심지어 3개나 4개의 모서리가 동일선상에 있는 사각형에서도 성립한다.

346

사각형에서는 각 변의 길이가 항상 나머지 세 변의 길이의 합보다 작아야 한다. 따라서 2, 3, 3, 8인 파랑 세트로는 사각형을 만들 수 없다.

347

우선 1과 2처럼 두 점 사이를 잇는 직선을 그린다. 그런 후, 이 직선에 수직이면서 길이가 같은 선분을 3에서 1과 2 사이로 긋는다. 그 선분의 끝점을 5라고 하면 이제 정사각형의 한 변이 보인다.

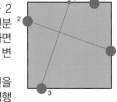

4와 5를 잇는 직선을 그리고, 이 직선에 평행하면서 3을 지나는 선을 긋는다. 그런 후, 이 두 선에 수평이면서 각각 1과 2를 지나는 선을 2개 그으면 이제 정사각형의 4변이 모두 그려진다.

348

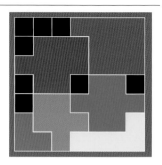

349

오각형의 한 변이 1이라면 문제에 그려진 정사각형은 한 변이 1.0605보다 크다. 하지만 아래의 정사각형은 1970년에 피치 체니가 펴낸 ≪저널 오브 레크리에이셔널 매스매틱스(Journal of Recreational Mathematics)≫에 실린 것으로 한 변이 1.0673보다 크다.

350

21개가 가능하다.

351

1. $1+\frac{1}{2}$
2. $2+\frac{1}{2}$
3. 1
4. 2
5. 3
6. $2+\frac{1}{2}$
7. $4+\frac{1}{2}$
8. $6+\frac{1}{2}$
9. $5+\frac{1}{2}$
10. 2
11. 5
12. 18
13. $5+\frac{1}{2}$
14. 7
15. 7
16. $7+\frac{1}{2}$

352

총 204개의 정사각형이 있다. 정사각형의 각 크기마다 개수는 다음과 같다.

크기	개수
1	64
4	49
9	36
16	25
25	16
36	9
49	4
64	1

한 변이 n인 정사각형 판에 만들 수 있는 정사각형의 총 개수는 1에서 n까지의 정수를 제곱하여 모두 더하면 된다.

353

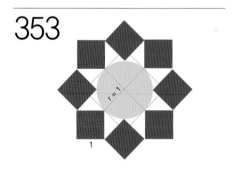

354

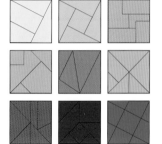

355

내심은 세 각을 이등분한 선을 그어 교점을 찾는다.
외심은 세 변을 수직이등분하는 선을 그어 교점을 찾는다.

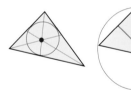

356

도형의 조각을 재배열하면 아래처럼 똑같은 정사각형 5개가 나온다. 따라서 빨간색 정사각형과 전체 도형의 넓이비는 1:5이다.

7장 해답

357

만들 수 있는 단어는 6개이고 실제로 사전에 실린 단어는 3개이다. 세 자리 중 1번째 자리에는 알파벳이 3개 다 올 수 있고 2번째 자리는 나머지 2개 중 1개, 3번째 자리에는 마지막 남은 알파벳이 올 수 있다. 따라서 가능한 경우의 수는 3×2×1 즉 6개가 되는데, 이는 다음과 같다.

OWN, ONW, NOW, NWO, WON, WNO

서로 다른 n개의 알파벳이나 숫자 또는 물체를 일렬로 배열하는 방법은
n×(n−1)×(n−2)×(n−3)×…… 3×2×1개인데, 이를 n!로 나타내며 n 계승이라 읽는다.

358

회전을 허용하면 7!=5,040개이지만, 회전을 제외하면 7!/7=6!=720개이다.
만약 왕관을 뒤집어 놓을 수 있는 경우까지도 제외한다면 답은 720/2=360개가 된다.

359

360

한 조에 4명씩 짝지을 때, 모든 여학생들 옆에 적어도 여학생 1명이 오는 경우는 그림처럼 6가지이다. 마지막 그림처럼 남학생만 4명인 조도 있을 수 있다.

361

362

다음의 2가지 경우가 있다.

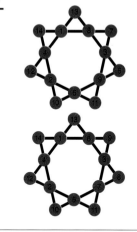

363

총 8개의 무늬가 가로줄 첫 번째부터 1, 1-2, 1-2-3, 1-2-3-4, 1-2-3-4-5의 패턴으로 1-2-3-4-5-6-7-8까지 반복된다.

364

색깔의 조합은
다음의 16가지이다.

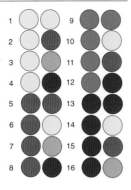

365

3가지 과일을 나열하는 경우의 수
는 6가지이다. 가장 왼쪽자리에 3
가지 과일이 모두 올 수 있고 중간 자리에는 나
머지 2가지 과일이, 오른쪽 자리에는 마지막 남
은 과일이 올 수 있다. 따라서 답은 $3 \times 2 \times 1 = 6$
가지이다. 이처럼 물체를 순서대로 배열하는 경
우를 순열이라 한다.

366

서로 다른 경우의 수는 5,040(7!)가
지이다.

367

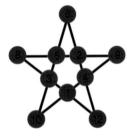

368

색종이를 직접 잘라보면 서로 다른
색깔의 배열이 12가지밖에 없다는
것을 알게 된다.

369

이렇게 나오는 것을 염주순열이라
한다. 구슬
이나 색깔의 수와는 관계
없이 만들 수 있으나, 구
슬의 수가 색깔의 수의
제곱이 되어야 한다.

370

빨간색 상자로 표시된 띠 4개는 그
림처럼 가로로 놓일 수도 있지만
세로로 놓여도 된다.

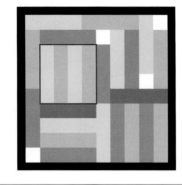

371

많은 답이 가능한데, 다음은 그 중
하나이다.

372

373

374

많은 답이 가능한데 다음은 그 중 하
나이다. 이
해답은 377번의 "뒤러
의 마방진"에서 8이하
의 수는 그대로 두고
8보다 큰 수는 17을
빼서 구한 것이다.

-1	3	2	-4
5	-7	-6	8
-8	6	7	-5
4	-2	-3	1

375

376

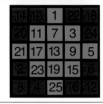

377

정답은 아래와 같이 2가지 경우가
있다. 하지만 뒤러의 마방진에는 가
로, 세로, 대각선에만 마법수가 있는 것이 아니
라 곳곳에 존재한다. 예를 들어 왼쪽 그림의 제
일 위의 2×2칸에 있는 숫자 16, 3, 5, 10을 더
해도 마법수인 34가 된다.

378

숫자 9개를
모두 더하면
45가 되는데, 이것을 3
×3 마방진에 배열하므
로 마법수는 15가 된다.
n×n인 마방진에서의 마
법수는 숫자를 직접 더해

보지 않아도 $(n^3+n)/2$라는 공식을 사용하면 구
할 수 있다. 로슈 문제를 풀기 위해서는 우선 합
이 15가 되는 세 수의 집합이 다음과 같이 8개
가 있다는 것을 알아야 한다. 9-5-1, 9-4-2,
8-6-1, 8-5-2, 8-4-3, 7-6-2, 7-5-3, 6-5-
4 마방진의 정중앙에 들어갈 숫자는 가로, 세로,
양 대각선 즉 총 네 줄에 모두 있어야 하는데,
위의 수 집합에서 5가 중앙에 네 번 나오므로
정중앙 숫자라는 것을 알 수 있다. 또, 위의 수
집합에서 9는 두 번만 나오므로 가로줄 세 개나
세로줄 세 개 중에서 중간 줄이 된다. 이 사실과
5의 정중앙 위치를 맞추면 1이 있는 세로 줄이
9-5-1이라는 것을 알 수 있다. 마찬가지 방식으
로 3과 7이 있는 집합도 2개이므로 이것도 가로
줄이나 세로줄 중 중간에 들어가야 한다. 그러면
이제 남은 4개의 숫자가 들어갈 방법은 한가지
밖에 없다. 이런 방식을 로슈 해법이라 한다.

379

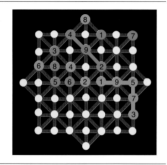

380

경첩을 따라 뒤집은 조각만 나타냈다.

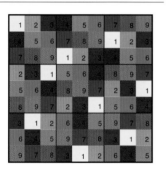

381

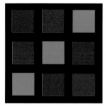 

382

서로 다른 쌍은 15가지이다. 각 침팬지는 당나귀 3필 중 아무거나 고를 수 있기 때문에 침팬지 한 마리당 3개의 쌍이 존재한다. 침팬지는 총 5마리이므로 15가지 쌍이 된다.

383

컬러 마방진은 세로와 가로에 대해서만 성립한다. 마방진이 항상 성립하지는 않기 때문에, 규칙에 가장 가까운 경우를 답으로 해야 하는 경우도 많다.

384

이 문제는 컬러 마방진을 주대각선까지 확장시키는 것이 가능한지 묻는 경우이다. 주대각선은 가능하나, 모든 대각선에 모든 색깔이 한 번씩 나타나도록 하는 것은 불가능하다.

385

컬러 육방진을 모든 대각선에 대해서 성립하도록 하는 것은 불가능하다.

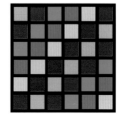

386

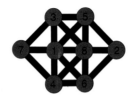

387

아래는 모든 대각선에도 규칙이 성립하는 컬러 마방진이다. 이처럼 완전한 컬러 마방진은 2나 3으로 나눌 수 없는 차수일 때만 가능하다.

388

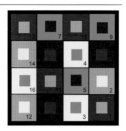

389

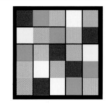

391

총 12명의 광대 중 1, 2, 3, 6, 7, 8, 9, 11번은 3번씩, 나머지는 2번씩 나타났다. 광대 얼굴은 모두 32개이지만 이미 맞추어져 있는 광대 얼굴은 24개이다.

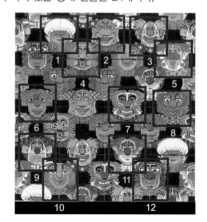

392

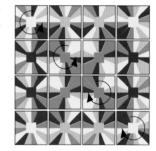

393

순서쌍 중 마지막 남은 경우이다.

394

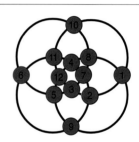

395

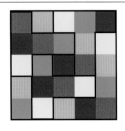

396
많은 답이 가능한데, 다음은 그 중 2가지이다.

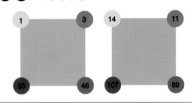

397
회전과 반사를 제외하면 정답은 4 가지이다.

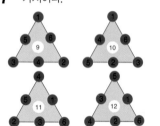

398

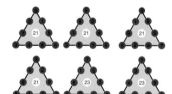

399

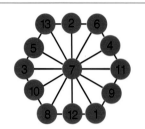

400

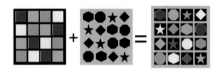

# 401
n=5, k=11, p=120이다.

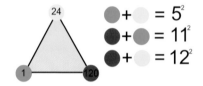

402

403

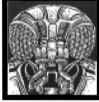

404
3번째 외계인을 빈 칸에 넣으면 모든 가로, 세로, 대각선마다 외계인이 1번씩만 나타난다.

405

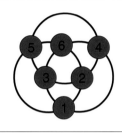

406

407
많은 답이 가능한데 다음은 그 중 2가지이다.

9	8	4
7	5	3
6	2	1

16	12	8	4
15	11	7	3
14	10	6	2
13	9	5	1

408

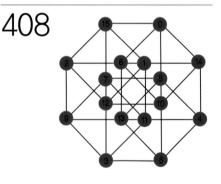

409

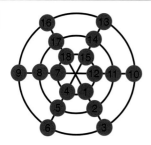

410

숫자 19개의 총합은 190으로 5로 나누어진다. 또, 각 방향마다 평행한 줄은 5개씩 있다. 따라서 마법수는 190으로 5나 38로 약분된다.

일반적으로 칸이 n개인 육각형 벌집에 1에서 n까지의 자연수를 모든 줄의 합이 일정하도록 배열할 수 있다. 이때 그 총합을 마법수라 한다.

위의 해답처럼 3차 매직 육각형은 가능하지만, 7 칸이 있는 2차 매직 육각형은 불가능하다. 1에서 7까지의 총합은 28인데, 이는 각 방향마다 줄의 개수인 3으로 나누어떨어지지 않는다. 마찬가지로 4차와 5차 매직 육각형도 불가능하다. 사실, 4차 이상의 매직 육각형이 불가능하다는 사실이 아주 어려운 방법을 통해 증명되었다. 더 놀라운 사실은, 위의 매직 육각형이 1910년에 발견된 유일한 해법이라는 것이다.

411

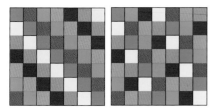

412

해답은 아래처럼 2가지이다.

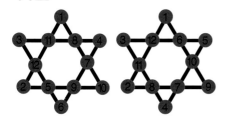

413

윗줄의 오른쪽 팔각형을 반시계 방향으로 1/4바퀴, 아랫줄 왼쪽 팔각형을 반 바퀴, 아랫줄 오른쪽 팔각형을 시계방향으로 1/4바퀴 돌린다.

414

제일 아랫줄 왼쪽과 오른쪽 팔각형은 2가지 방식으로 놓일 수 있으므로 답은 4가지이다.

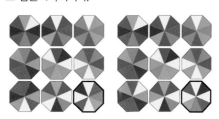

415

각 패턴마다 칸의 움직임을 화살표로 표시하고, 빈 칸에 들어갈 것은 빨간색으로 나타냈다.

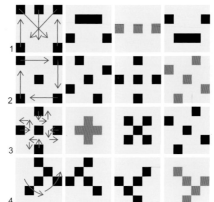

416

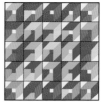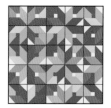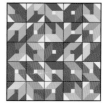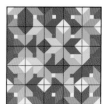

417

자유롭게 여러 패턴을 만들어 보자.

418

419

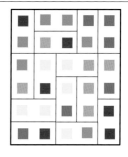

420 체스판의 칸을 세어보면 빨강이 32개이고 노랑이 31개이다. 도미노는 정사각형 2칸(빨강-노랑)이 붙어 있는 형태이므로 색깔 별로 숫자가 똑같아야 한다. 따라서 도미노 2칸을 1칸씩 자르지 않고서는 문제의 체스판을 만들 수 없다.

421 아래처럼 4가지 방법이 있다.

1   **2**   **3**   **4**

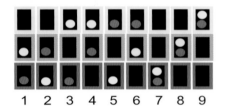

422 노란 점은 파인애플, 빨간 점은 사과를 나타낸다. 이를 접시 3개에 담을 수 있는 서로 다른 방법은 9가지이다.

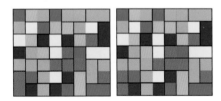

1   2   3   4   5   6   7   8   9

423 서로 비슷한 방법이 2가지 있다.

424

잃어버린 육각형

425 세 영역이 모두 노란색인 삼각형이다.

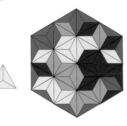

426 모노미노가 아래의 검정색 4칸 중 한 곳에 위치해야만 문제의 체스판을 만들 수 있다.

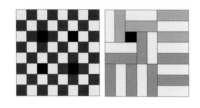

427

428 빈 칸에는 모두 노란색으로 된 정사각형이 들어간다. 많은 답이 가능한데, 다음은 그 중 하나이다.

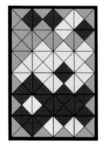

429 녹색이 지그재그 모양이 된다.

430

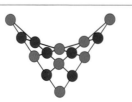

432

433 답은 6-4-3-5-2-1-7이다.

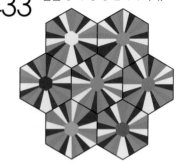

434 3번이 없다.

8장 해답

435

436 THE

437 많은 답이 가능한데, 다음은 그 중 하나이다.

438 문제 20번에서 본 고전적인 "T-퍼즐"이 된다.

439 정사각형 3개를 분할하여 큰 정사각형 1개로 재배열하는 문제이다. 5조각으로 정사각형을 만들 수 있다고 하지만, 아직 답이 발견되지 않았다. 따라서 현재로서는 문제처럼 6조각으로 나누는 것이 이 문제를 푸는 최소 조각의 수이다.

440

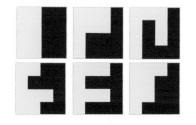

441

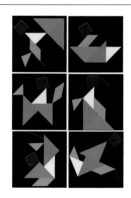

442

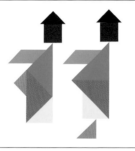

443 많은 답이 가능한데, 다음은 그 중 하나이다.

444

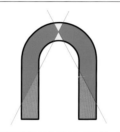

445

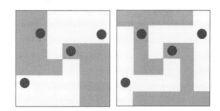

446

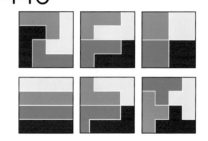

447

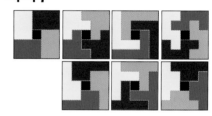

448

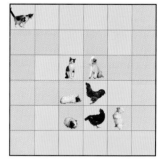

449

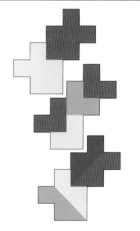

450

451

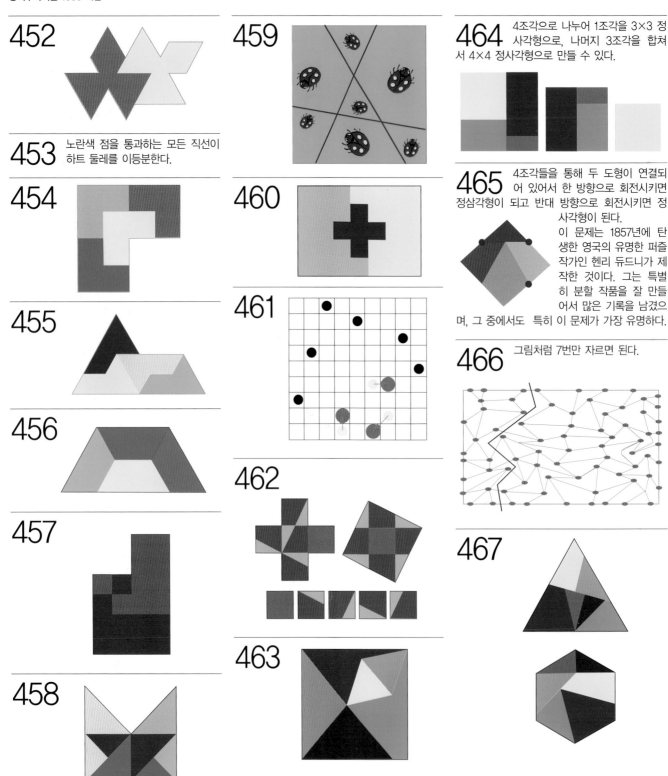

452

453 노란색 점을 통과하는 모든 직선이 하트 둘레를 이등분한다.

454

455

456

457

458

459

460

461

462

463

464 4조각으로 나누어 1조각을 3×3 정사각형으로, 나머지 3조각을 합쳐서 4×4 정사각형으로 만들 수 있다.

465 4조각들을 통해 두 도형이 연결되어 있어서 한 방향으로 회전시키면 정삼각형이 되고 반대 방향으로 회전시키면 정사각형이 된다.

이 문제는 1857년에 탄생한 영국의 유명한 퍼즐 작가인 헨리 듀드니가 제작한 것이다. 그는 특별히 분할 작품을 잘 만들어서 많은 기록을 남겼으며, 그 중에서도 특히 이 문제가 가장 유명하다.

466 그림처럼 7번만 자르면 된다.

467

468
5조각으로 나누면 된다.

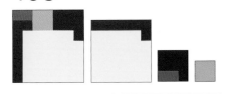

469
이 문제를 성공적으로 풀었다면 피타고라스의 정리에 숨겨진 사실을 증명한 셈이 된다.

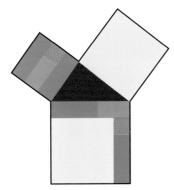

470
이 문제는 피타고라스의 증명 중 가장 아름다운 증명으로, 헨리 페리갈의 증명을 이용한 것이다. 페리갈의 증명은 우선, 정사각형 B의 중심점을 지나면서 선 c까지의 수직선을 긋고, 또 B의 중심점을 지나면서 선 c와 평행한 선을 하나 긋는다.
그러면 그림처럼 정사각형 B가 4조각으로 나뉘고 정사각형 A는 정사각형 C의 자리에 놓일 수 있다. 이 관계는 직각삼각형의 각 변에 만든 세 정사각형 사이에서 항상 성립한다.

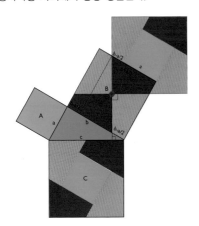

472

473

474

475

476

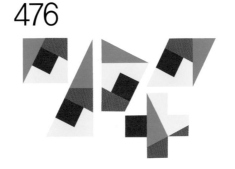

477
6조각으로 나눈 후 맞추면 된다.

478

479

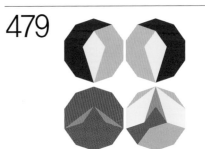

480
독일 수학자인 월터 트럼프가 찾은 답으로, 빨간색 정사각형 몇 개를 40.18도로 기울여야 한다.

481
선아래 좌우 조각을 바꾸면 빨간 연필 6자루와 파란 연필 7자루가 있는 그림이 된다. 자세히 들여다보면 색깔이 바뀐 연필을 알 수 있다.

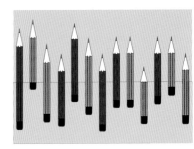

482

각 별의 조각 배열은 모두 같다.

483

각 별의 조각 배열은 모두 같으며 아래와 똑같은 별모양 3개가 나타난다.

3X

484

조각 1 — 1.5칸
조각 2 — 4.5칸
조각 3 — 1.5칸
조각 4 — 2.5칸
조각 5 — 2.5칸
조각 6 — 3칸
조각 7 — 4칸
조각 8 — 15.5칸

따라서 15.5칸인 빨간색 조각보다 나머지 영역의 합이 19.5로 더 크다.

485

현재까지 알려진 완전 직사각형 중 최소인 것으로 가로×세로가 32×33이다.

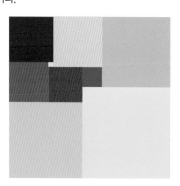

486

70×70 정사각형 판에 정사각형 24개를 모두 겹치지 않고 배열하는 방법은 없다. 가장 답에 가까운 것은 정사각형 23개를 아래처럼 배열하는 것이다. 연속된 정수의 제곱합이 완전제곱이 되는 경우는 더 있지만, 1에서 24까지가 최소인 경우이다.

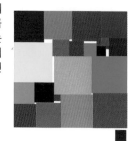

487

11×11 정사각형
– 그림처럼 7조각

12×12 정사각형 – 6×6조각 4개

13×13 정사각형
– 그림처럼 14조각

14×14 정사각형 – 7×7조각 4개
한 변의 길이가 짝수인 경우 어떤 패턴이 보이는가?

488

16개의 칸 어디에나 생길 수 있다. 아래에 조각을 회전하고 반사시켜 만든 세 가지 예가 있다.

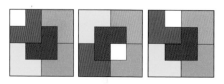

489

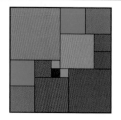

490

11개가 필요하다. 여러 가지 답이 가능한데, 다음은 그 중 하나이다.

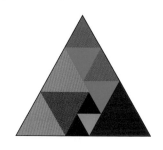

491

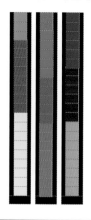

492

만들 수 있는 구멍의 수는 블록의 수보다 클 수 없다. 만일, 한 변의 길이가 3의 배수로 나눌 수 있는 문제라면, 만들 수 있는 최대 구멍의 수는 두 변의 곱을 3으로 나누면 된다.

493

494

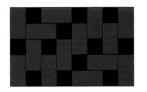

495

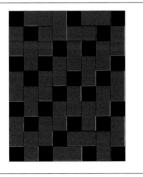

496

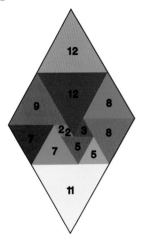

497 첫 번째와 세 번째 그림에서 검정색이 약 $3/4$이 채워져 있다. 두 번째와 네 번째는 검정색이 $3/4$보다 더 채워져 있다.

498 여러 가지 답이 있는데, 다음은 그 중 하나이다.

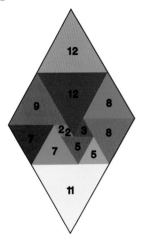

499

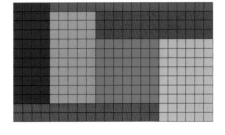

500 펜토미노라 불리는 이 모양은 아래 처럼 12가지가 있다.

501

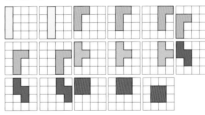

502

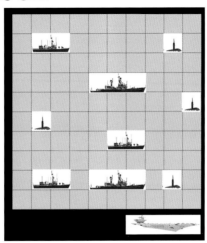

503 아래 두 정사각형은 거의 똑같아 보인다. 하지만 2−1=2가 될 수는 없는 일이므로 두 번째 정사각형이 조금은 작아야 한다. 녹색-노란색 조각을 뺀 후, 그 조각의 넓이만큼 나머지 조각들 사이의 공간을 아주 조금씩 더 벌려서 알아차리기가 거의 불가능한 것이다.

뺀 정사각형 조각을 다시 놓는 방법을 생각해보자. 이때 핵심은 흰색 정사각형 한 변위에 있는 두 삼각형 위치를 바꾸는 것이다. 이것만 하면 나머지 조각의 배열 방법은 금방 파악할 수 있다. 그에 맞게 조각을 배열하면 완성된다.

차이점을 잘 파악하는 사람이라도 교묘하게 숨겨진 변화를 찾는 것은 결코 쉽지 않다. 따라서 조각이 사라지는 종류의 문제를 통해서 미묘한 변화를 포착하는 연습을 할 수 있다.

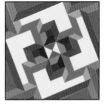 

504 9개가 필요하다.

505
펜토미노 12개를 판에 놓는 방법은 다양하다.

퍼즐 1-해답   퍼즐 2-해답

퍼즐 3-해답   퍼즐 4-해답

 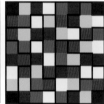

퍼즐 5-해답   퍼즐 6-해답

506

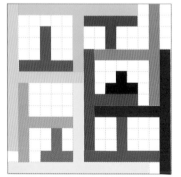

507
16개가 필요하다.

508
많은 답이 가능한데, 아래의 답에서는 제일 위에 노란색 펜토미노가 만들어졌다.

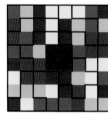

509
정 테셀레이션을 할 수 있는 도형은 정삼각형, 정사각형, 정육각형 3개뿐이다. 여기에는 매우 논리적인 이유가 있다. 정 테셀레이션을 하려면 만나는 정다각형의 꼭짓점의 각이 360도가 되어야 한다. 따라서 각이 360의 약수인 것만 가능한 것이다.

한 각이 60도인 정삼각형 6개가 모이면 360도가 되므로 모자이크를 만들 수 있다.

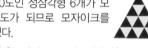 한 각이 90도인 정사각형도 4개가 모이면 360도 이므로 모자이크를 만들 수 있다.

한 각이 108도인 정오각형은 360의 인수가 아니므로 될 수 없다.

한 각이 120도인 정육각형은 3개가 모이면 360도가 되므로 가능하다.

한 점에서 만날 수 있는 그 다음 자연수는 2개인데 그러면 한 각이 180도가 되어 테셀레이션이 아니라 이등분하는 것이 된다. 따라서 정삼각형, 정사각형, 정육각형만 가능하다.

510
중간 물고기는 작은 물고기 9마리로 채워지고, 큰 물고기는 중간 물고기 9마리로 채워진다. 따라서 큰 물고기는 작은 물고기 81마리로 채워진다. 그렇지만 이 큰 물고기가 안심할 수 있는 것은 아니다. 주위 어딘가에 더 큰 물고기가 있을 테니까 말이다.

9장 해답

511
$10!/(2 \times 3)$, 즉 604,800가지이다.

512
삼각수는 1부터 시작하여 연속하는 모든 양수의 총합과 같으므로, 4번째 삼각수인 10은 $1+2+3+4$가 된다. 바빌론의 쐐기 문자판에서 보듯이 삼각수 유도법은 이미 고대부터 알려져 왔다. 어떤 수 n에 대해 그 삼각수는 $n(n+1)/2$이므로, 18번째 삼각수는 $18(18+1)/2$, 즉, 171이 된다.

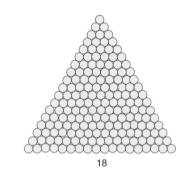

18

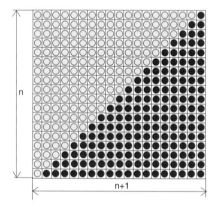

513
$99 + {}^{99}/_{99} = 100$

514 연속하는 원모양의 테두리는 6(n-1)개의 작은 공으로 이루어져 있으므로, 다음 육각수는 37+6(5-1)=61이 된다.

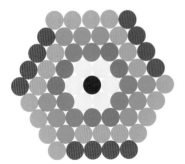

515 제곱수는 1부터 시작하여 홀수를 합한 것과 같다.
$1^2=1$
$2^2=1+3=4$
$3^2=1+3+5=9$
$4^2=1+3+5+7=16$
따라서 7번째 제곱수는 $7^2=1+3+5+7+9+11+13=49$이다.

516 6번째와 7번째 삼각수인 21과 28을 더하면 49가 된다.

517 5번째 삼각수는 15이므로 (15×8)+1=121이다.

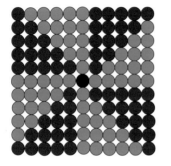

518 사면체 수는 n(n+1)(n+2)/6이므로 1, 4, 10, 20, 35, 56, 84 등의 수열이 된다. 사각뿔의 수는 n(n+1)(2n+1)/6이므로 1, 5, 14, 30, 55, 91, 140 등의 수열이 된다.

519 일대일 대응 원리를 이용하면 세지 않고 풀 수 있다. 우측을 보는 양과 좌측을 보는 양을 한 쌍으로 생각하고 한 쌍씩 찾아 동그라미를 친다. 쌍이 되지 않고 마지막에 남는 양이 정답이 된다.

520 숫자 4개는 1, 3, 9, 27이다. 이 문제는 최소한의 숫자로 최대한을 결과를 이끌어내는 좋은 예가 된다.

1	=	1	9+3-1	=	11
3-1	=	2	9+3	=	12
3	=	3	9+3+1	=	13
3+1	=	4	27-9-3-1	=	14
9-3-1	=	5	27-9-3	=	15
9-3	=	6	27-9-3+1	=	16
9-3+1	=	7	27-9-1	=	17
9-1	=	8	27-9	=	18
9	=	9	27-9+1	=	19
9+1	=	10	27-9+3-1	=	20

27-9+3	=	21	27+3+1	=	31
27-9+3+1	=	22	27+9-3-1	=	32
27-3-1	=	23	27+9-3	=	33
27-3	=	24	27+9-3+1	=	34
27-3+1	=	25	27+9-1	=	35
27-1	=	26	27+9	=	36
27	=	27	27+9+1	=	37
27+1	=	28	27+9+3-1	=	38
27+3-1	=	29	27+9+3	=	39
27+3	=	30	27+9+3+1	=	40

521 가우스는 1+2+3+4…97+98+99+100을 1+100+2+99+3+98+4+97…로 써도 같다는 것을 알아냈다.
앞에서부터 2개씩 쌍으로 묶어서 더하면 합이 101인 쌍이 50개 생기므로 정답은 5,050이 된다.
연속하는 자연수를 더하는 모든 문제에 이 방식을 적용할 수 있으며, 실제 공식은 n(n+1)/2로써 삼각수를 구하는 것과 같다.
가우스의 일화는 패턴을 찾는 것이 얼마나 중요한지를 잘 보여준다. 문제의 의도를 파악하면 쉽게 풀 수 있다.

522 이 게임에서 이기려면 수학적 동치라는 개념을 잘 알아야 한다. 문제 377번의 로슈 마방진을 다시 생각해보자. 마방진은 모든 가로, 세로, 주대각선의 합이 15가 되도록 1에서 9까지의 숫자를 칸에 넣는 것이었다. 이처럼 15가 되는 숫자 3개를 지워나가는 방식은 틱택톡 게임과 같다. 이기기 위한 최상의 방법은 5를 가장 먼저 칠하는 것이다.

523

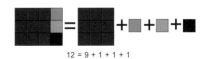

12 = 9 + 1 + 1 + 1

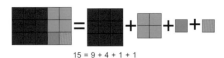

15 = 9 + 4 + 1 + 1

524 피타고라스 이론에 의해 빗변의 길이는 $1^2+1^2=c^2$이므로 $c=\sqrt{2}$라는 것을 간단히 구할 수 있다.
하지만 $\sqrt{2}$에 해당하는 유리수를 찾는 것은 불가능하다. 피타고라스의 제자였던 히파수스가 최초로 한 변이 유리수인 정사각형에 대각선을 그으면 그 대각선은 유리수가 아니라는 것을 증명했다. $\sqrt{2}$나 $\sqrt{3}$과 같은 숫자는 분모와 분자가 모두 자연수인 분수로 나타낼 수가 없는데 이것을 무리수라 부른다. 히파수스의 증명으로 그리스 수학의 근본이 흔들렸지만, 길이에 대한 이 연구는 이후 기하학과 대수학을 연결하는 교량역할을 하게 되었다.

525 4-1+2×3+5=20

526 홀수를 2개 더하면 짝수가 되지만, 홀수를 홀수 개만큼 더하면 항상 홀수가 된다.
따라서 홀수 5개를 더해서 100을 만드는 것은 불가능하고, 6개를 더해서 100을 만드는 것은 가능하다. 홀수 1, 3, 45, 27, 13, 11을 모두 더하면 100이 된다.

527 5명만 있으면 된다. 사과 5개를 5초에 사과를 딴다면 평균적으로 1초에 사과 1개를 따는 것이다. 따라서 이 5명이 사과 60개를 60초 안에 딸 수 있다.

528

6다음의 완전수는 28이다. 28의 약수는 1, 2, 4, 7, 14, 28이며 28을 제외하고 모두 더하면 28이 된다.
성경에서 사제들은 처음 두 완전수에 우주의 원리가 있다고 믿었다. 즉, 하느님은 6일 동안 천지창조를 하셨고, 달이 지구주위를 도는 공전주기는 28일이라는 것이다.
3번째 완전수는 496이다.
마지막 완전수가 있는지 또 홀수 완전수가 있는지는 피타고라스 시대부터 수학자들이 답을 찾으려고 한 문제이다. 그러나 아직까지도 미지수이다.

529

오른쪽에 있는 것이 유일한 정답이다. 이 문제는 스코틀랜드의 수학자인 더들리 랭포드가 1950년에 자신의 아들이 컬러 블록을 가지고 노는 것을 보고 만들었다. 블록쌍의 개수가 4의 배수이거나 4의 배수에서 1을 뺀 수일 때에만 해답이 존재한다.

531

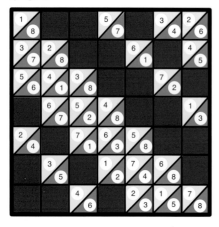

532

비탈면의 경사와는 상관없이 2초 동안의 이동거리는 항상 1초 동안 이동 거리의 4배가 된다. 그리고 3초 후의 이동 거리는 1초 동안의 이동 거리의 9배가 된다. 따라서 n초 후의 공의 위치는 n^2이다.

533

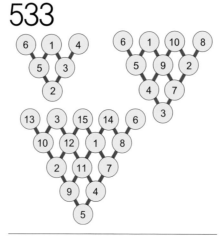

534

20마리이다.

535

8과 9의 자리를 바꾼 후, 9를 위아래로 뒤집어 6으로 만든다. 그러면 각 세로줄 합이 모두 18이 된다.

536

8페이지 전에 7페이지가 있었기 때문에 21페이지 뒤에도 7페이지가 있었을 것이다. 따라서 총 28페이지까지 있었다.

537

많은 경우가 가능한데, 다음은 그 중 하나이다.

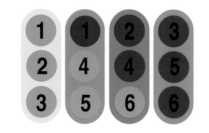

538

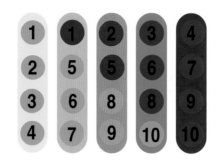

539

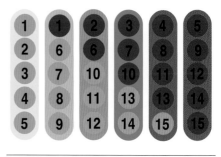

540

243+675=918, 341+586=927, 154+782=936, 317+628=945, 216+738=954등 여러 가지 답이 가능하다.

541

0이 없는 서로 다른 수 10개로 만들 수 있는 10자리 수는 10!, 즉 3,628,800개이다. 하지만 0이 포함되어 있다면 0은 첫째 자리에 올 수 없으므로 3,265,920개가 된다.

542

제일 아래처럼 마름모의 칸을 ABCD라 할 때, 모든 마름모에서 A×D−B×C=1이 성립된다.

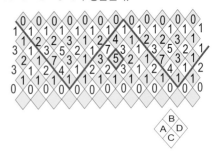

543

지속성 중 최소는 1이다. 지속성이 2, 3, 4인 숫자 중 가장 작은 수는 각각 25, 39, 77이다.

544

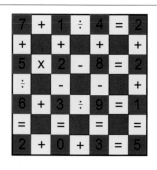

545
바로 위 칸, 대각선으로 왼쪽 위 칸 (즉, 위 칸의 왼쪽 칸), 바로 왼쪽 칸의 숫자를 모두 더하면 63이다.

546

$0 = 4 - 4$
$0 = 4 - 4$
$1 = 4 \div 4$
$2 = (4 + 4)/4$
$3 = 4 - (4/4)$
$4 = 4$
$5 = 4 + (4/4)$
$6 = ((4 + 4)/4) + 4$
$7 = (44/4) - 4$
$8 = 4 + 4$
$9 = 4 + 4 + (4/4)$
$10 = (44 - 4)/4$

547

$20 = 1 + 1 + 1 + 1 + 1 + 1 + 1 + 1 + 13$
$20 = 1 + 1 + 1 + 1 + 1 + 1 + 1 + 3 + 11$
$20 = 1 + 1 + 1 + 1 + 1 + 1 + 5 + 9$
$20 = 1 + 1 + 1 + 1 + 1 + 3 + 3 + 9$
$20 = 1 + 1 + 1 + 1 + 1 + 1 + 7 + 7$
$20 = 1 + 1 + 1 + 1 + 1 + 3 + 5 + 7$
$20 = 1 + 1 + 1 + 1 + 3 + 3 + 3 + 7$
$20 = 1 + 1 + 1 + 1 + 1 + 5 + 5 + 5$
$20 = 1 + 1 + 1 + 3 + 3 + 3 + 5 + 5$
$20 = 1 + 1 + 1 + 3 + 3 + 3 + 3 + 5$
$20 = 1 + 1 + 3 + 3 + 3 + 3 + 3 + 3$

548
6개이다. $17 + 17 + 17 + 17 + 16 + 16 = 100$점이 된다.

549

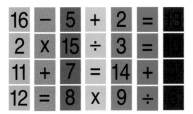

550
총합은 둘 다 1,083,676,269이다.

551
그 다음 숫자 4개는 21, 34, 55, 89 이다. 각 숫자는 직전의 두 수를 합한 것이다. 이 수열을 계속하면 연속하는 두 수의 비가 황금비로 유명한 1:1.6180037에 가까워진다.

552
첫째 자리에는 1에서 9까지 모든 수가 가능하지만, 둘째 자리에는 첫째 자리와 연속한 숫자를 제외시켜야 하므로 총 81개가 있다.

553
이 문제는 오래전에 만들어져서 수학자들이 여러 답을 찾아냈다. 다음은 그 중 하나이다.
$1 + 2 + 3 - 4 + 5 + 6 + 78 + 9 = 100$

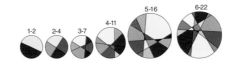

554
$2{,}520 = 5 \times 7 \times 8 \times 9$

555
대부분의 사람들은 이 수열이 화살표가 나오는 두 수의 차라고 생각한다. 하지만 21−13은 8이므로, 마지막에 있는 7이 이 규칙에 맞지 않다.
두 수의 차이가 아니라 두 수에 있는 각 자릿수를 모두 더해보자. 9, 9, 7, 2를 더하면 27이 되고 4, 5, 2, 7을 더하면 18이 된다. 따라서 중간의 빈 칸에는 3, 6, 2, 1을 더한 12가 들어간다.

556

312211

각 칸은 직전에 있는 칸의 숫자를 설명하고 있다. 즉, 11은 직전의 칸에 1이 1개라는 뜻이고, 21은 1이 2개, 1211은 2가 1개이며 1이 1개, 111221은 1이 1개, 2가 1개, 1이 2개라는 뜻이다.

557
수열은 케이크를 잘라서 나오는 조각의 개수로써, 평면을 직선으로 그을 때 나오는 최대 조각의 수를 말한다. 일반적으로 n번째 선으로 자르면 새로운 조각이 n개 더 생긴다. 따라서 6번째 선을 그으면 새 조각이 6개 생기므로 16+6=22가 된다.

1-2 2-4 3-7 4-11 5-16 6-22

558
어떤 수의 각 자릿수를 곱해서 한 자릿수를 만드는 과정을 수열로 나타낸 것이다. 따라서 마지막에는 8이 들어간다.

559
210은 20번째 삼각수이다. 1에서 20까지의 수를 모두 더한 것이므로 20살이다.

560
가로로 왼쪽에서 오른쪽으로 한 칸씩 이동할 때마다 숫자는 2배가 되고, 대각선으로 위에서 아래로 이동할 때에는 2씩 더해진다.

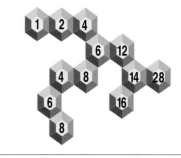

561
부자의 나이를 쌍으로 묶으면 (52, 25), (63, 36), (74, 47), (85, 58), (96, 69)세가 가능하다. 하지만 친구가 마술사로 일한 것이 아들이 태어난 직후부터 45년이 넘으므로 답은 74세와 47세이다.

562

IOTOIO

563
$17 \times 4 = 68 + 25 = 93$

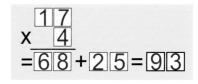

564
양쪽에 40씩 더한다.

170	30		
+40	+40	$\dfrac{Y}{Z} = \dfrac{210}{70}$	$X = 40$
210	70		

565

$$2^6 - 63 = 1$$

566
처음에 100개의 조각인 퍼즐을 완성하면 큰 덩어리 1개가 된다. 한 번 맞출 때마다 조각이나 덩어리의 수가 1개씩 줄어들므로 99번만 맞추면 된다.

567

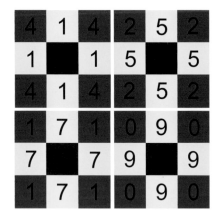

568

569
싱글 엘리미네이션 토너먼트에서는 한 번 경기가 치러질 때마다 한 팀이 떨어진다. 만약 총 58개의 팀에서 우승팀 1팀을 뽑는다면 57개의 팀은 도중에 떨어져야 한다. 따라서 57번의 경기가 있어야 한다.

570
주어진 문제만으로는 답을 구할 수 없다고 생각하기 쉬운데 사실 그렇지 않다. 만일 빨간색 꽃이 2송이라고 해보자. 40송이에서 2송이를 전부 빨간색 꽃으로 선택할 수도 있다. 즉 빨간색 꽃이 2송이만 되어도 보라색 꽃이 없을 가능성이 생긴다. 따라서 빨간색 꽃은 1송이뿐이고 나머지는 모두 보라색 꽃이어야 한다.

571
빨간색 꽃이 2송이라고 해보자. 그러면 3송이를 선택했을 때 빨간색 꽃 2송이와 노란색 꽃 1송이와 보라색 꽃 0송이가 있을 수 있다. 즉, 빨간색 꽃이 2송이만 되어도 다른 색 꽃이 없을 확률이 생긴다. 같은 원리로 어느 꽃도 2송이 이상이 될 수 없다. 그러므로 정원에 핀 꽃은 3송이뿐이다.

572

2층

1	5	1		3	1	4
5		5		2		1
1	5	1		3	1	3

1층

1	2	1		1	1	1
2		2		1		1
1	2	1		1	2	1

탈옥 전   탈옥 후

573
에뮤 23마리와 낙타 12마리가 있었다.

574
조류 22마리와 네발짐승 14마리가 있었다.

575
다리의 수는 세발, 네발의자와 사람의 다리를 모두 더한 것이다. 따라서 세발 의자 하나에 한 사람이 앉았을 때 총 다리의 수는 5개이고, 네발 의자 하나에는 총 6개가 된다. 따라서 5×세발 의자의 수 + 6×네발 의자의 수＝39이다. 그러므로 세발 의자 3개, 네발 의자 4개, 사람 7명이 독서실 안에 있었다.

576
그렇다.

577
친구 9명을 3명씩 짝지어 쌍으로 만들어야 하는데, 수학용어로는 "슈타이너 세짝 체계(STSs)"라 부른다. 간단히 말하면 친구 1명당 저녁식사를 4번 해야 한다는 것이다.

1일 – 케이트, 데이비드, 루시
2일 – 에밀리, 제인, 테오
3일 – 메리, 제임스, 존
4일 – 케이트, 에밀리, 메리
5일 – 데이비드, 제인, 제임스
6일 – 루시, 테오, 존
7일 – 케이트, 제인, 존
8일 – 루시, 제인, 메리
9일 – 데이비드, 테오, 메리
10일 – 루시, 에밀리, 제임스
11일 – 케이트, 테오, 제임스
12일 – 데이비드, 에밀리, 존

578
총 25개 중 어미 고양이의 목숨이 2개 남았으므로 새끼 고양이의 목숨은 23을 나누어야 한다. 따라서 1마리는 목숨 5개, 6마리는 목숨 3개가 남아 총 7마리의 새끼 고양이가 있을 수 있다. 또는 1마리는 목숨 3개, 4마리는 목숨 5개가 남아 총 5마리가 있을 수도 있다.

579
한자리 숫자는 9개가 있고, 두자리 숫자는 90개, 세자리 숫자는 900개의 총 자릿수는 9×1＋90×2＋900×3＝2,889이다. 1000에서 1009까지의 네자리 숫자는 10×4＝40개이다. 이를 모두 더하면 2,929가 되므로 책의 총 페이지 수는 1,009 페이지이다.

580

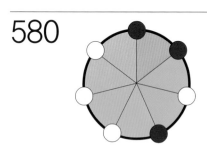

581
빨간색 점 4개를 길이가 1-2-6-4나 1-3-2-7이 되도록 놓아야 한다.

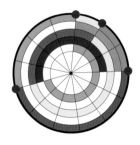

582
빨간색 점 5개를 길이가 1-3-10-2-5번 되도록 놓아야 한다.

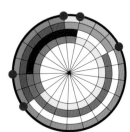

584

1일—4-5-2 7-1-9 6-8-3
2일—7-8-5 4-3-1 6-9-2
3일—8-1-2 4-7-6 9-3-5
4일—1-5-7 3-2-8 9-4-6
5일—8-4-1 5-6-2 3-7-9
6일—7-2-4 8-9-5 1-6-3

585

이 문제의 비밀은 아래의 회색 칸에 있다. 매번 뒤집히는 회색 칸의 개수가 0개나 2개여야만 문제를 풀 수 있다. 따라서 지킬의 얼굴이 짝수라면 이 문제를 풀 수 있지만 홀수라면 풀 수 없다.

586

솔로몬 골롬이 만든 최소길이(단위)자는 6단위까지만 "완전"하다. 단위가 6을 넘으면 어떤 길이는 한 번 이상 반복되거나 아예 나오지 않는 경우도 있기 때문에 "불완전"하다. 단위가 11인 자를 보면 6단위를 재는 선을 그을 수가 없다.

0   11

587

3+5+6+1=15마리이다.

588

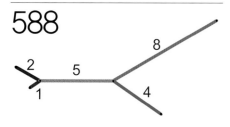

589

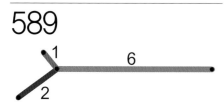

590

키가 2배로 커졌다면 면적은 $2^2=4$배만큼 증가하며 부피는 $2^3=8$배만큼 증가한다. 부피의 밀도는 일정하다고 할 때 몸무게도 역시 8배만큼 증가한다.

591

약 1/3의 크기이다.

592

오른쪽에 보듯이 노란색 정사각형은 빨간색 도형과 똑같은 모양으로 4등분할 수 있다. 따라서 정확히 1/4의 크기이다.

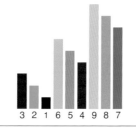

593

84가지 답이 가능한데 다음은 그 중 하나이다.

3 2 1 6 5 4 9 8 7

594

연속하는 10개의 숫자/길이에는 연속적으로 증가하거나 감소하는 네 수가 항상 존재한다. 593번과 같이 띠가 9개인 문제는 조건대로 배열할 수 있지만 10개일 경우는 불가능하다.

595

39분 걸린다.

596

7번에서 9번까지의 정답은 아래와 같다. 마지막이 체크판 무늬처럼 된다는 것에 주목하라. 1번 정사각형을 문제와 다른 배열로 시작해도 마지막이 항상 체크판처럼 되는지 확인해 보라. 하지만 사실은 이 체크판 무늬가 항상 정답이 되는지는 증명된 적이 없다.

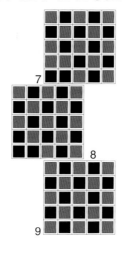

597

1번에서 5번까지의 무늬는 아래와 같다. 이런 종류의 문제를 세포 자동자 문제라 하는데 여기에는 다음과 같은 놀라운 특징이 있다. 처음 시작할 때의 색의 배열과는 상관없이 작업을 몇 번 하다보면 결국에는 원래 배열이 4개, 16개, 24개가 되어 나타난다. 즉 이렇게 간단한 문제를 통해 자기증식과 같은 생명체의 특징을 엿볼 수 있다.

MIT의 교수인 에드워드 프레드킨이 1960년에 최초로 자기증식 문제를 만들었다. 프린스턴대학의 존 콘웨이 교수가 만든 생명게임이 이와 유사한 원리를 바탕으로 한 정교한 세포자동화 게임이다. 이 게임에서 각 칸의 생존여부는 그 주변에 살아있는 칸의 개수에 따라 정해진다. 살아있거나 성장하거나 복제하는 형태를 찾는 흥미로운 수학 문제이다.

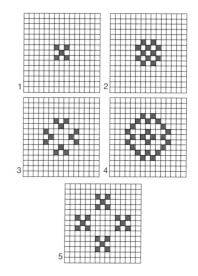

598

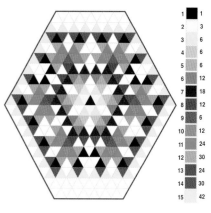

	1
1	1
2	3
3	6
4	6
5	6
6	12
7	18
8	12
9	6
10	12
11	24
12	30
13	24
14	30
15	42

599

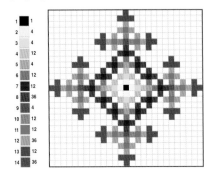

600

게임 4를 제외하면 모든 무당벌레가 출발점으로 돌아온다.

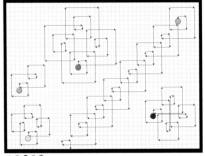

1 2 3 4 5

601

가장 간단한 골리곤의 변은 8개로 평면을 모자이크 식으로 만든다. 그 다음으로 간단한 골리곤은 변이 16개인데 이때에 길을 찾는 방법은 28가지가 있다. 미국의 수학자인 마틴 가드너가 골리곤의 한 변이 8의 배수라는 사실을 증명했다.

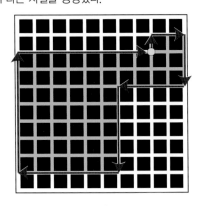

602

소수의 성질에 대해서 증명된 사실은 얼마 없다. 하지만 1보다 큰 자연수와 그 두 배인 자연수 사이에는 항상 소수가 존재한다는 사실은 증명되었다.

603

소수는 하나도 없다. 각 자릿수의 합이 9의 배수인 경우에는 9로 약분된다. 따라서 이 중에 소수는 하나도 없다.

604

넓이는 원래 삼각형의 1.6배에 가까워진다. 놀랍게도 이는 삼각형의 외접원 넓이보다 작다.

삼각형의 한 변의 길이는 1, 총 둘레는 3이라고 해보자. 이 삼각형에 위에서 설명한 작은 정삼각형을 더하면 1단계에서 변이 12개인 폴리곤이 만들어진다. 그리고 작은 삼각형의 한 변은 원래 삼각형의 한 변의 $\frac{1}{3}$ 길이이므로 큰 삼각형의 한 변은 4가 된다. 따라서 한 단계마다 총 둘레는 이전 둘레의 $\frac{4}{3}$가 되기 때문에 결국 총 둘레의 길이는 무한에 가까워진다.

이 문제에서의 노란색 부분은 이 눈송이 곡선과 정반대인 반눈송이 곡선을 나타낸다.

605

사진의 높이는 이전 사진의 높이의 반이므로 이를 계속 쌓아올리면 $1+\frac{1}{2}+\frac{1}{4}+\frac{1}{8}+\frac{1}{16}\cdots\cdots$을 무한히 더하는 것과 같다. 따라서 사진의 총 높이는 원래 사진 높이의 2배인 2에 가까워진다.(결코 2가 되지는 않는다.)

606

220의 약수의 총합을 구해보면 $1+2+4+5+10+11+20+22+44+55+110=284$이다.

284의 약수의 총합은 $1+2+4+71+142=220$이다.

이처럼 어떤 두 수의 약수의 총합을 구하면 상대의 수가 나오는 것을 친화수라 한다. 친화수 중 제일 작은 한 쌍은 220과 284이다.

피타고라스도 이 친화수에 대해 알고 있었고 아랍의 수학자들도 중세에 이미 이에 대해 연구했다. 오일러는 60쌍의 친화수를 찾았으며 오늘날에는 5,000여 쌍이나 알려져 있다.

친화수는 1,000년에 걸쳐서 심도 있게 연구되었지만 두 번째 친화수를 찾기까지 아주 오랜 시간이 걸렸다. 1866년 이탈리아의 학생 니콜로 파가니니가 그 주인공이다. 이처럼 때로로 아마추어 수학자들도 위대한 업적을 남겼다.

607

$420=42\times10=6\times7\times2\times5=2\times3\times7\times2\times5$

608

앤의 양 옆에는 남학생 2명이나 여학생 2명이 온다. 여학생이 올 경우에는 이 둘이 모두 앤의 양 옆에 있으므로 둘 옆에는 또 다른 여학생이 온다. 따라서 앤 옆에 여학생이 올 경우에는 원 전체가 여학생이 된다. 그런데 원에는 남학생도 있으므로 전체가 여학생일 수는 없다. 따라서 앤의 양 옆에는 남학생이 와야 하고 각 남학생의 양 옆에는 앤과 다른 여학생이 있게 된다. 이렇게 남학생과 여학생이 번갈아 나타나는 형태가 되므로 남학생이 12명이면 여학생도 12명이다.

609

가장 작은 수를 다른 줄로 옮기고 그 외의 수를 또 다른 줄로 옮겨라. 그러면 매번 규칙에 맞는 다음 수가 하나씩만 나오기 때문에 반복하면 이 문제를 풀 수 있다. 이런 종류의 문제는 원반을 순환적으로 움직이는 것과 관련이 많다.

퍼즐 1, 2, 3, 4에서는 각각 최소 횟수가 3, 7, 15, 31번이며, 퍼즐 5에서는 19번이다. 퍼즐 6에서는 조건이 추가되든 아니든 15번이다.

610

답은 24이다. 24의 약수는 1, 2, 3, 4, 6, 8, 12, 24이다.

611

① $1+2+$ ⬤ $=1\times2\times$ ⬤ $=6$

612

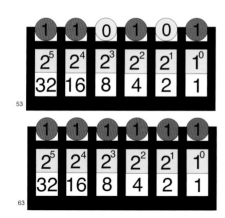

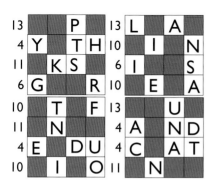

613

뒤로 돌아서기 전에 몇 개의 동전이 앞면인지 확인한다. 앞면의 숫자는 동전을 쌍으로 뒤집기 때문에 0또는 2배수로 개수가 변한다. 따라서 만일 처음에 앞면이 개수가 홀수(짝수)라면 동전을 뒤집는 수와 관계없이 그 숫자는 계속 홀수(짝수)가 된다.

그리고 앞으로 돌아서면 다시 앞면의 수를 센다. 이 때 그 개수가 처음처럼 홀수(짝수)라면 가린 동전은 뒷면이며 처음과 반대로 짝수(홀수)라면 앞면이 되는 것이다.

이 간단한 비법으로 동전을 쌍으로 뒤집으면 이 짝수-홀수 쌍의 개념이 항상 성립한다는 것을 보여준다.

614

"A Playthink is great fun and education."
(플레이싱크는 매우 재미있고 유익하다.)

13		P		13	L	A	N
4	Y	T	H	10	I		N
11		K	S	6	I		A
6	G		R	10	E		A
10		T	F	13		U	N
11		N		4	A	N	D
4	E		DU	4	C	A	T
10		I		11		N	

615

완성한 2×2칸의 조합은 0에서 15까지의 숫자를 2진법으로 표현한 것으로 각각 0000, 0001, 0010, 0010, 0011, 0100, 0101, 0110, 0111, 1000, 1001, 1010, 1011, 1101, 1110, 1111이다.

그런데 정말 16가지가 완전히 다른 경우일까? 자세히 보면 타일이 다른 경우 6가지이고 그 중 3가지에는 각각 그 방향이 다른 경우가 4가지씩 있다는 것을 알 수 있다.

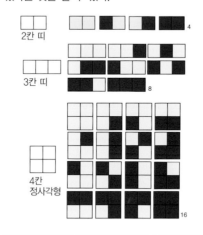

616

위에 큐비트의 50가지 답이 나와 있다. 단, 회전이나 반사, 또는 색깔을 뒤집어서 같은 경우는 하나로 본다.

2인 게임에서 이동 횟수를 최소로 하려면 8번만 움직이면 되는데 여러 가지 방법 중 하나가 위의 그림에 있다. 그림을 보면 남은 8개의 타일 중 규칙에 맞게 넣을 수 있는 타일이 없기 때문에 게임은 여기서 끝나게 된다.

617

618

1	100	26	89
2	72	27	95
3	90	28	69
4	59	29	93
5	94	30	63
6	77	31	96
7	86	32	91
8	85	33	73
9	80	34	81
10	51	35	78
11	58	36	76
12	68	37	99
13	92	38	74
14	53	39	79
15	84	40	83
16	62	41	82
17	98	42	87
18	67	43	64
19	97	44	55
20	52	45	57
21	71	46	54
22	61	47	88
23	75	48	70
24	56	49	60
25	66	50	65

619

620

친구들은 반드시 실패한다. 한 번에 잔을 2개씩 뒤집으면 바로 세운 잔의 수가 2나 0개씩 바뀐다. 첫 번째 문제에서는 바로 세워진 잔이 1개였고, 여기에 2를 더해서 3이 되었다. 하지만, 두 번째 문제에서는 바로 세워진 잔이 0개였다. 한 번에 2개씩 뒤집으면 바로 세워진 잔의 개수는 결국 0이니면 2가 반복되어 절대 3이 될 수 없다. 한 번에 2개씩 뒤집으면 홀-짝의 수는 결코 변하지 않는다. 처음 문제에서는 홀수로 시작했으나 두 번째 문제에서는 짝수로 시작했기 때문에 문제를 풀 수 없다.

621

처음에 바로 세워진 유리잔이 홀수이므로 한 번에 짝수개씩 뒤집어도 결과는 여전히 홀수이다. 따라서 모두 바로 세우는 것과 거꾸로 세우는 것, 둘 다 불가능하다.

622

제일 처음에 경찰이 움직여서 서로가 떨어진 칸의 개수를 홀수로 바꾸지 않으면 도둑이 항상 한 발 앞서있게 된다. 삼각형 블록을 한 번 돌면 홀수로 바뀌므로 도둑을 7번 이하로 잡을 수 있게 된다.

623
19번이 짝이 없다.

624

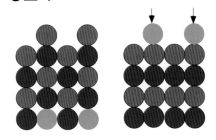

625
전체 기어가 닫힌곡선이면 기어가 차례대로 시계 방향과 반시계 방향으로 돈다. 따라서 전체 기어가 제대로 작동하려면 기어가 짝수개 필요하다. 문제에서는 총 기어가 9개이므로 작동 자체가 불가능하다.

626
많은 사람들이 문제가 잘못된 것으로 생각하지만 절대 그렇지 않다. 이 문제를 푸는 핵심은 전구의 역할을 제대로 파악하는 것으로, 전구는 불빛뿐 아니라 열도 낸다는 점에 주목해야 한다. 즉, 전구는 스위치를 끈 후에도 한참동안 따뜻한 기운이 남아 있다.
자, 이제는 문제가 쉽게 풀릴 것이다. 처음에는 1번 스위치를 켜서 전구가 불빛과 열을 내도록 몇 분간 둔다. 그리고 1번을 끄고 2번을 켠 후 확인하러 재빨리 다락에 올라간다. 만일 불이 켜져 있으면 2번이 다락방 스위치이고, 불이 꺼져있지만 전구가 따뜻하면 1번이라는 말이다. 또 불도 꺼져있고 전구도 차가울 경우에는 3번 스위치가 다락방과 연결된 것이다.

627
내기에 져서 돈을 잃을 확률이 많다. 스위치 하나로 확인할 수 있는 경우는 아래의 6가지인데 그 중에서 불이 켜지는 것은 3가지 밖에 없다.

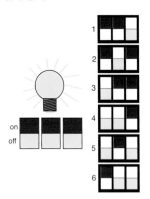

628

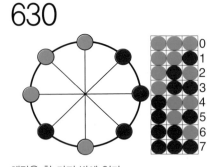

629
1-2-3, 4-5-6, 7-8-9, 8-9-10, 8-9-11로 5번이면 된다.

630

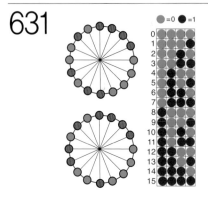

해답은 한 가지 밖에 없다.
전화 송수신 신호와 레이더 지도에 메시지를 전달하기 위한 코드는 이보다 더 긴 2진법 바퀴를 사용한다.
UCD 대학교의 수학 교수인 셔만 스테인은 이러한 2진 체계를 메모리 바퀴라 불렀다. 또 신화에서 자신의 꼬리를 먹는 뱀으로 나오는 우로보로스의 이름을 따서 우로보로스 고리라고도 부른다.

631

최소 두 가지의 방법이 있다.
이것을 0과 1로 나타내면
1-1-1-1-0-0-0-0-1-1-0-1-0-0-1-0과
1-1-1-1-0-0-0-0-1-0-0-1-1-0-1-0이다.

632

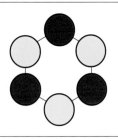

633
2개의 초록 구슬 사이에 빨간 구슬이 0개, 1개, 2개 있을 경우로 총 세 가지가 있다.

10장 해답

634
이 문제는 체계적으로 접근하지 않으면 복잡해진다. 가장 좋은 방법은 직책과 이름을 나누어 아래처럼 칸을 그려보는 것이다. 논리가 성립되지 않는 칸에는 X를 표시하고, 성립되는 칸에는 *를 표시한다.

	회장	이사	비서
게리	X	•	X
아니타	X	X	*
로즈	*	X	X

그런 후에, 전제조건을 다시 보고 확인한다.
게리에게는 남동생이 1명 있는데 비서는 독자이므로 게리는 비서는 아니다.
로즈는 이사보다 월급이 많고 비서는 월급이 가장 적으므로 로즈는 이사도 아니고 비서도 아니다.
따라서 결론은 아니타가 비서, 게리가 이사, 로즈가 회장이다.

635
가게 직원은 그 앵무새가 듣지 못한다는 사실을 말하지 않았다.

636
서로 다른 도형 5개를 나열하는 방법은 120개인데, 처음 3개의 규칙으로 그 방법의 수가 2개로 줄어든다. 그 두 방법 중 마지막 4번째 규칙에 맞는 것은 하나뿐이다.

637 여자아이와 남자아이의 확률이 같으므로 나머지도 여자아이일 확률이 1/2이라고 생각하기 쉽지만 다음을 잘 살펴보자.

아이 2명은 남-남, 남-여, 여-남, 여-여의 4가지 경우 중 하나이다. 문제에서 한 아이가 여자아이이므로 남-남일 경우는 제외된다. 나머지 3가지 경우 중 나머지도 여자아이인 것은 한 가지뿐이므로 답은 1/3이다.

이 문제는 어떤 사건이 일어났을 경우에 또 다른 사건이 일어날 확률인 조건부 확률과 관련된 것이다. 조건부 확률과 관련된 문제는 일반적인 확률 문제와 다르기 때문에 우리가 문제를 보자마자 떠올리는 답이 정답이 아닌 경우가 많다.

638 '어떻게'가 아니라 '어디서'에 초점을 맞추어야 문제가 풀린다. 북극에서만 가능한 일이다.

639 Fish

640 초록색

641 여동생과 먼저 결혼을 했다.

642 I ought to owe nothing for I ate nothing.
(아무것도 안 먹었으니 계산할 게 없네요.)

643 50%는 다른 새 1마리에 의해 감시받고, 나머지 중 25%는 다른 2마리에 의해 감시받는다. 따라서 남은 25%가 감시를 받지 않는 새이다.

644 A는 스스로 정직하다고 했으니, 이 말이 참이 아닐 때에는 거짓말이다. B는 A가 거짓말인지 상관없이 항상 참이 된다. 따라서 B는 진실을 말하고 있다. C의 말이 참인지 아닌지는 A의 말이 참인지 거짓인지에 달려 있다. 만약 A의 말이 거짓이면 C의 말은 참이고, A가 참이면 C는 거짓이 된다.
A-B-C의 순서로 가능한 조합은 거짓-참-참 이거나 참-참-거짓이다. 어느 경우든 참을 말하는 아이는 2명이고 거짓을 말하는 아이는 1명이다.

645 상속자들에게 말을 서로 바꾸어서 타게 했다.

647 빨간 공을 꺼낼 확률은 $^{20}/_{50}=40\%$이고, 파란 공을 꺼낼 확률은 $^{30}/_{50}$ =60%이다.

648 "Solve Playthinks"(플레이싱크를 풀어라.)

649 받아들여야 한다. 최소 한 사람이 자신의 모자를 되찾을 확률은 약 0.632이다.

650 86.

651 파스칼의 삼각형을 생각해 보자. 그 삼각형의 5번째 줄에서 답을 찾을 수 있다. 각 교차점에 도달하는 평균적인 공의 수는 파스칼의 삼각형과 대응한다. 파스칼의 삼각형에서는 각 가로줄의 총합이 같도록 하기 위해 줄마다 연속적으로 2를 곱해야 한다.

커다란 확률 기계는 공의 수와 가지의 수가 훨씬 많기 때문에 공이 떨어지는 패턴은 유명한 가우스 곡선(중앙에 위치한 평균값을 기준으로 좌우 대칭의 종모양을 하고 있는 정상분포 곡선)을 따른다.

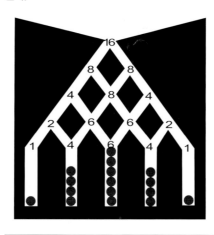

652 스테고사우르스 3마리를 연속으로 때려눕힐 확률은 $1/2 \times 1/2 \times 1/2 = 1/8$이므로 브론토사우르스와 싸우는 것이 유리하다.

653 틀렸다. 물론 같은 사건이 두 번 일어날 확률은 상당히 작지만, 그렇다고 선원의 목숨에 관한 문제를 그런 식으로 확률에 의존할 수는 없다. 우선, 적은 목표를 향해 조준해서 포탄을 쏘기 때문에 포탄이 아무데나 무작위로 떨어지지 않는다. 따라서 목표를 성공적으로 맞혔다면 똑같은 방향으로 다시 쏠 가능성이 높다. 또한, 쏠 때마다 무작위로 떨어질 확률도 정확히 같다. 따라서 만일 포탄이 목표를 향해 조준된 것이 아니라 해도 다시 그 장소에 포탄이 떨어질 확률은 다른 곳에 떨어질 확률과 같다는 것이다.

654 벌의 위치에서 7번째에 있는 벌레에서 시작하여 시계방향이나 반시계방향으로 돌면 된다.

655 우주선으로 가는 것 4번, 우주선에서 다시 돌아오는 것 3번으로 총 7번만 움직이면 된다.
 1. 데네브인을 싣고 우주선 출입구에 두고 온다.
 2. 혼자 돌아온다.
 3. 리겔인을 싣고 우주선 출입구에 데려 간다.
 4. 데네브인과 같이 돌아온다.
 5. 테레스트리얼인을 우주선 출입구로 데려간다.
 6. 혼자 돌아온다.
 7. 데네브인을 수송기에 다시 데려가면 이제 3명 모두가 같이 우주선 안으로 들어갈 수 있다.

656

1번은 닭고기를 좋아하는 제리이다.
2번은 케이크를 좋아하는 이반이다.
3번은 샐러드를 좋아하는 질이다.
4번은 생선을 좋아하는 아니타이다.

657

앞면과 뒷면이 같을 확률은 ²/₃이다. 눈을 떠서 확인한 면이 앞면이라면 다음의 3가지 경우가 가능하며 3가지 모두 확률은 동일하다. 이 때 가능한 경우가 2가지가 아니라 3가지라는 것에 주의하라.

1. 앞−뒷면이 있는 동전 중 앞면을 보았다.
2. 앞면만 있는 동전 중 한 면을 보았다.
3. 앞면만 있는 동전 중 나머지 한 면을 보았다.

2와 3의 경우에 동전을 뒤집으면 확인한 면과 같으므로 ²/₃의 확률이다.

답이 우리의 직관과 맞지 않기 때문에 사람들이 쉽게 인정하지 않으려 한다. 믿기 힘들다면, 카드지를 잘라 동전을 만들어서 직접 실험해보라.

658

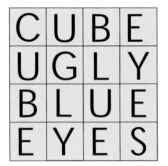

659

660

이런 종류의 문제를 푸는 데에는 그림보다는 논리가 더 중요하다. 논리로 그림을 분류하고 전체를 완성하는 데 충분한지 파악해야 한다. 문제에 모든 정보가 주어지지 않아도 논리를 적용하면 적절한 답을 찾을 수 있다.

특별히 관찰을 잘하거나 논리적인 사람들도 이와 같이 무늬가 다 보이지 않는 문제를 보면 어려워한다. 답을 찾는 데 연역적 방법과 직관을 모두 충분히 사용하라.

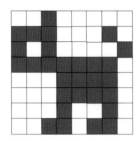

661

카지노 소유주가 되는 것이다. 오랫동안 룰렛과 다른 카지노 게임의 승패를 계산해보니 카지노 소유주의 수입이 지출보다 훨씬 많다는 것을 알아냈다. 게임에 이겨 돈을 받는 사람보다 게임에 져서 큰 돈을 잃는 사람이 비교할 수 없을 정도로 많다.

662

"Just between you and me"와 "Split second timing"

663

여러 가지 답이 가능한데 다음은 그 중 하나이다.

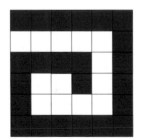

664

구슬 3개로 가능한 경우의 수는 6가지이며 그 중 4가지 경우에서 피터가 이긴다. 따라서 피터가 이길 확률은 ²/₃이다.

665

1. tree → three
2. mistake → mistakes
3. 문제에서 틀린 곳 3군데 → 2군데

666

Range와 Anger

667

알파벳의 개수를 세면 D가 1개, I가 2개, S가 3개, C가 4개, O가 5개, V가 6개, E가 7개, R이 8개이다. 개수를 순서대로 쓰면 DISCOVER이라는 단어가 된다.

668

이 문제는 생일 패러독스와 관련이 있다. 사람들이 가장 흔히 하는 대답은 100단계이다. 하지만 하버드 대학의 연구 결과를 보면 미국인은 5명이나 6명만 건너뛰면 서로 연결된다고 한다.

"작은 세상" 문제라고 알려진 이 문제에서 배우 케빈 베이컨의 여섯 다리 게임이 나왔다. 이 게임에서는 할리우드 배우와 케빈 베이컨은 여섯 다리만 건너면 모두 아는 사람이 된다. 할리우드 영화계와 이 세상은 모두 하나의 네트워크이며, 점과 선으로 연결된 구조를 가진다. 지난 50년 동안 여행 수단과 통신 수단이 최첨단으로 발달하고 있어 지금은 몇 다리만 건너도 아는 인맥을 찾을 수 있다.

669

B\A	2	4	5
1	패	패	패
3	승	패	패
6	승	승	승

A가 이길 확률이 55%이다.

670 5번째 도형만 직사각형과 타원이 서로 만나지 않는다.

671 "Take us to your leaders"(우리를 당신의 우두머리에게 데려다 주시오.)

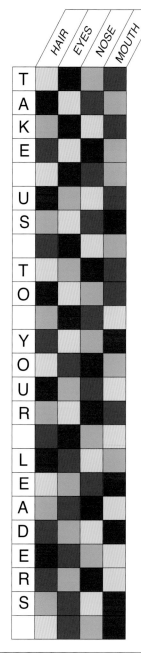

672 앞면에 6개, 뒷면에 8개로 총 14개이다.

673 2번만 참이다. 3번 문장으로 1번과 3번 모두 거짓이 된다.

674 얼굴이 시커먼 사람을 인원수대로 나누어서 생각해보면 3명 모두 웃는 경우는 모두의 얼굴이 시커멓게 그을릴 때뿐이다. 따라서 승객 중 1명은 자신도 얼굴이 시커멓게 되었다는 것을 깨닫고 웃음을 멈춘 것이다.

675

$$
\begin{array}{ccccccccc}
6 & + & 6 & + & 8 & + & 8 & = & 28 \\
+ & & + & & + & & + & & \\
6 & + & 6 & + & 6 & + & 6 & = & 24 \\
+ & & + & & + & & + & & \\
12 & + & 12 & + & 10 & + & 8 & = & 42 \\
+ & & + & & + & & + & & \\
8 & + & 10 & + & 12 & + & 6 & = & 36 \\
\overline{32} & & \overline{34} & & \overline{36} & & \overline{28} & &
\end{array}
$$

676

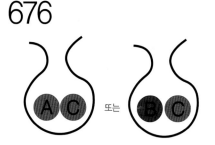

또는

남은 공도 빨간 공일 확률이 50%라고 생각할 것이다. 하지만 확률이 동일한 경우는 다음과 같이 세 가지이다.
  1. 원래 있었던 빨간 공(A)을 꺼내고 나중에 넣은 빨간 공(C)이 남은 경우
  2. 나중에 넣은 빨간 공(C)을 꺼내고 원래 있었던 빨간 공(A)이 남은 경우
  3. 나중에 넣은 빨간 공(C)을 꺼내고 파란 공(B)이 남은 경우
따라서 남은 공이 빨간 색일 확률을 2/3이다. 제일 처음에는 빨간 공을 꺼낼 확률이 75%였지만, 문제에서는 이미 빨간 공 하나를 꺼냈기 때문에 확률이 바뀌게 된다.

677 4장 중 2장을 뽑았을 때 무늬의 색이 같을 확률은 1/3이 아니라 2/3이다. 다음을 살펴보자. 처음에 카드 4장 중 1장을 뽑았으니, 남은 3장 중 방금 뽑은 카드와 색이 같은 카드는 1장밖에 없다. 따라서 그 1장을 뽑을 확률은 단순히 3장 중 1장을 뽑을 확률, 즉 1/3이다.
친구의 설명에서는 3가지 경우가 일어날 확률이 똑같지 않기 때문에 틀린 것이다.

678 아모스와 부치가 백발백중이었다 해도, 코디가 살아남을 확률이 이들보다 2배가 높다.
만약 아모스와 부치 중 1명이 제비뽑기에서 이겨서 제일 먼저 1발을 쏘았다고 하자. 그런데 이들이 목표를 명중시킬 확률이 100%이므로 둘 중 남은 사람은 죽게 된다. 그리고 여기서 총을 쏜 사람이 살아남아 코디와 결투를 한다. 코디는 50%의 확률로 상대를 맞히지만, 못 맞히고 상대가 쏜 총에 목숨을 잃을 확률도 50%이다.
만약 코디가 제비뽑기에서 이겨서 제일 먼저 총을 쏘았다면 못 맞히는 게 좋다. 왜냐하면 어차피 아모스와 부치 중 한 사람을 맞혀도 결국 남은 사람(백발백중이므로)에게서 목숨을 잃을 것이기 때문이다.
따라서 코디가 살아남을 확률은 50%이다.
아모스와 부치가 살아남을 확률은 서로 같다. 만약 제비뽑기에서 지면 당연히 첫판에서 죽게 되고 이긴다 해도 상대를 죽이고 코디와 맞붙게 된다. 이 두 경우가 일어날 확률이 똑같으므로 아모스나 부치가 살아남을 확률은 0%+50%를 2로 나눈 25%이다.

679 수학자들이 이런 문제의 공식을 알아내기 위해 수세기에 걸쳐서 연구했다. 그러나 최상의 방법은 직접 일일이 해보는 것뿐이다. 원형으로 서 있는 죄수 36명 중 적군을 4, 10, 15, 20, 26, 30번 자리에 세우면 된다.

680 벤포드의 법칙(Benford's law)을 적용하면 된다. 벤포드의 법칙을 통해 동전 던지기를 200번 하면 앞면이나 뒷면이 최소한 6번 이상 연속적으로 나타난다고 알려져 있다. 따라서 종이에 적힌 결과가 벤포드의 법칙을 따르는지만 확인하면 쉽게 알아낼 수 있다.

681 수학적으로 경우의 수를 생각하면, 앞-앞, 앞-뒤, 뒤-앞, 뒤-뒤로 총 4가지 경우가 있다. 하지만 사실 한 가지 경우, 즉 계산할 수 없는 경우가 더 있다. 예를 들면, 동전이 모서리로 세워지는 경우, 또는 어디에 빠져서 잃어버리는 경우, 새가 낚아채는 경우 등이 있을 수 있다. 경우의 수를 셀 때 이렇게 계산할 수 없는 경우도 포함시켜야 하지 않을까?

682
ONE WORD

683
합이 짝수인 경우는 2, 4, 6, 8, 10, 12로 총 6가지가 있고, 홀수인 경우는 3, 5, 7, 9, 11로 총 5가지가 있다. 아래의 그림과 같이 합이 짝수가 되는 경우는 18가지, 홀수가 되는 경우도 18가지이다. 따라서 합이 짝수일 확률은 1/2이다.

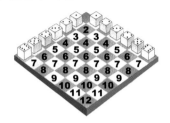

684
주사위를 던져서 6이 안 나올 확률이 $^5/_6$이다. 각 주사위를 던지는 것은 독립시행이므로 던진 횟수에 따라 6이 안 나올 확률은 다음과 같다.

2번 던져서 6이 안 나올 확률
: $^5/_6 \times ^5/_6 = 0.69$

3번 던져서 6이 안 나올 확률
: $^5/_6 \times ^5/_6 \times ^5/_6 = 0.57$

4번 던져서 6이 안 나올 확률
: $^5/_6 \times ^5/_6 \times ^5/_6 \times ^5/_6 = 0.48$

따라서 4번 이상 던지면 그 중에 한 번은 6이 나온다.

685
놀랍게도 23명만 모여도 2명이 같은 날 생일일 확률이 0.50이다.

임의로 고른 2명의 생일이 다를 확률은 $^{364}/_{365}$이고, 3명의 생일이 다를 확률은 $^{364}/_{365} \times ^{363}/_{365}$이다. 이렇게 생일이 다를 확률이 0.5이하가 될 때까지 계산을 하면 최소 그 중에 2명의 생일이 같을 확률이 0.5를 넘게 된다. 90명 이상일 경우는 거의 1이 된다.

687
17세기 프랑스의 소설가였던 앙투안 공보는 도박에 매우 관심이 많았다. 어느 날 도박의 결과에 만족할 수 없었던 공보는 파스칼에게 질문을 했고, 파스칼은 주사위를 24번 던져 주사위 2개 모두가 6이 나올 확률이 $1-(^{35}/_{36})^{24}$로 약 0.49라는 것을 계산해냈다. 따라서 결국 도박에 질 확률이 높다는 것이다.
공보가 파스칼에게 한 이 질문으로 확률론이라는 분야가 나타나게 되었다.

688
마틴 가드너가 이를 응용한 여러 문제를 냈지만, 〈퍼레이드(parade)〉 잡지사의 칼럼니스트인 마릴린 보스 사반트가 이 문제로 가장 유명하다. 1990년의 칼럼에 정답을 싣자 답의 오류를 지적하는 편지를 수 천 통이나 받았다.

선택한 문 : 1번 문			
처음 선택한 문을 열었을 때			
1번 문	2번 문	3번 문	승패
차	원숭이	원숭이	승
원숭이	차	원숭이	패
원숭이	원숭이	차	패

처음 선택한 문을 바꾸었을 때			
1번 문	2번 문	3번 문	승패
차	원숭이	원숭이	패
원숭이	차	원숭이	승
원숭이	원숭이	차	승

왜 이렇게 많은 사람들이 답의 오류를 지적했을까? 간단하다. 답이 틀린 거 같아 보이니까! 하지만 다음을 잘 살펴보자.
만일 원래 선택한 문을 연다면 이길 확률은 간단히 문 3개에 차 1대이므로 $^1/_3$이 된다. 그러면 선택하지 않은 나머지 문에 차가 있을 확률은 $^2/_3$가 된다. 이때 다른 정보 없이 선택을 바꾼다면, $^2/_3$를 문 2개로 나누어야 하므로 각 문마다 $^1/_3$이 된다. 따라서 선택을 바꾼 경우와 바꾸지 않은 경우 모두 확률이 $^1/_3$로 같다.
하지만, 다른 정보가 더 주어지면 확률이 달라진다. 즉, 사회자가 나머지 문 중 1개를 열어 원숭이가 있다는 사실을 확인한 것이다. 물론 사회자는 차가 있는 문을 알려주려는 것이 아니기 때문에 참가자가 처음에 선택한 문에 의해 사회자가 열어볼 문은 분명히 달라진다.
만일 원래 선택한 문 뒤에 차가 있다면, 사회자는 남은 문 2개 중 아무거나 선택할 수 있다. 그런데 원래 문 뒤에 원숭이가 있다면 사회자가 열어볼 문은 1개밖에 없게 된다. 위의 도표에서 보듯이 선택하지 않은 문, 즉, 원숭이-원숭이, 차-원숭이, 원숭이-차는 이제 원숭이-열린 문, 차-열린 문, 열린 문-차로 한정된다. 따라서 선택을 바꾸면 차가 있는 문을 선택할 확률이 $^2/_3$로 증가하게 되는 것이다.
다시 강조하지만, 믿기 힘들면 실제로 계속 해보라. 이 문제는 조건부 확률과 관계된 것이다.

689
화살표가 시계방향이 되도록 알파벳을 배열하면 토니 블레어(TONY BLAIR)가 된다.

690
앞 앞 앞 | 앞 앞 뒤 | 앞 뒤 앞 | 뒤 앞 앞
1 | 2 | 3 | 4

앞 뒤 뒤 | 뒤 뒤 앞 | 뒤 앞 뒤 | 뒤 뒤 뒤
5 | 6 | 7 | 8

11장 해답

691

692
a-5, b-1, c-9

693
길이의 종류는 두 가지로, 짧은 막대 10개와 긴 막대 10개가 있다. 번호 순으로 들어내면, 20→18→19→17→5→1→3→6→4→8→2→15→11→12→7→14→9→10→13→16의 순서로 해야 한다.

694
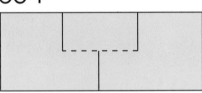

695 샘플 지도에서는 아래와 같이 6개의 나라를 칠할 수 없다. 색칠된 국가가 하나도 없는 지도라면 더 많이 칠할 수 있을까?

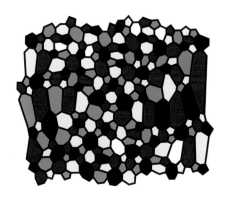

696 2번과 9번만 위상학적으로 같다.

698 최소 3가지 색이 필요하다. 많은 답이 가능한데 다음은 그 중 하나이다.

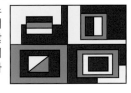

699 2색 이론이 적용되는 문제이다.

700 시계방향으로 6-7-8-1-2-3-4-5의 순서로 연결되어 있다.

701

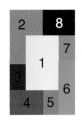 

703 아래의 그림처럼 최소 8가지 색이 필요하다.

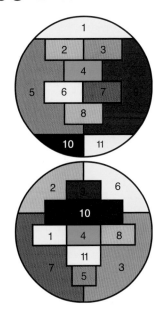

704

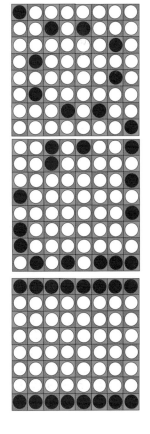

705 우선 노랑 띠를 가로로 놓는다. 그 위에 주황, 빨강, 연한 초록, 짙은 초록, 연한 파랑, 짙은 파랑, 분홍색 띠를 순서대로 놓는다. 각 띠의 위치는 오른쪽과 같다.

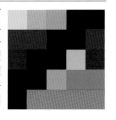

706

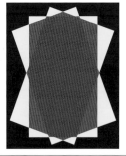

707 뱀눈의 위치를 바꾸려면 최소한 6번 옮겨야 한다.

708 띠는 여전히 1개이지만 중간에 꼬임이 2번 생기고 길이도 2배로 늘어난다.

709 띠는 연결된 2개의 띠로 나뉜다. 1개는 같은 길이의 뫼비우스의 띠이고, 다른 1개는 708번의 문제처럼 중간에 꼬임이 2번 있는 2배 길이의 띠이다.

710
1. 4
2. 3
3. 2
4. 2
5. 4
6. 2
7. 2
8. 3

711 종이띠 위에 아래처럼 하이퍼카드 모양을 3개 자른다. 그리고 그 띠를 꼬아서 덧문처럼 만든다. 그 후에 양끝을 풀로 붙여서 고리가 되게 한다.
풀이 다 마른 후, 전체 고리를 뒤집으면 안과 밖이 바뀌어서 바깥쪽에 벤치 2개가 나타난다.

712

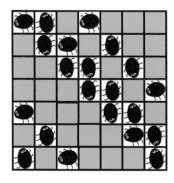

713
1-9-11-14, 2-3-7-13, 4-5-6-8, 10-12

714
2-파이어는 각각 다른 11개와 접하도록 한다. 그러면 지도를 완성하기 위해 최소 12가지 색이 필요하다.

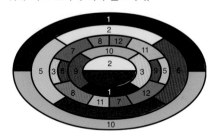

715
F, G, J, T, Y

ABCDE
F̄G̱HI
KLMNO
PQRS̱T̄
UVWX̱Y̱Z

716

1   4

2   3

3   3

4   4

5   3

717
답은 2가지가 있는데 다음은 그 중 하나이다.

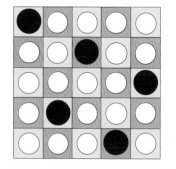

718
아래가 유일한 답이다.

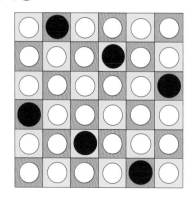

719
아래가 유일한 답이다.

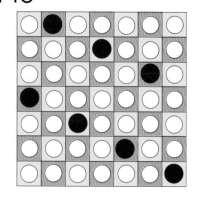

720
회전과 반사를 제외하면 12가지 방법이 있는데 다음은 그 중 하나이다.

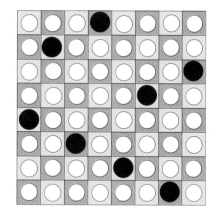

721
답은 2가지가 있는데 다음은 그 중 하나이다.

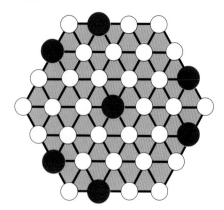

722

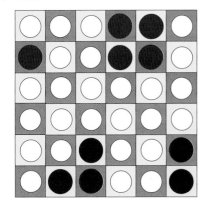

723

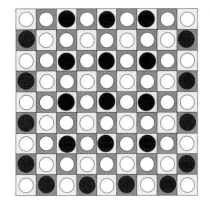

724
오각형은 나올 수 없다.

725
아래처럼 구슬 2개를 떼어내면 각 부분에 1, 3, 6, 12개가 나온다. 이 네 부분을 조합해서 연결하면 구슬의 개수가 1개부터 23개까지인 목걸이를 모두 만들 수 있다.

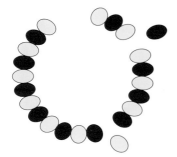

726
교차점이 3군데이므로 아래의 8가지 경우가 가능하다. 그 중 매듭이 생기는 경우는 2가지뿐이니 확률은 1/4이다.

727
2개뿐이다. 하나는 오른쪽 아래에 있고 또 하나는 왼쪽 중간에 있다.

728

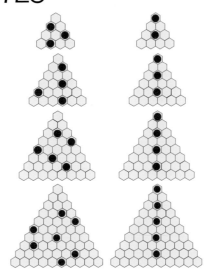

729
큐브 24개로 옭매듭(고를 내지 않는 가장 간단한 매듭으로 일상생활에서 가장 많이 쓰인다.)을 만들 수 있다.

730
한 번만 자르면 된다. 왼쪽에서부터 4번째 고리를 자르면 벨트가 4부분으로 분리된다. 분리된 4부분에는 각각 1, 1, 3, 6개의 고리가 있다. 이 부분을 1개씩 쓰거나 연결하여 쓰면 11일 동안의 숙박료를 다 지불할 수 있다.

732
P-L-A-Y-T-H-I-N-K-S

733
아래의 열쇠 손잡이가 3개를 같은 모양으로 바꿔서 이 3개를 다음과 같이 표시한다. 3개 중 2개는 나란히 놓고 1칸 건너서 나머지 열쇠 1개를 놓으면 된다. 그러면 어두워도 시작점(열쇠 1개)과 방향(열쇠 2개가 나란히 있는 쪽)을 구별할 수 있다. 순서는 이미 외우고 있기 때문에 시작과 방향만 표시하면 문제는 해결된다.

734
아래가 유일한 답이다.

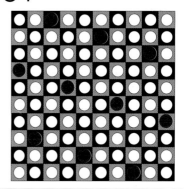

735
총 19번을 다음과 같은 순서로 이동시키면 된다.

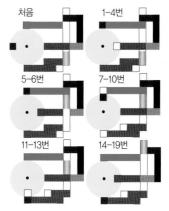

736
그림과 같이 13번 이동하면 된다.

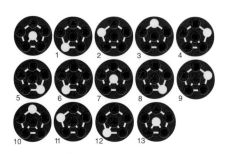

737
22번 움직이면 된다. 일반적으로 이 동횟수를 최소로 하려면 순환적인 순서로 이동해야 한다.

738

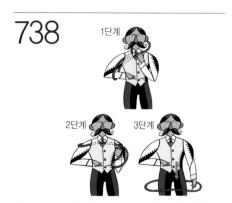

739
A가 마지막으로 칠한 영역과 똑같은 색으로 그 영역의 정반대면을 칠하면 B가 항상 이길 수 있다.
아래의 샘플 게임에서는 B가 제일 중앙에 있는 영역을 칠하면서 먼저 시작하여 위의 방법을 사용했다. 5색만으로는 남은 2영역 더 이상 칠할 수 없는 상태가 되어 결국 B가 이긴다.

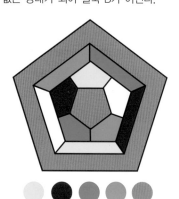

740
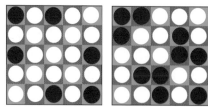

741
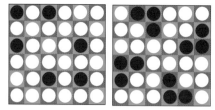

742
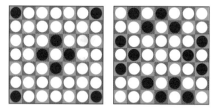

743
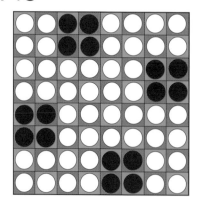

744
그림과 같이 3가지가 있다.

745
그림과 같이 4가지가 있다.

746
신문지의 크기나 두께와 상관없이 신문지 1장을 8번이나 9번 이상 접는 것은 거의 불가능하다고 알려져 있다.
1번 접을 때마다 페이지 수는 2배가 되기 때문에, 1번 접으면 2페이지가 되고 2번 접으면 4페이지가 된다. 따라서 9번 접으면 2^9, 즉 512페이지에 크기는 조그만 전화수첩 정도가 된다. 이 두께에서는 더 이상 반으로 접을 수 없다.

747
그림처럼 8가지가 있다.

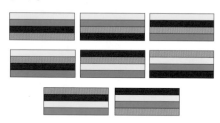

748
CREATIVE PLAY IS PURE FUN
(창의적인 놀이는 순수한 재미 그 자체이다.)

749

답은 16가지가 있는데 다음은 그 중 하나이다.

750

답은 28가지가 있는데 다음은 그 중 하나이다.

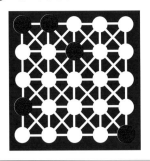

751

답은 아래 2가지 경우밖에 없다.

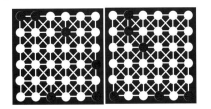

752

아래가 유일한 답이다. 7×7보다 큰 매트릭스에서는 아직 답이 발견되지 않았다.

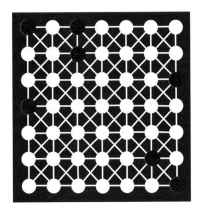

753

동전을 바로 직전 동전의 최초지점 과 연결된 곳에 놓는 것이 핵심이 다. 그러면, 가능한 경로가 항상 한 가지씩 존재 하게 된다.

동전 7개를 먼저 자리에 다 놓고 나서 거꾸로 문제 를 풀어보아도 된 다. 또는 별모양 을 풀어서 원을 만든다고 생각하 면 문제가 좀 더 쉽게 풀린다.

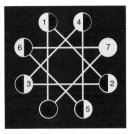

이 문제를 통해 "시계산술(시계의 시간을 볼 때 처럼 계산하는 방식)"과 유한 수체계에 대해 조 금 접해볼 수 있다. 별 모양의 경로를 결합연산 이 +3(또는 −5)인 모듈 8로 볼 수 있다. 즉, 점 8개가 원 둘레에 흩어져 있는데, 3번째 점마다 연결하면 단일한 연속경로가 된다는 것이다.

754

10가지가 있다.

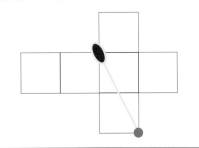

755

큐브의 모서리를 따라가는 것이 최 단거리가 아니다. 아래처럼 큐브의 평면도를 그려 보면 무당벌레에서 진디까지 일 직선 경로가 최단거리라는 것을 알 수 있다.

756

3개가 연결된 고리 묶음 하나를 3 부분으로 나누어서 나머지 4묶음을 연결시키면 된다.

757

최소 30번을 아래처럼 이동하면 된 다.

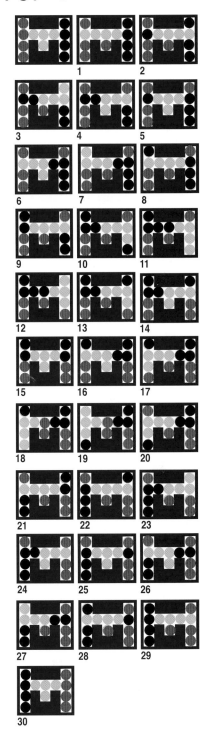

758
디스크 세트 아래의 숫자를 모두 더하면 각각 15와 24가 된다. 그리고 그 수열은 색깔별로 연속적으로 이동해야하는 횟수를 의미한다. 숫자가 적힌 공을 이동하는 것이 아니라, 색을 번갈아가며 이동하되, 한 색이 연속적으로 이동하는 횟수만을 나타낸 것이다. 예를 들면, 빨강 1번-파랑 2번-빨강 3번-파랑 3번-빨강 3번-파랑 2번-빨강 1번의 식으로 움직인다. 이 수열을 따라야만 이동 횟수가 최소인 답을 얻을 수 있다.

첫 번째 문제를 다시 보면 수열이 1-2-3-3-3-2-1이다. 우선 빨간 디스크를 중심의 빈 칸으로 옮기면 1번 이동한 것이 된다. 그리고 파란 디스크를 2번 움직이고, 또 빨간 디스크를 3번 움직이는 식으로 이동한다. 디스크가 이 규칙을 따르기 때문에 어느 디스크를 어떻게 움직여야 하는지 충분히 파악할 수 있다.

759

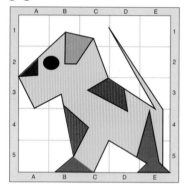

760

761
노랑-주황, 빨강-녹색, 분홍-파랑

762
제일 아래 왼쪽 큐브가 불가능하다.

763
1. 1번 큐브를 놓는 방법 24가지마다 2번 큐브를 놓는 방법 4가지가 있다. 또 각 자리마다 회전하는 방법이 24가지 있다. 따라서 24×4×24, 즉 2,304가지가 된다.
2. 큐브의 순서가 같다면 24×24×24, 즉 13,824가지이다.
3. 8개의 큐브가 상대적으로 계속 같은 위치에 있다면 24^8, 즉 110,075,314,176가지가 있다.
이 경우의 수를 살펴보면 우리가 즐기는 큐브 게임이나 26개의 큐브로 만든 루빅큐브가 어려울 수밖에 없다는 것을 알게 된다.

764
하포 막스(Harpo Marx). 우리 나라에서는 풀기 힘든 문제이지만 원서의 느낌을 살리기 위해 빼지 않았다. 하포 막스와 766번의 그루초 막스는 20세기 초·중반에 막스 브라더스(Marx brothers)로 활동했던 미국의 코미디 배우다.

765
그림이 코앞에 15㎝정도 오도록 책을 든 후에, 오른손으로 잡은 쪽만 서서히 코 가까이에 오도록 기울인다. 한쪽 눈을 감으면 더 정확히 볼 수 있다.

766
그루초 막스(Groucho Marx)

767
정사면체로는 공간을 채울 수 없다. 피라미드 4개를 연결하여 더 큰 사면체를 만들면 중심부분이 정팔각형이 된다. 따라서 피라미드에는 정사면체가 11개, 정팔면체가 4개 있다.

768
30번 이동하면 된다. 이전에 푼 문제처럼 단순히 짝을 지어보면 알 수 있다. 원하는 패턴이 나올 때까지 블록의 쌍을 교환한다. 교환한 횟수가 짝수면 패턴으로 바꿀 수 있고, 홀수면 불가능하다.

769

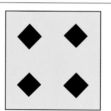

770
큐브 10개로 만든 것이다.

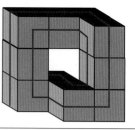

771
2, 3, 4, 5, 10이 똑같고 7, 8, 9도 서로 같다. 1과 6번만 다르다.

772
큐브 1개를 들어서 모서리 1개가 당신 쪽을 향하는 육각형이 되도록 하라. 그러면 단면이 그 큐브의 면보다 넓은 정사각형 공간이 생긴다. 큐브의 한 변이 1이라면 정사각형 공간의 한 변은 1.06 정도가 된다.

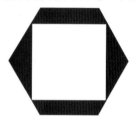

773
1. 58개
2. 18개
3. 20개
4. 56개
5. 33개
6. 18개
7. 30개
8. 40개

774

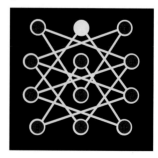

775 아래와 같은 도표를 만들어서 각 색의 조합마다 만들 수 있는 서로 다른 큐브의 수를 센다.

빨간색 모서리의 수: 8, 7, 6, 5, 4, 3, 2, 1, 0

노란색 모서리의 수: 0, 1, 2, 3, 4, 5, 6, 7, 8,

다른 큐브의 수: 1, 1, 3, 3, 7, 3, 3, 1, 1

따라서 서로 다른 큐브의 수는 23가지이다.

776 초록색 고리를 자르면 된다.

777 노랑색, 초록색, 주황색만 큐브로 된다.

778 주황-초록, 노랑-분홍, 파랑-빨강

780

781 잘린 사면체의 부피는 정육면체의 1/60이다.

782 채소를 모두 먹는 것은 불가능하다. 최상의 답은 아래 그림처럼 방 1개를 제외한 나머지 방을 모두 도는 것이다.

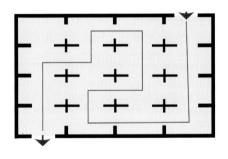

783 이 유명한 슬라이딩 블록 퍼즐에 얽힌 이야기는 다음과 같다.

14번과 15번을 바꾸는 것은 사실 불가능하다. 120년 전, 샘 로이드는 이 사실을 알고서도 상금 1,000 달러를 걸고 문제를 냈다. 이 문제는 전 세계적으로 선풍적인 인기를 끌었는데 이 문제 이후 이처럼 인기를 끈 것은 1980년대의 루빅큐브뿐이다.

타일 15개를 배열하는 방법은 무려 6,000억 가지가 있는데, 이 중 반은 순서대로 배열할 수 없다. 이 문제도 그런 경우에 속한다. 주어진 배열로 바꿀 수 있는지는 다음의 방법을 통해 쉽게 알 수 있다. 단순히 둘의 자리를 바꾸어서 자리를 교환한 횟수를 센다. 그 횟수가 짝수면 패턴으로 바꿀 수 있고 이 문제처럼 홀수이면 불가능하다.

알려진 것처럼 15퍼즐은 컴퓨터 언어에서 순차 기계 모델이다. 블록의 각 이동수는 input 변수가 되고 블록의 배열은 state 변수가 된다.

784 다음과 같이 하면 항상 2번 선수가 이긴다. 만약 상대, 즉 1번 선수가 꿀벌 1마리를 잡으면, 그 반대편 꽃잎에 앉은 꿀벌 2마리를 잡는다. 또 만약 상대가 꿀벌 2마리를 잡으면, 반대편에 있는 꿀벌 1마리를 잡는다. 어떤 경우든 꿀벌이 꽃 주변에 대칭적으로 남는 두 그룹이 생긴다. 따라서 2번 선수가 게임 내내 대칭패턴만 유지하면 절대로 지지 않는다.

12장 해답

785 이론상으로는 중력기차가 계획대로 작동한다. 흥미로운 점은 모든 여행에 걸리는 시간이 약 42분으로 똑같다는 것이다. 만약 지구가 속이 텅 비어있다면 떨어진 물체가 약 42분 만에 지구를 통과하여 그 반대편까지 도달할 것이다. 하지만 실제로 지구는 텅 빈 물체도 아니며 마찰과 공기저항을 무시할 수도 없다.

786 지표면에서보다 적다. 지구의 무게 중심에 가까이 있다 해도 그 지점에서의 머리 위의 질량이 발밑의 질량보다 더 무거워서 그 효과가 상쇄된다.

787 무게란 지구의 중력이 몸에 대해 끌어당기는 힘으로, 지구의 무게중심에 가까울수록 그 힘이 강하다. 지구는 적도 부분이 부푼 타원체이기 때문에. 적도에서의 몸무게는 양극에서보다 0.5%정도 적게 나간다.

788 그렇다. 무게란 중력과 관계된 상대적인 크기이므로 다른 행성에 가면 달라진다. 무중력 상태인 우주에서는 무게가 0으로 표시되는 일이 많겠지만, 용수철저울을 이용하면 우주 어디서든 무게를 측정할 수 있다.

789 달의 중력은 지구 중력의 1/6이므로 달 표면에서의 몸무게는 지표면에서의 몸무게의 1/6밖에 안 나간다.

790 이 실험은 아인슈타인이 자신의 등가원리, 즉 중력효과와 가속도의 효과가 같다는 것을 설명하기 위해 고안한 것이다. 만일 등가속 운동을 하는 로켓 안에 있다면, 똑같은 힘으로 바닥 쪽으로 쏠리는 느낌이 들고 똑같은 속도로 떨어지는 물체를 보게 될 것이다.(사실은 이때 바닥이 물체 쪽으로 올라온 것이다.) 그래서 이때는 지구상의 방 안에 있는 것과 같다.

따라서 다른 정보가 없다면 이 방이 지구에 있는지 등가속도로 움직이는 로켓 안에 있는지 말할 수 없다.

791 상식적으로 무거운 물체가 가벼운 물체보다 빨리 떨어질 거라 생각한지만, 이것은 사실이 아니다.

가속도를 a, 힘을 f, 질량을 m이라 할 때 $a=f/m$인 관계식을 뉴턴의 운동 제2법칙이라 한다. 이 법칙에 의하면 가속도는 힘(이 문제에서는 무게)에 정비례하고 질량에 반비례한다.

질량 때문에 움직이지 않으려는 성질이 생기는데 이것을 관성이라 한다. 따라서 큰 돌의 무게가 100배 더 나간다고 해도 질량(과 관성)이 100배가 더 많기 때문에 그 두 힘은 결국 상쇄된다.

일반적으로 공기저항을 무시하면 해수면 근처에 떨어진 모든 물체의 가속도는 $9.8m/s^2$이다.

792 공기저항의 차이를 없애기 위해 동전 위에 종잇조각을 간다. 그리고 동전이 지금처럼 수평인 채로 떨어지도록 동전을 살짝 회전시키면서 떨어뜨린다. 그러면 동전과 종이는 동시에 떨어진다.

793 포물선 경로로 날고 있는 비행기 안에서는 최대 1분까지 무중력 상태로 있을 수 있다. 비행사들이 자유 낙하 경로를 따라 비행하면 비행기 자체를 포함해서 안에 있는 모든 물체가 같은 속도로 떨어진다. 이 때 모의 무중력 실험을 할 수 있다.

794 위에 있는 1번째 책은 2번째 책과 같이 끌려오지만 그 아래의 3번째 책은 제자리에 있다.
이 문제의 핵심은 책 사이에 작용하는 마찰력이다. 마찰력은 수직항력에 비례하며, 수직항력과 표면을 누르는 힘의 크기는 같다. 3번째 책에 작용하는 수직항력은 그 책과 그 위에 있는 책 2권의 무게를 더한 값과 같다. 따라서 3번째와 4번째 책 사이의 마찰력은 3번째와 2번째 책 사이의 마찰력보다 크다. 따라서 3번째 책이 제자리에 남아 있다.

795 사과가 조밀한 바닥 쪽이 가장 안정적이고, 물체가 작을수록 아래로 떨어질 수 있는 공간도 쉽게 찾을 수 있다. 큰 사과보다 작은 사과가 더 조밀하게 배열되므로 여러 크기의 사과가 섞여 있을 때에는 결국 제일 작은 사과가 제일 아래로 내려간다.

796 아래쪽 끈을 천천히 잡아당기면 위쪽 끈은 책의 무게와 잡아당기는 힘을 모두 받는다. 그러면 윗부분의 장력이 아래쪽보다 크기 때문에 위쪽 끈이 먼저 끊어진다.
그런데 아래쪽 끈을 재빨리 잡아당기면 관성이 작용한다. 재빨리 당기면 책에 거의 영향을 미치지 못하기 때문에 그 힘도 윗줄까지 도달하지 않는다. 따라서 아래쪽 장력이 더 커지므로 아래쪽 끈이 먼저 끊어진다.

797 상자 안의 공은 1m³당 약 0.5235m³의 공간을 차지한다. 공이 상자의 크기보다 작기만 하면 공의 크기와는 상관없이 이 비율은 일정하다.
공이 작으면 공 사이의 빈 공간은 작아지지만 상자에 있는 모든 공간을 더하면 결국 더 많아진다. 따라서 각 상자의 무게는 모두 같다.

798 가방의 바닥에 무거운 물체가 들어 있으면 무게중심이 영향을 받는다. 그래서 가방을 들면 왼쪽 그림과 같이 기울어진다.

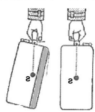

799 한 번만 재면 된다. 간단하게 빨강 공 1개, 파란 공 2개, 초록 공 3개, 노랑 공 4개, 주황색 공 5개를 재보라. 만약 빨간 공이 110g이라면 총 무게는 1510g, 파란 공이 110g이라면 총 무게는 1520g이 될 것이다. 10단위의 숫자를 보고 어떤 통에 든 공이 110g인지 한 번에 알 수 있다.

800 45도 이상으로 잡아당기면 토크(비틀림 모멘트, 물체에 작용하여 물체를 회전시키는 물리량)가 생겨서 멀어지게 된다. 45도 이하로 잡아당기면 역토크가 생겨서 가까이 온다.

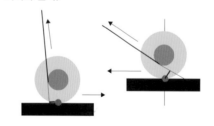

801 매우 무거운 추가 상자 끝의 빨간색 부분에 고정되어 있어서 아래와 같이 상자의 움직임을 좌우한다.

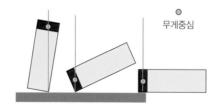

무게중심

802 실제 무게는 50kg이다. 줄의 양 끝이 똑같은 힘으로 스프링을 잡아당기고 있기 때문에 사실 "청새치 2마리"가 매달린 것과 같다. 한 쪽 줄 끝에는 청새치가 매달려 있고, 다른 쪽 끝은 바닥에 고정되어 줄이 팽팽하게 잡아당겨지고 있다. 이 팽팽한 줄이 똑같은 청새치 한 마리와 같다고 볼 수 있다. 정확한 무게를 재려면 줄에 매달린 청새치를 빼내서 저울에 달아야 한다.

803 삼각형 모양이 중력의 방향과 도형이 넘어지는 지점사이의 각이 제일 크므로 가장 안정적이다.

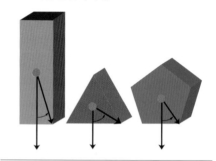

804 마찰력 때문에 자가 떨어지지 않는다. 자의 중심에서 먼 사람을 A, 가까운 사람을 B라고 하자. A가 떠받치는 자의 무게가 더 가볍기 때문에 마찰력이 더 적다. 따라서 A의 손가락이 먼저 움직인다. 그리고 중심으로 가까이 올수록 떠받치는 무게가 커진다. 그러다가 자와 A의 손가락 사이의 운동마찰이 자와 B의 손가락과 사이의 정지마찰보다 커지면 A의 손가락이 멈추고, B의 손가락이 미끄러진다. 자의 중심에서 두 손가락이 만날 때까지 번갈아가며 이 방식으로 손가락이 움직인다.
자의 중간에서 시작하면 먼저 움직인 손가락이 받치는 무게가 더 적다. 그리고 중심에서 멀리 갈수록 받치는 무게가 점점 더 적게 된다. 따라서 이번에는 처음 문제처럼 손가락이 번갈아가면서 움직이지 않는다.

805 50kg이나 100kg의 추를 고리에 매달면 아무 변화 없이 저울의 눈금은 여전히 100kg에 가 있다. 고리에 추가 늘어나 무거워질수록 줄의 장력은 줄어들어 마침내 100kg 무게가 더해지면 0이 된다.
고리에 매단 추의 무게가 100kg을 넘으면 줄은 늘어나기 시작하여 저울의 눈금과 매달린 추의 무게가 같아진다. 따라서 150kg의 추를 매달면 150kg으로 측정된다.

806

807
파리의 무게는 같다. 무게는 병의 질량과 그 안에 담긴 물체와 관계 있으며 이는 두 경우에서 차이가 없다. 파리가 날면 파리의 무게는 공기흐름에 의해서 병으로 전달되는데, 특히 날갯짓을 통해서 공기가 아래로 흐르게 된다.

808
우선, 병바닥의 지름을 재서 반으로 나누고 다시 제곱을 한다. 그 수에 π를 곱해서 바닥의 넓이를 구한다. 그리고 포도주의 높이를 잰 후에 병을 거꾸로 뒤집어서 공기가 있는 부분의 높이를 잰다. 그 두 높이를 더한 후 바닥의 넓이를 곱하면 병 전체의 부피를 구할 수 있다.

809
소포를 3개씩 3묶음으로 나눈 후 두 묶음을 저울의 양팔에 올린다. 반지가 든 쪽이 더 무거우므로 저울의 팔이 기울 것이다. 만일 양쪽의 무게가 같아서 팔이 평형이 되면 반지는 저울 위에 올려놓지 않은 나머지 묶음에 있는 것이다. 이제 반지가 든 소포는 3개로 한정되고 여기서 다시 위와 같은 방법으로 소포를 가려낼 수 있다. 즉, 소포 2개를 저울의 양팔에 각각 하나씩 올려서 기울어지면 기운 쪽의 소포에 반지가 든 것이다. 또 만일 평형을 이루면 반지는 나머지 하나의 소포에 들어 있는 것이다.

810
같다.

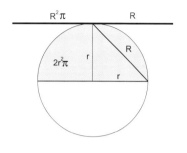

811

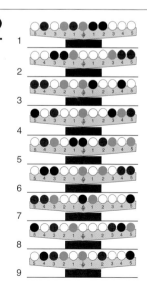

812

813
무게중심이 아래에 있는 물체가 가장 안정적이라는 것은 정적 평형상태와 관련되어 있다. 막대기의 균형을 잡는 것은 훨씬 동적인 상황으로 손가락이 막대기의 무게중심 밑에 위치하도록 끊임없이 손가락을 움직여야 한다. 긴 막대기는 관성 모멘트(물체가 회전을 지속하지 않으려는 성질)가 크다. 이 때문에 막대기의 무게중심이 천천히 변해서 손가락을 그 아래에 다시 둘 수 있을 만큼의 시간적인 여유가 있다. 하지만 길이가 짧은 물체는 관성 모멘트가 작아서 훨씬 빨리 회전하기 때문에 손가락을 움직여서 막대기의 무게중심 아래에 둘 시간이 없다.

814
빨간색 추 1개와 초록색 추 1개의 무게차이만큼 왼쪽이 더 무겁다.

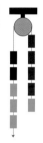

815
노란색 물뿌리개에 물을 더 많이 담을 수 있다. 노란색 물뿌리개의 주둥이는 통의 가장자리까지 높게 올라와 있기 때문에 통에 물을 가득 채울 수 있다. 초록색 물뿌리개가 통 높이는 더 높지만 주둥이의 위치가 낮기 때문에 물을 조금만 채워도 주둥이로 빠져버린다.

816
아래의 그림에 간단하지만 독특하고도 놀라운 내부구조가 나와 있다. 점성이 높은 액체로 가득 찬 실린더가 달걀 안에 비스듬히 서 있다. 실린더 안에는 작지만 무거운 피스톤이 있어서 액체 사이를 매우 느리게 움직이는데, 실린더 한 쪽 끝에서 다른 쪽 끝까지 이동하는 데 약 70초가 걸린다. 피스톤은 너무 무거워서 달걀의 균형을 잡을 수가 없다. 단, 피스톤이 움직이다가 정중앙에 올 때는 균형을 잡을 수 있다. 따라서 달걀은 약 10초 동안 한 쪽 끝으로만 세워도 균형을 잡을 수 있다.

817 모래시계 2개를 동시에 작동시킨다. 3분 모래시계의 모래가 다 떨어지면 재빨리 뒤집는다. 4분 모래시계의 모래가 다 떨어질 때 3분 모래시계에는 2분 분량의 모래가 남아있다. 이때 3분 모래시계를 다시 뒤집는다. 그러면 1분 분량의 모래가 떨어지기 시작한다. 이 모래가 다 떨어지면 총 5분이 된다.

818 이 현상이 처음 발견되었을 때 모래시계의 움직임에 대한 복잡한 설명이 많이 나왔는데 사실 이유는 간단하다.
실린더를 뒤집으면 모래시계의 무게중심이 높은 위치에 있게 된다. 또, 부력 때문에 모래시계가 실린더의 벽 쪽에 붙으면서 두 유리사이의 마찰력이 생긴다. 따라서 모래가 모두 떨어져서 무게중심이 아래로 이동할 때까지 모래시계는 제자리에 있게 된다. 그 후 무게중심이 아래로 이동하면 모래시계가 수면으로 떠오른다.

819 가장 무거운 공이 가장 빨리 속도가 감소할 것 같지만 그렇지 않다. 분류장치의 경사면이 고르지 않기 때문에 공의 속도 감속 폭이 적다. 따라서 제일 무거운 공이 활강로에서 가장 먼 칸으로 떨어지고, 가장 가벼운 공이 가장 가까운 칸에 떨어진다.

820 시계방향

821 볼트 2개는 움직이는 데 아무 관련이 없다. 따라서 더 붙거나 떨어지지도 않은 채 그대로 유지된다.

822 시계방향

823 시계방향

824 톱니막대는 둘 다 위로 올라간다.

825 왼쪽

826 가장 왼쪽의 기어를 시계방향으로 $1+1/4$만큼 돌리면 LEONARDO라는 단어가 나온다.

827 원반을 힘껏 던지면 떨어지지 않고 지구를 돈다. 공기 마찰력이 없으므로 다른 힘이 가해지지 않으면 결국 위성처럼 궤도를 그리며 돌게 된다. 달과 통신위성이 지구 주위를 도는 것과 행성들이 태양 주위를 공전하는 것도 같은 이치이다.
뉴턴은 탄도궤도를 그리는 물체의 경로를 연구하여, 충분히 높은 곳에서 충분히 큰 힘으로 수평과 평행하게 발사된 대포가 지구의 곡률에 맞는 경로를 그릴 수 있다는 이론을 내놓았다. 그래서 공기저항과 같은 요소를 무시하면 물체가 그 경로를 따라 지구를 완전히 돈다는 인공위성 발사원리를 최초로 설명하였다. 뉴턴의 이러한 생각은 수세기가 지난 후에야 현실이 되었다.

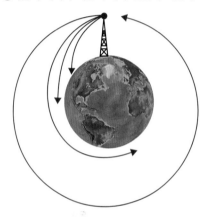

828 수직으로 떨어지는 원숭이의 경로와 마취총의 경로가 같다. 총알의 속도와 관계없이 원숭이를 맞힐 수 있다.

829 많은 사람들이 무한수열 등 여러 가지 방법으로 이 문제를 풀려고 애를 썼다. 하지만 사실 답은 간단하다. 즉, 두 사람은 1시간 후에 만났고, 파리는 1시간 동안 10㎞를 날았다.
마틴 가드너의 저서 ≪시간여행과 엉뚱한 수학의 세계(Time Travel and Other Math Bewilderments)≫에 파티장을 찾은 헝가리 태생의 수학자인 존 폰 노이만에게 누군가 이 질문을 한 이야기가 실려 있다. 질문을 한 사람은 수학자들이 뻔한 정답을 놓치고는 엄청난 시간을 들여서 이 문제를 풀기를 기대했다. 그런데, 노이만은 문제를 듣자마자 정답을 말해버렸다. 그는 여간 실망한 게 아니었다.
예기치 않은 그의 반응에 놀란 노이만은 다음과 같이 말했다. "여보게, 그렇지만 그게 내가 푼 방식이라네."

830

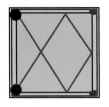

831

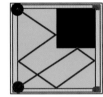

832

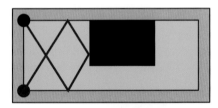

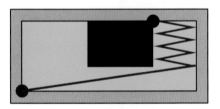

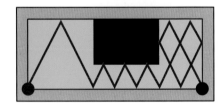

833

당구대의 한 코너에서 공을 45도 각도로 치면 여러 번 리바운드하다가 결국 나머지 세 코너 중 한 포켓으로 들어간다. 문제를 쉽게 파악하기 위해서 당구대에 격자를 그려보자. 그리고 격자의 교점 중 하나 건너한 점마다 아래처럼 점을 찍는다. 1번에서 3번 당구대인 경우는 공이 세 포켓 중 하나에만 들어간다.

포켓에 모두 공이 들어가면 격자무늬의 1칸의 길이를 2배로 늘린 후 그리고 앞의 과정을 반복해 보라.

일반적으로, 테이블의 두 면의 격자 칸이 홀수×홀수면 공은 대각선 포켓에 들어가고, 짝수×홀수면 같은 쪽 면의 포켓에 들어간다. 또, 짝수×짝수일 때에는 한 면이 홀수가 될 때까지 2로 나누면 된다.

홀수-홀수

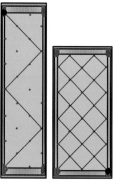

짝수-홀수

짝수-짝수

834

중심에 추가 있는 왼쪽 바퀴가 먼저 도착한다. 추가 중심에 있기 때문에 추가 가장자리에 있을 때보다 바퀴회전을 덜 방해한다. 따라서 바퀴의 속도가 훨씬 더 빨라진다. 반면에 오른쪽 바퀴는 속도가 빨리 증가하지도 않지만 빨리 감소하지도 않는다. 따라서 왼쪽 바퀴보다 더 오랫동안 구른다.

835

투하한 폭탄궤도는 3번처럼 포물선을 그린다. 폭탄의 수직성분은 1번의 자유낙하와 같지만, 비행기 때문에 수평운직임도 생기게 된다. 수직방향은 가속도가 붙으므로 곡선은 2번처럼 완만하지 않고, 3번처럼 가파르게 된다.

836

뒤로 던져야한다. 개가 원반을 물어오는 동안 스미스가 걸은 거리를 더 뛰어야 하기 때문이다.

837

예상대로 된다. 양동이에 작용하는 힘이 중력만 있는 것이 아니다. 무거운 추가 축 근처에 있어서 접혀 떨어지는 한쪽 사다리대 자체에 무게중심이 있다. 결과적으로 토크가 생겨서 사다리대 끝이 자유낙하 때보다 더 빨리 떨어진다. 양동이와 공이 같은 일직선 위에 떨어지는 한, 공은 양동이로 안으로 떨어진다.

838

하루에 1m씩 올라가므로 17일이 지나면 되면 입구에서 3m 떨어진 지점에 있다. 따라서 18일째에는 우물 밖으로 나갈 수 있다.

839

모든 공이 원의 둘레에 동시에 도착한다.

중력은 각각의 공에 움직일 수 있는 방향으로 작용한다. 힘은 현에 수평인 성분과 수직인 성분으로 나눌 수 있다. 공을 잡아당기는 힘은 현의 길이에 비례하기 때문에 공이 현을 따라 원의 둘레에 닿는 시간은 어느 공이나 같다.

이 실험은 갈릴레오의 가장 유명한 실험 중 하나로, 만약 연직권(지평선과 수직을 이루며 천정과 천저를 포함하는 임의의 대원)의 천정에서 그은 방사형 현을 따라 공을 동시에 떨어뜨리면 모든 공이 원의 둘레에 동시에 도착한다는 것이다. 이 실험으로 그는 꼭대기에서 둘레까지 현을 따라 낙하하는 시간은 현의 기울기와 무관하다는 것을 증명했다.

840

현재 떨어뜨린 높이의 4배 높이인 곳에서 떨어뜨려야 한다.

높이가 2배인 곳에서 떨어뜨리면 된다고 생각하기 쉬운데 속도를 2배로 높이기 위해서는 낙하 시간을 2배로 늘려야 한다. 따라서 위치 에너지가 4배인 곳에서 떨어뜨려야 한다.

841

건널 수 없다. 뉴턴의 운동 제3법칙에 따르면 작용과 반작용의 힘의 크기는 같다. 광대가 고리를 공중으로 던지려면 세게 힘을 줘야 하는데 이때의 힘은 고리의 무게보다 크다. 이 힘과 광대의 무게, 또 다른 두 고리의 무게를 모두 합치면 100kg이 넘기 때문에 다리는 무게를 지탱하지 못하고 부러진다.

842

진자가 3차원의 타원형 경로를 반시계방향으로 운동하는 것처럼 보인다. 만약 렌즈를 뒤집으면 시계방향으로 보일 것이다.

이 문제를 통해서 빛의 강도가 거리와 깊이를 판단하는 데 얼마나 중요한지 알 수 있다. 어두운 망막이미지는 밝은 이미지보다 두뇌에 전달되는 속도가 더 느리다. 이것은 일정하게 이동하는 빛의 속도와는 무관하다. 어두운 렌즈를 통해서 사물을 보면 밝은 사물보다 1초를 몇 등분한 시간만큼 늦게 인식된다.

위치가 약간 다른 진자 이미지 2개가 동시에 두뇌에 전달되면 두뇌는 깊이가 없는 물체에 깊이가 있다고 인식하여 입체적으로 받아들이게 된다. 진자의 속도가 가장 빠른 중간지점에서 두 이미지의 차이가 가장 크기 때문에 이런 효과는 최대가 된다.

843

작은 공은 떨어뜨릴 때의 높이보다 9배가량 튀어오를 것이다.

운동량과 에너지는 보존되기 때문이다. 공이 바닥을 칠 때, 아래에 있는 공은 위의 공이 떨어지기 직전에 속도를 바꾼다. 작은 공은 속력 V로 아래로 떨어지고 튀어 오른 후에 속력 V로 위로 올라가는 큰 공과 부딪힌다. 따라서 이 두 공의 상대 속력은 2V가 된다.

만일 위의 공과 아래의 공이 부딪히기 전에 상대 속력이 2V가 되면 충돌 후에도 상대 속력은 2V여야 한다. 그러나 아래의 공이 이미 속도 V로 올라오고 있으므로 공의 상대 속도는 3V가 되고 따라서 충돌 후 튀어 오르는 최대 높이는 원래 높이의 9배가 된다.

떨어뜨릴 때의 공의 배열이 이 높이에 도달하는 데 매우 중요하다. 공을 튜브에 넣어서 떨어뜨리면 효과가 최대가 된다.

844

진자의 회전은 진자가 있는 위도에 따라 달리 관찰된다. 적도와 극지방 사이의 지점에서 푸코 진자의 회전 속도는 지구의 회전속도(시간당 15도)와 위도의 사인값의 곱으로 나타낼 수 있는데 이것은 지구가 진자 아래에서 자전하기 때문이다. 진자가 같은 궤도면(적도 지방)에 있다면 지구 자전의 영향이 없기 때문에 회전하지 않는다. 따라서 모래 위에는 일직선이 나타난다.

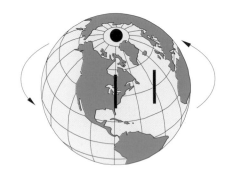

845

똑같다. 진자의 주기는 진자의 길이로만 결정되므로 좌우로 움직이는 거리와는 관계없이 주기는 같다.
진자의 운동은 다음과 같은 특징을 갖는다.
  1. 진동 주기는 추의 무게와 관계없다.
  2. 주기는 이동거리와 관계없다.
  3. 진동주기는 √진자의 주기에 비례한다.
진자의 주기는 $2\pi r\sqrt{L/g}$ 이며, 이 때 L은 진자의 길이이고 g는 중력 가속도이다.
L을 제외하면 진자의 주기에 영향을 미치는 변수는 중력 가속도만 남으므로 지구 위에서 간단하게 중력을 잴 수 있다. 1m 길이의 진자가 한 번 왕복하는 데 걸리는 시간은 지구에서는 약 1초이며 달에서는 2.5초이다.

846

두 진자의 에너지는 다르다. 에너지는 주기적으로 두 진자 사이를 이동하여 하나가 멈추기도 하고 나머지 하나가 멈추기도 한다.
하나가 움직이고 조금 시간이 지나면 그 에너지가 다른 진자로 전달되는데, 두 번째 진자는 서서히 첫 번째 진자를 추월하게 된다. 결국 첫 번째 진자가 멈추고 지금까지의 과정이 반복된다.

847

이 장난감은 단순한 기계 진동기이다. 막대의 지름보다 딱따구리가 붙어있는 원반의 중앙에 있는 구멍이 약간 크다. 딱따구리가 움직이지 않을 때에는 마찰력 때문에 원반이 움직이지 않는다. 하지만 딱따구리가 움직이면 원반이 진동의 중심점에서 정점이 된다. 이제 원반이 제자리에 있지 않기 때문에 막대기를 따라서 약간 내려오게 되고 이 때문에 새가 갑자기 움직여서 진동하게 된다. 따라서 막대기가 살짝 내려올 때마다 위치에너지가 운동에너지로 바뀐다.
진동하는 딱따구리로 괘종시계의 원리도 관찰할 수 있다.

848

속도는 특정 방향에서의 속력을 의미한다. 공의 방향이 계속 변하기 때문에 공의 속도도 끊임없이 변한다.
속도가 변하는 것이 가속도인데, 공은 원의 중심을 향해 가속운동을 한다. 사실 원운동을 그리는 모든 물체가 원의 중심을 향해 가속운동을 하며, 가속도는 공이 원의 경로를 따를 정도로만 속도를 변화시킨다.
만일, 원운동을 하고 있는 줄이 끊어지면 공은 그 지점에서의 (원의) 접선방향으로 날아갈 것이다.

849

둘 중 하나를 들었다가 놓아버리면 다른 하나는 반대편 끝으로 튀어 날아갈 것이다. 공 2개를 모두 양쪽으로 들었다가 놓으면 둘 다 반대편으로 튀어 날아간다.
그렇다면 공을 셀 수는 있을까?
두 물체 사이에 매우 짧은 시간동안 상대적으로 큰 힘이 작용하는 것을 물리량이라 한다. 탄성력이 매우 높은 공이 충돌하면 서로의 속도가 교환된다. 이 때 충격량의 에너지가 각각 이웃하는 공을 따라 전해지고 끝에 있는 공은 그 에너지를 받아 공중으로 날아가는데, 이 과정은 사람의 눈으로 따라갈 수 없을 만큼 빠르다.
그 효과는 들었다 놓는 공의 개수와 관계없이 똑같다. 이 장난감은 뉴턴의 운동 제3법칙인 작용 반작용의 법칙을 보여준다.

850

와인잔으로 구슬을 덮고 돌려서 구슬이 유리잔 주위를 돌게 한다. 구슬이 (유리잔을 따라) 돌게 되면 구슬은 탁자에서 유리잔을 따라 돌면서 위로 살짝 올라온다. 구슬이 빠른 속도로

회전하면 유리잔을 들어도 구슬이 곧장 떨어지지 않고 관성 때문에 계속 돌게 된다.

851

매달린 물체는 관성 모멘트가 최대가 되는 축을 중심으로 회전한다.(813번의 답 참고) 따라서 세 물체는 아래와 같이 회전한다.

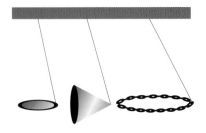

852

의자와 아이는 서로 반대방향으로 돈다. 서로 반대방향으로 도는 힘 때문에 각운동량은 보존된다.

853

아무 일도 일어나지 않는다. 타이어의 각운동량 때문에 의자가 바닥 쪽으로 계속 밀어 들어가려고 할 것이다.

854

오른손으로 핸들을 앞으로 밀고 왼손은 뒤로 빼면 타이어가 왼쪽으로 기운다.
사실, 그렇게 해야 의자를 회전시킬 수 있다. 그 후에 회전하는 물체에 힘을 가하면 그 힘의 90도 방향으로 자신의 몸이 움직이는 것을 느끼게 되는데 이를 자이로스코프 세차운동이라 한다. 자전거 바퀴는 기울어지지 않기 위해 축이 90도 방향으로 회전한다. 이와 같은 원리로, 바퀴를 왼쪽으로 꺾으면 아이가 앉은 의자에 그 힘이 전달된다.
돌고 있는 바퀴는 속도와 방향을 그대로 유지하려 하므로 특정한 방법으로 밀지 않으면 같은 방향으로 돌 것이다. 방향이 바뀌면 기울어지고, 기울어지면 돌아간다.
실제로 고속으로 회전하는 물체는 자이로스코프처럼 움직여서 자전거나 오토바이 운전자가 종종 자이로스코프 효과를 느낀다.

855

회전하는 실린더가 만드는 구심력은 벽에 수직으로 작용하며 마찰력을 일으킨다. 회전가속도가 충분히 빨라지면 마찰력이 중력보다 커지고 따라서 바닥이 보이지 않아도 탑승자가 떨어지지 않는다.

856 골프공은 항상 역회전하며 날아간다. 홈 때문에 공기층이 형성되어 공이 회전하는 것이다. 제일 위의 공기층은 아래 층보다 더 빨리 움직여서 공을 위로 들어 올리는 데 이것을 베르누이의 원리라고 한다. 비행기도 이 원리에 의해 날 수 있다.
골프공 표면에 홈이 없다면 홈이 있을 때에 비해서 약 1/2 거리밖에 날지 못한다.

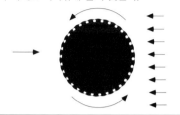

857 훨씬 빨리 회전할 것이다. 두 팔을 가슴으로 끌어당기면 무게가 중심으로 더욱 쏠리게 되므로 관성모멘트가 감소하며, 이를 상쇄시키기 위해서 각속도가 증가한다. 따라서 만일 속도가 너무 빨라서 감소시키려면 다시 팔을 뻗으면 된다.
움직이는 물체는 모두 운동에너지를 갖는다. 회전하는 물체에 의해 보존된 운동에너지는 무게의 분포방식과 회전속도에 의해서 결정된다.
플라이휠(회전 속도를 조절하기 위해 장치된 바퀴)은 이 원리를 반대로 이용한 것이다. 플라이휠은 회전할 때의 에너지를 되도록 많이 저장하도록 설계되어 있어서 무게는 대개 가장자리 쪽에 분포된다.

858 광대는 공을 잡지 못할 것이고, 공은 가장자리 쪽에 떨어질 것이다. 광대가 움직이고 있기 때문에 곡선궤도를 그릴 것이다. 공은 던진 사람의 속도가 실려 오른쪽으로 더 휘어지기 때문에 처음부터 맞은편 광대 쪽으로는 가지도 않는다. 이렇게 회전하고 있는 중심체와 관련하여 나타나는 편향현상을 코리올리 효과(Coriolis effect)라 한다. 우리도 자전하고 있는 지구위에 있기 때문에 우리 주변을 도는 모든 물체에 이 코리올리 효과가 조금씩은 나타난다.
문제에서 광대 2명은 공의 곡선 궤도를 직접 보겠지만 회전대 바깥에서는 직선 궤도로 보인다.

859 와셔의 크기가 모든 방향으로 늘어나므로 구멍도 커진다.

860 가지치기 구조가 방사형 구조보다 더 경제적이기 때문이다. 가지치기 구조가 가지의 평균길이는 약간 길지만 총 길이가 훨씬 짧다. 따라서 나무, 혈관, 강, 심지어 지하철 네트워크에서도 가지치기 구조를 볼 수 있다.

861 1번과 3번

862 거품 안의 압력은 반지름에 반비례한다. 따라서 거품이 작을수록 내부 압력이 크기 때문에 공기 작은 거품에서 큰 거품으로 이동한다. 따라서 예상과는 반대로 작은 거품은 줄어들고 큰 거품은 더 커져서 결국 터지게 된다.
이 거품 실험은 풍선 2개를 부는 실험과 비슷한 것 같지만 결과는 정반대이다.

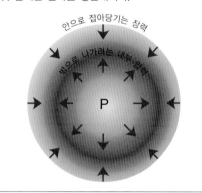

863 주황색 구멍에서 나온 선이 교점에서 멈추지 않고 계속 이어지므로 존이 제일 먼저 쏘았다.

864 13단위이다.

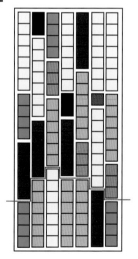

865 신문지 아래에 있는 자는 움직이지 않는다. 아주 세게 치면 자가 부러질 수는 있지만 신문지는 여전히 움직이지 않는다.
대기가 신문지를 누르고 있기 때문에 신문지 아래의 자는 탁자에 단단히 붙어있게 된다.
기압은 1cm²당 1kg작용하므로 약 2.25톤의 공기가 신문지 전체를 누른다. 이 정도의 힘은 자가 부러지는 순간에 신문지와 자를 움직이지 못하게 하기에 충분하다.

866 압축기 2개를 붙이면 그 사이의 공기가 거의 제거되어 진공에 가까운 상태가 된다. 그리고 바깥에 있는 공기가 압축기를 안으로 밀기 때문에 떨어지기 힘들다.

867 풍선을 불면 풍선 안의 기압은 상승하지만 병 안에 있는 공기의 압력도 역시 상승한다. 풍선 주위의 공기가 차지하는 부피는 빠져나갈 공간이 없다. 풍선을 불면 풍선이 병 안의 공기를 누르게 된다. 그리고 병 안의 공기 압력이 너무 커져서 풍선을 더 불 수 없을 때까지 계속 누르는 상태가 지속된다. 따라서 풍선을 아무리 불어도 완전히 부풀 수 없다.

868 베르누이의 원리에 따르면, 기차가 들어올 때 그 주변의 공기는 저기압이 된다. 따라서 서 있는 사람이 기차 쪽으로 밀린다.

869 두 공 사이로 바람을 불면 주위보다 기압이 낮아진다. 따라서 주위의 공기가 밀어서 두 공을 더 붙게 한다. 이 문제에서도 공기의 압력과 공기의 속력 사이의 관계를 밝힌 베르누이의 원리를 살펴 볼 수 있다.

870 떨어질 때가 올라갈 때보다 시간이 더 많이 걸린다.
공이 올라갈 때는 공기저항에 거슬러서 일을 해야 하기 때문에 에너지가 계속 감소한다. 따라서 어떤 지점에서 올라갈 때의 총에너지가 내려올 때의 총에너지보다 크다. 위치에너지는 같은 지점이기 때문에 내려올 때의 운동 에너지가 줄어든다는 말이 된다. 따라서 떨어질 때 더 천천히 떨어져서 시간은 더 많이 걸린다.

871 비행기 날개 위쪽의 공기가 날개 아래쪽 공기보다 더 빨리 움직여야 한다. 따라서 날개 윗면이 아래보다 길다.
베르누이의 원리에 따라 속도가 빠른 날개 위쪽의 압력이 낮아지기 때문에 날개 아래에서 양력이라는 알짜힘이 생긴다. 이 알짜힘 때문에 비행기가 앞으로 가면서 이륙할 수 있다. 비행 중에는 비행기 선체, 연료, 승객, 화물이 합한 무게 때문에 아래로 강력히 당기는 힘이 생긴다. 하지만, 양력이 전체 무게보다 크기 때문에 비행기가 이륙한 채로 있게 된다.

872 탁구공은 가벼워서 물이 잔잔할 때에는 수면으로 재빨리 떠오른다.
하지만 물이 소용돌이 칠 때에는 공의 부력도 감소한다. 따라서 물의 움직임 때문에 압력이 높아져 공이 이동하는 것이 더 어렵다.

873 엄지손가락이 있는 튜브 끝으로는 주변의 공기가 못 들어간다. 하지만 다른 한 쪽 끝으로는 공기가 들어가서 그 면의 물을 누른다. 따라서 누르는 공기 때문에 수면이 원래 위치에 돌아가지 못 한다. 공기도 무게가 있다는 것을 이처럼 간단히 증명할 수 있다.

874 아르키메데스의 원리에 따르면 물체를 담그면 그 물체의 무게만큼 물을 밀어내기 때문에 물체가 물에 뜬다. 따라서 반지를 오리에 올려놓았을 때 반지의 무게에 해당하는 물의 부피를 밀어내었을 것이다. 금속 반지의 밀도가 물보다 크기 때문에 넘치는 물의 부피는 반지의 부피보다 더 크다. 그리고 반지가 물속에 가라앉았을 때는 그 반지의 부피만큼의 물만 대체될 것이다. 따라서 수위는 낮아진다.

875 공기의 속도가 빠르면 압력은 낮다. 위로 부는 공기 기둥은 사실 탁구공처럼 가벼운 물체는 붙잡아 둘 수 있다. 공이 조금이라도 한 쪽으로 쏠리면 곧바로 공기기둥 외부에 있는 높은 기압이 공을 중간으로 다시 밀어 넣는다.

876 공기 흐름으로 저기압인 곳이 생기면서 불꽃을 가운데로 잡아당긴다.

877 거의 시속 40km까지 속도를 낼 수 있다. 보트의 수면마찰력이 0이라면 보트의 최대 속도는 바람의 속도가 되며 그 이상은 불가능하다.
만일 보트의 속도와 바람의 속도가 같다면 항해할 때 돛에 미치는 공기의 영향이 적다. 항해에 필요한 바람이 없기 때문에 바람이 없는 날 운항하는 것처럼 항해의 속도가 느려지게 된다.

878 이 방향에서는 다음의 2가지 이유로 보트의 속력이 감소한다. 첫째, 이 각도에서는 돛이 바람을 적게 잡기 때문에 돛을 향해 부는 바람의 영향이 감소한다. 둘째, 힘에 영향을 미치는 바람의 방향이 보트의 진행방향에 있지 않고 아래의 그림과 같이 힘의 평행사변형 안에 있다.
유체(기체나 액체)가 부드러운 표면과 상호작용할 때 그 힘은 표면과 직각을 이룬다. 만일 바람이 역풍으로 분다면 이 힘은 더 작아지고, 또 힘의 일부만 보트를 앞으로 나아가게 만들 것이다. 이렇게 보트를 앞으로 나아가게 하는 힘을 전진력이라 한다.(보트에는 이런 전진력과 옆으로 밀리게 하는 횡류력이 있다.)
돛이 더 당길수록 이 벡터 힘은 0이 될 때까지 감소하기 때문에 배에 평행이 된다.

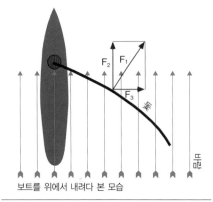

보트를 위에서 내려다 본 모습

879 돛의 속도가 바람을 덜 막기 때문에 벡터 힘은 더 커진다. 따라서 더 빨리 갈 수 있다.
보트가 바람과 같은 속도로 이동하고 있을 때에도 역풍 때문에 바람보다 더 빨리 항해할 수 있다. 상대풍(자연풍과 보트의 움직임에 의한 "인공 바람"으로 생기는 벡터)이 돛에 평행하게 불 때에 보트가 최대 속도를 낼 수 있다.

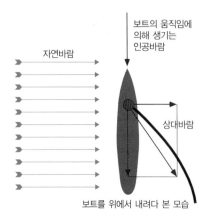

보트의 움직임에 의해 생기는 인공바람
자연바람
상대바람
보트를 위에서 내려다 본 모습

880 바람을 안고 가지만 유일하게 4번 보트만 앞으로 간다.
벡터힘에는 보트를 앞으로 나아가게 하는 전진력이 있다. 사실, 보트가 빨리 갈수록 바람의 영향력도 커진다. 우리의 예상과는 반대로, 보트의 최대 속도는 역풍이 부는 각도와 같을 때 나온다. 보트가 바람이 불어오는 쪽을 뚫고 갈 수는 없기 때문에 목적지가 그 쪽에 있다면 이리저리 지그재그로 가야 하는데, 이런 방법을 태킹(tacking)이라고 한다.

881 찻잔에 있는 우유의 양과 우유잔에 있는 차의 양은 같다. 아래 그림을 보면 액체가 다른 잔으로 이동을 하여도 각 잔의 전체 부피는 변하지 않는다. A잔에서 B잔으로 이동한 액체의 양과 B잔에서 A잔으로 이동한 액체의 양이 정확히 같다.

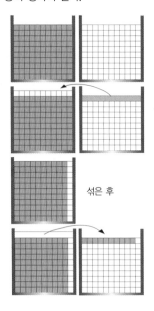

섞은 후

882 손가락을 물 잔에 담그면 손가락이 자리를 차지하여 수면이 올라간다.
손가락은 물의 자리만 차지하는 것이 아니라 물의 무게에도 영향을 미친다. 즉, 손가락 부피에 해당하는 물의 높이만큼 무게가 더 나간다.

883
물의 양과는 상관없이 물이 배 주위를 완전히 둘러싸기만 하면 배가 물에 뜬다. 이 문제에서는 선체가 바다 위에 있는지 얇은 물위에 있는지는 나와 있지 않다. 하지만 사실, 이 두 경우 모두 선체에 작용하는 수압은 같다.

배에 배수량(선체 내부를 물로 채웠을 때 수면까지 닿는 물의 양)을 실을 수 있어야 배가 물에 뜬다.

이 원리를 이용하여 얇은 기름막 위에 550톤이나 되는 망원경을 띄워 팔로마 산 천문대(미 캘리포니아 주)를 세웠다.

884
작은 병이 가라앉는다. 용기 속에 담긴 액체에는 모든 방향으로 압력이 작용하기 때문에, 큰 병을 누르면 물에 작용하는 압력이 증가한다. 따라서 작은 병속의 기포가 압착되어 작아지고, 작은 병으로 물이 더 들어온다. 그러므로 수압이 더 큰 지점까지 가라앉게 될 것이다. 큰 병을 누르는 힘을 적게 하면 다시 압력이 감소하여 작은 병이 원래 위치로 돌아간다.

885
유리잔에 물을 붓기 시작해서 물의 표면이 잔 위로 볼록하게 솟아오를 때까지 가득 채운다. 그런 후, 코르크 마개를 유리잔 안에 넣으면 저절로 제일 높은 위치를 찾아가며 계속 그 자리에 머무른다.

886
큰 빗방울이 먼저 떨어진다. 빗방울에는 중력과 공기저항이라는 두 힘이 반대방향으로 작용한다. 공기저항은 빗방울의 단면적과 속력에 비례한다. 처음에는 공기저항으로 인한 감속 효과가 매우 작고 중력은 일정하기 때문에 계속 빨리 떨어진다. 공기저항의 힘이 중력의 힘과 같아질 때까지 떨어지는 속력은 계속 증가한다. 두 힘이 같아지면 빗방울은 동일한 속력으로 떨어지는데 이를 종단속도(낙하하는 물체의 최고 속력) 라고 한다.

887
수면의 높이는 변하지 않는다. 빙하가 녹아서 밀어낸 물의 무게와 빙하의 무게는 똑같다. 빙하가 녹으면 물이 되어서 밀어낸 물의 부피만큼 다시 욕조를 채운다. 수면에 있는 빙하의 부피와 얼음이 될 때 늘어난 부피 증가량은 똑같아야 한다.

888
병을 뒤집으면 종이가 조금 볼록해지는데, 이 볼록한 부분 때문에 병 안에 있는 공기의 부피가 변한다. 보일의 법칙(Boyle's law)에 따라서 부피가 변화하면 압력이 변한다. 종이의 볼록한 부분 때문에 병 안의 공기 부피가 증가하고 압력이 낮아진다. 놀랍게도 종이가 볼록해진 그 부분만으로도 물이 쏟아지지 않을 정도로 압력을 낮추는 데 충분하다.

병에 물이 거의 가득 채워서 실험을 해야 부피변화가 더 잘 일어난다.

889
물의 속력은 밖에서 본 구멍의 위치, 즉, 실제 물이 나오는 위치에서 수면까지의 높이로 결정되는데, 두 물탱크에서 이 높이가 모두 같으므로 나오는 물의 속력도 같다.

890
지름이 6cm 구멍의 단면적은 지름이 2cm인 구멍 3개의 단면적보다 3배가 크다. 따라서 물도 3배 빨리 빠져나온다.

891
물은 역류한다. 물의 흐름은 넓은 곳에서는 느려지고 좁은 곳에서는 빨라진다. 그러면 폭이 좁아질 때 증가한 속도는 어떻게 될까? 물이 오르막을 따라 올라가면서 속도가 감소한다. 그리고 남은 속도가 물이 바위의 낮은 곳부터 높은 곳까지 뒤로 감싸면서 돌아 흐른다.

이런 역류 때문에 물살이 빠른 곳의 바위 뒤에는 위험한 난류가 생긴다.

892
내가 지난번에 마지막으로 했을 때 52개까지 성공하였다.
물은 표면장력이 크기 때문에 신축성이 많은 피부처럼 유연하게 움직인다. 따라서 잔이 가득차도 넘치기 전까지는 수면이 볼록하게 솟아 있다. 그 뿐 아니라 표면장력을 이용하여 가벼운 물체도 띄울 수 있다. 예를 들어 깨끗한 레이저 날을 수면에 평평하게 놓으면 날이 진짜 뜬다. 부력 때문이 아니라 표면장력 때문에 이렇게 물체가 뜨는 것이다.

893
물이 나가는 거리는 구멍을 나가는 물의 속력과 그 물이 탁자에 도달하는 시간을 곱한 것으로 결정된다. 속력은 수압으로 인해서 √(물의 깊이)에 비례하고, 시간은 √(표면까지의 거리)에 비례한다. 따라서 이 둘의 곱이 가장 큰 중간 구멍에서 물이 제일 멀리 나간다.

894
물이 숟가락의 곡면을 따라 흐르는 코안다 효과가 나타난다. 두 입자가 가까이 가면 미세한 정전기력이 발생하여 두 입자를 가까이 붙어있게 한다. 이 때 이렇게 서로 끌어당기는 힘을 반데르발스 힘(Van der Waals force)이라고 한다. 컵에 있는 액체를 부어낼 때 액체가 컵의 면을 따라 떨어지는 현상도 반데르발스 힘 때문이다.

895
물줄기는 연속으로 흐르기 때문에 물줄기 전체에서 떨어지는 물의 부피가 일정해야 한다. 즉, 초당 일정한 부피의 물이 물줄기의 단면을 처음부터 끝까지 통과해야 한다는 것이다. 하지만 중력가속도 때문에 떨어지는 물의 속도가 증가하고 따라서 물줄기의 단면은 점점 작아진다.

896
주름관의 양끝을 보면, 움직이지 않고 고정된 쪽보다 움직이는 쪽 끝의 기압이 낮다. 이 기압차로 공기가 튜브를 통해 들어가고 공기가 주름관을 통과하면서 진동하여 소리가 난다.

897

아래처럼 A의 각도와 B의 각도가 같을 때 최단거리가 된다.(둘은 빛이 거울에 반사된 것과 같다.) 만일 카우보이의 마차가 강에서 지금과 같은 거리로 떨어진 건너편에 있다고 생각해보자. 그리고 지금의 카우보이 위치에서 마차까지의 일직선을 긋는다. 그러면 그 직선이 강과 만나는 지점에서 말에 물을 먹이는 것과 같은 이치이다.

898

물이 양동이에 가득 차있기 때문에 동전이 보일 것이다.

빛의 진행 속도는 물질에 따라 달라진다. 빛은 공기를 통과할 때보다 물이나 유리를 통과할 때 속력이 더 느리다. 빛은 "서로 다른 두 물질의 경계면"을 통과할 때 진행 방향이 달라지는 성질이 있는데 이것을 굴절이라고 한다. 이 성질 때문에 두 물질이 접하는 지점에서는 빛이 "꺾인" 것처럼 보인다.

따라서 동전에서 나오는 빛이 수면에 도달하면 다시 굴절이 되어 눈에 도달한다. 하지만 우리의 두뇌가 이것을 인지하지 못하고 착시현상을 일으킨다. 그러므로 동전의 실제위치보다 더 높고 더 뒤에서 빛이 나온다고 인지하게 되는데 그 결과 동전이 떠 있는 것처럼 보인다.

899

배율은 감소한다. 렌즈에 의해 굴절되는 빛의 굴절률은 유리의 곡률과 공기와 유리사이에서의 빛의 속력차에 의해 달라진다. 그런데 물에서 유리로 진행할 때의 빛의 속력차는 공기와 유리 사이의 속력차보다 적다. 따라서 굴절률은 그다지 높지 않으므로 확대도 많이 되지 않는다.

900

태양의 크기가 너무도 크기 때문에 그림자는 계속 작아지겠지만 크기의 차이까지 예측할 수는 없다. 하지만 만약 태양이 일몰 1시간 전처럼 그림자 표면과 특정한 각도로 있다면 그림자는 훨씬 커진다.

멀리 떨어진 물체에서 나오는 광선은 평행해 보이지만 반드시 그런 것만은 아니다. 광원이 물체보다 크면 그림자(광원에 직각인 평면 위)는 작아지고, 광원이 물체보다 작으면 그림자는 커진다. 그러나 두 물체사이의 거리가 아주 멀면 그 크기의 차이를 인식하기는 거의 불가능하다.

901

각도는 면적이 커져도 변하지 않기 때문에 15도로 그대로 보인다.

902

거울의 길이가 자신의 키의 절반이면 전신을 볼 수 있다. 자신과 거울 사이의 거리와는 상관없다.

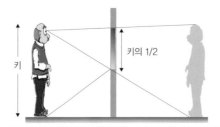

903

고대 그리스의 기하학자였던 유클리드는 광학에 대해서도 연구했다. 그는 빛이 직진한다는 것을 발견하고 다음과 같은 반사의 기본 법칙을 세웠다.

- 입사면과 반사면은 같다.
- 입사각과 반사각은 같다.(그림에서 각 a＝각 b)
- 빛은 항상 최단경로로 이동한다.

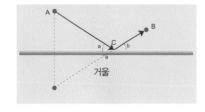

904

905

-6.7℃의 물은 이미 얼음이다.

906

여러 가지 답이 가능한데 다음은 그 중 하나이다.

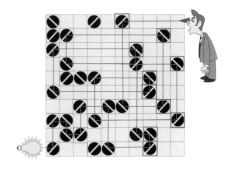

907

과학자들과 역사학자들은 오랫동안 이 이야기를 불가능한 것으로 치부했다. 그러나 한편으로는 몇 세기 전부터 이를 증명하려고 노력하는 소수의 학자들이 생겨났다. 이들의 주장에 따르면, 아르키메데스는 큰 거울 하나가 아니라 수없이 많은 작은 반사경을 배열하여 커다란 큰 거울 하나와 같은 효과를 낼 계획이었다는 것이다. 그리고 시라쿠사 군인들이 가진 고광택 방패가 그 반사경 역할을 할 수 있다고 주장했다.

그러면 아르키메데스가 여러 사람들을 동원하여 태양광을 로마함대에 집중시킨다고 가정하더라도 배에 불이 날 수 있는 가능성이 정말 있을까?

1747년에 프랑스의 박물학자인 뷔퐁이 일반적인 직사각형 모양의 평면거울 168개를 가지고 실험을 했다. 이 거울을 모두 잘 정렬하자 약 100m 떨어진 나무 조각에 불을 붙일 수 있었다. 시라쿠사 항구가 그렇게 크지 않았으므로 로마의 배도 아마 20척 미만이었을 것이다.

그리스의 어떤 엔지니어도 1973년에 이와 비슷한 실험을 했다. 그는 거울을 70개를 이용하여 해변에서 약 80m 떨어진 작은 보트에 태양광을 모았다. 거울을 적절히 정렬하자 몇 초 후에 갑자기 배에 불길이 솟았다. 그는 약간 오목한 거울을 사용했지만 이 실험을 통해 아르키메데스가 그런 거울을 만들었을 가능성을 보여주었다.

908 손거울에 비친 상은 손거울과 실제 꽃 사이의 거리인 0.5m만큼 뒤에 맺힌다. 따라서 손거울에 비친 꽃은 0.5+0.5+2, 즉 3m만큼 큰 거울 앞에 맺힌다.

13장 해답

909 답은 아래와 같다. 이 문제는 페이지의 상하를 뒤집어 거꾸로 보면 더 쉽게 풀린다.

점수판

불완전 큐브	1	2	3	4	5
3면 모두 컬러	1	1	1	1	1
2면만 컬러	6	3	6	6	10
1면만 컬러	12	3	12	12	19
모두 회색	7	0	1	0	6
총합	26	7	20	19	36

910 1. 오목, 2. 볼록, 3. 비대칭, 4. 굴절

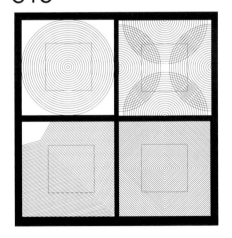

911 점모양–9번, 화살모양–7번, 반원모양–5번
유명한 뮬러 라이어(Muller–Lyer)의 착시를 응용하여 만든 문제이다.

912 오른쪽 눈을 감고 왼쪽 눈으로만 빨간색 점을 응시하면서 거리를 이리저리 조정해보라. 어느 순간 나비가 있는 원은 사라지고 안보이며, 대신 일직선으로 연결된 선이 보이게 된다.
우리 눈에는 맹점이 있기 때문에 한쪽 눈만으로는 전체 시야를 완전히 포착할 수 없다. 따라서 이러한 착시현상이 생긴다. 시신경이 망막으로 들어오는 지점 중 지름 약 1.5㎜ 크기의 시각 수용체가 없는 곳을 맹점이라 한다. 이곳은 시각기능을 할 수 없기 때문에 두뇌에 불완전한 정보가 전달되는데, 그러면 두뇌 자체에서 망막의 맹점을 계산해서 물체를 재구성하게 된다. 이 경우에는 검은 색 선 사이에 있었기 때문에 두뇌는 이를 직선 하나로 가정하여 재구성한다. 두뇌의 이런 유연성 때문에 우리가 세상을 더 잘 이해할 수도 있지만 착시현상처럼 헷갈리는 경우도 발생한다.

913 빨간색 새를 1분 정도 바라보고 나서 새장의 중심을 보면 가짜 잔상이 나타난다. 그래서 초록 새가 새장 안에 있는 것처럼 보인다.
눈에는 각각 빨강, 초록, 파랑을 인지하는 3종류의 색깔 수용체가 있다. 그림 속의 새는 빨강이기 때문에 이를 바라보고 있으면 적색 수용체가 순응하여 잠시 동안 빨간색에 대해 둔감해진다. 또 그림에는 초록이나 파랑이 거의 없기 때문에 이 두 색에 대해서는 훨씬 민감해진다. 이렇게 빨간색에 둔감하고 나머지 두 색에는 민감해져 있는 상태에서 회색인 물체로 눈길을 돌리면 그 물체가 초록으로 보이게 된다.
잔상은 시각 수용체가 같은 색에 너무 많이 노출되어 피로해진 결과로 보내는 신호라고 볼 수도 있다.

914 흑기사를 잠시 동안 응시한 후 오른쪽의 회색 영역을 쳐다보면 뒤바뀐 잔상이 나타난다. 따라서 흑마 위의 백기사가 보인다.

915 회색 점을 찾으려고 똑바로 바라보고 있는 그 교점에서는 항상 회색 점이 보이지 않는다. 전체 패턴을 보고 있으면 교점마다 회색 점이 잔상으로 나타난다. 하지만 그 점을 똑바로 쳐다보면 새로운 시각정보가 잔상효과를 지워버리기 때문에 점이 사라진다.

916 파란 관 뚜껑–붉은 관, 붉은 관 뚜껑–파란 관

917 책의 페이지를 들고 두 선의 방향 따라 매우 비스듬히 보면 3번째나 4번째 선이 나타난다. 이런 현상은 둘 이상의 선이 선 사이의 각도 차이가 매우 적으면서 한 점에서 만날 때 생긴다.

918 그림에서 약간 떨어져서 두 눈의 시선을 가운데로 모으면 된다.

919

920 영국 버킹검 궁전 근위병이다. 그림에서 1m 떨어진 후 두 눈의 시선을 가운데로 모으면 보인다.

921 5번

922
그림을 거꾸로 들고 보라.

923
약 1m쯤 떨어진 곳에서 두 눈의 시선을 가운데로 모아 그림을 바라보라. 유명한 모나리자의 미소가 보일 것이다.

924
짝이 2개인 것은 1-8, 4-10, 7-5이고, 3개인 것은 2-3-9이다. 짝이 없는 하나는 6번이다.

925
2번째 단락에 있는 알파벳은 모두 수평 대칭이어서 반사시키면 180도 회전시킨 것과 같게 된다. 회전을 시킨 경우에는 여전히 영어 알파벳이 보이기 때문에 읽기 쉽다.

926
다음 세 경우 중 하나이다.

1. 상자 바깥의 체크무늬가 있는 세로 면
2. 상자 바깥의 바닥 면
3. 상자 안쪽의 체크무늬가 있는 면

927
그림을 거꾸로 보면 된다.

14장 해답

928
건물 1-청사진 11(조감도)
건물 2-청사진 9(조감도)
건물 3-청사진 13(조감도)
건물 4-청사진 5(조감도)
건물 5-청사진 7(조감도)
건물 6-청사진 16(정면도)
건물 7-청사진 8(정면도)
건물 8-청사진 15(정면도)

929
아래의 그림처럼 12개만 있으면 된다.

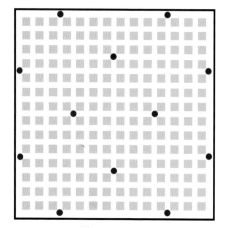

930
철로 9개를 세 그룹으로 나누어 보자. 3, 3, 3개로 하면 교점이 27개, 2, 3, 4로 하면 26개, 2, 2, 5로 하면 24개 생긴다. 2, 2, 5인 경우가 교점이 최소이므로 아래의 그림과 같이 철로를 재배열하면 된다.

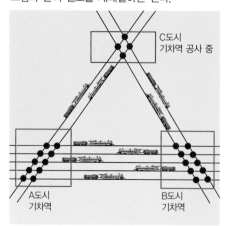

931

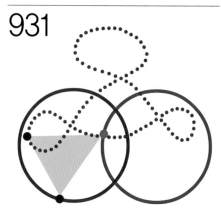

932

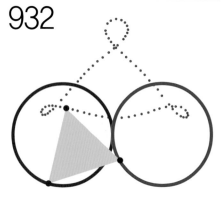

933
이런 문제는 꼭짓점과 모서리가 모두 보이지 않기 때문에 입체도형에서 바로 풀기 어렵다. 도형을 2차원 평면에 그리면 아래의 그림처럼 해답이 보인다.

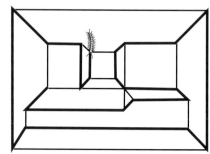

934　컴퍼스와 자만 있으면 넓이가 같은 영역의 개수와 상관없이 항상 나눌 수 있다. 우선, 지름을 영역의 개수만큼 똑같은 길이로 나눈다. 그 후 아래처럼 각 점에서 반원을 그리면 된다.
고대 중국의 수학자들은 이 방법으로 태극문양과 같은 도형을 만들었다.

935

936　아래의 답이 현재까지 발견된 최상의 답이다.

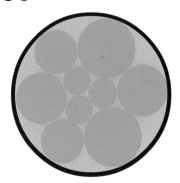

937　여러 가지 답이 가능한데 다음은 그 중 하나이다. 만일 문제가 모든 모서리를 한 번씩만 지나는 경로를 찾는 것이라면 이십면체에서는 그런 경로가 없다.

938　많은 답이 가능한데 다음은 그 중 하나이다.

939　도형이 겹쳐져 있는 방법은 중요하지 않다. 결국 겹친 부분은 빨간색 넓이와 파란색 넓이 양쪽에서 같이 제외되므로, 처음부터 포함시켜 넓이를 구해서 비교하면 된다.
　　원(πr^2): 빨간색과 파란색 영역의 넓이가 같다.
　　정사각형(a^2): 파란색 영역이 넓다.
　　정삼각형($a^2/4\sqrt{3}$): 빨간색 영역이 넓다.

940　최악의 경우(빨강 5개, 노랑 5개, 초록 5개, 파랑 1개)를 생각하여 16개를 집어야 한다.

941　19개 영역까지 나눌 수 있다.

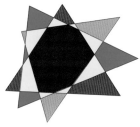

942　7마리의 말 중 누가 1등을 하든지, 2등을 할 수 있는 말은 6마리, 3등을 할 수 있는 말은 5마리이다. 따라서 7×6×5=210가지의 서로 다른 경우가 있다.

943

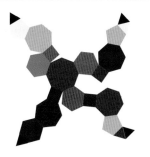

944　서로 다른 3개의 알파벳으로 만들 수 있는 조합의 수는 26×25×24, 즉 15,600가지이다. 따라서 금고를 열 확률은 0.0064%이다.

945　빨간색 영역의 넓이는 원래 삼각형 넓이의 $^2/_3$이다.

946　최소 2명이다.

947　26×10×10×10×26×26×26, 즉 456,976,000가지이다.

948　15가지이다. 개 6마리를 A, B, C, D, E, F라고 한다면 가능한 쌍의 조합은 AB, AC, AD, AE, AF, BC, BD, BE, BF, CD, CE, CF, DE, DF, EF이다.

949　아래와 같이 나누면 각 영역마다 총합이 15가 된다. 1에서 9까지의 자연수를 합이 15가 되도록 서로 다른 3개의 숫자 쌍으로 묶는 문제와 같다.

9	5	7	6	2
1	3	5	8	4
8	7	■	3	2
5	2	8	6	4
4	5	6	1	9

950

1부터 16까지의 자연수를 합이 34가 되도록 서로 다른 4개의 숫자 쌍으로 묶는 경우는 86가지이다. 그 86가지의 숫자 쌍 중 일부이다.

2	3	13	16	3	2	14	15
5	8	10	11	4	9	10	11
11	10	9	4	13	16	1	2
16	13	4	1	14	7	9	6
4	5	10	13	5	8	10	11
3	6	11	16	2	14	8	10
12	10	9	3	11	5	3	15
15	13	4	2	16	12	5	1

951

아래처럼 4색이 필요하다.

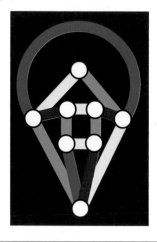

952

8개

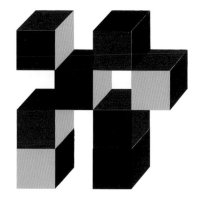

953

954

각 원의 색깔은 그 원에 접하고 있는 다른 원의 수에 따라 다르다.

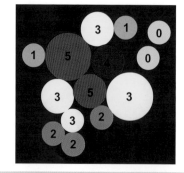

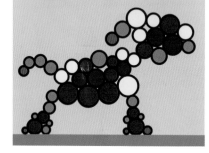

955

3가지가 필요하다.

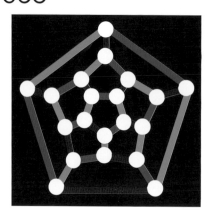

956

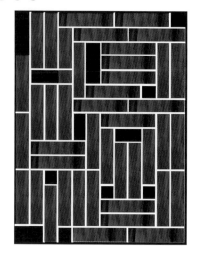

957

각 자릿수는 1, 2, 3이거나 아예 숫자가 없는 경우이다.

한 자릿수-1, 2, 3(3개)
두 자릿수-11, 12, 13, 21, 22, 23, 31, 32, 33(9개)
세 자릿수-111, 112, 113, 121, 122, 123, 131, 132, 133, 211, 212, 213, 221, 222, 223, 231, 232, 233, 311, 312, 313, 321, 322, 323, 331, 332, 333(27개)

따라서 총 39개의 숫자가 화면에 나타날 수 있다.

$3+3^2+3^3=39$로 계산하면 문제를 더 쉽게 풀 수 있다.

958

피타고라스 정리에 의해서 쌍의 넓이와 다른 사분원의 넓이가 같다. 접하고 있는 한 쌍의 원은 서로 직각을 이루고 있으므로 다른 사분원을 빗변이 되도록 배열하면 된다.

959

아래와 같이 15가지의 방법이 있다.

960

961

첫 번째 새끼 한 쌍을 1월에 태어난 다고 하고 12월까지 매달 태어나는 새끼의 수는 다음과 같다. 따라서 총 144쌍이 태어난다.

1월	2월	3월	4월	5월	6월	7월	8월	9월	10월	11월	12월
1	1	2	3	5	8	13	21	34	55	89	144

962

963

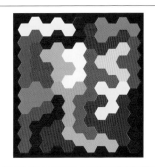

964

첫째 줄	둘째 줄		첫째 줄	둘째 줄
1	3		1	3
2	4		2	4
5	6		6	5

위의 예와 같이 선수 1이 5를 넣은 위치는 중요하지 않다. 선수 2가 6을 넣은 후, 선수 1은 7을 못 넣기 때문에 항상 선수 2가 이긴다.

첫째 줄	둘째 줄
1	3
2	5
4	6
8	7

위의 예와 같이 선수 1은 항상 9를 못 넣게 된다.

965

966

총 군인의 수와 대장 1명을 합하면 제곱수가 되어야 한다. 11의 배수에 1을 더한 최소 제곱수는 9×11+1인 100이 된다.

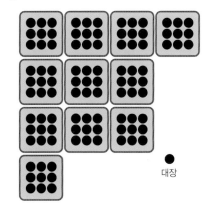

대장

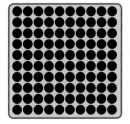

967

이 문제는 반복되는 순환마디가 우박이 뇌운을 형성하는 과정과 유사하다고 하여 우박수 문제라고 한다. 일반적 해답은 아직 알려져 있지 않지만 26까지의 자연수는 모두 금방 땅에 떨어진다. 7로 시작하면 7, 22, 11, 34, 17, 52, 26, 13, 40, 20, 10, 5, 16, 8, 4, 2, 1, 4로 숫자가 나간다. 27은 77번째 단계에서 9,232까지 커지지만 그 다음부터는 작아지기 시작하여 111번째 단계에서 1-4-2-1-4-2 순환마디가 나타나며 땅에 떨어진다. 1조까지의 모든 숫자를 해 보아도 결국 모두 순환마디로 나타나며 붕괴된다.

968

1번째 금색 정사각형은 원래 파란 정사각형 넓이의 $1/9$이다. 2번째에는 금색 정사각형은 8개가 나오는데 각각은 작은 파란색 정사각형 넓이의 $1/9$이다. 3번째에는 금색 정사각형이 64개 나오는데 각각은 역시 작은 파란색 정사각형 넓이의 $1/9$이다. 따라서 $1×1/9+8×(1/9)^2+8^2×(1/9)^3+8^3×(1/9)^4+\cdots$ 로 무한히 더할 수 있다. 이를 25번째까지 하면 금색 칸이 원래의 정사각형 크기의 거의 95%를 차지한다. 결국, 금색 칸은 정확히 100% 넓이는 안 되지만 100%에 계속 가까워진다.

969

제일 위의 널빤지부터 시작하여 튀어나와 걸쳐진 길이가 (1/2)n이 되도록 한다. 각각은 1/2, 1/4, 1/6, 1/8, 1/10, 1/12, 1/14, 1/16, 즉, 0.500, 0.250, 0.167, 0.125, 0.100, 0.83, 0.71, 0.62이다. 따라서 총 1.358m가 되므로 1.4m에 약간 못 미친다.

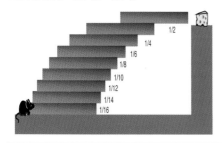

970

미국의 수학자인 레이먼드 스멀리언의 강의를 듣다가 떠오른 문제이다. "결혼을 하셨나요?"라고 물어야 한다.
어느 공주가 대답하든 상관없이 "네"라고 하면 아멜리아가 결혼한 것이고 "아니오"라고 하면 레일라가 결혼한 것이다. 아멜리아는 항상 진실만을 말하기에 "네"는 긍정이며, 거짓말만 하는 레일라가 "아니오"라고 하면 결혼했다는 말이 된다.

971

손님들이 현재 투숙하고 있는 각 방번호에 2를 곱한 방으로 다시 배정한다. 즉, 1번 고객은 2번, 2번 고객은 4번, 3번 고객은 6번으로 옮기면 방의 개수가 무한하므로 모든 홀수 방이 비게 된다. 따라서 새로운 고객을 맞이할 수 있다.

972

"어느 도시에 살아요?"라고 물으면 된다. 만약 진실의 도시라면 그 곳을 가리킬 것이고 거짓의 도시라 하여도 거꾸로 진실의 도시를 가리킬 것이다.

973

974

975

"이 도시 이름이 라스 웨가스인가요?"라는 질문을 두 번 하면 된다. 진실만을 말하는 사람이면 두 번 모두 '네'라고 대답하고, 거짓말만 하는 사람이면 두 번 모두 '아니오'라고 대답한다. 또, 그 거짓과 진실을 번갈아가며 말하는 사람이면 '네'와 '아니오'를 한 번씩 대답할 것이다.

976

한 주사위에서 3면의 합은 15(4, 5, 6)일 때가 가장 크다. 주사위 3개를 합해서 40이 되는 경우는 15+14+11과 15+13+12밖에 없다. 그런데 실제로 해보면 3면만으로는 합이 13인 경우는 만들 수가 없다. 따라서 아래의 그림과 같이 15, 14, 11인 경우만 남는다.

977

피터 가보가 제안한 형식으로 만든 고전적인 게임이다. F는 6개이며 of에 있는 F는 놓치기 쉽다.

978

앞면이 나올 확률과 뒷면이 나올 확률은 같아도 먼저 던지는 사람이 유리하다. 1번 선수가 던지는 확률의 합은
$$1/2 + (1/2)^3 + (1/2)^5 + (1/2)^7 + \cdots$$
이 된다. 무한수열의 합은 결국 2/3이 되기 때문에 2번 선수보다 더 유리하다. 직접 해보면서 확인해 보라.

979

각 공이 빈 상자에 들어갈 확률을 모두 곱하면 된다. 즉,
$$4/4 \times 3/4 \times 2/4 \times 1/4 = 6/64 = 0.09$$
이므로 약 1/10의 확률이다. 이 문제를 푸는 일반적인 공식은 $n!/n^n$ 이다.

980

1번 판을 골라야 한다. 만일 상대가 3번 판을 고르면, 1번 판의 3이 1보다 크므로 51% 확률로 이긴다. 2번 판의 평균 수치는 3.33으로 3보다 크지만, 2가 나올 경우에는 이기게 된다. 따라서 상대가 2번 판을 골라도 56% 확률로 이긴다.

981

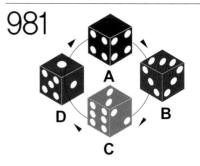

6면 주사위를 둘이서 던지면 36가지 결과가 나올 수 있다. 주사위 C와 D를 가지고 하면 C가 24번 이기고 D는 12번밖에 못 이긴다. D와 A, A와 B, B와 C를 해도 비슷한 결과가 나온다. 따라서 상대의 주사위와는 상관없이 바로 그 왼쪽 주사위를 고르면(A일 경우는 D를 고른다.), 2/3의 확률로 이긴다.

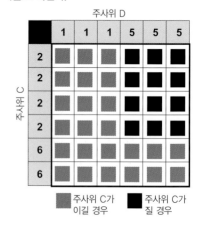

주사위 D

	1	1	1	5	5	5
2						
2						
2						
2						
6						
6						

주사위 C가 이길 경우 ■ 주사위 C가 질 경우 ■

982

오른쪽 꼬임과 왼쪽 꼬임 고리가 각각 하나씩 총 2개의 고리가 나온다.

983

꼬임 없이 변이 2개이며 모서리가 2개인 정사각형 "고리"가 나온다.

984

도형 2개는 서로 엮인 것이므로 자르지 않고도 분리할 수 있다.

985

987

점 1에서 시작하여 모든 삼각형이 아래에 나와 있다. 21가지 중 18가지에서 직각 삼각형이 만들어지므로 확률은 $6/7$ 이다.

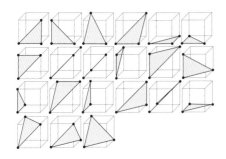

988

최단 경로는 선이 서로 120도로 연결된 트리 그래프이다. 점의 개수가 많아지면 최단 경로를 예측하기가 쉽지 않다. 그런데 비누용액에 3차원 모델을 담그면 가장 복잡한 경로도 순식간에 알아낼 수 있다. 아래의 그림 중 마을 5곳을 잇는 경로는 닉 백스터가 찾아냈다.

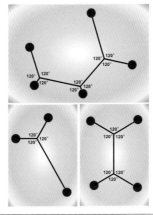

989

더블콘이 위로 올라가는 것처럼 보이지만 사실 무게 중심이 낮아지는 쪽으로 움직인 것이다. 따라서 우리가 보는 것과는 달리 더블콘은 내려갔다.

990

재려는 물체와 추를 양팔에 따로 올린다면 1, 2, 4, 8, 9, 16g의 추나 1, 2, 4, 8, 16, 32g의 추가 필요하다. 하지만 추를 양팔 어디에나 올릴 수 있다면 1, 3, 9, 27g의 추만 있으면 된다. 클로드 가스파르 바셰가 1623년에 최초로 이 문제의 답을 알아냈다.

991

수직관의 수위는 아래 그림과 같다. 물이 가장 빠른 속도로 흐르는 곳의 수압이 가장 낮기 때문에 위로 물을 밀어 올리는 힘이 제일 적다. 그림에서 보듯이 물은 가장 좁은 관에서 가장 빨리 흐른다.

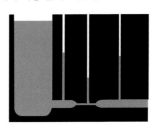

992

사실 피타고라스 정리는 육각형과 삼각형 외에도 기하학적으로 유사한 모든 도형 집합에서 성립한다.
슈메를은 아래의 그림처럼 자신의 문제에 대한 5조각 해법을 찾아냈다. 또한 미국의 수학자인 그레그 프레드릭슨은 제일 아래에 있는 4조각 해법을 찾았다.

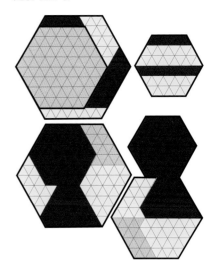

993

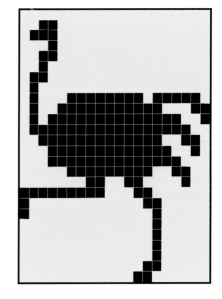

994

995

7마리의 새를 2마리씩 짝짓는 방법
은 21가지가 있다.

1일: 1, 2, 3이 1-2, 1-3, 2-3의 쌍을 만
든다.

2일: 1, 4, 5가 1-4, 1-5, 4-5의 쌍을 만
든다.

3일: 1, 6, 7이 1-6, 1-7, 6-7의 쌍을 만
든다.

4일: 2, 4, 6이 2-4, 2-6, 4-6의 쌍을 만
든다.

5일: 2, 5, 7이 2-5, 2-7, 5-7의 쌍을 만
든다.

6일: 3, 4, 7이 3-4, 3-7, 4-7의 쌍을 만
든다.

7일: 3, 5, 6이 3-5, 3-6, 5-6의 쌍을 만
든다.

996

연결된 관의 수위는 같다. 압력은
부피나 관의 모양과는 무관하며 액
체의 높이하고만 관련이 있다. 이것을 유체 정역
학 패러독스라고 한다.

997

11번 정사각형의 한 변의 길이는
320이다. 정사각형 번호가 2씩 증가
할 때마다 한 변의 길이도 2배로 늘어난다.

998

2% 미만이다.

$$^6/_6 \times ^5/_6 \times ^4/_6 \times ^3/_6 \times ^2/_6 \times ^1/_6 = 0.015,$$
즉 1.5%이다.

999

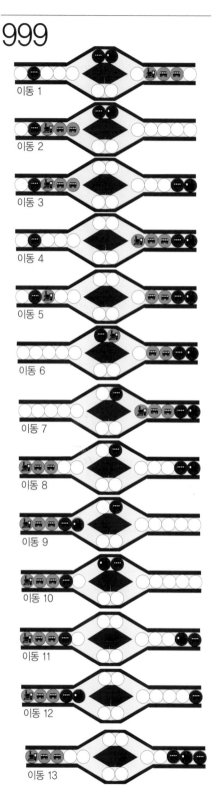

이동 1

이동 2

이동 3

이동 4

이동 5

이동 6

이동 7

이동 8

이동 9

이동 10

이동 11

이동 12

이동 13

1000

세 아들의 나이를 곱하면 36이
되는 경우의 수는 8가지뿐이다.

자식1	자식2	자식3	곱	합
1	1	36	36	38
1	2	18	36	21
1	3	12	36	16
1	4	9	36	14
1	6	6	36	13
2	2	9	36	13
2	3	6	36	11
3	3	4	36	10

이반은 나이의 총합이 오늘 날짜와 같다는 것을
알았을 때 문제를 못 풀었으므로 조건을 만족하
는 답이 여러 개라는 말이 된다. 따라서 합계는
13이며 각 경우는 1, 6, 6과 2, 2, 9이다. 마지막
대화로 막내아들이 한 명이라는 것을 알 수 있으
므로 2, 2, 9인 경우는 제외된다. 따라서 막내가
1살이고 나머지 두 아들이 6살이 된다.

참고 도서

Ball, W. W.; Rouse, and H.S.M. Coxeter. *Mathematical Recreations & Essays.* New York: Dover Publications, 1987.

Barbeau, Edward J.; Murray S. Klamkin; and William O. Moser. *Five Hundred Mathematical Challenges.* Washington, D.C.: The Mathematical Association of America, 1995.

Barr, Stephen. *Experiments in Topology.* New York: Dover Publications, 1989.

———. *Mathematical Brain Benders: Second Miscellany of Puzzles.* New York: Dover Publications, 1982.

Berlekamp, Elwyn, and Tom Rodgers. *The Mathemagician and Pied Puzzles: A Collection in Tribute to Martin Gardner.* Natick, Mass.: A. K. Peters, 1999.

Berlekamp, Elwyn R.; John H. Conway; and Richard K. Guy. *Winning Ways for Your Mathematical Plays.* Natick, Mass.: A. K. Peters, 2001.

Bodycombe, David J. *The Mammoth Book of Brainstorming Puzzles.* London: Constable Robinson, 1996.

———. *The Mammoth Puzzle Carnival.* New York: Carroll and Graf, 1997.

Brecher, Erwin. *Surprising Science Puzzles.* New York: Sterling Publishing, 1996.

Burger, Edward B., and Michael Starbird. *The Heart of Mathematics: An Invitation to Effective Thinking.* New York: Springer-Verlag, 2000.

Case, Adam. *Who Tells the Truth?: A Collection of Logical Puzzles to Make You Think.* Suffolk, UK: Tarquin Publications, 1991.

Comap. *For All Practical Purposes: Introduction to Contemporary Mathematics.* New York: W. H. Freeman and Company, 1988.

Conway, John H., and Richard K. Guy. *The Book of Numbers.* New York: Copernicus Books, 1997.

Cundy, H. M., and A. P. Rollett. *Mathematical Models.* Suffolk, UK: Tarquin Publications, 1997.

Devlin, Keith. *Mathematics: The Science of Patterns: The Search for Order in Life, Mind,* and the Universe. Scientific American Paperback Library. New York: W. H. Freeman and Company, 1997.

Dewdney, A. K. *The Armchair Universe: An Exploration of Computer Worlds.* New York: W. H. Freeman and Company, 1988.

Dudeney, Henry Ernest. *Amusements in Mathematics.* New York: Dover Publications, 1958.

Epstein, Lewis Carroll. *Thinking Physics: Is Gedanken Physics; Practical Lessons in Critical Thinking.* San Francisco: Insight Press, 1985.

Fomin, Dmitri; Sergey Genkin; and Ilia Itenberg. *Mathematical Circles (Russia Experience).* Providence, R.I.: American Mathematical Society, 1996.

Frederickson, Greg N. *Dissections: Plane & Fancy.* Cambridge, UK: Cambridge University Press, 1997.

Gale, David. *Tracking the Automatic Ant and Other Mathematical Explorations.* New York: Copernicus Books, 1998.

Gamow, George. *One Two Three . . . Infinity: Facts and Speculations of Science.* New York: Dover Publications, 1988.

Gardiner, A. *Mathematical Puzzling.* New York: Dover Publications, 1999.

Gardiner, Tony. *More Mathematical Challenges: Problems from the UK Junior Math Olympiad 1989–95.* Cambridge, UK: Cambridge University Press, 1997.

Gardner, Martin. *Aha! Gotcha: Paradoxes to Puzzle and Delight.* New York: W. H. Freeman and Company, 1982.

———. *Aha! Insight.* New York: W. H. Freeman and Company, 1978.

———. *Entertaining Mathematical Puzzles.* New York: Dover Publications, 1986.

———. *Fractal Music, Hypercards and More: Mathematical Recreations from* Scientific American Magazine. New York: W. H. Freeman and Company, 1991.

———. *Knotted Doughnuts and Other Mathematical Entertainments.* New York: W. H. Freeman and Company, 1986.

———. *The Last Recreations: Hydras, Eggs, and Other Mathematical Mystifications.* New York: Copernicus Books, 1997.

———. *Mathematical Carnival.* New York: Penguin Books, 1965.

———. *Mathematical Circus: More Puzzles, Games, Paradoxes, and Other Mathematical Entertainments.* Washington, D.C.: Mathematical Association of America, 1992.

———. *Mathematical Magic Show.* Washington, D.C.: Mathematical Association of America, 1988.

———. *Mathematical Puzzles of Sam Loyd.* New York: Dover Publications, 1959.

———. *More Mathematical Puzzles and Diversions.* New York: Penguin Books, 1961.

———. *More Mathematical Puzzles of Sam Loyd.* New York: Dover Publications, 1959.

———. *The New Ambidextrous Universe: Symmetry and Asymmetry, from Mirror Reflections to Superstrings.* Rev. ed. New York: W. H. Freeman and Company, 1991.

———. *Penrose Tiles to Trapdoor Ciphers: And the Return of Dr. Matrix.* Washington, D.C.: Mathematical Association of America, 1997.

———. *Perplexing Puzzles and Tantalizing Teasers.* New York: Dover Publications, 1988.

———. *Riddles of the Sphinx: And Other Mathematical Puzzle Tales.* Washington, D.C.: Mathematical Association of America, 1988.

———. *Second Scientific American Book of Mathematical Puzzles and Diversions.* Chicago: University of Chicago Press, 1987.

———. *Time Travel and Other Mathematical Bewilderments.* New York: W. H. Freeman and Company, 1987.

———. *The Unexpected Hanging: And Other Mathematical Diversions.* Chicago: University of Chicago Press, 1991.

———. *Wheels, Life and Other Mathematical Amusements.* New York: W. H. Freeman and Company, 1983.

Gay, David. *Geometry by Discovery.* New York: John Wiley & Sons, 1998.

Golomb, Solomon W. *Polyominoes: Puzzles, Patterns, Problems, and Packings*. Princeton, N.J.: Princeton University Press, 1996.

Gruenbaum, Branko, and G. C. Shephard. *Tilings and Patterns*. New York: W. H. Freeman and Company, 1986.

Gullberg, Jan. *Mathematics: From the Birth of Numbers*. New York: W. W. Norton & Company, 1997.

Higgins, Peter M. *Mathematics for the Curious*. London: Oxford University Press, 1998.

Hoffman, Paul. *Archimedes' Revenge*. New York: Ballantine Books, 1997.

————. *The Man Who Loved Only Numbers: The Story of Paul Erdös and the Search for Mathematical Truth*. New York: Little, Brown and Company, 1999.

Ishida, Non, and James Dalgety. *The Sunday Telegraph Book of Nonograms*. London: Pan Books, 1993.

Konhauser, Joseph D. E.; Dan Velleman; and Stan Wagon. *Which Way Did the Bicycle Go?: And Other Intriguing Mathematical Mysteries*. Washington, D.C.: Mathematical Association of America, 1996.

Kordemsky, Boris A. *The Moscow Puzzles: 359 Mathematical Recreations*. New York: Dover Publications, 1992.

Krause, Eugene F. *Taxicab Geometry*. New York: Dover Publications, 1986.

Lines, Malcolm E. *Think of a Number*. Bristol, UK: Institute of Physics Publishing, 1990.

Madachy, Joseph S. *Madachy's Mathematical Recreations*. New York: Dover Publications, 1979.

Nelsen, Roger B. *Proofs Without Words: Exercises in Visual Thinking*. Classroom Resource Materials, No. 1. Washington, D.C.: The Mathematical Association of America, 1993.

————. *Proofs Without Words II: More Exercises in Visual Thinking*. Washington, D.C.: The Mathematical Association of America, 2000.

Pappas, Theoni. *More Joy of Mathematics: Exploring Mathematics All Around You*. San Carlos, Calif.: Wide World Publishing/Tetra, 1991.

Pentagram. *The Puzzlegram Diary*. London: Ebury Press Stationery, 1994.

Peterson, Ivars. *Islands of Truth: A Mathematical Mystery Cruise*. New York: W. H. Freeman and Company, 1991.

————. *The Mathematical Tourist: New and Updated Snapshots of Modern Mathematics*. New York: W.H. Freeman and Company, 1998.

Pickover, Clifford A. *The Loom of God: Mathematical Tapestries at the Edge of Time*. New York: Perseus Books, 1997.

Salem, Lionel; Frederic Testard; Coralie Salem; and James D. Wuest. *The Most Beautiful Mathematical Formulas*. New York: John Wiley & Sons, 1997.

Schechter, Bruce. *My Brain Is Open: The Mathematical Journeys of Paul Erdös*. Oxford, UK: Oxford University Press, 1998.

Schuh, Fred. *The Master Book of Mathematical Recreations*. New York: Dover Publications, 1969.

Smith, David E. *A History of Mathematics, Volume 1*. New York: Dover Publications, 1978 (reprint).

————. *A History of Mathematics, Volume 2*. New York: Dover Publications, 1972 (reprint).

Smullyan, Raymond. *To Mock a Mockingbird*. Oxford, UK: Oxford University Press, 2000.

Stein, Sherman K. *Strength in Numbers: Discovering the Joy and Power of Mathematics in Everyday Life*. New York: John Wiley & Sons, 1996.

Steinhaus, Hugo. *Mathematical Snapshots*. New York: Dover Publications, 1999.

Stewart, Ian. *Another Fine Math You've Got Me Into . . .* New York: W. H. Freeman and Company, 1992.

————. *From Here to Infinity*. London: Oxford University Press, 1996.

————. *Game, Set and Math*. New York: Penguin Books, 1991.

————. *The Magical Maze: Seeing the World through Mathematical Eyes*. New York: John Wiley & Sons, 1999.

Trigg, Charles W. *Mathematical Quickies: 270 Stimulating Problems with Solutions*. New York: Dover Publications, 1985.

Tuller, Dave, and Michael Rios. *Mensa Math & Logic Puzzles*. New York: Sterling Publications, 2000.

van Delft, Pieter, and Jack Botermans. *Creative Puzzles of the World*. Emeryville, Calif.: Key Curriculum Press, 1995.

Walker, Jearl. *The Flying Circus of Physics*. New York: John Wiley & Sons, 1975.

Wells, David. *Can You Solve These? Series No. 2*. Jersey City, N.J.: Parkwest Publications, 1985.

————. *Can You Solve These? Series No. 3*. Jersey City, N.J.: Parkwest Publications, 1986.

————. *The Guinness Book of Brain Teasers*. London: Guinness Publishing, 1993.

————. *Hidden Connections, Double Meanings*. Cambridge, UK: Cambridge University Press, 1988.

————. *The Penguin Book of Curious and Interesting Geometry*. New York: Penguin Books, 1992.

————. *The Penguin Book of Curious and Interesting Math*. New York: Penguin Books, 1997.

————. *The Penguin Book of Curious and Interesting Puzzles*. New York: Penguin Books, 1993.

————. *You Are a Mathematician*. New York: Penguin Books, 1995.

Wells, David, and Robert Eastaway. *The Guinness Book of Mind Benders*. London: Guinness Publishing, 1995.

문제 난이도